Schriftenreihe Natur und Recht

Band 12

Herausgegeben von
Prof. Dr. Hans Walter Louis LL.M. (UC Los Angeles), Braunschweig
und Ass. jur. Jochen Schumacher, Tübingen

Lasse Loft

Erhalt und Finanzierung biologischer Vielfalt - Synergien zwischen internationalem Biodiversitäts- und Klimaschutzrecht

 Springer

Dr. Lasse Loft
Hufelandstraße 31
10407 Berlin
Lasse.Loft@t-online.de

ISSN 0942-0932
ISBN 978-3-642-01504-5   e-ISBN 978-3-642-01505-2
DOI 10.1007/978-3-642-01505-2
Springer Dordrecht Heidelberg London New York

Die Deutsche Nationalbibliothek verzeichnet diese Publikation in der Deutschen Nationalbibliografie; detaillierte bibliografische Daten sind im Internet über http://dnb.d-nb.de abrufbar.

Meinen Eltern
sowie
Ina und Tim

Vorwort

Die vorliegende Arbeit wurde im Sommersemester 2008 von der Juristischen Fakultät der Europa-Universität Viadrina Frankfurt (Oder) als Dissertation angenommen. Das im Frühjahr 2008 abgeschlossene Manuskript berücksichtigt neben nationalen und internationalen Rechtssetzungen die wesentlichen Entwicklungen auf den Vertragsstaatenkonferenzen der Klimarahmenkonvention im Dezember 2007 auf Bali und der Konvention über die biologische Vielfalt im Mai 2008 in Bonn.

Ganz herzlich möchte ich mich an dieser Stelle bei meinem Doktorvater Herrn Prof. Gerard C. Rowe für sein Vertrauen, seine wissenschaftlichen Anregungen sowie die persönliche Betreuung bedanken. Seine Lehrveranstaltung zur ökonomischen Analyse des Rechts war einer der entscheidenden Ausgangspunkte für diese Arbeit. Bei Herrn Prof. Dr. Wolff Heintschel von Heinegg bedanke ich mich für die schnelle Erstellung des Zweitgutachtens.

Die von der Arbeit erfasste Thematik bewegt sich in der Schnittstelle zwischen Recht, Ökonomie und Politik. Zur umfassenden Darstellung erforderte es darüber hinaus naturwissenschaftlicher Kenntnisse. Mir letztere anzueignen sowie neueste Entwicklungen aufzugreifen ermöglichten vor allem die Gespräche während der Aufenthalte an der internationalen Naturschutzakademie des Bundesamtes für Naturschutz auf Vilm. Bedanken möchte ich mich daher sehr herzlich bei den Mitarbeitern des Fachgebietes „Biologische Vielfalt – CBD" insbesondere bei Herrn Dr. habil. Horst Korn und Frau Jutta Stadler für die Hilfe und Anregungen insbesondere während meines Aufenthaltes auf Vilm im Mai 2005.

Ohne Herrn Dr. Kim E. Lioe, der mir schon im Studium und danach während des Verfassens dieser Arbeit als Leidensgenosse und Freund zur Seite gestanden hat, wäre diese Arbeit wahrscheinlich gar nicht entstanden. Ich möchte ihm hiermit für den Austausch während dieser Zeit danken.

Großer Dank gilt darüber hinaus meinem Onkel Herrn Dr. Frank Stammler für die Unterstützung während der Promotion.

Widmen möchte ich diese Arbeit meinen Eltern, die mich, wie schon mein Leben lang auch während der Entstehung der vorliegenden Arbeit unterstützt haben. Gewidmet ist die Arbeit auch Ina und Tim Geitner, die mir in schwierigen Zeiten die nötige Kraft gaben, um diese Arbeit erfolgreich zu Ende zu bringen.

Berlin, im Februar 2009   *Lasse Loft*

Inhaltsverzeichnis

Abkürzungsverzeichnis

AAU	Assigned Amount Unit
ABS	Access and Benefit Sharing
Abs.	Absatz
ABl. EU	Amtsblatt der EU
AIJ	Activities implemented jointly under the pilotphase
Art.	Artikel
AVR	Archiv des Völkerrechts
BfN	Bundesamt für Naturschutz
BG	Bonn Guidelines
BGBl.	Bundesgesetzblatt
BMBF	Bundesministerium für Bildung und Forschung
BMZ	Bundesministerium für wirtschaftliche Zusammenarbeit und Entwicklung
BNatSchG	Bundesnaturschutzgesetz
C	Kohlenstoff
CAN	Climate Action Network
CBD	United Nations Convention on Biological Diversity
CDM	Clean Development Mechanism
CER	Certified Emissions Reduction
CI	Conservation International
CIFOR	Center for International Forestry Research
CITES	Convention on the International Trade in Endangered Species
CO_2	Kohlendioxid
Colo. J.Int'l Envtl.L.&Policy	Colorado Journal of International Environmental Law and Policy
COP	Conference of Parties
CSD	Commission on Sustainable Development
ders.	derselbe
Diss.	Dissertation
Doc.	Document
DOE	Designated Operational Entity
EH-RL	Richtlinie 2003/87/EG des Europäischen Parlaments und des Rates vom 13. Oktober 2003 über ein System für den Handel mit

	Treibhausgasemissionszertifikaten in der Gemeinschaft und zur Änderung der Richtlinie 96/61/EG des Rates
EG	Europäische Gemeinschaft
ENGO	Environmental Non-Governmental Organisation
ERU	Emissions Reduction Unit
ETS	Emissions Trading System
EU	Europäische Union
EuZW	Europäische Zeitschrift für Wirtschaftsrecht
FAO	Food and Agriculture Organization
FCCC	United Nations Framework Convention on Climate Change
FoEI	Friends of the Earth International
GEF	Global Environment Facility
Geo. Wash. J. Int'l L. & Econ	George Washington Journal of International Law and Economics
GPP	Gross Primary Production
GTZ	Gesellschaft für technische Zusammenarbeit
ICJ	International Court of Justice
ICJ-Rep.	ICJ, Reports of Judgement, Advisory Opinions and Orders
IFF	United Nations Ad Hoc Intergovernmental Forum on Forests
IISD	International Institute for Sustainable Development
IJIL	Indian Journal of International Law
IGH	Internationaler Gerichtshof
ILM	International Legal Materials
INC	Intergovernmental Negotiating Committee
IPCC	Intergovernmental Panel on Climate Change
IPF	Intergovernmental Panel on Forests
i.S.	im Sinne
ITPGRFA	International Treaty on Plant Genetic Resources in Food and Agriculture
ITTA	International Tropical Timber Agreement
IUCN	International Union for Conservation of Nature and Natural Resources
IWF	Internationaler Währungsfonds
JEEPL	Journal of European Environmental & Planning Law
JI	Joint Implementation
JuS	Juristische Wochenschrift – Zeitschrift für Studium und praktische Ausbildung
KWS	Kenya Wildlife Service
lCER	long-term Certified Emissions Reduction
LULUCF	Land Use, Land-use Change and Forestry

MAT	Mutually agreed terms
MFMP	Multilateral Fund of the Montreal Protocol
MichJIL	Michigan Journal of International Law
m.w.N.	mit weiteren Nachweisen
NAP	Nationaler Allokationsplan
NBP	Net Biome Production
NEP	Net Ecosystem Production
NGO	Non-Governmental Organization
NPP	Net Primary Production
NuR	Natur und Recht
NVwZ	Neue Zeitschrift für Verwaltungsrecht
OECD	Organisation of Economic Co-operation and Development
PDD	Project Design Document
Phil. Trans. R. Soc. Lond. A.	Philosophical Transactions of the Royal Society London
PIC	Prior informed consent
Pg	Petagram
PNAS	Proceedings of the National Academy of Sciences of the United States of America
POP	Stockholm Convention on Persistent Organic Pollutants
ProMechG	Projekt-Mechanismen-Gesetz
PSA	Pagos de Servicios Ambientales (Payments for Environmental Services)
RA	Autotrophe Respiration
RECIEL	Review of European Community and International Environmental Law
Res.	Resolution
RMU	Removal Unit
Rn.	Randnummer
SBSTA	Subsidiary Body on Scientific and Technological Advice (FCCC)
SBSTTA	Subsidiary Body on Scientific, Technical and Technological Advice (CBD)
SCBD	Secretariat of the Convention on Biological Diversity
SRU	Der Rat von Sachverständigen für Umweltfragen
tCER	temporary Certified Emissions Reduction
TEHG	Treibhaugas-Emissionshandelsgesetz
TNC	The Nature Conservancy
TouroJTL	Touro Journal of Transnational Law
TRIPS	Trade-Related Aspects of Intellectual Property Rights
UBA	Umweltbundesamt

UNCCD	United Nations Convention to Combat Desertification
UNCED	United Nations Conference on Environment and Development
UNCLOS	United Nations Convention on the Law of the Sea
UNCSD	United Nations Commission on Sustainable Development
UNESCO	United Nations Education and Science Organisation
UNGA	United Nations General Assembly
UNYB	United Nations Year Book
UVP	Umweltverträglichkeitsprüfung
VN	Vereinte Nationen
VanJTL	Vanderbilt Journal of Transnational Law
WBGU	Wissenschaftlicher Beirat der Bundesregierung Globale Umweltveränderungen
WCMC	World Conservation Monitoring Centre
WMO	World Meteorological Organization
WRI	World Resource Institute
WSSD	World Summit on Sustainable Development
WTO	World Trade Organization
ZaöRV	Zeitschrift für ausländisches öffentliches Recht und Völkerrecht
ZfU	Zeitschrift für Umweltpolitik und Umweltrecht
ZuG	Zuteilungsgesetz
zugl.	zugleich
ZUR	Zeitschrift für Umweltrecht

A. Einleitung

„A single premise provides context for an entire analysis: protecting terrestrial ecosystems and the climate requires the development of economic institutions that value the Earth's natural systems. To be effective, international environmental laws must create mechanisms to finance protection of the climate and natural ecosystems"[1]

Internationaler Biodiversitätsschutz und der Schutz des globalen Klimas stellen heute zentrale Aufgaben im Bereich des internationalen Umweltschutzes dar. Zu beiden Themen wurden 1992 mit dem Übereinkommen über die biologische Vielfalt (CBD) und der Klimarahmenkonvention (FCCC) auf dem „Erdgipfel" in Rio de Janeiro internationale Übereinkommen verabschiedet. Die Problematiken sind funktional eng miteinander verknüpft. So führt die globale Klimaerwärmung zu einer Veränderung der Ökosysteme. Es wird davon ausgegangen, dass dadurch das schon jetzt rasante Artensterben weiter beschleunigt wird.[2] Andererseits tragen intakte Ökosysteme dazu bei, anthropogen bedingte Ursachen des Klimawandels zumindest teilweise aufzufangen, in dem sie große Mengen emittierten Kohlenstoffs in der Biomasse speichern.[3] Auch Folgen der Klimaveränderung, wie Flutkatastrophen können durch intakte Ökosysteme in ihrer Wirkung abgeschwächt werden. Menschliche Aktivitäten, die zur Zerstörung intakter Ökosysteme führen, sind daher nicht nur aus Gründen des Biodiversitätsschutzes sondern auch aus Gründen des Klimaschutzes höchst problematisch. Der Schutz und die Erhaltung terrestrischer Ökosysteme haben folglich hohe Priorität. Gerade in Entwicklungsländern gestaltet sich dieser Schutz aufgrund mangelnder Finanzierung jedoch sehr schwierig. Daher wird vertreten, zur Schließung der Finanzierungslücke für Erhaltungsmaßnahmen biologischer Vielfalt, u.a. ökonomische Anreize zu schaffen, wobei insbesondere Märkten für Ökosystemdienstleistungen diesbezüglich großes Potential zugesprochen wird.[4] Vor allem aufgrund der ökonomischen Eigenschaften biologischer Vielfalt, insbesondere des hohen Öffentlichkeitsgrades

---

[1] Bonnie/Carey/Petsonk, „Protecting terrestrial ecosystems and the climate through a global carbon market", Phil. Trans. R. Soc. Lond. A 360 (2002), S. 1853–1873 (1853f.).

[2] IPCC, Climate Change 2001: Synthesis Report, 2001a, S. 250.

[3] Houghton, „The contemporary carbon cycle", in: Schlesinger, Biogeochemistry, 2003a, S. 473–513 (475); IPCC, 2001a, S. 251.

[4] Emerton et al., Sustainable Financing of Protected Areas: A global review of challenges and options, 2006, S. 66.

von Ökosystemdienstleistungen,[5] bereitet die Etablierung nationaler und internationaler Märkte Schwierigkeiten, da sie in großem Umfang von staatlicher Regelung abhängig sind. Einen Ansatz zur teilweisen Lösung dieses Problems bieten die Regelungen des Kyoto-Protokolls (KP). Im KP einigten sich die Industriestaaten auf feste Emissionsreduktionsverpflichtungen und marktorientierte Mechanismen, die zu einer ökonomisch effizienten Realisierung dieser Verpflichtungen beitragen sollen. Der in Art. 12 KP normierte Mechanismus für umweltgerechte Entwicklung (Clean Development Mechanism, CDM) regelt u.a. die Möglichkeit, durch Neu- bzw. Wiederbewaldungsprojekte in Entwicklungsländern Emissionszertifikate zu erlangen und führt so – zumindest teilweise – zur Etablierung eines internationalen Marktes für die globale Ökosystemdienstleistung biologische Kohlenstoffspeicherung. Diese Regelungen können einerseits als Vorbild für die Etablierung weiterer Märkte für Ökosystemdienstleistungen dienen, andererseits besteht die Möglichkeit, sie mehr mit den Zielen der CBD abzustimmen.

Aus dem beschriebenen funktionalen Zusammenhang sowie aus den Zielen von FCCC und CBD, welche letztlich auf eine nachhaltige Entwicklung gerichtet sind, ergibt sich die Notwendigkeit, Synergien bei der Umsetzung der Konventionen zu nutzen. Die beiden UN-Konventionen entwickelten sich bisher meist unabhängig voneinander. Es mangelt an der Abstimmung von Regelungen zu Schutzinstrumenten und Finanzierungsfragen. Aufgrund von aktuellen Beschlüssen und Arbeitsprogrammen der Konventionsgremien der CBD und der Entwicklung des Kohlenstoffmarktes im Rahmen des KP scheint ein günstiger Zeitpunkt, die Übereinkommen diesbezüglich mehr aufeinander abzustimmen. Seit der 7. Vertragsstaatenkonferenz der CBD im Februar 2004 gibt es ein von der internationalen Staatengemeinschaft beschlossenes Arbeitsprogramm für Schutzgebiete. Dessen Ziel besteht darin, bis zum Jahr 2010 auf dem Land und bis zum Jahr 2012 im Meer dauerhaft ein umfassendes, effektiv verwaltetes und ökologisch repräsentatives nationales und regionales Schutzgebietssystem zu etablieren. Es soll dazu beitragen, die gegenwärtige Verlustrate der Biodiversität bis 2010 signifikant zu reduzieren. Die Erreichung dieses Ziels sowie die Frage der Finanzierung standen im Mittelpunkt der Vertragsstaatenkonferenz von Bonn im Jahr 2008.

Nach einem Beschluss der 11. Vertragsstaatenkonferenz zur FCCC und dem ersten Treffen der Parteien des KPs vom 28.11.–10.12.2005 in Montreal, begannen 2006 die Verhandlungen über die Fortentwicklung des internationalen Klimaschutzregimes im Rahmen der FCCC und der zweiten Verpflichtungsperiode des KPs. Während in den Verhandlungen zur zweiten Verpflichtungsperiode ausschließlich Annex I Staaten – die Industrienationen – über Emissionsreduktionsziele für den Zeitrahmen nach 2012 verhandeln, umfasst der Verhandlungsprozess zur Weiterentwicklung der FCCC u.a. die stärkere Einbeziehung von Entwicklungsländern in den internationalen Klimaschutz. Gerade diesbezüglich ist der seit 2006 behandelte, von Papua Neuguinea und Costa Rica eingebrachte, Vorschlag zur Einbeziehung eines Systems zur Kompensationen reduzierter Emissionen

---

[5]   Bonus, „Öffentliche Güter und der Öffentlichkeitsgrad von Gütern", Zeitschrift für die gesamten Staatswissenschaften 136 (1980), S. 50–81 (51), bezeichnet so den Grad des Vorliegens der Kollektivguteigenschaften eines Gutes.

durch die Vermeidung von Entwaldung interessant. Auf dem Klimagipfel von Bali 2007 wurde beschlossen die Reduktion von Emissionen aus vermiedener Entwaldung (REDD) in die offiziellen Verhandlungen aufzunehmen.

Ziel dieser Arbeit ist es Synergien im Bereich Finanzierungsregelungen des internationalen Naturschutzes und der internationalen Bemühungen zum Schutz des Klimas herauszuarbeiten. Insbesondere auf die aktuellen Probleme der Finanzierung von Schutzgebieten als Erhaltungsmaßnahme biologischer Vielfalt wird eingegangen. Dabei soll der Frage nachgegangen werden, ob und wie ökonomische Steuerungsinstrumente, insbesondere ein Markt für biologische Kohlenstoffspeicherung der Finanzierung von Erhaltungsmaßnahmen terrestrischer Ökosysteme dienen kann und in welchem internationalen Rahmen er geregelt werden sollte. Arbeitsgegenstand bilden folglich überwiegend die Regelungen der CBD, der FCCC, des KPs.

Der Einleitung folgt ein Kapitel zur Einführung in die Thematik des Biodiversitätsschutzes. Es werden Gegenstand und Bedeutung wesentlicher Begriffe erläutert. Dabei wird, soweit vorhanden, auf die Begriffe und Definitionen des Übereinkommens Bezug genommen, da es den rechtlichen Rahmen bildet und Untersuchungsgegenstand der Arbeit ist. Vorkommen und Verteilung, sowie Gründe für den Verlust biologischer Vielfalt werden dargelegt. Es folgt eine Darstellung der ökologischen Zusammenhänge zwischen Biodiversitätserhalt und Klimastabilität. Abschließend werden die sozioökonomischen Grundlagen des Schutzes biologischer Vielfalt dargelegt, wobei ein Schwerpunkt auf den Gründen der Finanzierungslücke für Maßnahmen zum Erhalt natürlicher terrestrischer Ökosysteme liegt.

Im zweiten Kapitel werden die in den Rio-Konventionen[6] vereinbarten Verpflichtungen zum Schutz biologischer Vielfalt dargestellt. Dabei wird zunächst das Prinzip der gemeinsamen aber unterschiedlichen Verantwortlichkeiten genauer betrachtet. Es stellt die Grundlage des Verteilungsmaßstabs der Rechte und Pflichten zum Schutz vor den globalen Umweltgefahren Biodiversitätsverlust und Klimaänderung, zwischen Industriestaaten und Entwicklungsländern dar. Es folgt eine Untersuchung der rechtlichen Entwicklung des Biodiversitätsschutzes und eine Auslegung der Schutzvorschriften der CBD. Dabei wird insbesondere das Verhältnis von Schutz und Nutzung genauer betrachtet. Auch wenn die FCCC primär dem Schutz des Klimas dient, enthält sie Vorschriften, die den Schutz natürlicher Ökosysteme vorsehen. Diese werden näher betrachtet.

---

[6] Als Rio-Konventionen werden im Folgenden, die auf dem Erdgipfel von Rio de Janeiro verabschiedete Klimarahmenkonvention (ILM 31 (1992), S. 849 ff., in Kraft getreten am 21.3.1994) und die Biodiversitätskonvention (Übereinkunft über die biologische Vielfalt, BGBl. II, S. 1742–1772, in Kraft getreten am 29.12.1993) bezeichnet. Teilweise wird auch die Konvention zur Bekämpfung der Wüstenbildung (Übereinkommen zur Bekämpfung der Wüstenbildung, abgedruckt in ILM 33 (1994), S. 1328f., in Kraft getreten am 2.12.1994) als dritte Rio Konvention bezeichnet, die jedoch erst im Rio-Folgeprozess 1994 zur Unterzeichnung auflag. Vgl. etwa Xiang/Meehan, „Financial Cooperation, Rio Conventions and Common Concerns", RECIEL 14 (2005), S. 212–224 (212).

Der Schwerpunkt des dritten Kapitels liegt in der Darstellung der Verpflichtungen zur Leistung von Erfüllungshilfe, insbesondere dem Transfer finanzieller Ressourcen. Zu diesem Zweck werden die fast wortgleichen Verpflichtungen zur Bereitstellung finanzieller Mittel in der CBD und der FCCC ausgelegt. Es folgt eine detaillierte Darstellung des Verfahrens zur Vergabe dieser finanziellen Ressourcen, durch die Globale Umweltfazilität (GEF), als gemeinsamer Finanzierungsmechanismus von CBD und FCCC.

Das vierte Kapitel führt in die Funktionsweise ökonomischer Instrumente im internationalen Umweltrecht ein. Es folgt eine Darstellung der ökonomischen Eigenschaften biologischer Vielfalt als Ressource und der Probleme ihrer Inwertsetzung und Vermarktung. Exemplarisch werden die Regelungen der CBD zum „Access and Benefit Sharing" genetischer Ressourcen untersucht. An die Umsetzung dieser Nutzungs- und Teilhabeordnung waren während 1990er Jahre immense ökonomische Erwartungen geknüpft, die sich bisher jedoch nicht erfüllt haben.

Im fünften Kapitel folgt die Analyse der Regelungen des KPs, die terrestrische Ökosysteme betreffen. Die Umsetzung und Durchführung von Politiken, Regelungen und Maßnahmen zum Schutz des Klimas, nach den Vorschriften des KPs, kann sich sowohl positiv als auch negativ auf den Bestand biologischer Vielfalt auswirken. Es wird untersucht, welche anthropogenen Eingriffe in diese Ökosysteme das KP erfasst und welche Bedeutung die Maßnahmen für den Schutz biologischer Vielfalt im Allgemeinen und die Finanzierung von Schutzgebieten im Besonderen haben können. Dabei gilt es die Besonderheiten des Marktes für die Ökosystemdienstleistung Kohlenstoffaufnahme und –speicherung darzustellen, da dies einen wesentlichen Beitrag zur Erhaltung terrestrischer Ökosysteme leisten könnte.

Das abschließende sechste Kapitel widmet sich den Verhandlungen um ein Instrument zum Schutz natürlicher terrestrischer Kohlenstoffspeicher im Rahmen des internationalen Klimaschutzregimes. Ein solches Instrument hätte große Bedeutung für den Erhalt und die Finanzierung von Maßnahmen zum Schutz biologischer Vielfalt. Es wird die Entwicklung der Thematik in den internationalen Verhandlungen dargestellt und ein erster konkreter Vorschlag einer möglichen Übereinkunft erörtert. Dem folgt eine detaillierte Analyse rechtlich relevanter Grundsatzfragen, bevor auf einzelne Regelungsgegenstände eingegangen wird.

B. Naturwissenschaftliche und ökonomische Grundlagen

I. Begriffsbestimmungen

Um die Problematik des Verlustes und der für die Erhaltung notwendigen Finanzierung von Maßnahmen zum Schutz biologischer Vielfalt darzustellen, sollen zunächst die Kernbegriffe dieser Abhandlung bestimmt werden. Es handelt sich dabei um Definitionen, die der interdisziplinären Biodiversitätsforschung (u.a. Biowissenschaften, Ökonomie, Jurisprudenz, Ethik) als Grundlage dienen und auch zur Rechtfertigung politischer Handlungsweisen herangezogen werden.[1]

1. Biologische Vielfalt

Der Begriff biologische Vielfalt steht als Oberbegriff für

„die Vielfalt der Lebensformen in allen ihren Ausprägungen und Beziehungen untereinander. Eingeschlossen ist die gesamte Bandbreite an Variationen in und Variabilität zwischen Systemen und Organismen auf den verschiedenen Ebenen sowie die strukturellen und funktionellen Beziehungen zwischen diesen Ebenen, einschließlich des menschlichen Einwirkens: Ökologische Diversität (Vielfalt von Biomen, Landschaften und Ökosystemen bis hin zu ökologischen Nischen), Diversität zwischen Organismen (Vielfalt zwischen taxonomischen Gruppen wie Stämmen, Familien, Gattungen bis hin zu Arten), Genetische Diversität (Vielfalt von Populationen über Individuen bis hin zu Genen und Nukleotidsequenzen)."[2]

Ähnlich wird Biodiversität in dem Übereinkommen über biologische Vielfalt[3] definiert, als

---

[1] Gutmann/Janich, „Überblick zu methodischen Grundproblemen der Biodiversität", in: Janich/Gutmann/Prieß, Biodiversität – Wissenschaftliche Grundlagen und Gesellschaftliche Relevanz, 2001, S. 3.

[2] WBGU, Welt im Wandel: Erhaltung und nachhaltige Nutzung der Biosphäre – Jahresgutachten Kurzfassung, 1999a, S. 6.

[3] United Nations Convention on Biological Diversity vom 05.06.1992, abgedruckt in ILM 31 (1992), S. 818 ff.; im Folgenden: CBD.

„die Variabilität unter lebenden Organismen jeglicher Herkunft, darunter unter andrem Land-, Meeres-, und sonstige aquatische Ökosysteme und die ökologischen Komplexe, zu denen sie gehören; dies umfasst die Vielfalt innerhalb der Arten und zwischen den Arten und die Vielfalt der Ökosysteme.“[4]

Biologische Vielfalt ist letztlich die Diversität des Lebens selbst.

2. Bestandteile biologischer Vielfalt

Der Oberbegriff biologische Vielfalt lässt sich in mehrere Teilbegriffe untergliedern. Diese werden hier als Bestandteile der Biodiversität bezeichnet und näher erläutert. Es handelt sich dabei um eine Klassifikation der verschiedenen Ebenen der biologischen Hierarchie, von Moleküllen bis zu Ökosystemen.

a) Vielfalt der Ökosysteme

Der Begriff Ökosystem wurde 1935 durch den britischen Ökologen A.G. Tansley geprägt.[5] Heute werden Ökosysteme definiert als dynamische Komplexe von Gemeinschaften aus Pflanzen, Tieren und Mikroorganismen, die zusammen mit ihrer anorganischen Umwelt eine funktionelle Einheit bilden und bis zu einem gewissen Grad zur Selbstregulierung befähigt sind.[6] Für Ökosysteme ist ein ganzheitlicher Ansatz kennzeichnend. Durch den Begriff werden neben dem jeweiligen Artengefüge, auch Vorgänge in einem Lebensraum einschließlich der Wechselwirkungen zwischen den jeweiligen Bestandteilen umfasst.[7] Dazu gehören auch die, aus den Energie- und Stoffflüssen zwischen den Kompartimenten entstehenden ökologischen Funktionen, wie die Regulierung des Schadstoff- und Naturhaushalts und die Klimasteuerung.[8] Es handelt sich um einen operationalen Begriff, da er Einheiten beschreibt, die weniger klar zu fassen sind als etwa ein Molekül, eine Zelle

---

[4]   Art. 2 Abs. 2 CBD.

[5]   Begon/Harper/Townsend, Ökologie, 1998, S. 472; Übersetzung von Tansleys Definition des Ökosystembegriffs, in: Breckling/Müller, Der Ökosystembegriff aus heutiger Sicht, in: Fränzle/Müller/Schröder, Handbuch der Umweltwissenschaften, 1997, II-2.2, S. 3:
      „Die fundamentale Konzeption, so scheint es mir, umfasst das gesamte System (im physikalischen Sinne), nicht nur den Komplex der Organismen sondern auch den gesamten Komplex der physikalischen Faktoren, die die Umwelt in den Biomen bilden – die Habitatfaktoren im weitesten Sinne. Es sind die so beschaffenen Systeme, die vom Standpunkt des Ökologen aus gesehen, die grundlegenden Einheiten der Natur auf der Oberfläche darstellen. Diese Ökosysteme, wie wir sie nennen können, sind von verschiedenster Art und Größe. Sie bilden eine Kategorie der vielfältigen physischen Systeme des Universums, die vom Universum als Ganzen herabreichen bis zum Atom.“

[6]   Wittig/Streit, Ökologie, 2004, S. 103; Überblick gängiger Definitionen des Ökosystembegriffs bei Breckling/Müller, 1997, S. 6.

[7]   Kuttler, Ökologie, 1993, S. 291.

[8]   Niederstadt, Ökosystemschutz durch Regelung des öffentlichen Umweltrechts, 1997, S. 25.

oder eine Art. Aus der, auf Bertalanffy zurückgehenden Systemtheorie,[9] lässt sich ableiten, dass jedes System aus einer Anzahl von Teilsystemen bestehen kann.[10] So kann beispielsweise ein See, ein Wald oder ein Getreidefeld als ein Ökosystem definiert und beschrieben werden;[11] aber auch die Biosphäre, also der von Leben erfüllte Raum der Erde, von der belebten Schicht der Erdkruste (inklusive der Seen und Ozeane) bis hin zur unteren Schicht der Atmosphäre, wird als (globales) Ökosystem bezeichnet.[12] Es hängt daher vor allem von praktischen Erwägungen ab, mit welcher Komplexitätsstufe man sich auseinandersetzen möchte. Soweit in dieser Arbeit der Begriff Ökosystem verwendet wird, entspricht er nicht notwendigerweise den Begriffen „Biom" oder „ökologische Zone", vielmehr ist damit eine lokal konkret abgrenzbare terrestrische Lebensgemeinschaft (Funktionseinheit) gemeint.

Ökosystemvielfalt umfasst die Vielfalt der Biotope (Landschaftsdiversität), der Lebensgemeinschaften (biozönotische Diversität) und der ökologischen Prozesse (funktionelle Diversität) in der Biosphäre insgesamt, aber auch die Diversität innerhalb der Ökosysteme selbst.[13]

b) Artenvielfalt

Nach Wilson wird die Art als ‚grundlegende Einheit' der wissenschaftlichen Analysen biologischer Vielfalt betrachtet.[14] Er definiert sie als

> „eine Population oder eine Reihe von Populationen, in denen unter natürlichen Bedingungen ein freier Genaustausch erfolgt. Dies bedeutet, dass alle physiologisch normal funktionsfähigen Individuen zu gegebener Zeit im Prinzip mit jedem andersgeschlechtlichen Vertreter derselben Art Nachkommen erzeugen oder doch zumindest – über eine Kette anderer sich fortpflanzender Individuen – in genetische Verbindung treten können. Laut Definition paaren sich Mitglieder einer Art nicht mit Vertretern einer anderen Art."[15]

Die Arten bilden die unterste Ebene der taxonomischen Kategorien der Organismen, hierarchisch über ihr liegt die Gattung.[16]

Artenvielfalt ist die Anzahl der, innerhalb eines bestimmten geographischen Gebietes auftretenden Arten.[17] Relativ gut erforscht sind Pflanzen und Wirbeltiere,

---

[9] Bertalanffy, General System Theory, 1969, S. 30f.

[10] Lévêque, Ecology – From Ecosystem to Biosphere, 2003, S. 131.

[11] Wittig/Streit, 2004, S. 112.

[12] WBGU, Welt im Wandel: Erhaltung und nachhaltige Nutzung der Biosphäre – Jahresgutachten 1999b, S. 12.

[13] Pearce/Moran, The Economic Value of Biodiversity, 1995, S. 5.

[14] Wilson, „Der gegenwärtige Stand der biologischen Vielfalt", in: ders., Ende der biologischen Vielfalt? 1992, S. 19-36 (22).

[15] Wilson, in: ders., 1992, S. 22.

[16] Henrich, Biodiversitätsvernichtung – Ökologisch-ökonomische Ursachenanalysen, kausalitätstheoretische Grundlagen und evolutorische Eskalationsdynamik, 2003, S. 199.

[17] Henne, Genetische Vielfalt als Ressource, 1998, S. 34.

wenig untersucht hingegen Mikroorganismen und Gliedertiere. Vor allem Insekten dominieren die Artenvielfalt der Erde. Etwa zwei Drittel aller z.Zt. bekannten Arten stammen aus dieser Gruppe. Allein unter Käfern existieren etwa doppelt so viele Arten wie bei Pflanzen, und zehn Mal so viele Arten wie bei Wirbeltieren.[18] Die genaue Anzahl, der auf der Erde lebenden Arten ist nicht bekannt. Da schätzungsweise täglich etwa 300 neue Arten entdeckt werden, geht man nach heutigen Untersuchungen von ca. 1,75 Millionen Arten aus, wobei Stichprobenuntersuchungen den Schluss zulassen, dass es sich bei den bisher beschriebenen Arten um etwa 10–14 % der absoluten Anzahl an Arten handelt.[19] Hinzu kommt, dass aufgrund der Anwendung neuer Abgrenzungskriterien, bekannte Arten aufgeteilt werden in zwei oder mehrere Arten. Sicher ist hingegen, dass eine genaue Inventur aller derzeit vorhandenen Arten niemals wird stattfinden können, da viele Arten noch vor ihrer Entdeckung ausgestorben sein werden.[20]

c) Genetische Vielfalt

Im Jahr 1909 wurde der Begriff „Gen" von W.L. Johannsen eingeführt, als Name für die ursprüngliche, rein formale genetische Einheit der Vererbung eines Merkmals von einer Generation auf die nächste.[21] Heute wird ein Gen als die,

> „durch den Allelie und Cis-Trans-Test erfasste und abgegrenzte Funktionseinheit des genetischen Materials definiert, die in Beziehung zu anderen Funktionseinheiten rekombiniert werden kann, die aber selbst in zahlreichen Mutationsorten zu verändern ist und aus zahlreichen Rekombinationseinheiten besteht."[22]

Als genetische Vielfalt wird die Vielzahl möglicher Kombinationen von Genen bezeichnet, die in den verschiedenen Arten und innerhalb einer Art vorkommen.[23] Jede Art verfügt über eine unermessliche Menge an genetischen Informationen, so beläuft sich die Anzahl der Gene von Bakterien auf ungefähr 1.000, von den meisten Blütenpflanzen auf ca. 400.000.[24] Die Individuen einer Art, seien es Pflanzen, Tiere oder Mikroorganismen teilen bestimmte Eigenschaften, sind aber genetisch nicht miteinander identisch. Diese genetische Verschiedenheit bestimmt die Individualität der einzelnen Lebewesen innerhalb einer Art.[25] Eine Art mit großer genetischer Vielfalt ist robuster und anpassungsfähiger als eine Art, deren Individuen weitgehend über die gleichen genetischen Informationen verfügen. In den

---

[18] WBGU, 1999a, S. 40.

[19] Purvis/Hector, „Getting the Measure of Biodiversity", Nature 405 (2000), S. 212–219 (213); Wilson, in: ders., 1992, S. 21, geht von etwa fünf bis 30 Millionen Arten aus.

[20] Beierkuhnlein, „Biodiversität und ökologische Serviceleistungen", in: Hiller/Lange, Biologische Vielfalt und Schutzgebiete – Eine Bilanz 2004, 2005, S. 25–53 (41).

[21] Rieger/Michaelis/Green, Glossary of Genetics and Cytogenetics, 1976, S. 210; Oliver/Ward, Wörterbuch der Genetik, 1988, S. 54.

[22] Hagemann, Allgemeine Genetik, 1999, S. 303.

[23] Klaus/Schmill/Schmid/Edwards, Biologische Vielfalt – Perspektiven für das neue Jahrhundert, 2000, S. 10.

[24] Pearce/Moran, 1995, S. 4.

[25] Klaus/Schmill/Schmid/Edwards, 2000, S. 10.

meisten Fällen bedarf es zahlreicher genetisch unterschiedlicher Populationen, um angesichts der unvermeidlichen natürlichen Umweltveränderungen den Bestand einer Art zu sichern.[26] Existiert eine Vielzahl verschiedener Populationen, verteilt sich das Risiko, so dass ungünstige Bedingungen in einem oder einigen wenigen Habitaten nicht gleich die gesamte Art bedrohen. Heute nimmt diese genetische Vielfalt innerhalb der Arten in weiten Teilen der Erde stark ab.[27] In diesem Zusammenhang ist auch die Nutztier- und Pflanzenproduktion in der modernen Landwirtschaft kritisch zu beurteilen.[28] Indem bestimmte Zuchtziele angestrebt und gewisse Eigenschaften einer Art optimiert werden, geht die genetische Vielfalt innerhalb dieser Art verloren. Aufgrund der genetischen Konformität innerhalb einer bestimmten Art ist diese besonders störungsempfindlich und auf einen ganz speziellen Lebensraum sowie auf bestimmte klimatische Bedingungen angewiesen. Ihre natürliche Anpassungsfähigkeit ist dadurch deutlich vermindert.[29]

d) Funktionelle Diversität

Die „funktionelle Vielfalt" wird teilweise als vierte Ebene biologischer Vielfalt bezeichnet.[30] Sie wird in der CBD mit „ökologischer Komplexität" umschrieben, an anderer Stelle auch als „Biokomplexität" bezeichnet.[31] Unter diesen Begriff werden die unterschiedlichen Rollen gefasst, die Organismen in Ökosystemen zukommen. Dabei wird beispielsweise unterschieden zwischen der Rolle der Pflanzen als Energiekonsument und der Rolle eines Pflanzen fressenden Tieres, welches das Pflanzenwachstum kontrolliert.[32]

3. Produkte und Leistungen biologischer Vielfalt

Der Mensch nutzt direkt oder indirekt die meisten Erzeugnisse und Funktionen biologischer Vielfalt. Diese werden daher als wertvoll erachtet und als Produkte und Leistungen biologischer Vielfalt bezeichnet. Biologische Ressourcen und Ökosystemdienstleistungen werden unter diesem Begriff zusammengefasst.[33]

---

[26] Bowman/Redgewell, „Introduction", in: dies., International Law and the Conservation of Biological Diversity, 1996, S. 1–32 (6).

[27] Mooney/Fowler, Shattering – Food, Politics, and the Loss of Genetic Diversity, 1990, S. 63f.

[28] Pearce/Moran, 1995, S. 4.

[29] Mooney/Fowler, 1990, S. 85.

[30] Henne, 1998, S. 39.

[31] Beierkühnlein, „Der Begriff Biodiversität", Nova Acta Leopoldina NF 87, Nr. 328 (2003), S. 51–71 (65).

[32] WRI, World Resources 1994-95, People and the Environment, 1995, S. 148.

[33] OECD, Harnessing Markets for Biodiversity – Towards Conservation and Sustainable Use, 2003, S. 7.

a) Biologische Ressourcen

Unter dem Begriff „natürliche Ressource" sind grundsätzlich all die Bestandteile der belebten und unbelebten Natur zu verstehen, die von Menschen gezielt (direkt) angeeignet und genutzt werden. Wirtschaftlich gesehen sind Ressourcen „natürliche Produktionsmittel".[34] Regenerierbare Ressourcen sind solche, die sich selbst in gleich bleibendem Umfang erneuern bzw. erneuert werden können, entweder, weil sie relativ schnell recycelbar sind (z.B. Boden, Wasser), oder weil sie leben und sich vermehren bzw. vermehrt werden können.[35] Die Bestandteile biologischer Vielfalt erneuern sich bei sorgfältiger Entnahme von Produkten der unbestellten Natur (Holz, Nüsse, wild wachsende Pflanzen usw.) und von kultivierten Lebewesen aus Land-, Wasser- und Forstwirtschaft und pfleglichem Umgang mit den entsprechenden Ökosystemen regelmäßig. ‚Biologische Ressourcen' schließen genetische Ressourcen, Organismen oder Teile davon, sowie Populationen oder einen anderen biotischen Bestandteil von Ökosystemen ein, die einen tatsächlichen oder potentiellen Nutzen oder Wert für die Menschheit haben.[36] Durch die CBD wird der Begriff damit sachlich konkretisiert. Es wird eine Eingrenzung unter dem Gesichtspunkt anthropogener Zweckbestimmung und Nützlichkeitserwägungen vorgenommen.[37]

b) Ökosystemfunktion, Ökosystemdienstleistung

Die im Rahmen des Ökosystembegriffs beschriebenen, ökologischen Funktionen werden auch als Ökosystemfunktionen (*ecosystem function*) bezeichnet. Es handelt sich dabei um einen allgemeinen Begriff für jede Interaktion und jeden Prozess in einem Ökosystem.[38] Diese Ökosystemfunktionen bedingen wiederum bestimmte ökosystemare Leistungen (*ecosystem services*). Unter Ökosystemdienstleistungen wird der Beitrag verstanden, den Ökosysteme zum Nutzen des Menschen leisten,[39] es sind ökologische Prozesse oder Funktionen, die für Individuen oder die Gesellschaft einen Wert haben.[40] Sie werden durch drei Merkmale gekennzeichnet:

„First, and most obvious, the service has to emerge from the natural environment. Second, a service must enhance human well-being. Third, a service is an end product of nature directly used by people."[41]

---

[34]   Brockhaus, „Rohstoffe", in: Brockhaus Enzyklopädie 18. Band., 1992, S. 484–485.

[35]   Brockhaus, „Rohstoffe", in: Brockhaus Enzyklopädie 18. Band., 1992, S. 484–485.

[36]   Art. 2 Abs. 1 CBD.

[37]   Wolfrum, „Völkerrechtlicher Rahmen für die Erhaltung der Biodiversität", in: Wolff/Köck, 10 Jahre Übereinkommen über die biologische Vielfalt, 2004, S. 18–35 (24).

[38]   Schaefer, Wörterbuch der Ökologie, 2003, S. 240.

[39]   Schaefer, 2003, S. 240.

[40]   IPCC, 2001a, S.110.

[41]   Boyd/Banzhaf, „Ecosystem Services and the Government: The Need for a New Way of Judging Nature's Value", Resources 158 (2005), S. 16–19 (16).

Ökosystemdienstleistungen stellen ein anthropozentrisches Konzept dar, denn erst eine Bewertung ökologischer Strukturen und Prozesse lässt ihre eigenständige Betrachtung zu.[42] Teilweise werden diese Leistungen auch als Umweltleistungen bezeichnet (*environmental services*).[43] Als Beispiele seien hier die stoffliche Zusammensetzung der Atmosphäre mit einem konstanten Anteil an Sauerstoff, sauberes trinkbares Wasser, fruchtbarer Boden, erntbare Bestände von Holz, Fisch und anderen biologischen Ressourcen, sowie Abwasserreinigung und die Blütenbestäubung bei Kulturpflanzen, erwähnt.[44] Welche Ökosystemdienstleistungen für die Gesellschaft erbracht werden können, wird einerseits durch natürliche Faktoren bestimmt, etwa die Artenzusammensetzung und die Artenvielfalt eines Ökosystems, oder durch seine Fähigkeit, eine bestimmte Funktion zu erfüllen, etwa die Speicherung von Wasser oder Kohlenstoff. Diese Faktoren unterliegen lokalen, regionalen und globalen Einflüssen. Andererseits sind gesellschaftliche Präferenzen, wirtschaftliche Strukturen und Marktverhältnisse dafür ausschlaggebend, welchen Wert diese Leistungen für die Gesellschaft haben.[45]

c) Produkte und Leistungen von Schutzgebieten

Durch die Erhaltung biologischer Vielfalt in Schutzgebieten, stellen diese Gebiete auch die Produkte und Leistungen, der in dem Schutzgebiet vorkommenden Biodiversität bereit. Es wird daher teilweise der Begriff Schutzgebietsleistung verwendet.[46]

II. Begründungen für den Erhalt biologischer Vielfalt

Die Notwendigkeit des Schutzes der Natur bzw. des Erhaltes biologischer Vielfalt wird unterschiedlich begründet. Während die Pathozentrik bei der Leidensfähigkeit von Wesen ansetzt;[47] theologische Begründungen den Artenschutz als eine von Gott auferlegte Pflicht betrachten; ergibt sich die Pflicht zum Artenerhalt

---

[42] De Groot/Wilson/Boumans, „A Typology for the Classification, Description and Valuation of Ecosystem Functions, Goods and Services", Ecological Economics 41, (2002) 393–408 (397).

[43] Gutman, „A Closer Look at Payments and Markets for Environmental Services", in: ders., From Goodwill to Payments for Environmental Services, 2003, S. 27–40 (27).

[44] Schaefer, 2003, S. 240.

[45] Beck et al., Die Relevanz des Millenium Ecosystem Assessment für Deutschland, 2006, S. 10.

[46] Emerton et al., 2006, S. 64.

[47] Lerch, Verfügungsrechte und biologische Vielfalt: eine Anwendung der ökonomischen Analyse der Eigentumsrechte auf die spezifischen Probleme genetischer Ressourcen, 1996, S. 23; Siep, „Erhaltung der Biodiversität – Nur zum Nutzen des Menschen", in: Hiller/Lange, Biologische Vielfalt und Schutzgebiete – Eine Bilanz 2004, 2005, S. 17–24 (17).

biozentrischer Naturschutzbegründungen, aus der Erfurcht vor dem Leben.[48] Die auch im Umweltvölkerrecht vorherrschende anthropozentrische Artenschutzbegründung stützt sich hingegen auf den Wert, den die Natur für Menschen besitzt,[49] sowie auf das Postulat der intergenerationellen Gerechtigkeit.[50] Im Folgenden werden Nutzenstiftungen biologischer Vielfalt dargestellt.

1. Ernährungsgrundlage

Um die Ernährungsgrundlage der Weltbevölkerung zu sichern, ist die biologische Vielfalt als Ressource unabdingbar. Nach Schätzungen besitzen etwa 75.000 bis 80.000 der 250.000 beschriebenen Gefäßpflanzenarten für den Menschen essbare Bestandteile.[51] Von diesen Pflanzenarten werden lediglich 3.000 bis 7.000 Arten, meist im lokalen Maßstab für Ernährungszwecke genutzt. Überregional oder weltweit kultiviert werden nur ca. 150 Arten.[52] Wenige dieser Arten bilden die Hauptnahrungsquelle der Menschheit,[53] etwa 90 % der pflanzlichen Ernährung des Menschen werden von 20 Arten gedeckt.[54] Die Bevorzugung weniger Arten könnte zur Auffassung verleiten, dass eine große Artenvielfalt zur Ernährungssicherung nicht notwendig sei. Zudem in den vergangenen Jahrzehnten innerhalb der ca. 20 Arten wenige sog. Hochzuchtsorten entwickelt wurden.[55] Damit wuchs aber auch die Abhängigkeit der Landwirtschaft von einigen wenigen Nutzpflanzen, von immer weniger Varietäten dieser Arten und von der Aufrechterhaltung ihrer natürlichen Leistungsfähigkeit.[56] Die ertragreichen jedoch genetisch verarmten Sorten werden im industriellen Anbau oftmals monokulturell eingesetzt und haben vor allem in den biodiversitätsreichen Ländern der Dritten Welt die regional genetisch

---

[48] Es zu unterscheiden zwischen dem „biozentrischen Individualismus" und dem „biozentrischen Holismus".

[49] Kloepfer, Umweltrecht, 2004, § 11, Rn. 9, S. 830; Präambel der CBD.

[50] Danach darf zukünftigen Generationen das Erlebnis bzw. der Nutzen aus einer Art nicht ohne zwingende Gründe vorenthalten werden. Vgl. Präambel der CBD; Präambel der FCCC.

[51] WBGU, 1999a, S. 41; Hampicke, Naturschutz-Ökonomie, 1991, S. 21.

[52] Myers, „Loss of Biological Diversity and its Impact on Agriculture and Food Production", in: Pimental/Hall, Food and Natural Resources, 1989, S. 49–68 (54).

[53] Henne, 1998, S. 68.
      60 % der Kalorienzufuhr liefern die drei Stärkepflanzen Weizen, Mais und Reis, 75 % der pflanzlichen Nahrungsenergie stammen von neun Kulturpflanzen: Weizen, Reis, Mais, Sorghum/Hirse, Gerste Kartoffel, Süßkartoffel/Yam, Sojabohne und Zuckerrohr.

[54] WBGU, 1999a, S. 41; Lerch, 1996, S. 35.

[55] Henne, 1998, S. 69.
      Die Hochzuchtsorten werden durch die Kreuzung von Landsorten entwickelt werden. Der Hochzuchtreis IR-72 stammt z.B. von 22 Landsorten aus verschiedenen Ländern ab.

[56] Czybulka, „Erhaltung der Biodiversität bei der landwirtschaftlichen Nutzung", in: Wolff/Köck, 10 Jahre Übereinkommen über die biologische Vielfalt, 2004, S. 152–173 (154).

verschiedenen Wildpflanzen und Landsorten verdrängt.[57] Die Bepflanzung weiter Gebiete mit Monokulturen[58] aus genetisch gleichförmigen Sorten macht die landwirtschaftliche Produktivität sehr anfällig gegenüber Krankheiten, extremen Wetterverläufen oder Schädlingen,[59] so dass bei Eintritt eines Störungsfalles die Nahrungsmittelproduktion der Menschheit ernsthaft bedroht sein kann.[60] Wildpflanzen und Landsorten, als traditionelle Artenbasis und Ausgangsmaterial der Hochzuchtsorten hingegen haben bei zwar geringerem aber sicherem Ertrag eine größere Resistenzbreite und sind gegenüber Umweltveränderungen toleranter.[61]

2. Forschungsgrundlage für die Pharmaindustrie

Neben der Nutzung biologischer Vielfalt in ihrer Funktion als Ernährungsgrundlage liefern Wirkstoffe natürlicher biologischer Herkunft, d.h. von in der Natur vorkommenden Lebewesen erzeugte Substanzen, die Ausgangsbasis zahlreicher Arznei- und Heilmittel, für den Menschen sowie für Nutztiere. So finden pflanzliche Substanzen, tierische Enzyme oder Hormone entweder unmittelbar Eingang in die Arzneimittelproduktion oder werden als Vorlage für eine von den natürlichen Ressourcen unabhängige Laborsynthese genutzt.[62] Etwa 78 % der in den USA neu zugelassenen antibakteriellen Arzneimittel waren natürlicher Herkunft im weiteren Sinn.[63] Während 1985 in Amerika ca. 8 Mrd. US $ für Medikamente ausgegeben wurden,[64] deren Hauptbestandteil aus höheren Pflanzen extrahiert wurde, stieg

---

[57] Altieri/Merrick, „Agraökologie und in-situ-Erhaltung der Vielfalt der in der Dritten Welt heimischen Kulturpflanzen", in: Wilson, 1992, S. 387–396 (387).

[58] Unmüßig, „Mythos Geld? – Zur Finanzierung von Maßnahmen zum Schutz der biologischen Vielfalt", in: Wolters: Leben und Leben lassen. Biodiversität – Ökonomie, Natur- und Kulturschutz im Widerstreit, 1995, S. 69–82 (71).

[59] Baumgärtner, „Der ökonomische Wert der biologischen Vielfalt", in: Bayerische Akademie für Naturschutz und Landschaftspflege, Grundlagen zum Verständnis der Artenvielfalt und seiner Bedeutung und der Maßnahmen, dem Artensterben entgegen zu wirken, 2002, S. 73–90 (75).

[60] Hampicke, 1991, S. 24.
      Als historisches Beispiel sei die Hungersnot in Irland um 1845 genannt, hervorgerufen durch den Zusammenbruch des Kartoffelanbaus, infolge der Kraut und Knollenfäule. Weiteres Beispiel ist die Epidemie des neotropischen, Maispflanzen befallenden Pilzes *Helminthosporium maydis*, der den amerikanischen Maiskulturenfarmern 1970 einen Verlust von zwei Mrd. US $ bescherte. Bedingt durch die Tatsache, dass 70 % der amerikanischen Maiskulturen von nur sechs Zuchtlinien abstammen.

[61] Henne, 1998, S. 72.

[62] Becker-Soest, Institutionelle Vielfalt zur Begrenzung von Unsicherheit: Ansatzpunkte zur Bewahrung von Biodiversität in einer liberalen Wettbewerbsgesellschaft, 1998, S. 53.

[63] Henne, 1998, S. 73.

[64] Farnsworth, „Die Suche nach neuen Arzneistoffen in der Pflanzenwelt", in: Wilson, 1992, S. 104–118 (104).

diese Zahl bis zum Jahr 1990 auf über 15 Mrd. US $ an.[65] Der Anteil von Arzneimitteln pflanzlichen Ursprungs betrug bereits 1990 in den OECD Ländern 25 %, und weltweit unter Einschluss der industriell nicht entwickelten Länder sind es sogar 75 %. Im Jahr 1985 wurden in den Mitgliedstaaten der OECD auf pflanzlicher Basis entwickelte Medikamente im Wert von über 100 Mrd. US $ verkauft.[66] Das wohl bekannteste Beispiel ist das Krebsheilmittel des US Pharmakonzerns Eli Lily, das aus der in Madagaskar vorkommenden *rosy periwinkle* gewonnen wird.[67] Dennoch ist die Mehrzahl der potentiell pharmazeutisch nutzbaren Substanzen biologischer Herkunft trotz der Vielzahl der Arzneimittel, die auf pflanzlicher Basis entwickelt wurden, kaum oder gar nicht erforscht. So entstammen die in den USA verkauften Medikamente auf natürlicher Basis nur ca. einem Prozent des weltweiten Pflanzenbestandes.[68]

3. Sonstige Nutzenstiftungen

a) Biodiverse Natur als Rohstoff

Die industrielle Bedeutung natürlicher, erneuerbarer Rohstoffe wird in Zeiten knapper und damit teurer werdenden Rohöls immer deutlicher. Vor allem pflanzliche Fette und Öle haben eine überragend wichtige Rolle.[69] Pflanzliche Stoffe werden aber auch als Dämmstoffe genutzt,[70] als Pestizide eingesetzt[71] oder für die Herstellung von Kosmetika verwendet.[72] Auch die Palette alternativer Energiegewinnungsmethoden wird durch die Verwertung von Biomasse in speziellen Kraftwerken[73] oder durch die Verwendung von Rapsöl als Kraftstoff für Dieselmotoren[74] ergänzt und ersetzt damit teilweise traditionelle fossile Brennstoffe.

---

[65] Lerch, 1996, S. 37.

[66] Hampicke, 1991, S. 25.

[67] Margulies, „Protecting Biodiversity: Recognizing International Intellectual Property Rights in Plant Genetic Resources", MichJIL 14 (1993), S. 322–356 (324).

[68] Henne, 1998, S. 73.

[69] Plotkin, „Tropische Länder als Quelle neuer Produkte von Industrie und Landwirtschaft – ein Ausblick", in: Wilson,. 1992, S. 128–138 (134).
Diese werden z.B. aus Palmen oder den Samen der Rebenart Fevilla gewonnen und u.a. zur Herstellung von Schutzanstrichen, Schmiermitteln und Weichmachern verarbeitet.

[70] Fachagentur Nachwachsende Rohstoffe (FNR), Dämmstoffe, (07.08.2008), http://www.naturdaemmstoffe.info/, (aufgerufen 07.08.2008).

[71] Shiva, The neem tree – a case history of biopiracy, Third World Network, (01.06.2006), http://www.twnside.org.sg/title/pir-ch.htm, (aufgerufen 06.08.2008).

[72] Lerch, 1996, S. 39.

[73] Scheuermann et al., Monitoring zur Wirkung der Biomasseverordnung auf Basis des Erneuerbare-Energien-Gesetzes (EEG), 2003, S. 38.

[74] Fachagentur Nachwachsende Rohstoffe (FNR), Ölpflanzen, (25.02.2008), http://www.fnr.de/, (aufgerufen 07.08.2008).

b) Vorbild für technische Entwicklungen

In der Wissenschaft dient biologische Vielfalt oft als Vorbild für technologische Entwicklungen. Unter der Bezeichnung „Bionik" hat sich mittlerweile eine eigene Wissenschaftsdisziplin etabliert, die sich mit technischen Entwicklungen nach dem Vorbild der Natur beschäftigt.[75] Daneben wird Biodiversität in der Grundlagenforschung oder in der medizinischen Forschung nutzbar gemacht.[76] Die Analyse der Kommunikation von Buckelwalen ergab beispielsweise wichtige Erkenntnisse für die Fernkommunikation unter Wasser.[77] Im Bereich der medizinischen Forschung, auf dem Gebiet der Bluterkrankheiten kam man zu neuen Erkenntnissen durch die Untersuchung des extrem langsam gerinnenden Blutes des Manatee; Haifischarten erwiesen sich bei der Erforschung von Krebsleiden und Leprakrankheiten als sehr wertvoll.[78]

c) Stabilitätsfunktion im Ökosystem

Die natürlichen Ökosysteme erfüllen lebenswichtige Funktionen, wie z.B. Klimaregulation, Sauerstoffproduktion oder Trinkwasserbereitstellung.[79] Innerhalb von Ökosystemen kommt den verschiedenen Arten jeweils unterschiedlicher, mit den Eigenschaften anderer Arten in der Gesamtwirkung verzahnter Nutzen zu. Sie sorgen aufgrund ihrer Eigenschaften dafür, dass der Energie- und Stofffluss innerhalb des Ökosystems aufrechterhalten bleibt, sie sorgen für dessen Stabilität.[80] Es wird überwiegend die Hypothese vertreten, dass ein Zusammenhang zwischen Stabilität des Ökosystems und der Vielfalt der das Ökosystem konstituierenden Arten besteht, auch wenn es Wissenschaftlern bisher schwer fällt dies empirisch nachzuweisen.[81] Dennoch sprechen überzeugende Argumente dafür, dass Stabilität und Selbstregelungsvermögen auf einer reichen Artenausstattung beruht, während Artenarmut eine Tendenz zur Labilität aufweist.[82] Becker-Soest verweist darüber hinaus auf die Fähigkeit der Biodiversität, zum Abbau menschlich induzierter

---

[75] Lerch, „Biologische Vielfalt – ein ganz normaler Rohstoff?" In: Mayer: Eine Welt-Eine Natur? – Der Zugriff auf die biologische Vielfalt und die Schwierigkeiten, global gerecht mit ihrer Nutzung umzugehen 1995, S. 40.

[76] Marggraf, „Ökonomische Aspekte der Biodiversitätsbewertung", in: Janich/Gutmann/-Prieß, 2001, S. 357–416 (371).
      Ein Beispiel für die Vorbildwirkung der Natur ist die Entwicklung von Hubschrauberrotoren. Libellen und Wespenarten wurden hierbei aufgrund ihrer besonderen aerodynamischen Eigenschaften herangezogen.

[77] Hampicke, 1991, S. 29.

[78] Myers, Der Öko-Atlas unserer Erde, 1985, S. 146.

[79] Klauer, „Welchen Beitrag können die Wirtschaftswissenschaften zum Erhalt der Biodiversität leisten?", In: Spehl/Held, Vom Wert der Vielfalt – Diversität in Ökonomie und Ökologie, 2001, S. 59- 70 (62).

[80] Meyerhoff, „Ansätze zur ökonomischen Bewertung biologischer Vielfalt", in: Feser/v.Hauff, Neuere Entwicklungen in der Umweltökonomie und -politik, 1997, S. 229–248 (230).

[81] Kirchhoff/Trepl „Vom Wert der Biodiversität", In: Spehl/Held, 2001, S. 27–44 (27).

[82] Hampicke, 1991, S. 32.

stofflicher und nicht-stofflicher Emissionen sowie zur Abfederung der Folgen menschlicher Eingriffe in Ökosysteme beizutragen.[83]

d) Indikator- und Monitorfunktion

Eine weitere Nutzenstiftung der biologischen Vielfalt liegt in der Bioindikation. Pflanzen- und Tierarten erweisen sich als verlässliche Indikatoren für Bodenschätze und Schadstoffe.[84] Sie können durch Speicherung von bestimmten Stoffen in ihren Körpern, durch Reaktionen oder durch ihre An- oder Abwesenheit Aufschlüsse über Belastungen in ihrer Umwelt geben und ersparen so den Einsatz technisch-apparativer Messungen, die oft nur mit weitaus größerem Aufwand zu gewinnen wären.[85] Der Schwermetallgehalt der Atmosphäre kann beispielsweise anhand ihrer Anreicherung in Moosen abgeschätzt werden. Algen werden als Indikatoren für die Belastung von aquatischen Ökosystemen mit organischen Stoffen und Schwermetallen verwendet.[86]

e) Befriedigung ästhetischer und emotioneller Bedürfnisse

Biologische Vielfalt wird als Quelle für die Befriedigung ästhetischer und emotionaler Bedürfnisse geschätzt.[87] Die Inspiration, die der Mensch aus der Natur schöpft z.B. in Bereichen wie der Musik, der bildenden Kunst, der Literatur, der Mode oder der Architektur, kann zwar nicht genau bemessen werden, ist jedoch immens.[88] Es handelt sich hierbei um eine sehr subtile Nutzenstiftung, die mit den oben erwähnten nicht direkt verglichen werden kann und soll. Aufgrund der individuell-emotional motivierten Nutzung dient Biodiversität in großem Ausmaß zu Erholungs- und Entspannungszwecken.[89] Die Befriedigung der ästhetischen und emotionalen Bedürfnisse hat gerade in Zeiten der Verstädterung eine wirtschaftliche Komponente.[90]

---

[83] Becker-Soest, 1998, S. 56; Rahmeyer, „Volkswirtschaftliche Grundlagen der Umweltökonomie", in: Stengel/Wüstner, Umweltökonomie – eine interdisziplinäre Einführung, 1997, S. 35–66 (37).

[84] Marggraf, in: Janich/Gutmann/Prieß, 2001, S. 365.

[85] Hampicke, 1991, S. 30.

[86] Baumgärtner, 2002, S. 75.

[87] Marggraf, in: Janich/Gutmann/Prieß, 2001, S. 365.

[88] Lerch, in: Mayer, 1995, S. 43.

[89] Becker-Soest, 1998, S. 54.

[90] Lerch, in: Mayer, 1995, S. 42.
      Ein Indiz dafür sind die Summen, die im Tourismussektor für das Erleben von Natur jährlich umgesetzt werden.

III. Vorkommen, Verteilung und Ursachen des Verlustes biologischer Vielfalt

1. Geographische Verteilung

Die biologische Vielfalt ist nicht gleichmäßig über die Erde verteilt. Es gibt vielmehr Orte, an denen sich die Vielfalt konzentriert und solche, an denen eine sehr geringe Diversität gegeben ist. Über einige Taxa terrestrischer Ökosysteme wie Pflanzen, Vögel oder Säugetiere herrscht hinsichtlich des Vorkommens und der Verteilung größeres Wissen vor. Wenig verfügbare empirische Informationen gibt es über die Vielfalt von Bakterien, Pilzen oder Insekten.[91] Man geht davon aus, dass lediglich 10 % der Arten dieser Gruppe bekannt sind.[92]

Als Indikator für die Verteilung biologischer Vielfalt dienen u.a. Daten über die Verteilung von Gefäßpflanzenarten.[93] Daraus lässt sich hinsichtlich der Verteilung biologischer Vielfalt ein Gefälle zwischen den nördlich gemäßigten Breiten einerseits, den Tropen und den südlichen gemäßigten Breiten andererseits ableiten.[94] Im Allgemeinen nimmt die Artenzahl von den Polen zu den Tropen hin zu, in Nordamerika beispielsweise von der arktischen Region bis zu den tropischen Regionen etwa um das zehnfache.[95] In den feuchtwarmen tropischen Regenwäldern, die zwar nur noch etwa sieben Prozent der Landmasse ausmachen, befinden sich schätzungsweise über 90 % der gesamten terrestrischen Artenvielfalt.[96] Ein Beispiel aus Peru verdeutlicht das: dort fanden sich auf einem einzigen Baum 43 Ameisenarten aus 26 Gattungen, das entspricht etwa der gesamten Ameisenfauna der britischen Inseln.[97] Neben der Artenzahl ist die Zahl der Arten mit begrenzter Verbreitung (sog. Endemiten) ein zusätzliches wichtiges Merkmal zur Kennzeichnung einer Flora und der Bestimmung der Biodiversität.[98] Es besteht ein loser Zusammenhang zwischen der Artenzahl und der Zahl der Endemismen, aber es gibt auch einige Länder, in denen die Zahl der endemischen Arten ungewöhnlich hoch ist. Die größte Vielfalt endemischer Wirbeltierarten ist beispielsweise in Australien vorzufinden, während die größte Vielfalt an Pflanzenarten im südlichen

---

[91] Gaston/Spicer, Biodiversity: An Introduction, 2004, S. 50.

[92] Diese stellen in Ökosystemen die wichtigsten Primärproduzenten dar. Es sind ca. 80 % ihrer Arten benannt und ihr Vorkommen ist ausreichend dokumentiert. Barthlott, „Global distribution of biodiversity", in: BMBF, Sustainable use and conservation of biological diversity – A challenge for society, 2004, S. 54.

[93] Barthlott, in: BMBF 2004, S. 54.

[94] Becker-Soest, 1998, S. 29.

[95] Dobson, Conservation and biodiversity, 2000, S. 19.

[96] Wolters, „Die Arche wird geplündert – Vom drohenden Ende der biologischen Vielfalt und den zweifelhaften Rettungsversuchen", in: ders., Leben und Leben lassen. Biodiversität – Ökonomie, Natur- und Kulturschutz im Widerstreit, 1995, S. 18.

[97] Wilson, in: ders., 1992, S. 25.

[98] Gibbons/McGlothlin, „Changing Balance – An Ecological Perspective on the Loss of Biodiversity", in: Spray/McGlothlin, Loss of Biodiversity, 2003, S. 29–54 (37).

Afrika gegeben ist.[99] Die Zahl der endemischen Arten in den artenreichen Ländern ist etwa um den Faktor 1.000 größer als in Deutschland.[100]

2. Hot Spots

Es gibt ca. 17 Staaten auf deren Territorien sich etwa 66-75 % der gesamten Biodiversität befindet. Zu diesen Staaten gehören: Brasilien, Indonesien Kolumbien, Mexiko, Australien, Madagaskar, China, die Philippinen, Indien, Peru, Papua Neuguinea, Ekuador, USA, Venezuela, Malaysia, Südafrika und die demokratische Republik Kongo. Diese Liste wurde auf Grundlage der, in den jeweiligen Staaten vorkommenden Artenanzahl erstellt und hängt daher auch mit der Größe der verschiedenen Staaten zusammen.[101] Darüber hinaus wurden weltweit etwa 25 Regionen identifiziert in denen eine besonders hohe Konzentration an endemischen Arten gegeben ist.[102] Diese Regionen umfassen lediglich 1,4 % der Erdoberfläche, bieten jedoch Lebensraum für 135.000 Pflanzenarten (45 % der bestehenden Pflanzenarten) und mit 9.650 Arten, 35 % aller existierenden Wirbeltiere.[103] Mehrere Wissenschaftler haben daraufhin eine Liste von sog. „Hot Spots" erstellt, die Regionen kennzeichnen in denen der größte Nutzen des Biodiversitätsschutzes erzielt werden kann. Die Regionen weisen eine hohe Konzentration biologischer Vielfalt bei gleichzeitig großer Gefährdung der Habitate auf.[104] Ein Argument für die Identifizierung dieser Prioritätsgebiete besteht in der Effektivität von Erhaltungsmaßnahmen in diesen Gebieten.[105]

Für die vorliegende Abhandlung ist es wichtig festzuhalten, dass die Gebiete mit der größten biologischen Vielfalt sowie die „*Biodiversity Hot Spots*" überwiegend in Territorien (sub-)tropischer Entwicklungs- und Schwellenländern liegen. Die dortige Bevölkerung ist oft besonders stark von den natürlichen Ressourcen abhängig. Gleichzeitig sind die staatlichen Strukturen zum Schutze dieser Gebiete meist schwach ausgebildet, d.h. es gibt oftmals keine Gesetzgebung zum Schutze der Umwelt, es bestehen Defizite hinsichtlich ihrer effektiven Durchsetzung.[106]

3. Verlust biologischer Vielfalt

Der weltweite Artenverlust hat sich, seit der Mensch Mitte des 19. Jahrhunderts im industriellen Maßstab in das Artengefüge seiner natürlichen Umwelt eingreift,

---

[99] Henne, 1998, S. 50.
[100] WBGU, 1999a, S. 40.
[101] Gaston/Spicer, 2004, S. 63.
[102] Gaston/Spicer, 2004, S. 66.
[103] Myers et al, „Biodiversity hotspots for conservation priorities", Nature 403 (2000), S. 853–858 (855).
[104] Myers et al, 2000, S. 853.
[105] Küper et al, „Hotspots of plant diversity in Africa", Verhandlungen der Gesellschaft für Ökologie 33 (2003), S. 132.
[106] Mulongoy/Chape, Protected areas and biodiversity, 2004, S. 32f.

rasant beschleunigt und wird auch als das sechste große Artensterben der Erdgeschichte bezeichnet.[107] Ähnlich dem Stand der heutigen Artenkenntnis ist das Wissen um ihren Verlust höchst unvollständig und einseitig.[108] Trotzdem veröffentlichen Wissenschaftler regelmäßig Studien bzw. nennen Schätzungen über das Ausmaß der Verarmung der biologischen Vielfalt.

a) Verlustrate

Dass es sich hinsichtlich der heutigen Arten(aus)sterberate um kein natürliches Phänomen handelt, gilt in der Wissenschaft als unstrittig.[109] Der natürliche Artenverlust liegt nach Wilson bei etwa einer Spezies von einer Million pro Jahr,[110] während vorsichtigen Schätzungen zufolge der jährliche Verlust an Arten z.Zt. zwischen 25.000 und 100.000 liegt[111] und im nächsten Jahrhundert eine zweistellige Prozentzahl des globalen Artenbestandes ausmachen wird.[112] Bei Fortsetzung der gegenwärtigen Trends könnte in absehbarer Zukunft ein Sechstel bis ein Viertel aller Spezies ausgerottet worden sein. Dies belegen u.a. die Daten der Roten Liste der *International Union for Conservation of Nature and Natural Resources* (IUCN). Danach sind etwa 8.447 Pflanzenarten und etwa 7.850 Tierarten bedroht oder bereits ausgestorben.[113] Etwa ein Zehntel aller Vogelarten und ein Viertel der Säugetiere weltweit gelten als bedroht.[114] Für solche Artengruppen, von denen bislang wahrscheinlich nur weniger als 10 % des Gesamtbestandes erforscht wurden, wie Fische, Weichtiere oder Krebse, könnte der Anteil der bedrohten Arten bei mehr als einem Drittel liegen.[115] Von der geschätzten Gesamtanzahl der Pflanzenarten gelten weltweit rund 70 % als bedroht[116] und jedes Jahr gehen immer noch ein halbes bis ein Prozent der tropischen Wälder verloren.[117]

b) Ursachen für den Verlust

Das Bevölkerungswachstum, verbunden mit der daraus resultierenden hohen Inanspruchnahme natürlicher Ressourcen und Landnutzungsänderungen, stellt die

---

[107] Gibbons/McGlothlin, in: Spray/McGlothlin, 2003, S. 43.

[108] Wolters, in: ders., 1995, S. 21.

[109] Ehrlich/Ehrlich, Der lautlose Tod. Das Aussterben der Tiere und Pflanzen, 1983, S. 75.

[110] Wilson, Die Zukunft des Lebens, 2002, S 127.

[111] Wolters, in: ders., 1995, S. 24, zitiert die Studien von Reid aus dem Jahr 1992, der von 25.000 verlorenen Arten jährlich ausgeht, Myers 1979 von 40.000 Arten pro Jahr und Raven 1988 von 100.000.

[112] SRU, Umweltgutachten 2004 – Umweltpolitische Handlungsfähigkeit sichern, 2004, S. 115f.

[113] IUCN, Numbers of threatened species by major groups of organisms (1996–2007), http://www.iucnredlist.org/info/2007RL_Stats_Table%201.pdf, (22.04.08), S.1, (aufgerufen 07.08.2008).

[114] IUCN, 2008, S. 1.

[115] IUCN, 2008, S. 1.

[116] IUCN, 2008, S. 1.

[117] Achard et al., „Determination of deforestation rates of the world's humid tropical forests", Science 297 (2002), S. 999–1002 (1000).

wesentliche Ursache für den Verlust der biologischen Vielfalt dar.[118] Die Überbevölkerung führt zu Habitatsveränderungen, zur Veränderung ihrer Besetzung und zu nicht nachhaltiger Nutzung natürlicher Ressourcen.

aa) Raumbezogene Habitatsveränderung

Als Hauptursache für den Verlust biologischer Vielfalt wird die vom Menschen vorgenommene Zerstörung, Veränderung und Fragmentierung von Habitaten angeführt.[119] Diese Lebensraumveränderungen sind die Folge intensivierter Landwirtschaft, der Ausdehnung von Siedlungsräumen und Industriezonen, touristischer Nutzung,[120] sowie der Anlegung materieller Infrastruktur, insbesondere dem Bau von Verkehrswegen.[121] Durch diese menschlichen Eingriffe sind natürliche Flächen einerseits stark reduziert und andererseits voneinander abgetrennt worden. Die mit Wald bedeckte Fläche hat sich global um etwa 29 % verringert, die Fläche von Steppen, Savannen und Graslandschaften um ca. 49 %, Buschlandschaften um 74 % und Tundren sowie Wüsten um 14 %.[122] Die Fragmentierung der natürlichen Lebensräume in kleinere Einheiten stellt für viele Pflanzen- und Tierarten zusätzlich zum erlittenen Nettoverlust an Lebensraum eine ernsthafte Bedrohung dar. Der Artenverlust ergibt sich aufgrund der Abhängigkeit der Organismen von einer geeigneten Umgebung; wird diese zerstört oder verändert, so geht in den meisten Fällen ihre Eignung als Lebensraum für die dort ansässigen Organismen verloren.[123] Den betroffenen Populationen gelingt es oft nicht, sich evolutiv in ihren physischen Merkmalen und Verhaltensweisen an die veränderten Bedingungen anzupassen.[124] Die durch Fragmentierung bedingte Verinselung von Tierpopulationen kann zu Inzucht und mangelndem genetischen Austausch führen, dies wiederum hat bei Wildtieren ein Absinken von Fortpflanzungsfähigkeit, Vitalität und Widerstandsfähigkeit gegenüber Krankheiten zur Folge und führt dadurch zu einer Gefährdung der betreffenden Art.[125]

---

[118] Gibbons/McGlothlin, in: Spray/McGlothlin, 2003, S. 39.

[119] Deke, Conserving Biodiversity by Commercialization? A Model Framework for a Market for Genetic Resources, 2001, S. 1; Gibbons/McGlothlin, in: Spray/McGlothlin, 2003, S. 40.

[120] Hackett, Environmental and Natural Resources Economics: Theory, Policy, and the Sustainable Society, 1998, S. 13.

[121] Hofmeister, „Welche Planung braucht eine nachhaltige Entwicklung?", in: Brandt, Perspektiven der Umweltwissenschaften, 1999, S. 83–106 (86).

[122] Gaston/Spicer, 2004, S. 119.

[123] Ehrlich, „Der Verlust der Vielfalt: Ursachen und Konsequenzen", in: Wilson, 1992, S. 39–45 (40).

[124] Becker-Soest, 1998, S. 67.

[125] Arnold, Broschüre des Forschungsinstitutes für Wildtierkunde und Ökologie, 2004, S. 3, 27.

bb) Veränderung der Habitatsbesetzung – Einbringung gebietsfremder Arten

Menschliche Aktivitäten haben seit jeher dazu geführt, dass gebietsfremde Arten in Gegenden eingebracht wurden in denen sie zuvor nicht heimisch waren.[126] Die Einführung habitatfremder, invasiver Arten kann vielfältige Auswirkungen haben. Oftmals werden andere Arten verdrängt, es kommt zu Hybridisierung mit heimischen Arten, auch führt die Einführung invasiver Arten zu direkten Schadwirkungen oder der Veränderung der neu besiedelten Ökosysteme. Dadurch können ganze Populationen verdrängt und ausgelöscht werden.[127] Durch die Einschleppung gebietsfremder Schadorganismen können, wenn keine natürlichen Begrenzungsfaktoren vorliegen oder heimische Arten nicht ausreichende Widerstandskraft gegen diese Schadorganismen besitzen, massive Epidemien verursacht werden.[128] Ein Beispiel für die Veränderung eines ganzen Ökosystems aufgrund der Einbringung einer gebietsfremden Art ist der Flathead-See in Montana/USA. Dort hatte man, um dem neu eingeführten Blaurückenlachs eine Nahrungsquelle bereit zu stellen, eine ortsfremde Spaltfußkrebsart eingesetzt. Statt des erhofften Vorteils brach die Lachspopulation zusammen, da die Krebse das Zooplankton (das den Fischen ebenfalls als Nahrungsquelle diente) stark dezimierten und sich durch Abwandern in tiefere Wasserschichten ihren Räubern entzogen. Die Abnahme der Lachse führte in Folge zu einem dramatischen Rückgang der Weißkopf-Seeadler sowie der Grizzlybären, denen sie als Futter dienen.[129]

cc) Übernutzung von Arten

Biologische Vielfalt stellt auf mannigfaltige Weise Stoffe, Funktionen und Dienstleistungen zur Verfügung, welche von Menschen genutzt werden. Die direkte Ausbeutung natürlicher Ressourcen stellt zwar lediglich eine Nebenursache für den Schwund der biologischen Vielfalt dar,[130] dennoch spielt sie im Vergleich zu vergangenen Zeiten eine wachsende Rolle.[131]

Durch Ausbeutung über die natürliche Reproduktionsrate hinaus werden einzelne Arten jedoch in ihrer Population oft so stark vermindert, dass die übrig gebliebenen Lebewesen zur Reproduktion einer für den Fortbestand ausreichenden Population nicht mehr genügen.[132] So werden etwa 9,6–23,5 Millionen oder 67.000–125.000 Tonnen Reptilien, Vögel und Säugetiere pro Jahr im Amazonasgebiet erlegt und verzehrt.[133] Die Nachfrage steigt, da die tropischen Wälder für

---

[126] Becker-Soest, 1998, S. 69.

[127] Köck, „Invasive gebietsfremde Arten", in: Wolff/Köck, 2004, S. 107–125 (108).

[128] „Dieses war der Fall bei der Einschleppung des Erregers des Ulmensterbens (*Ophiostoma novo-ulmi*) aus Nordamerika, der die Bestände der europäischen Ulmenarten stark dezimiert hat und vor allem die großen, alten Bäume zum Absterben brachte." Schrader et al., „Invasive gebietsfremde Arten: Eine Gefahr für die biologische Vielfalt", ForschungsReport 02/2002 (2002), S. 12–16 (13).

[129] Schrader et al., 2002, S. 12–16 (13).

[130] Gaston/Spicer, 2004, S. 116f.; Ehrlich,. in: Wilson, 1992, S. 39.

[131] Wolters, in: ders., 1995, S. 26.

[132] Gibbons/McGlothlin, in: Spray/McGlothlin, 2003, S. 42; Henne, 1998, S. 57.

[133] Gaston/Spicer, 2004, S. 116.

Jäger zugänglicher werden, die Bevölkerungsdichte zunimmt, sich traditionelle Jagdmethoden geändert haben, der Fleischhandel sich zunehmend kommerzialisiert und die Nachfrage nach Wildfleisch zunimmt.[134] Die Weltfischereiproduktion hat sich seit 1948 vervierfacht. Damit werden bereits jetzt die aus dem theoretischen Produktionspotential des Ozeans zu erwartenden Erträge weitgehend ausgeschöpft. In einer Einschätzung der 200 weltweit wichtigsten genutzten Fischbestände kommt die FAO zu dem Schluss, dass heute 35 % der Bestände überfischt sind und abnehmende Erträge zeigen. 25 % werden auf maximaler, gleich bleibender Höhe befischt, bei 40 % der Bestände werden noch Steigerungsmöglichkeiten eingeräumt.[135] Die erforderliche Produktionssteigerung durch Nährstoffzugabe in Aquakulturen führt jedoch zu einer Degradation der betroffenen und benachbarten Ökosysteme. Daher ist nicht auszuschließen, dass es sich dabei z.T. bereits um echte Arten handelt. Die Überfischung kann auch zu einem Verlust an genetischer Diversität führen. Mit der Abnahme von Fischbeständen in niedrigen, küstennahen Gewässern hat sich der Druck auf die Tiefseegewässer spürbar vergrößert. Diese Gewässer reagieren jedoch noch sensibler auf die Fischereimethoden als die küstennahen.[136] Auch die Nachfrage an erneuerbaren Energien trägt zur Gefährdung biologischer Vielfalt bei. Schätzungsweise über zwei Milliarden Menschen sind von Biomasse als Energieressource abhängig. Es wird davon ausgegangen, dass die Nachfrage nach Feuerholz im Jahr 2010 weltweit etwa 2,4–4,3 Mrd. m^3 betragen wird, dem aber lediglich eine Verfügbarkeit von etwa 2,3–2,4 Mrd. m^3 an Feuerholz und Holzkohle gegenüberstehen wird.[137]

IV. Ökologische Zusammenhänge zwischen Klimaschutz und Biodiversitätserhalt

1. Der Kohlenstoffkreislauf

Die Biosphäre als globales Ökosystem spielt eine bedeutende Rolle für die Regulierung klimatischer Prozesse. Zu den wichtigsten Funktionen, die das Klima beeinflussen, gehört die Kohlenstoffaufnahme und -freisetzung durch terrestrische und aquatische Biome.[138] Die Überführung von Kohlenstoff aus der Atmosphäre in die Biosphäre geschieht durch den Prozess der Photosynthese. In terrestrischen Ökosystemen wird Photosynthese überwiegend durch Grünpflanzen vorgenommen, in marinen und aquatischen Ökosystemen übernimmt dies vor allem das

---

134 Gaston/Spicer, 2004, S. 116.
135 Froese/Pauly, „Dynamik der Überfischung", in: Lozan et. al., Warnsignale aus Nordsee und Wattenmeer – eine aktuelle Umweltbilanz, 2003, S. 288–295 (292).
136 Gaston/Spicer, 2004, S. 117.
137 Gaston/Spicer, 2004, S. 117.
138 Herold et al., Anforderungen des Klimaschutzes an die Qualität von Ökosystemen: Nutzung von Synergien zwischen der Klimarahmenkonvention und der Konvention über die biologische Vielfalt, 2001, S. 3.

Phytoplankton.[139] In der pflanzlichen Biomasse kann so Kohlendioxid aus der Atmosphäre, in Form von Kohlenstoffverbindungen, gebunden und dadurch die Kohlendioxidkonzentration in der Atmosphäre vermindert werden.[140] Die pflanzliche Aufnahme von Kohlenstoff durch Photosynthese wird auch als Bruttoprimärproduktion (GPP/engl.: *gross primary production*) bezeichnet.[141] Etwa die Hälfte der GPP verbraucht die Pflanze für ihren Betriebsstoffwechsel, sog. autotrophe Respiration (RA) und setzt ihn wieder frei.[142] Die andere Hälfte des Kohlenstoffs dient dem Wachstum der Biomasse, Nettoprimärproduktion (NPP/engl.: *net primary production*). Der größte Teil der Biomasse, der durch NPP gewonnen wird, fällt als Streu an und wird durch Bodenorganismen mineralisiert. So werden weitere etwa 45 % Kohlenstoff wieder an die Atmosphäre abgegeben (heterotrophe Respiration). Der verbleibende Kohlenstoffanteil wird als Nettoökosystemproduktion (NEP/engl.: *net ecosystem production*) bezeichnet.[143] Im Endeffekt verbleiben weniger als 5 % des ursprünglich assimilierten Kohlenstoffs im System. Aufgrund episodisch auftretender Störungen, wie Feuer oder Ernte, vermindert sich der Kohlenstoffgewinn darüber hinaus, so dass die im Endeffekt resultierende Langzeitspeicherung von Kohlenstoff, die Nettobiomproduktivität (NBP/engl.: *net biome production*), wahrscheinlich weniger als 0,5 % der ursprünglichen CO_2-Assimilation (NPP) beträgt.[144]

Forstwirtschaftliche Aktivitäten und Landnutzungsänderungen wie z.B. Aufforstungsmaßnahmen können zu einer gesteigerten Kohlenstoffaufnahme terrestrischer Ökosysteme führen.[145] Wenn die Aufnahme von Kohlenstoff größer ist als die Veratmung und die Entnahme von Kohlenstoff, dann stellen Ökosysteme eine Senke für Kohlendioxid im Sinne des Art. 1 Abs. 8 Klimarahmenkonvention (FCCC)[146] dar.[147] Umgekehrt können menschliche Aktivitäten im Bereich der Forstwirtschaft und Landnutzungsänderungen, wie z.B. Rodung von Waldflächen, Zerstörung von Feuchtgebieten oder die Umwandlung von Weide in Ackerland, zu einer vermehrten Freisetzung von Kohlendioxid in die Atmosphäre führen. Sie werden dann als biologische Kohlenstoffquellen bezeichnet.[148] Jährlich werden

---

[139] Herold et al., 2001, S. 5.
[140] Herold, Der Wald als Klimaretter? – Potentiale, Probleme und Prinzipien bei der Anrechnung von biologischen Senken im Kyoto-Protokoll, 1998, S. 4.
[141] WBGU, Die Anrechnung biologischer Quellen und Senken im Kyoto-Protokoll: Fortschritt oder Rückschritt für den globalen Klimaschutz? 1998, S. 18.
[142] WBGU, 1998, S. 18.
[143] WBGU, 1998, S. 18.
[144] Herold et al., 2001, S. 5.
[145] WBGU, 1998, S. 14.
[146] United Nations Framework Convention on Climate Change vom 05.06.1992, abgedruckt in ILM 31 (1992), S. 849 ff.; im Folgenden: FCCC.
[147] *Senken* sind gemäß Art. 1 Abs. 8 UNFCCC Vorgänge, Tätigkeiten oder Mechanismen, durch die Treibhausgase aus der Atmosphäre entfernt werden. Vgl. auch Herold, 1998, S. 4.
[148] Als *Quelle* eines Treibhausgases (etwa Kohlendioxid) wird entsprechend der Definition der Klimarahmenkonvention (Art. 1 Abs. 9 UNFCCC) ein Vorgang oder eine Tätigkeit verstanden, durch die ein Treibhausgas in die Atmosphäre freigesetzt wird.

etwa 6,3 +/- 0,4 Pg Kohlenstoff durch die Nutzung fossiler Brennstoffe freigesetzt. Davon werden etwa 1,4 +/- 0,7 Pg Kohlenstoff durch terrestrische Ökosysteme dauerhaft gespeichert.[149] Die Kohlenstoffaufnahme terrestrischer Ökosysteme schwankt jedoch. Es gab Jahre, in denen die Emissionen aus der Verbrennung
fossilen Kohlenstoffs fast vollständig absorbiert wurden und Jahre, in denen die
Kapazität dieser Senke fast Null war. Die Oberfläche der Erde (Land- und Was-
serflächen) nahm zwischen 1990 und 2000 2–4 Gt Kohlenstoff pro Jahr auf.[150]

Als globaler Kohlenstoffkreislauf wird der Austausch von Kohlenstoff in und
zwischen den vier großen Kohlenstoffspeichern, also der Atmosphäre (ca. 780
Pg C), den Ozeanen, der terrestrischen Ökosysteme (Vegetation und Böden) und
den fossilen Brennstoffreserven (ca. 10000 Pg C) bezeichnet.[151] Dabei enthalten
die Ozeane mit etwa 39.000 Pg C den größten Anteil Kohlenstoff, er ist etwa 50-
mal größer als der terrestrischer Ökosysteme (ca. 2000 Pg C).[152] Den größten terrestrischen Kohlenstoffspeicher bilden natürliche Vegetation und Böden. Ein
Viertel des Kohlenstoffs wird in der Vegetation gespeichert (ca. 500 Pg C), drei
Viertel (ca. 1500 Pg C) in den Böden.[153] Der Schutz natürlicher Ökosysteme stellt
damit einen Schutz von Kohlenstoffspeichern und –senken dar und trägt folglich
zum Schutz vor gefährlichen Klimaänderungen bei.

2. Auswirkungen des Klimawandels auf die biologische Vielfalt

Die Auswirkungen des Klimawandels für natürliche terrestrische Ökosysteme sind
nur schwer vorhersehbar. Etlichen Schätzungen zufolge erfordert es die maximale
Anpassungsfähigkeit von Ökosystemen, insbesondere von langlebigen Wäldern,
auf einen Temperaturanstieg zu reagieren.[154] Mit kurzfristigen genetischen Veränderungen als Schutzmaßnahme der Arten gegen den Wandel ihres Habitats ist
nicht zu rechnen. Wurde 2002 lediglich davon ausgegangen, dass die Erwärmung
eine Migration „polwärts und in höhere Lagen" auslösen wird,[155] so hat sich diese
Annahme bereits bestätigt.[156] Dieser Prozess kann von zahlreichen Pflanzen und
Tieren nicht in der erforderlichen Geschwindigkeit vollzogen werden, zumal wenn
– durch andere menschliche Einflüsse – das Vorhandensein und die Erreichbarkeit
geeigneter Lebensräume knapp geworden ist.[157] Daher ist davon auszugehen, dass

---

[149] Schimel et al., „Recent patterns and mechanisms of carbon exchange by terrestrial ecosystems", Nature 414 (2001), S. 169–172 (169).

[150] WBGU, Über Kioto hinaus denken – Klimaschutzstrategien für das 21. Jahrhundert,
2003, S. 53.

[151] Houghton, 2003a, S. 473.

[152] Houghton, 2003a, S. 475.

[153] Herold et al., 2001, S. 3; WBGU 1998, S. 14.

[154] Hossel et al., „Climate change and nature conservation: implications for policy and
practice in Britain and Ireland", Journal for Nature Conservation (11), 2003, S. 67–73.

[155] IPCC, Climate Change and Biodiversity – IPCC Technical Paper V, 2002, S. 13.

[156] IPCC, Climate Change 2007: Impacts, Adaptation and Vulnerability – Summary for
Policymakers, 2007, S. 3.

[157] Dobson, 2000, S. 222.

es zu einer erneuten Aufteilung des Lebensraumes kommen wird. Es besteht die Gefahr, dass einige Arten mit den Veränderungen nicht mithalten können bzw. für sie keine Möglichkeit besteht auszuweichen und sie daher vom Aussterben bedroht sein werden.[158] Zudem wirkt sich die Erwärmung negativ auf endemische Arten aus, die nicht in der Lage sind, mit der sich verschiebenden Klimazone mitzuwandern. Klimaänderungen könnten folglich das Risiko von abrupten und tief greifenden Änderungen in vielen Ökosystemen erhöhen, was nachteilige Folgen für Funktion, Biodiversität und Produktivität haben könnte.[159] Beispielsweise können wichtige Entwicklungsstadien von Nutzpflanzen und damit die Ernteerträge stark beeinträchtigt werden, falls die Temperaturen kritische, sortenspezifische Schwellenwerte auch nur für kurze Perioden überschreiten. Die Sterilität von Reisähren, der Verlust der Pollenentwicklung bei Mais oder Beeinträchtigungen der Wurzelknollenentwicklung bei Kartoffeln können durch solche Temperaturänderungen hervorgerufen werden.[160] Etwa 20–30% der Tier- und Pflanzenarten, werden vom Aussterben bedroht sein, wenn die globale Temperatur mehr als 2 bis 3°C über das vorindustrielle Niveau ansteigt.[161] Das ist eine Verlustrate, die diejenige verursacht durch Habitatzerstörung übersteigt.[162] Der Klimawandel stellt damit einen zusätzlichen Stressfaktor für natürliche terrestrische Ökosysteme dar. Mit dem Klimawandel wird ein klarer Verlust biologischer Vielfalt einhergehen.

V. Status der Finanzierung von Maßnahmen zur Erhaltung biologischer Vielfalt

1. Kostenfaktoren der Errichtung und Unterhaltung von Schutzgebieten

Ein effektiver Erhalt biologischer Vielfalt setzt zunächst die Errichtung ökologisch repräsentativer Schutzgebietsnetzwerke voraus. Im Rahmen der Errichtung von Schutzgebieten entstehen Kosten u.a. durch Verhandlungen mit den betroffenen Parteien, Landkauf, durch Grenzziehung und Markierung des Gebietes, sowie der Erstellung biologischer Inventare.[163] Ein weiterer großer Anteil der Kosten liegt in den Opportunitätskosten, die darin bestehen, dass zum Zwecke des Schutzes der Gebiete auf alternative Formen der Landnutzung, z.B. Landwirtschaft oder Ausbau von Flüssen als Schifffahrtsstraßen, verzichtet wird.[164] Es werden außerdem Kosten für den Kauf von Gerätschaften und der Bereitstellung notwendiger

---

[158] Dobson, 2000, S. 223.
[159] IPCC, 2007, S. 5.
[160] IPCC, 2002, S. 19.
[161] IPCC, 2007, S. 7.
[162] Thomas et al., „Extinction risk from climate change", Nature 427 (2004), S. 145–148 (145).
[163] Mulongoy/Chape, 2004, S. 48.
[164] Baumgärtner, 2002, S. 79.

Infrastruktur fällig.[165] Nach Errichtung des Schutzgebietes müssen die laufenden Kosten gedeckt werden. Diese umfassen neben Verwaltungs- und Personalkosten, die Instandhaltung von Gerätschaften und Fahrzeugen, die technische Überwachung des Gebietes, sowie Monitoring und Auswertungsaktivitäten zu Kontroll- und Forschungszwecken.[166] Da die meisten Schutzgebiete nach ihrer Errichtung kaum Einnahmen generieren, können sie die anfallenden Betriebs- bzw. Folgekosten des Schutzgebietsmanagements nicht selbst tragen.[167] Eine Erhöhung der Einnahmenquote, gelingt nur in Ausnahmefällen, insbesondere dort, wo die Schutzgebiete über ein hohes touristisches Potential verfügen.[168]

2. Umfang des globalen Finanzbedarfs

Der sich aus Errichtung und Unterhaltung ergebende Finanzbedarf für ein ökologisch repräsentatives globales Schutzgebietsnetzwerk, wird in verschiedenen Studien sehr unterschiedlich veranschlagt.[169] Die veröffentlichten Schätzungen reichen von jährlich 680 Millionen US $[170] weltweit bis zu einem Bedarf von 45 Mrd. US $[171] pro Jahr. Letztgenannte Studie geht von einem angestrebten Schutzgebietsnetzwerk aus, das ca. 15 % der weltweiten terrestrischen und ca. 30 % der aquatischen Fläche umfasst. Die Divergenz lässt sich einerseits durch eine geringe Anzahl aktueller, umfassender Studien erklären, andererseits auf methodische Unterschiede bei der Erfassung der entstehenden Kosten (Größe der Schutzgebiete, Höhe der veranschlagten Kompensationszahlungen usw.).[172] Die Mehrzahl der Studien rechnet mit einem weltweiten Bedarf von ca. 20–23 Mrd. US $ pro Jahr.[173]

---

[165] Bruner et al., „How Much Will Effective Protected Area Systems Cost?" Presentation to the Vth IUCN World Parks Congress, 8–17 September 2003: Durban, South Africa, 2003, S. 2; Balmford et al., „Global variation in terrestrial conservation costs, conservation benefits, and unmet conservation needs", PNAS 100 (2003), S. 1046–1050 (1046).

[166] Bruner et al., 2003, S. 2.

[167] Young, „International Funds, „Partnerships" and other Mechanisms for Protected Areas", in: Scanlon/Burhenne-Guilmin, International Environmental Governance – An Internationale Regime for Protected Areas, 2004, S. 57–75 (58).

[168] Klug, Absicherung von Schutzgebieten: Handlungsoptionen der EZ zur Förderung von Naturschutzvorhaben durch Umweltfonds, 2001, S. 1.

[169] Emerton et al., 2006, S. 8.

[170] James et al., „Can we afford to conserve biodiversity?", BioScience 51 (2001), S. 43–52 (43).

[171] Balmford et al., „Economic Reasons for Conserving Wild Nature," Science 297 (2002), S. 950–953 (952).

[172] James et al., 2001, S. 43; Bruner et al., 2003, S. 4.

[173] James et al., 2001, S. 43; Bruner et al., 2003, S. 4.

3. Geleistete Ausgaben für ein globales Schutzgebietsnetzwerk und Ausmaß der Finanzierungslücke

Es besteht Konsens darüber, dass die Ausgaben für das effektive Management bestehender und die Errichtung neuer Schutzgebiete, zur Erreichung des Ziels, eines ökologisch repräsentativen globalen Schutzgebietsnetzwerks nicht ausreichen und damit den Schutz biologischer Vielfalt nicht gewährleisten.[174] Dem geschätzten globalen Finanzbedarf stehen, nach der einzig existierenden umfassenden Studie,[175] tatsächlich geleistete Ausgaben von weltweit jährlich ca. 7 Mrd. US $ für bestehende Schutzgebiete gegenüber. Weniger als eine Mrd. US $ davon in den Entwicklungsländern.[176] Nach dieser Studie fehlen ca. 2,5 Mrd. US $ pro Jahr weltweit für ein effektives Management der bestehenden Schutzgebiete. Etwa 1,5 Mrd. US $ fehlen in Entwicklungsländern.[177] Für Errichtung und Management zusätzlicher Schutzgebiete werden weitere 10–13 Mrd. US $ benötigt.[178] Daraus ergibt sich eine Finanzierungslücke von ca. 13–16 Mrd. US $ jährlich (für die nächsten 10 Jahre).[179]

4. Gründe für die Finanzierungslücke

a) Anstieg geschützter Fläche und Stagnation des Budgets

Eine wesentliche Ursache für die unzureichende Finanzierung von Schutzgebieten stellt der enorme Zuwachs an geschützter Fläche (terrestrisch und aquatisch), in Verbindung mit einer Stagnation des Finanzbudgets dar.[180] In den vergangen 40 Jahren hat sich die Anzahl der von den VN aufgelisteten Schutzgebiete um das zehnfache auf mehr als 104.000 im Jahr 2005 erhöht. Die geschützte Fläche erhöhte sich dadurch von 2,4 Millionen km² im Jahr 1962[181] auf 20,3 Millionen km² im Jahr 2005.[182] Etwa 12,4 % (18,4 Millionen km²) der weltweiten terrestrischen Fläche stehen heute unter Schutz. Dem Maß des Anstiegs in Anzahl und Fläche geschützter Gebiete konnte die Entwicklung des weltweiten Finanzbudgets für Schutzgebiete nicht folgen. 1996 wurden ca. 6 Mrd. US $ für das ca. 13,2 Millionen km² umfassende globale Schutzgebietsnetzwerk, also ca. 453 US $ pro Jahr pro km² aufgebracht,[183] während es im Jahr 2003 etwa 7 Mrd. US $[184] zum Schutz von 18,8 Millionen km²,[185] also 372 US $ pro Jahr pro km² waren.[186]

---

[174] Emerton et al., 2006, S. 13.
[175] James et al., A Global Review of Protected Area Budgets and Staff, 1999a, S. 4.
[176] Bruner et al., 2003., S. 3.
[177] James et al., 2001, S. 45; Bruner et al., 2003., S. 3.
[178] Emerton et al., 2006, S. 13.
[179] James et al., 2001, S. 43; Bruner et al., 2003, S. 4.
[180] Emerton et al., 2006, S. 4.
[181] Chape et al., 2003 United Nations List of Protected Areas, 2003, S. 26
[182] Chape et al., „Measuring the extent and effectiveness of protected areas as an indicator for meeting global biodiversity targets" Phil. Trans. R. Soc. B, 360 (2005), S. 443–455 (448).
[183] James et al., „Balancing the Earth's accounts", Nature 401 (1999b), S. 323–324 (323).

b) Ausgaben für andere Entwicklungsziele

Ein Grund für die Stagnation des Budgets zur Finanzierung von Schutzgebieten liegt u.a. in einem Prioritätenwechsel internationaler Entwicklungspolitik. Während der 1970er und 1980er war internationale finanzielle Unterstützung für Schutzgebiete überwiegend an internationale Abkommen gebunden, die den Schutz von Bestandteilen biologischer Vielfalt zum Ziel hatten, wie die „*World Heritage Convention*" CITES oder Ramsar.[187] Der VN-Umweltgipfel 1992 in Rio und die Unterzeichnung der dort verabschiedeten Konventionen, wie der CBD führte zu einer weiteren Steigerung der internationalen Finanzierung von Maßnahmen zur Erhaltung biologischer Vielfalt.[188] In den letzten zehn Jahren hat sich seitens der Geberorganisationen und -länder jedoch ein Trend, weg von der Erhaltung biologischer Vielfalt im Allgemeinen und Schutzgebieten im Besonderen entwickelt. Ziele wie die Armutsbekämpfung wurden in Folge des *Millennium Summits* 2000 und des *World Summit on Sustainable Development* 2002, zur überragenden Priorität der Weltbank, für Entwicklungshilfe zuständige VN-Abteilungen und viele weitere multi- und bilaterale Hilfsorganisationen.[189] Das Ergebnis ist vor allem schwindende Unterstützung kurzfristiger Erhaltungsinvestitionen in Schutzgebieten.[190]

---

[184] Bruner et al., 2003, S. 3.

[185] Chape et al., 2003, S. 26.

[186] Geht man von 17,1 Millionen km² terrestrischer Fläche aus, so sind es ca. 409 U.S. $ pro Jahr pro km².

[187] Molnar et al., Who conserves the World's Forests? Community-Driven Strategies to Protect Forests and Respect Rights, 2004, S. 12

[188] Emerton et al., 2006, S. 13.

[189] Lapham/Livermore, Striking a Balance: Ensuring Conservation's Place on the International Biodiversity Assistance Agenda, 2003, S. 11.

[190] Lapham/Livermore, 2003, S. 11.

C. Die rechtlichen Verpflichtungen zum Schutz biologischer Vielfalt in den Rio-Konventionen

I. Entwicklung der rechtlichen Verpflichtungen zum Schutz biologischer Vielfalt

Im Folgenden wird auf die Entwicklung internationaler Regelungen zum Schutz der natürlichen Umwelt eingegangen. Daran schließt sich eine Darstellung des Prinzips der gemeinsamen aber unterschiedlichen Verantwortlichkeiten an. Sie dient dem grundsätzlichen Verständnis der Verteilung rechtlicher Verpflichtungen zwischen Industriestaaten und Entwicklungsländern zu Erhalt und Finanzierung biologischer Vielfalt in den Rio-Konventionen.

1. Schutz biologischer Vielfalt in internationalen Naturschutzabkommen vor dem Gipfel über Umwelt und Entwicklung, 1992 in Rio de Janeiro

Seit Menschengedenken ist sowohl der Schutz als auch die Nutzung der lebenden Natur Gegenstand hoheitlicher Regelungen.[1] In den Übereinkommen des internationalen Naturschutzes, seit Ende des 19. Jahrhunderts stand der Nutzen biologischer Ressourcen, Arten und Bestände für den Menschen im Vordergrund.[2] Im Bereich des Wildtierschutzes wurde häufig zwischen dem Menschen nützlichen und schädlichen Arten unterschieden und versucht, durch internationale Übereinkommen die langfristige menschliche Nutzung der Naturgüter, insbesondere wirtschaftlich interessanter Arten, zu sichern.[3] Dies führte zu einer sektoralen, also auf bestimmte Arten[4] oder bestimmte biogeographische Gebiete bezogenen Normie-

---

[1]   Lyster, International Wildlife Law, 1984, S. xxi. Die ersten Regelungen gehen bis auf die Forstgesetze in Babylon 1900 v. Chr. zurück. Erste internationale Vereinbarungen existieren etwa seit Ende des 19. Jahrhunderts. Seither wurden ca. 200 internationale und regionale Abkommen geschlossen, die Aspekte der belebten Natur regeln.

[2]   Wolfrum, „Biodiversität – juristische, insbesondere völkerrechtliche Aspekte ihres Schutzes", in: Janich/Gutmann/Prieß, 2001, S. 417–443 (422).

[3]   Kloepfer, 2004, § 11, Rn. 9, S. 830.

[4]   Beispielhaft seien der Vertrag über die Lachsfischerei im Rhein von 1885 (Vertrag vom 30.6.1885 betreffend die Regelung der Lachsfischerei im Stromgebiet des Rheins, RGBl. 1886, S. 192, 199, in Kraft getreten für das Deutsche Reich am 7.6.1886, abge-

rung des Naturschutzes.[5] Etwa mit der VN-Konferenz über die menschliche Umwelt in Stockholm (1972) hat ein Ansatzwechsel in den Konventionen und ihren Begründungen stattgefunden. Zwar war der Ansatz der meisten Übereinkommen zur Ressourcenerhaltung nach Stockholm weiterhin „weniger ökologisch als utilitaristisch" geprägt.[6] Dennoch fand eine Betrachtungsweise Einzug, nach der die natürliche Mannigfaltigkeit, vor allem die Diversität der Arten, Gene und Ökosysteme, einen Eigenwert bzw. einen Selbstzweckcharakter inne hat und die Natur daher um ihrer selbst Willen zu schützen sei.[7] Es wurde auch erkannt, dass die lebende Natur und ihr Wirkungsgefüge für das Wohl gegenwärtiger und zukünftiger Generationen erhalten werden müsse.[8] Niederschlag fand diese Begründung u.a. in dem Übereinkommen über Feuchtgebiete (Ramsar Konvention),[9] das den Schutz der Lebensräume von Wasser- und Watvögeln bezweckt,[10] sowie in dem Washingtoner Übereinkommen zum Handel mit gefährdeten Tier- und Pflanzenarten (CITES) von 1973.[11] CITES sieht vor, dass bestimmte gefährdete Arten nur in dem Maße gehandelt werden, wie es ihre natürlichen Bestände erlauben.[12] Als weitere Abkommen mit dem Ziel der Bewahrung gelten das Bonner Überein-

---

druckt in: Burhenne, Internationales Umweltrecht – Multilaterale Verträge, Loseblatt, Stand: 1994, Nr. 885: 48.) und die Übereinkunft zum Schutz der für die Landwirtschaft nützlichen Vögel, 1902 (Übereinkunft vom 19.3.1902, RGBl. 1906, S. 89, in Kraft getreten für das Deutsche Reich am 6.12.1905, RGBl.1906, S. 102, abgedruckt in: Burhenne, 1994, Nr. 902: 22.) genannt. Es folgten Abkommen für Pelzrobben (Übereinkommen vom 7.7.1911 zum Schutz der nordpazifischen Pelzrobben, Text in: Rüster/Simma/Koch, International Protection of the Environment: Treaties and Related Documents, Band VIII, 1975–1983, S. 3682, in Kraft am 15.12.1911, außer Kraft am 23.10.1941, erneuert durch das Übereinkommen zur Erhaltung der nordpazifischen Pelzrobben vom 9.2.1957, abgedruckt in: Rüster/Simma/Koch,1975–1983, Band VIII, S. 3716), das Walfang-Übereinkommen (Übereinkommen vom 24.9.1931 zur Regelung des Walfangs, in Kraft getreten am 16.1.1935, Text in: Burhenne, 1994, Nr. 931:71, abgelöst durch das Internationale Übereinkommen vom 2.12.1946 zur Regelung des Walfangs, BGBl. II 1982, S. 558 in Kraft getreten für die Bundesrepublik Deutschland am 2.7.1982, BGBl. II 1983, S. 450), Übereinkommen vom 7.3.1952 über Maßnahmen zum Schutze der Lebensgemeinschaften der Garnelen, Europäischen Hummer, Langusten und der Krebse, in: United Nations Treaty Service (UNTS) Band 673, S. 63.

[5] Wolfrum, in: Wolff/Köck, 2004, S. 18.

[6] Beyerlin, Umweltvölkerrecht, 2000, S. 13, Rn. 21.

[7] Siep, in: Hiller/Lange, 2005, S. 17.

[8] Henne, 1998, S. 107.

[9] Übereinkommen über Feuchtgebiete, insbesondere als Lebensraum für Wasser- und Watvögel, von internationaler Bedeutung, (Ramsar Konvention),abgedruckt in ILM 11 (1972), S. 97f, in Kraft getreten am 21.12 1975.

[10] Niekisch, Internationaler Naturschutz, in: Engelhardt/Buchwald, Umweltschutz: Grundlagen und Praxis, 2000, S. 309–350 (322).

[11] Übereinkommen über den internationalen Handel mit gefährdeten Arten freilebender Tiere und Pflanzen, (CITES), abgedruckt in ILM 12 (1973), S. 1358f., in Kraft für die Bundesrepublik am 20.6.1976, BGBl. II 1976, S. 1237.

[12] Lyster, 1985, S. 240.

kommen zur Erhaltung der wandernden wildlebenden Tierarten von 1979[13] und das Berner Übereinkommen zur Erhaltung der europäischen wildlebenden Pflanzen und Tiere.[14] Diese Übereinkommen konzentrieren sich von ihrem Ansatz her auf den Schutz und Erhalt der bedrohten Arten. Wirtschaftliche Bedürfnisse der Staaten und Gesellschaften, die mit den bedrohten Arten und deren Lebensräumen unmittelbar zu tun haben, wurden weitgehend außer Acht gelassen.[15] Die Erhaltung biologischer Vielfalt wurde daher als Einschränkung wirtschaftlicher Entwicklung betrachtet und *vice versa* wirtschaftliche Entwicklung als Beeinträchtigung biologischer Vielfalt. Es ergab sich immer mehr die Notwendigkeit einer Lösung dieses Konfliktes, durch eine Verknüpfung wirtschaftlicher Entwicklung und Erhaltung natürlicher Ressourcen.[16] Diese Verknüpfung gelang auf der Konferenz der Vereinten Nationen über Umwelt und Entwicklung (*United Nations Conference on Environment and Development*, UNCED) 1992, in Rio de Janeiro, mit dem Konzept der nachhaltigen Entwicklung, das sich wie ein roter Faden durch die Dokumente der Rio-Konferenz zieht.[17] Die zwei wohl bedeutendsten internationalen Umweltabkommen lagen in Rio zur Unterzeichnung auf, die CBD und die FCCC. Beide tragen der Sorge um die Zerstörung der menschlichen Lebensgrundlage und der nachhaltigen Entwicklung Rechnung.[18] Der Grundsatz der nachhaltigen Entwicklung hat mittlerweile auch Einzug in die nationale Gesetzgebung gefunden. Neben nutzungsbezogenen Aspekten wird verstärkt auf die Funktionsfähigkeit des Naturhaushaltes abgestellt sowie die Regenerationsfähigkeit und nachhaltige Nutzungsfähigkeit der Naturgüter zum ausdrücklichen Ziel des Naturschutzes erhoben.[19]

2. Das Prinzip der gemeinsamen, aber unterschiedlichen Verantwortlichkeiten

Seit den 1980er Jahren wurde der Staatengemeinschaft bewusst, dass Umweltprobleme in ihren Ursachen und Wirkungen zunehmend nicht mehr auf nationale Territorien oder Regionen beschränkt sind, sondern eine globale Dimension er-

---

[13] Übereinkommen zur Erhaltung der wandernden wildlebenden Tierarten, (Bonner Übereinkommen), abgedruckt in ILM 19 (1979), S. 15f., in Kraft getreten am 1.11.1983.

[14] Übereinkommen zur Erhaltung der europäischen wildlebenden Pflanzen und Tiere, (Berner Konvention), BGBl. II1984, S. 620, in Kraft getreten am 01.06.1982.

[15] Beyerlin, 2000, S. 186, Rn. 387.

[16] Pomar Borda, Das umwelt(völkerrechtliche) Prinzip der gemeinsamen, jedoch unterschiedlichen Verantwortlichkeit und das internationale Schuldenmanagement, 2002, S. 32.

[17] Epiney/Scheyli, Umweltvölkerrecht, 2000, S. 77.

[18] Vgl. u.a. Präambel der Biodiversitätskonvention, Übereinkommen über die biologische Vielfalt, BGBl. II, S. 1742-1772, in Kraft getreten am 29.12.1993.

[19] Rehbinder, „Wege zu einem wirksamen Naturschutz – Aufgaben, Ziele und Instrumente des Naturschutzes", NuR 23 (2001), S. 361–367 (361).

reicht haben.[20] Es entwickelte sich die Einsicht, dass Umweltgefahren wie der Abbau der Ozonschicht, der Verlust biologischer Vielfalt oder der Klimawandel nur kooperativ lösbar seien.[21] Damit kam die Frage auf, wie die Lasten eines effektiven Schutzes vor diesen globalen Umweltproblemen gerecht zu verteilen seien.[22] Insbesondere zwischen Industriestaaten und Entwicklungsländern erschien eine Gleichbehandlung hinsichtlich der Lastenteilung als nicht sachgerecht.[23] Zum einen haben Industriestaaten in weitaus größerem Maße zur Entstehung der Probleme beigetragen. Zum anderen sind die natürlichen Ressourcen global nicht gleichmäßig verteilt, sondern befinden sich überwiegend in Entwicklungsländern. Darüber hinaus sind Entwicklungsländer bislang stärker von den Auswirkungen der Umweltveränderungen betroffen und sind in ihrer wirtschaftlichen Entwicklung weit hinter derer der Industriestaaten zurück.[24] In einer Abweichung vom Grundsatz der Souveränität der Staaten und dem damit zusammenhängenden völkerrechtlichen Prinzip der Gleichbehandlung der Staaten wurde daher eine unterschiedliche Behandlung der Staatengruppen als gerechte Verteilung der Lasten des globalen Umweltschutzes anerkannt.[25] Der Gedanke einer unterschiedlichen Lastenverteilung hielt erstmals 1989 in der Erklärung von Den Haag zum Schutz der Atmosphäre und des Weltklimas Einzug in die internationalen Umweltbeziehungen.[26] 1992 wurde das Lastenverteilungskonzept als „Prinzip der gemeinsamen, aber unterschiedlichen Verantwortlichkeiten" in Grundsatz 7 der Rio-Deklaration ausdrücklich festgeschrieben.[27] Demnach

> „arbeiten [die Staaten] im Geist einer weltweiten Partnerschaft zusammen, um die Gesundheit und die Unversehrtheit des Ökosystems Erde zu erhalten, zu schützen und wiederherzustellen. Angesichts der unterschiedlichen Beiträge zur Verschlechterung der globalen Umweltsituation tragen die Staaten gemeinsame, jedoch unterschiedliche Verantwortlichkeiten. Die entwickelten Staaten erkennen ihre Verantwortung an, die sie beim weltweiten Streben nach nachhaltiger Entwicklung im Hinblick auf den Druck, den ihre Gesellschaften auf die globale Umwelt ausüben, sowie im

---

[20] Scheyli, „Der Schutz des Klimas als Prüfstein völkerrechtlicher Konstitutionalisierung", AVR 40 (2002), S. 273-331 (289).

[21] Kreuter-Kirchhof, Neue Kooperationsformen im Umweltrecht – Die Kyoto Mechanismen, 2005, S. 512f.

[22] Brown Weiss, „International Environmental Law: Contemporary Issues and the Emergence of a New World Order", The Georgetown Law Journal 81 (1993), S. 675–710 (702).

[23] Kellersmann, Die gemeinsame, aber differenzierte Verantwortlichkeit von Industriestaaten und Entwicklungsländern für den Schutz der globalen Umwelt, 2000, S. 36.

[24] Scheyli, 2002, S. 295.

[25] Kreuter-Kirchhof, 2005, S. 515.

[26] Text der Erklärung von Den Haag zum Schutz des Weltklimas und der Ozonschicht, ILM 28 (1989), S. 1308.

[27] Stone, „Common but Differentiated Responsibilities in International Law", The American Journal of International Law 98 (2004), S. 276–304 (290).

Hinblick auf die ihnen zur Verfügung stehenden Technologien und Finanzmittel tragen."[28]

Dieses Gerechtigkeitskonzept liegt seit den 1990er Jahren einer Vielzahl von Umweltschutzabkommen zugrunde.[29]

a) Gemeinsame Verantwortlichkeit

Die „gemeinsame Verantwortlichkeit" steht mit den Begriffen „gemeinsame Güter", „gemeinsames Interesse" und „gemeinsame Belange der Menschheit" in engem Zusammenhang.[30] Durch sie kommt zum Ausdruck, dass bestimmte Belange im Interesse aller Staaten liegen und deswegen eine Kooperation aller Staaten notwendig ist.[31] Sie haben ihren Ursprung im Grundsatz der Schadensvermeidungspflicht (*sic utere tuo ut alienam non laedas*), das aus dem Prinzip der Souveränität der Staaten abgeleitet wird.[32] Eine gemeinsame Verantwortlichkeit der Staatengruppen ergibt sich aus der Tatsache, dass sowohl Industriestaaten als auch Entwicklungsländer zur Gefährdung der globalen Umwelt beitragen.[33] Die Industriestaaten haben daran bisher zwar den wesentlich größeren, die Entwicklungsländer dagegen einen stetig wachsenden Anteil. Die globalen Umweltprobleme sind mittlerweile so umfassend, dass Anstrengungen zu ihrem Schutz nicht von einem Staat oder einer Staatengruppe allein wirksam durchgeführt werden können.[34] Insbesondere Bemühungen der Industriestaaten zum Schutz der Umwelt könnten langfristig unterlaufen werden, falls nicht auch die Verantwortlichkeit der Entwicklungsländer berücksichtigt wird. Um die Zerstörung des Ökosystems Erde zu vermeiden, ist es daher unverzichtbar, dass alle Staaten eine gemeinsame Verantwortung für eine globale Kooperation übernehmen und effektive Maßnahmen

---

[28] Vereinte Nationen, Rio-Erklärung über Umwelt und Entwicklung (28.03.2006), http://www.un.org/Depts/german/conf/fs_konferenzen.html, zuletzt aufgerufen am 02.11.06, S. 2.

[29] Das Prinzip der gemeinsamen, aber unterschiedlichen Verantwortlichkeiten findet sich u.a. in der FCCC, der CBD, der United Nation Convention to Combat Desertification (Wüstenkonvention) 33 ILM. 1328, teilweise in dem 1996 Protocol to the Convention on the Prevention of Marine Polution by Dumping of Waste and Other Matters, 1046 U.N.T.S. 120, 11 LLM. 1294 (1972), sowie der Stockholm Convention on Persistent Organic Pollutants, ILM 40 (2001), S. 532f. wieder. Glass, Die gemeinsame, aber unterschiedliche Verantwortlichkeit als Bestandteil eines umweltvölkerrechtlichen Prinzipiengefüges, 2008, S. 30f.; Buß, „Legal Principles in International Environmental Relations", in: Dolzer/Thesing, Protecting Our Environment, 2000, S. 307–326 (322); Stone, 2004, S. 279.

[30] Kellersmann, 2000, S. 48

[31] French, „Developing States and International Environmental Law: The Importance of Differentiated Responsibilities, International and Comparative Law Quarterly 49, 2000, S. 35–60 (45).

[32] Buß, in: Dolzer/Thesing, 2000, S. 310.

[33] Kellersmann, 2000, S. 37.

[34] Rajamani, Differential Treatement in International Environmental Law, 2006, S. 1.

zum Schutz der Umwelt ergreifen.[35] Über den Grad ihrer Beteiligung wird damit jedoch noch keine Aussage getroffen. „Gemeinsam" deutet also nicht auf eine gleiche oder unterschiedslose Verantwortlichkeit hin.[36]

b) Unterschiedliche Verantwortlichkeiten

Die Verantwortlichkeiten werden auf einer zweiten Stufe des Prinzips differenziert. So werden in Abkommen die unterschiedlichen Verantwortlichkeiten von Industrie- und Entwicklungsländern durch unterschiedliche Instrumente, Maßnahmen und unterschiedliche Verpflichtungen konkretisiert.[37] Zur Rechtfertigung der unterschiedlichen Verantwortlichkeiten werden im Wesentlichen zwei Ansätze herangezogen. Einerseits wird auf die Schutzfähigkeit, also die wirtschaftliche und technologische Ausstattung abgestellt. Andererseits wird die Schadensverantwortlichkeit betont, die sich auf den Verursachungsbeitrag der Staaten zur heutigen Umweltsituation bezieht.[38]

aa) Schutzfähigkeit

Die unterschiedlichen wirtschaftlichen Entwicklungsstadien und technologischen Fähigkeiten von Industriestaaten und Entwicklungsländern werden zur Begründung unterschiedlicher Verantwortlichkeiten herangezogen.[39] Daraus ergäben sich unterschiedliche Fähigkeiten zur Abwehr globaler Umweltgefahren und zur Vorsorge gegen Umweltschäden.[40] Den Industriestaaten sei es aufgrund des höheren Entwicklungsstandes und besserer finanzieller Ausstattung möglich, weitergehende Maßnahmen zum Schutz der Umwelt durchzuführen, beispielsweise die Entwicklung und den Einsatz aufwendiger „End-of-Pipe"-Technologien zur Emissionsminderung oder ein effektives Schutzgebietsmanagement zur Erhaltung biologischer Vielfalt. Durch diese faktisch weitergehenden finanziellen und technischen Möglichkeiten der Industriestaaten haben sie ein größeres Gefahrenabwehrpotential.[41] Effektivitätserwägungen sprechen dafür, dass die Industriestaaten sich in internationalen Abkommen zum Einsatz der weitergehenden Möglichkeiten verbindlich verpflichten.[42] Dieser Begründungsansatz wird von den Industriestaaten bevorzugt und von Entwicklungsländern akzeptiert.[43] Die entwickelten Staaten erkennen ihre Verantwortung in Grundsatz 7 der Rio-Erklärung an, die sie „in Anbetracht der ihnen zur Verfügung stehenden Technologien und Finanzmittel bei dem

---

[35] Stone, 2004, S. 277.

[36] French, 2000, S. 46.

[37] Epiney/Scheyli, 2000, S. 94.

[38] Pomar Borda, 2002, S. 114.

[39] 1996 UNEP Final Report of the Expert Group Workshop on International Environmental Law aiming at Sustainable Development, para. 43 (a).

[40] Kreuter-Kirchhof, 2005, S. 526.

[41] Kellersmann, 2000, S. 42.

[42] Vgl. French, 2000, S. 58.

[43] Kellersmann, 2000, S. 42.

weltweiten Streben nach nachhaltiger Entwicklung tragen."[44] Schon in Absatz 16 der Präambel zu Resolution 44/228 VN-Generalversammlung (UNGA) wurde festgehalten, dass die Verantwortlichkeit der Staaten für den Schutz der globalen Umwelt ihrer „jeweiligen Fähigkeiten" entsprechen müsse.[45] Auch nach Art. 3 I FCCC sollen die Vertragsparteien der FCCC Maßnahmen zum Schutz des Klimas gemäß ihrer „jeweiligen Fähigkeiten" vornehmen.

bb) Schadensverantwortlichkeit

Umstritten ist, ob das Prinzip der gemeinsamen, aber unterschiedlichen Verantwortlichkeiten auch mit den unterschiedlichen Beiträgen von Industrie- und Entwicklungsländern zur Verursachung globaler Umweltprobleme begründet werden kann.[46] Wissenschaftlich nachgewiesen und damit nicht mehr ernsthaft bestritten wird, dass die Industriestaaten seit der industriellen Revolution erheblich mehr Treibhausgase emittiert haben als die Entwicklungsländer und damit einen wesentlich größeren Anteil an der Verursachung des Klimawandels haben.[47] Bezüglich der Produktionsstrukturen, des Ressourcenverbrauchs und dem damit verbundenen Verlust biologischer Vielfalt, ist eine ähnlich auffallende Asymmetrie zwischen Industriestaaten und Entwicklungsländern erkennbar.[48] Ob jedoch das Prinzip der gemeinsamen, aber unterschiedlichen Verantwortlichkeiten auf dieser unterschiedlichen Verantwortlichkeit beruht, damit gerechtfertigt wird und darin seine Grundlage findet ist umstritten.[49] Die Industriestaaten befürchten, durch eine an das Verursacherprinzip (*„polluter-pays-principle"*) angelehnte Begründung könnten Entwicklungsländer konkrete rechtliche Ansprüche ableiten.[50] Nach dem Verursacherprinzip, hat derjenige die Kosten der Vermeidung oder Beseitigung eines Umweltschadens zu übernehmen, der für die Entstehung verantwortlich ist.[51] Das Verursacherprinzip ist damit als Verteilungsmaßstab für Umweltkosten konzipiert. Auch Staaten sind für ihnen zurechenbare völkerrechtswidrige Akte verantwortlich.[52] Das Verursacherprinzip stellt jedoch einen sehr offenen Grundsatz dar. Im Hinblick auf seine einzelnen Elemente, Tatbestandsvoraussetzungen und

---

[44] United Nations, Rio-Erklärung über Umwelt und Entwicklung, (28.03.2006), http://www.un.org/Depts/german/conf/fs_konferenzen.html, zuletzt aufgerufen am 02.11.06, S. 2.

[45] United Nations, UNGA Resolution 44/228 – A/RES/44/228, 1989.

[46] Rajamani, 2006, S. 137f.

[47] IPCC, Special Report on Emissions Szenarios, 2000, Tabelle 5-14: Im Jahr 1990 emittierten die OECD Länder und die Länder die sich im Übergang zur Marktwirtschaft befinden, etwa 69 % der weltweiten CO_2-Emissionen, während der Anteil der Entwicklungsländer bei lediglich 31 % lag. Nach anderen Berechnungen lag das Verhältnis im Jahr 1995 bei 73 % verursacht durch Industriestaaten und 27 % durch Entwicklungsländer.

[48] Pomar Borda, 2002, S. 114.

[49] Kreuter-Kirchhof, 2005, S. 527; Rajamani, 2006, S. 137.

[50] Kellersmann, S. 42; Rajamani, 2006, S. 137.

[51] Buß, in: Dolzer/Thesing, 2000, S. 316;

[52] Sands, Principles of International Environmental Law, 2003, S. 280 ff.; Buß, in: Dolzer/Thesing, 2000, S. 317.

Rechtsfolgen ist noch keine klare Linie erkennbar, es ist bisher nicht Bestandteil des Völkergewohnheitsrechts geworden.[53]

Ob das Verursacherprinzip zur Grundlage des Prinzips der gemeinsamen aber unterschiedlichen Verantwortlichkeiten geworden ist, erscheint fraglich.[54] Dagegen spricht, dass das Prinzip der gemeinsamen aber unterschiedlichen Verantwortlichkeiten in Grundsatz 7 der Rio-Erklärung verankert ist, während auf das in Grundsatz 16 erhaltene Verursacherprinzip getrennt davon Bezug genommen wird. Daher ist davon auszugehen, dass es sich um zwei separate Konzepte handelt.[55] Die Entwicklung des Prinzips der gemeinsamen, aber unterschiedlichen Verantwortlichkeiten spricht hingegen für eine Bemessung der unterschiedlichen Verantwortlichkeiten nach den Verursachungsbeiträgen der Staaten, an den globalen Umweltproblemen.[56] So ergibt sich aus der Erklärung von Den Haag, dass sich die Verpflichtung zur Unterstützung von Entwicklungsländern u.a. durch die Verantwortung für die Verschlechterung des Zustands der Atmosphäre bestimmt.[57] Der Wortlaut der Absätze 12–16 von Resolution 44/228 der VN-Generalversammlung, mit der die Rio-Konferenz einberufen wurde, bestätigt, dass die Verantwortung für die globalen Umweltschäden von den Staaten zu tragen ist, die sie verursacht haben.[58] Auch in Grundsatz 7 der Rio-Erklärung und Absatz 3 der Präambel der FCCC anerkennen die Industriestaaten ihren Beitrag an der Verursachung globaler Umweltschäden und der damit verbundenen Verantwortlichkeit für ihre Lösung.[59] Dem Prinzip der gemeinsamen, aber unterschiedlichen Verantwortlichkeiten und dem Verursacherprinzip liegt demnach die gleiche tatsächliche Vorstellung zugrunde, dass der Grad der Verursachung eines Problems sich auf die Verpflichtung zu seiner Beseitigung auswirkt.[60] Überwiegend wird darin auch die rechtliche Begründung des Prinzips der gemeinsamen, aber unterschiedlichen Verantwortlichkeiten gesehen.[61]

Konkrete, rechtsverbindliche Ansprüche der betroffenen Entwicklungsländer gegen die Industriestaaten werden damit jedoch nicht begründet.[62] In seiner Umschreibung durch Grundsatz 7 der Rio Erklärung werden die, aus der unterschiedlichen Verantwortung erwachsenden, unterschiedlichen Rechtsfolgen für Indus-

---

[53]   Epiney/Scheyli, 2000, S. 92.

[54]   Stone, 2004, S 291.

[55]   Kellersmann, 2000, S. 42.

[56]   Kreuter-Kirchhof, 2005, S. 527; Kellersmann, 2000, S. 42.

[57]   Text der Erklärung von Den Haag zum Schutz des Weltklimas und der Ozonschicht, ILM 28 (1989), S. 1308.

[58]   United Nations, UNGA Resolution 44/228 - A/RES/44/228, 1989.

[59]   French, 2000, S. 47.

[60]   Kellersmann, 2000, S. 43.

[61]   Rajamani, 2006, S. 137f.; Kreuter-Kirchhof, 2005, S. 529; a.A. Kellersmann, 2000, S. 52, die von einer strikten Trennung des Verursacherprinzips und des Prinzips der gemeinsamen aber unterschiedlichen Verantwortlichkeiten ausgeht und vertritt, das als rechtliche Begründung des Prinzips nur die unterschiedliche Schutzfähigkeit in Betracht kommt.

[62]   Kreuter-Kirchhof, 2005, S. 517.

riestaaten und Entwicklungsländer nicht genauer bestimmt.[63] Die Anerkennung unterschiedlicher Verursachungsbeiträge reduziert sich auf die Verpflichtung der Industriestaaten eine Vorreiterrolle in der Bekämpfung globaler Umweltgefahren einzunehmen.[64] Konkretisiert wird die Verantwortlichkeit auf Rechtsfolgenseite durch die unterschiedlichen Verpflichtungen von Industrie- und Entwicklungsländern in völkerrechtlichen Vereinbarungen zum Schutz der Umwelt, wie FCCC und CBD.[65]

II. Die unterschiedlichen Verpflichtungen von Industrie- und Entwicklungsländern

Während der Konferenz der Vereinten Nationen über Umwelt und Entwicklung vom 3.–14. Juni 1992 in Rio de Janeiro lagen das Rahmenübereinkommen der Vereinten Nationen über Klimaänderungen und das Übereinkommen über die biologische Vielfalt zur Unterzeichnung auf.[66] Sowohl Industriestaaten als auch Entwicklungsländer verpflichten sich in den Abkommen zur Durchführung von Maßnahmen zum Schutz der Umwelt. Erklärtes Ziel der CBD ist es gemäß Art. 1 CBD, Biodiversität zu erhalten und ihre nachhaltige Nutzung zu gewährleisten. Die Regelungen der FCCC dienen primär dem Schutz vor einer gefährlichen Klimaänderung. Sie verpflichten die Parteien aber u.a. dazu, eine Reihe von Maßnahmen zu treffen, die zumindest auch dem Schutz biologischer Vielfalt dienen, so etwa der Schutz natürlicher terrestrischer Ökosysteme, die große Mengen an Kohlenstoff speichern und aufnehmen, gleichzeitig als Habitate einer Vielzahl von Arten dienen. Durch die Vereinbarung unterschiedlicher Verpflichtungen für Industrie- und Entwicklungsländer wurde das Prinzip der gemeinsamen, aber unterschiedlichen Verantwortlichkeiten in diesen Konventionen konkretisiert.[67] Seinen Niederschlag findet das Prinzip dabei in Form unterschiedlich formulierter Schutz- und Finanzierungsverpflichtungen.[68]

1. Biodiversitätskonvention

Die CBD wurde 1992 auf dem Erdgipfel in Rio von 156 Staaten unterzeichnet und ist am 29. Dezember 1993 in Kraft getreten. Sie hat heute 191 Vertragsparteien.[69] Es handelt sich um eine Rahmenkonvention, die der Ausgestaltung durch Folge-

---

[63] Epiney/Scheyli, 2000, S. 94.
[64] Vgl. Art. 3 Abs. 1 FCCC
[65] Kellersmann, 2000, S. 44.
[66] Dross/Wolff, New Elements of the International Regime on Access and Benefit Sharing of Genetic Resources – the Role of Certificates of Origin, 2005, S. 11.
[67] Kreuter-Kirchhof, 2005, S. 517; Kellersmann, 2000, S. 248.
[68] Rajamani, 2006, S. 191; Kellersmann, S. 208 ff.
[69] CBD, List of Parties, (07.08.2008a), http://www.cbd.int/information/parties.shtml, zuletzt aufgerufen am 07.08.2008.

protokolle bedarf. Der Konvention liegt erstmals ein umfassender und globaler Ansatz zum Schutz biologischer Vielfalt zugrunde. Damit weicht sie von dem traditionellen Schutzverständnis früherer Abkommen ab, die stets auf bestimmte Gebiete oder einzelne Arten begrenzt waren.[70] Hauptziele der Konvention sind nach Art. 1

> „die Erhaltung der biologischen Vielfalt, die nachhaltige Nutzung ihrer Bestandteile sowie die ausgewogene und gerechte Aufteilung der sich aus der Nutzung der genetischen Ressourcen ergebenden Vorteile".

Das Prinzip der gemeinsamen, aber unterschiedlichen Verantwortlichkeiten wird in der CBD nicht ausdrücklich erwähnt. Trotzdem bestimmt das Prinzip die Konzeption der Konvention.[71] Offensichtlich ist, dass Entwicklungsländer und Industriestaaten nicht dieselben Lasten tragen.[72] Schon in der Präambel wird anerkannt, dass besondere Vorkehrungen erforderlich sind, um den Bedürfnissen der Entwicklungsländer gerecht zu werden. Insbesondere wird bemerkt, dass „die Bereitstellung neuer und zusätzlicher finanzieller Mittel und ein angemessener Zugang zu einschlägigen Technologien für die Fähigkeit der Welt, dem Verlust an biologischer Vielfalt zu begegnen, von erheblicher Bedeutung sein dürften."[73] In Art. 3 der CBD wird das souveräne Recht der Staaten über ihre natürlichen Ressourcen betont. Damit fallen auch die Maßnahmen zum Schutz der biologischen Vielfalt unter die Jurisdiktion der Nationalstaaten.[74] Dennoch wurde in der Präambel festgehalten, dass der Biodiversitätsschutz ein „gemeinsames Anliegen" darstellt und damit nicht nur staatsinterne Aufgabe ist, sondern internationales Handeln erfordert und rechtfertigt.[75] In den Art. 5–14 CBD sieht die CBD eine Reihe von Maßnahmen vor, die von den Nationalstaaten zum Schutz biologischer Vielfalt „soweit möglich und sofern angebracht" umgesetzt werden müssen.[76] Die Vertragsstaaten werden gemäß Art. 5 CBD dazu aufgefordert diesbezüglich, mit anderen Vertragsparteien unmittelbar oder im Hinblick auf die Erhaltung und nachhaltige Nutzung biologischer Vielfalt zusammen zu arbeiten.

a) Erhaltung biologischer Vielfalt

Der Erhalt der Biodiversität ist eines, der drei Ziele der CBD.[77] Unter Erhalt ist die Bewahrung biologischer Vielfalt und ihrer Bestandteile vor dezimierenden und

---

[70]   Wolfrum, in: Wolff/Köck, 2004, S. 18.
[71]   Kellersmann, 2000, S. 208.
[72]   Boyle, „The Rio Convention on Biological Diversity", in: Bowman/Redgwell, 1996, S. 33–50 (44).
[73]   Punkt 14 der Präambel der CBD.
[74]   Epiney/Scheyli, 2000, S. 102.
[75]   Henne, 1998, S. 122.
[76]   Beyerlin, „'Erhaltung und nachhaltige Nutzung' als Grundkonzept der Biodiversitätskonvention", in: Wolff/Köck, 2004, S. 55–73 (59).
[77]   Korn, „Schutzgebiete im Rahmen des internationalen Übereinkommens über die biologische Vielfalt" in: Hiller/Lange, 2005, S. 11–17 (14).

zerstörerischen Eingriffen zu verstehen.[78] Grundsätzlich wird zwischen zwei Ansätzen der Erhaltung biologischer Vielfalt unterschieden, der Erhaltung *in-situ* und der Erhaltung *ex-situ*.[79]

aa) In-situ-Erhaltung

Unter „*In-situ*-Erhaltung" versteht man die Erhaltung von Ökosystemen und natürlichen Lebensräumen sowie die Bewahrung und Wiederherstellung lebensfähiger Populationen von Arten in ihrer natürlichen Umgebung und – im Fall domestizierter oder gezüchteter Arten – in der Umgebung, in der sie ihre besonderen Eigenschaften entwickelt haben.[80] Die *In-situ*-Erhaltung wird damit nicht auf Arten in freier Natur beschränkt, sondern schließt gerade auch kultivierte Agrarökosysteme mit ein. Zu unterscheiden ist nach dem Anknüpfungspunkt der *In-situ*-Erhaltung. Es wird differenziert zwischen der Bewahrung des Ökosystems (ökosystemarer Ansatz) und des Erhaltes von Populationen oder Arten in ihrer natürlichen oder naturnahen Lebensform (Artenansatz, individueller Ansatz).[81] Geregelt wird die *In-situ*-Erhaltung in Artikel 8 der CBD. Der Artikel beinhaltet die wesentlichen Verpflichtungen der Konvention zum Schutz biologischer Vielfalt.[82] Auf staatlicher Ebene wird *In-situ*-Erhaltung biologischer Vielfalt durch Unterschutzstellung noch vorhandener natürlicher und naturnaher Gebiete und wo möglich deren Vernetzung, entsprechend den spezifischen Ansprüchen der dort vorkommenden Arten vorgenommen.[83] Die Errichtung von Schutzgebieten bildet das zentrale Element jeder Erhaltungsstrategie.[84] In der CBD wird ein Schutzgebiet definiert als „geographisch festgelegtes Gebiet, das im Hinblick auf die Verwirklichung bestimmter Erhaltungsziele ausgewiesen ist oder geregelt und verwaltet wird".[85] Die rechtliche und verwaltungstechnische Gestaltung der Schutzgebiete ist von Staat zu Staat sehr unterschiedlich. Die Weltkommission für Schutzgebiete der IUCN hat zur internationalen Vergleichbarkeit der verschiedenen nationalen Schutzgebietsausweisungen ein zehnstufiges, auf Bewirtschaftungszielen beruhendes Klassifikationssystem erarbeitet, in welches die nationalen Schutzgebiete weltweit eingeordnet werden.[86] Bekannt sind vor allem die Rechtsformen der Naturschutzgebiete und Nationalparke, es fallen aber auch neuere Konzepte wie die Biosphärenreservate oder extraktive Reservate darunter.[87] In Deutschland

---

[78]   Beyerlin, in: Wolff/Köck, 2004, S. 56.

[79]   Glowka et al., 1994, A Guide to the Convention on Biological Diversity, S. 39, 52.

[80]   Art. 2 Abs. 10 CBD.

[81]   Wolfrum, in: Janich/Gutmann/Prieß, 2001, S. 429.

[82]   Friedland/Prall, „Schutz der Biodiversität: Erhaltung und nachhaltige Nutzung in der Konvention über die Biologische Vielfalt", ZUR 15 (2004), S. 193–202 (195).

[83]   Wolfrum, „The Convention on Biological Diversity: Using State Jurisdiction as Means of Ensuring Compliance", in: ders., Enforcing Environmental Standards: Economic Mechanisms as Viable Means, 1996, S. 373–394 (377).

[84]   Stoll/Schillhorn, „Das völkerrechtliche Instrumentarium und transnationale Anstöße im Recht der natürlichen Lebenswelt", NuR 20 (1998), S. 625–633 (631).

[85]   Art. 2 Abs. 15 CBD.

[86]   Wolfrum, in: Janich/Gutmann/Prieß, 2001, S. 430.

[87]   Glowka et al., 1994, S. 39.

werden in § 22 Abs.1 BNatSchG sieben Schutzgebietsarten nach Zielsetzung und Schutzintensität unterschieden.[88]

Gemäß Art. 8 lit. (a), (b) CBD sind die Vertragsstaaten dazu verpflichtet, ein System von Schutzgebieten oder Gebieten zu schaffen, in denen spezielle Maßnahmen zum Schutz biologischer Vielfalt unternommen werden müssen. Diese Verpflichtung gilt für alle Vertragsparteien.[89] Darüber hinaus sieht Art. 8 lit. (c) CBD die Regelung und Verwaltung biologischer Ressourcen inner- und außerhalb der Schutzgebiete zwecks Gewährleistung ihrer Erhaltung und nachhaltigen Nutzung vor.[90] Zum Schutz von Ökosystemen und natürlichen Lebensräumen sowie der Bewahrung lebensfähiger Populationen in ihrer natürlichen Umgebung, verpflichtet Art. 8 lit. (d) CBD. Auch in den, an die Schutzgebiete grenzenden Gebieten müssen umweltverträgliche und nachhaltige Entwicklung gemäß Art. 8 lit. (e) CBD gefördert werden.[91] Art. 8 lit. (f) CBD verpflichtet die Vertragsparteien dazu, beeinträchtigte Ökosysteme zu sanieren und wiederherzustellen, sowie die Regenerierung gefährdeter Arten zu fördern. Die Abwehr und Kontrolle der Freisetzung von lebenden modifizierten Organismen, sowie die Verhinderung der Ansiedlung von nichteinheimischen Arten bestimmt Art. 8 lit. (g), (h) CBD. Es müssen nach Art. 8 lit. (i) CBD die notwendigen Voraussetzungen für die Vereinbarkeit gegenwärtiger Nutzungen mit der Erhaltung und nachhaltigen Nutzung biologischer Vielfalt geschaffen werden. Art. 8 lit. (j) CBD stellt die Kenntnisse, Innovationen und Gebräuche eingeborener und ortsansässiger Gemeinschaften mit traditionellen Lebensformen, die für die Erhaltung und nachhaltige Nutzung biologischer Vielfalt von Belang sind, unter besonderen Schutz.[92] Sie müssen im Rahmen innerstaatlicher Rechtsvorschriften beachtet, bewahrt und erhalten werden. Darüber hinaus soll ihre breitere Anwendung mit Billigung und unter Beteiligung der Träger dieser Kenntnisse, Innovationen und Gebräuche begünstigen und die gerechte Teilung der aus der Nutzung dieser Kenntnisse, Innovationen und Gebräuche entstehenden Vorteile gefördert werden.[93] Nach Art. 8 lit. (k) CBD müssen notwendige Rechtsvorschriften oder sonstige Regelungen zum Schutz bedrohter Arten und Populationen ausgearbeitet oder beibehalten werden. Die Vertragsstaaten müssen für die Regelung und Beaufsichtigung von Vorgängen und Tätigkeiten Sorge tragen, in denen nach Art. 7 CBD erhebliche nachteilige Auswirkungen festgestellt wurden, Art. 8 lit. (l) CBD.

Aufgrund der geographischen Verteilung biologischer Vielfalt haben vor allem Entwicklungsländer die Möglichkeit auf den Biodiversitätsbestand unmittelbar einzuwirken.[94] Die Industriestaaten trifft daher die Pflicht, gemäß Art. 8 lit. (m)

---

[88] Kloepfer, 2004, § 11, S. 883, Rn. 125.
[89] Herold et al., 2001, S. 100.
[90] Friedland/Prall, 2004, S. 196.
[91] Friedland/Prall, 2004, S. 196.
[92] Friedland/Prall, 2004, S. 196.
[93] Wolfrum et al., 2001, Genetische Ressourcen, traditionelles Wissen und geistiges Eigentum im Rahmen des Übereinkommens über die biologische Vielfalt, S. 85; Henne, 1998, S. 177.
[94] Kellersmann, 2000, S. 209.

CBD finanzielle Hilfe für In-situ-Erhaltung der Entwicklungsländer bereitzustellen.

bb) Ex-situ-Erhaltung

Gemäß Art. 2 CBD wird „*Ex-situ*-Erhaltung" als die Erhaltung von Bestandteilen biologischer Vielfalt außerhalb ihrer natürlichen Lebensräume definiert.[95] Zur *Ex-situ*-Erhaltung gehört die Aufbewahrung von Keimplasma (Pollen, Sperma, Eier, Zellen, Samen) oder vegetativem Material in Genbanken. Auch Lebendsammlungen, also die Erhaltung von Tieren oder Pflanzen in Zoos, botanischen Gärten, Zuchtfarmen, Aquarien usw. stellen *Ex-situ*-Erhaltungsmaßnahmen dar.[96] Die *Ex-situ*-Erhaltung soll nach Art. 9 CBD in erster Linie der Ergänzung von *In-situ*-Maßnahmen dienen. Oftmals erweist sich die künstliche Aufzucht oder Aufbewahrung in *Ex-situ*-Einrichtungen als das einzig verbleibende Mittel, um eine Art vor dem Aussterben zu schützen. Sinnvoll ist dies bei kurzzeitiger Aufbewahrung bzw. Aufzucht einer Art zwecks Wiedereingliederung in das natürliche Ökosystem, nicht aber zur Langzeitaufbewahrung.[97] *Ex-situ*-Erhaltung hat einen entscheidenden Nachteil. Durch die Trennung einer einzelnen Art vom fortlaufenden Prozess der Koevolution innerhalb des Ökosystems kann es zu Generosion und damit zu verminderter Anpassungsfähigkeit dieser Art kommen.[98] Im Hinblick auf Nutzpflanzen geht durch die Entfernung aus ihrem Wirkungsgefüge auch Wissen über Wechselbeziehungen mit ihren natürlichen Nachbarn verloren.[99] Eine Kombination von *In-situ*- und *Ex-situ*-Erhaltung erhöht die Chance einer dauerhaften Erhaltung gefährdeter Bestandteile biologischer Vielfalt.[100] Weiteres Ziel der *Ex-situ*-Erhaltung von Arten ist deren Bereitstellung zu Forschungszwecken. Die Forschung muss nicht notwendigerweise auf den Erhalt biologischer Vielfalt gerichtet sein, sondern kann auch auf kommerziellen Nutzen – meist des genetischen Materials – abzielen.[101]

Auch Art. 9 CBD enthält einen Katalog an Handlungsanweisungen. So sind nach Art. 9 lit. (a) CBD Maßnahmen zur *Ex-situ*-Erhaltung von Bestandteilen biologischer Vielfalt, vorzugsweise in deren Ursprungsland zu ergreifen. Gleiches gilt gemäß Art. 9 lit. (b) CBD für die Schaffung und Unterhaltung entsprechender Erhaltungs- und Forschungseinrichtungen. Ein wesentliches Ziel der *Ex-situ*-Erhaltung stellt gemäß Art. 9 lit. (c) CBD die „Regenerierung und Förderung gefährdeter Arten" sowie „deren Wiedereinführung in ihren natürlichen Lebensraum" dar. Die „Entnahme biologischer Ressourcen aus ihrem natürlichen Lebensraum für Zwecke der *Ex-situ*-Erhaltung" ist nach lit. (d) so zu regeln und zu beaufsichtigen, dass „Ökosysteme und *In-situ*-Populationen von Arten nicht gefährdet werden, es sei denn, dass besondere vorübergehende *Ex-situ*-

---

[95] Stoll/Schillhorn, 1998, S. 631.
[96] Warren, „The Role of Ex- Situ Measures in the Conservation of Biodiversity", in: Bowman/Redgwell, 1996, S. 129-144 (132).
[97] Friedland/Prall, 2004, S. 200.
[98] Klaus et al., 2000, S. 64.
[99] Wolfrum, in: Wolff/Köck, 2004, S. 25.
[100] Henne, 1998, S. 82.
[101] Beyerlin, in: Wolff/Köck, 2004, S. 59.

Maßnahmen nach Art. 9 lit. (c) CBD notwendig sind". Zuletzt wird die Zusammenarbeit der Vertragsparteien, bei der Bereitstellung finanzieller und sonstiger Unterstützung für die, unter den Buchstaben (a)–(d) des Art. 9 CBD vorgesehene *Ex-situ*-Erhaltung, sowie bei der Schaffung und Unterhaltung von Einrichtungen für die *Ex-situ*-Erhaltung in Entwicklungsländern angemahnt.

b) Nationale Politiken, Programme und Strategien

Nach Art. 6 CBD ist jede Vertragspartei „entsprechend ihren besonderen Umständen und Möglichkeiten" dazu verpflichtet nationale Strategien, Pläne oder Programme zur Erhaltung und nachhaltigen Nutzung der biologischen Vielfalt zu entwickeln bzw. anzupassen, so dass die in der CBD vorgesehenen Maßnahmen zum Ausdruck kommen. Erhaltung und nachhaltige Nutzung biologischer Vielfalt sollen ebenfalls in die sektoralen oder sektorenübergreifenden Pläne, Programme und Politiken einbezogen werden. Jeder Staat ist damit aufgefordert die Belange der Biodiversität in allen innerstaatlichen Politikbereichen schon im Stadium der Planung weit möglichst zu berücksichtigen.[102]

c) Bestimmung und Überwachung

Nach Art. 7 CBD ist es die Pflicht jeder Vertragspartei, gemäß lit. (a) Bestandteile der biologischen Vielfalt zu bestimmen, die für deren Erhaltung und nachhaltige Nutzung von Bedeutung sind; gemäß lit. (b) durch die Entnahme von Proben und durch andere Verfahren die bestimmten Bestandteile der biologischen Vielfalt zu überwachen. Dabei sollen Arten, die dringender Erhaltungsmaßnahmen bedürfen, und solche mit großem Potential für eine nachhaltige Nutzung, besonders berücksichtigt werden. Nach lit. (c) sind Vorgänge und Tätigkeiten zu bestimmen, die erhebliche nachteilige Auswirkungen auf die Erhaltung und nachhaltige Nutzung biologischer Vielfalt haben oder wahrscheinlich haben werden. Deren Wirkungen sind zu überwachen. Die im Rahmen der Überwachung gewonnenen Daten sollen von den Vertragsparteien systematisiert und verfügbar gehalten werden. Diese sehr konkret gefassten Überwachungspflichten des Art. 7 CBD unterliegen der Berichtspflicht des Art. 26 CBD und haben große praktische Bedeutung.[103]

d) Ausbildung und Öffentlichkeitsarbeit

Die Vertragsparteien haben nach Art. 12 CBD Maßnahmen zur Bildung und Ausbildung sowie gemäß Art. 13 CBD zur Aufklärung und Bewusstseinsbildung in der Öffentlichkeit zu treffen.[104] Unter Berücksichtigung der besonderen Bedürfnisse der Entwicklungsländer sind die Vertragsstaaten nach Art. 12 lit. (a) CBD dazu verpflichtet Programme zur wissenschaftlichen und technischen Bildung und Ausbildung hinsichtlich der Bestimmung, Erhaltung und nachhaltigen Nutzung biologischer Vielfalt und ihrer Bestandteile einzurichten.[105] Die Vertragsstaaten sollen

---

[102] Beyerlin, 2000, S. 199, Rn. 405.
[103] Beyerlin, 2000, S. 199, Rn. 405.
[104] Friedland/Prall, 2004, S. 201.
[105] Friedland/Prall, 2004, S. 201.

insbesondere in den Entwicklungsländern der Erreichung der Konventionsziele dienende Forschung unterstützen und fördern. Art 13 CBD sieht vor, dass die Vertragsparteien die Bildung öffentlichen Bewusstseins für die Erhaltung biologischer Vielfalt durch Medien und ihre Einbeziehung in Bildungsprogramme fördern sollen.[106]

e) Umweltverträglichkeitsprüfung

Für Vorhaben, die einen erheblichen Eingriff in die biologische Vielfalt erwarten lassen, müssen die Vertragsstaaten Umweltverträglichkeitsprüfungen einführen.[107] Art. 14 Abs. 1 lit. (a) CBD verpflichtet die Vertragsparteien zur Einführung geeigneter Verfahren für eine Umweltverträglichkeitsprüfung. Dadurch sollen erheblich nachteilige Auswirkungen von geplanten Vorhaben auf die biologische Vielfalt vermieden oder auf ein Mindestmaß beschränkt werden.[108] Die Verfahren der Umweltverträglichkeitsprüfung sollen nach Möglichkeit die Partizipation der Bevölkerung im Entscheidungsprozeß vorsehen.[109] Nach Art. 14 Abs. 1 lit. (b) CBD müssen auch regulative Vorkehrungen getroffen werden, um zu vermeiden, dass nationale Programme und Politiken etabliert werden, die sich negativ auf die Biodiversität auswirken. Gemäß Art. 14 Abs. 1 lit. (c) CBD sollen Informationsaustausch und Konsultationen über hoheitlich ausgeübte oder hoheitlich kontrollierte Tätigkeiten, die in anderen Staaten oder in Gebieten außerhalb der nationalen Hoheitsbereiche wahrscheinlich erheblich nachteilige Auswirkungen auf die biologische Vielfalt haben werden, durch den Abschluss bilateraler, regionaler oder multilateraler Übereinkünfte gefördert werden.[110] Für den Fall, dass aufgrund eines Ereignisses auf dem Hoheitsgebiet eines Staates bzw. eines Gebietes unter seiner Kontrolle akute oder ernsthafte Gefahren für die Biodiversität eines anderen Staates zu erwarten sind, trifft diesen Staat nach Art. 14 Abs. 1 lit. (d) CBD die Pflicht, den betroffenen Staat darüber zu informieren und Maßnahmen zur Abwendung der Gefahr einzuleiten. Es sind nach Art. 14 Abs.1 lit. (e) CBD Vorkehrungen und Notfallmaßnahmen für Fälle akuter Gefährdung biologischer Vielfalt zu fördern und eine enge internationale Zusammenarbeit bis hin zur Erstellung gemeinsamer Notfallpläne anzustreben.[111]

f) Nationale Umsetzung der nachhaltigen Nutzung von Teilen biologischer Vielfalt

In Art. 10 CBD wird der Bezug zwischen nachhaltiger Nutzung und Erhaltung biologischer Vielfalt hervorgehoben.[112] Der Artikel regelt gemäß lit. (a) die Um-

---

[106] Friedland/Prall, 2004, S. 201.
[107] Glowka et al., 1994, S. 71.
[108] Hubbard, „Convention on Biological Diversity's Fifth Anniversary: A General Overview of the Convention, Where Has it Been and Where is it Going?", Tulane Environmental Law Journal 10 (1997), S. 415–446 (432).
[109] Hubbard, 1997, S. 432.
[110] Glowka et al., 1994, S. 74.
[111] Glowka et al., 1994, S. 74.
[112] Beyerlin, 2000, S. 199, Rn. 405.

setzung nachhaltiger Nutzung und des Erhalts biologischer Vielfalt in den innerstaatlichen Entscheidungsprozeß. Der Begriff „innerstaatlicher Entscheidungsprozess" ist dabei so weit gefasst, dass auch verbindliche Rechtsnormen darunter subsumiert werden.[113] Lit. (a) ergänzt damit die Regelung des Art. 6 lit. (b) CBD, der sich auf die Entwicklung nicht notwendigerweise rechtsverbindlicher nationaler Strategien, Pläne und Programme bezieht.[114] Nach Art. 10 lit. (b) CBD sind die Vertragsstaaten dazu verpflichtet, Maßnahmen im Zusammenhang mit der Nutzung biologischer Ressourcen zu beschließen, „um nachteilige Auswirkungen auf die biologische Vielfalt zu vermeiden oder auf ein Mindestmaß zu beschränken". Dadurch wird der Grundsatz der Nachhaltigkeit, sowie das Vorsorgeprinzip für die Erhaltung biologischer Vielfalt fruchtbar gemacht.[115] Es besteht damit auch ein enger sachlicher Zusammenhang zu Art. 8 lit. (i), (l) CBD. Art. 10 lit. (c) CBD hält die Vertragsparteien zu Schutz und Förderung herkömmlicher Nutzung biologischer Ressourcen an, soweit diese „im Einklang sind mit traditionellen Kulturverfahren, die mit den Erfordernissen der Erhaltung oder nachhaltigen Nutzung vereinbar sind." Dies betont den hohen Stellenwert traditioneller Nutzungs- und Erhaltungsformen indigener Gemeinschaften. Die bereits in der Präambel der CBD geäußerte „Anerkennung der unmittelbaren und traditionellen Abhängigkeit vieler indigener und lokaler Gemeinschaften mit traditionellen Lebensformen von biologischen Ressourcen" wird in Art. 10 (c) CBD zu einer operativen Verpflichtungsnorm.[116] Art. 8 lit. (j) CBD zusammen mit Art. 10 lit. (c) CBD beachten nicht nur die Abhängigkeit indigener Bevölkerung von biologischen Ressourcen, sie nehmen darüber hinaus Bezug auf die besondere Rolle im Management der natürlichen Ressourcen, sowie den Wert des lokalen Wissens.[117] Anerkannt ist damit die Notwendigkeit lokaler Ansätze für die Bewahrung der Biodiversität. Die Vorschriften sollen die Regierungen dazu ermutigen die Interessen indigener und lokaler Bevölkerungsgruppen in den nationalen Strategien zu respektieren und mit einzubeziehen.[118] Art. 10 lit. (d) CBD sieht vor, dass ortsansässige Bevölkerungsgruppen in Gebieten, in denen die biologische Vielfalt verringert worden ist, bei der Ausarbeitung und Durchführung von Abhilfemaßnahmen zu unterstützen sind. Letztlich ist nach Art. 10 lit. (e) CBD die Zusammenarbeit zwischen den nationalen Regierungsbehörden und dem privaten Sektor bei der Erarbeitung von Methoden zur nachhaltigen Nutzung biologischer Ressourcen zu fördern. Es ist damit eine völkerrechtliche Basis für so genannte „*public-private partnerships*" auf nationaler Ebene geschaffen worden.[119]

---

[113] Beyerlin, in: Wolff/Köck, 2004, S. 70.

[114] SCBD, Handbook of the Convention on Biological Diversity, 2005, S. 158.

[115] Beyerlin, in: Wolff/Köck, 2004, S. 70.

[116] Glowka et al., 1994, S. 60.

[117] Glowka et al., 1994, S. 60.

[118] Henne/Fakir, „The Regime Building of the Convention on Biological Diversity on the Road to Nairobi", UNYB 3 (1999), S. 315-361 (324).

[119] Beyerlin, in: Wolff/Köck, 2004, S. 71.

2. Schutz biologischer Vielfalt im internationalen Klimaschutzregime

Seit Mitte der 1980er Jahre wurde die Veränderung des Klimas von Wissenschaftlern und Politikern zunehmend nicht mehr als fern liegende Möglichkeit, sondern als eine konkrete Gefahr betrachtet.[120] Dies war vor allem die Folge der, 1990 vom IPCC vorgestellten Prognose einer Klimaerwärmung von 2–5°C bis 2100, bei konstant bleibenden Treibhausgasemissionen.[121] Es entwickelte sich schnell Konsens, dass es eines rechtlich verbindlichen internationalen Abkommens bedürfe, um dieser Gefahr entgegenzuwirken.[122] Nach Vorarbeiten des VN-Umweltprogramms (UNEP) und der Weltorganisation für Meteorologie (WMO) berief die VN-Generalversammlung mit Resolution Nr. 45/212 am 21.12.1990 den Zwischenstaatlichen Verhandlungsausschuss (INC) ein und beauftragte ihn mit der Aufnahme von Verhandlungen zu einem internationalen Klimaschutzabkommen.[123] Die Verhandlungen sollten bis zum VN-Erdgipfel 1992 in Rio de Janeiro abgeschlossen sein.[124] Eine Einigung der beteiligten Staaten auf das Rahmenübereinkommen der Vereinten Nationen über Klimaänderungen kam am 9.5.1992, nach sechs Verhandlungsrunden des INC zustande.[125] Die FCCC wurde auf der Konferenz der Vereinten Nationen über Umwelt und Entwicklung in Rio von 154 Staaten und der EG unterzeichnet. Sie trat am 21.3.1994 in Kraft und wurde inzwischen von 192 Staaten ratifiziert.[126] Es handelt sich um ein Rahmenübereinkommen, das der näheren Ausgestaltung durch Folgeprotokolle bedarf.[127]

Ziel der FCCC ist nach Art. 2 FCCC „die Stabilisierung der Treibhausgaskonzentrationen in der Atmosphäre auf einem Niveau zu erreichen, auf dem eine gefährliche anthropogene Störung des Klimasystems verhindert wird. Ein solches Niveau sollte innerhalb eines Zeitraums erreicht werden, der ausreicht, damit sich die Ökosysteme auf natürliche Weise den Klimaänderungen anpassen können, die Nahrungsmittelerzeugung nicht bedroht wird und die wirtschaftliche Entwicklung auf nachhaltige Weise fortgeführt werden kann." Die Funktion intakter Ökosysteme im globalen Kohlenstoffkreislauf und damit deren Bedeutung für die Erreichung des Zieles der Konvention, war den Vertragsparteien von Beginn der Ver-

---

[120] Bodansky, „The United Nations Framework Convention on Climate Change: A Commentary", Yale Journal of International Law 18 (1993), 451–558 (459f.).

[121] IPCC, 1990, S. 41.

[122] Bodansky, 1993, S. 471.

[123] Heintschel von Heinegg, „Umweltvölkerrecht", in: Rengeling, Handbuch zum europäischen und deutschen Umweltrecht, 2003, S. 750–835 (792), Rn. 47.

[124] Bodansky, 1993, S. 473.

[125] Bail, „Das Klimaschutzregime nach Kyoto", EuZW 9 (1998), S. 457–464 (457).

[126] UNFCCC Secretariat, Status of Ratification, (22.08.2007), http://unfccc.int/essential_-background/convention/status_of_ratification/items/2631.php, zuletzt aufgerufen am 07.08.2008.

[127] Hofmann, Die „Senken"-Regelung im Kyoto-Protokoll und ihr Verhältnis zu anderen umweltvölkerrechtlichen Instrumenten, 2006, S. 30.

handlungen an bewusst.[128] Gemäß der Präambel der FCCC kamen die Parteien auch „im Bewusstsein der Rolle und der Bedeutung von Treibhausgassenken und - speichern in Land- und Meeresökosystemen" überein.[129] Da natürliche Ökosysteme, zur Verminderung der CO_2-Konzentration in der Atmosphäre beitragen und so den Ursachen des Klimawandels entgegenwirken, wurden in der FCCC Regelungen getroffen, die den Schutz von Ökosystemen vorsehen und damit gleichzeitig den Erhalt biologischer Vielfalt fördern.

a) Grundsätze

In Art. 3 FCCC wurden fünf Grundsätze formuliert, von denen sich die Vertragsparteien bei ihren Maßnahmen zur Erreichung des in Art. 2 FCCC genannten Ziels und der Durchführung der Konvention leiten lassen sollen.[130] Die Grundsätze stellen normative Vorgaben für die Ausfüllung des Rechtsrahmens dar.[131] Sie begründen im Gegensatz zu den Regelungen des Art. 4 FCCC keine konkreten Verpflichtungen und sind nicht Bestandteil des Völkergewohnheitsrechts.[132]

Von besonderer Bedeutung für den Schutz biologischer Vielfalt ist Art. 3 Nr. 3 FCCC. Im Hinblick auf die zu ergreifenden Maßnahmen und Politiken schreibt der dort aufgeführte Grundsatz die Berücksichtigung aller, also auch biologischer Quellen und Senken vor.[133] Darüber hinaus wird auf das Vorsorgeprinzip Bezug genommen. Die Vertragsparteien sollen Vorsorgemaßnahmen treffen, um „den Ursachen der Klimaänderungen vorzubeugen, sie zu verhindern oder so gering wie möglich zu halten und die nachteiligen Auswirkungen der Klimaänderungen abzuschwächen." Das Fehlen einer völligen wissenschaftlichen Gewissheit darf dabei nicht als Begründung für das Aufschieben solcher Maßnahmen dienen. Die weiteren Grundsätze weisen auf die speziellen Bedürfnisse der Entwicklungsländer hin, Art. 3 Nr. 2 FCCC. Das Recht und die Pflicht der Vertragsparteien zur Förderung nachhaltiger Entwicklung sind Gegenstand des Art. 3 Nr. 4 FCCC. Es wird betont, dass klimaschutzpolitische Maßnahmen den speziellen Verhältnissen der Parteien angepasst und in die nationalen Entwicklungsprogramme eingebunden werden sollen. Der fünfte Grundsatz verknüpft die Notwendigkeit der Vereinbarkeit von Maßnahmen zur Bekämpfung des Klimawandels mit dem in der Welthandelsorganisation (WTO) verankerten Gebot, willkürliche und ungerechtfertigte

---

[128] So wurde schon 1989 auf einem internationalen Expertentreffen überlegt, an eine spätere Klimarahmenkonvention ein Protokoll zu Abholzung und Aufforstung von Wäldern anzubinden. Vgl. „Protection of the Atmosphere: Statement of the Meeting of Legal and Policy Experts on the Protection of the Atmosphere, Ottawa, Feb. 20–22", abgedruckt in: American University Journal of International Law and Policy 5 (1990), S. 529. Auch der IPCC verfolgte einen ähnlichen Vorschlag, siehe Krohn, Die Bewahrung tropischer Regenwälder durch völkerrechtliche Kooperationsmechanismen, 2002, S. 123 m.w.N. in Fn. 290.

[129] Absatz 4 der Präambel der Klimarahmenkonvention.

[130] Höhne et al., Evolution of commitments under the UNFCCC: Involving newly industrialized economies and developing countries, 2003, S. 20.

[131] Höhne et al., 2003, S. 20.

[132] Bodansky, 1993, S. 501.

[133] Bodansky, 1993, S. 503.

Diskriminierungen und verschleierte Beschränkungen des internationalen Handels zu vermeiden. Hervorzuheben ist außerdem Grundsatz Nr. 1 des Art. 3 FCCC. Dort wird das Prinzip der gemeinsamen, aber unterschiedlichen Verantwortlichkeiten explizit aufgeführt.[134] Betont wird ausdrücklich die daraus resultierende Führungsrolle der entwickelten Länder bei der Bekämpfung der Klimaänderungen und ihrer nachteiligen Auswirkungen.

b) Verpflichtungen

Kernstück der FCCC ist Art. 4 FCCC. Er enthält die Verpflichtungen der Vertragsparteien. Dem Prinzip der gemeinsamen, aber unterschiedlichen Verantwortlichkeiten folgend, wird zwischen den in Anlage I aufgeführten Industriestaaten einerseits und Entwicklungsländern andererseits unterschieden.[135] Die unterschiedlichen Staatengruppen treffen unterschiedliche Verpflichtungen. Art. 4 Abs. 1 FCCC bezieht sich auf alle Vertragsparteien, während in Art. 4 Abs. 2 FCCC speziell die entwickelten Staaten zu einer Reihe von Maßnahmen verpflichtet werden.[136] Es handelt sich überwiegend um prozedurale Verpflichtungen. Die wenigen materiellen Vorschriften betreffen überwiegend Anlage I Staaten. Es fällt auf, dass 1992, insbesondere wegen des Widerstandes der USA, es nicht möglich war, konkrete völkerrechtlich bindende Emissionsreduktionspflichten festzulegen.[137] Für den Schutz biologischer Vielfalt ist Art. 4 Abs. 1 lit. (d) FCCC von besonderer Bedeutung. Danach ist die Erhaltung und nachhaltige Bewirtschaftung von Senken und Speichern zu fördern, gegebenenfalls sogar zu verbessern. Darunter fallen ausdrücklich Biomasse, Wälder und Meere sowie andere Ökosysteme auf dem Land, an der Küste und im Meer. Insoweit stimmen die Pflichten des Art. 4 Abs. 1 lit. (d) FCCC mit dem Ziel der Erhaltung biologischer Vielfalt in Art. 1 CBD überein. Des Weiteren sehen die allgemeinen Verpflichtungen des Art. 4 Abs. 1 FCCC vor:

- die regelmäßige Erstellung nationaler Verzeichnisse über anthropogene Emissionen aller nicht durch das Montrealer Protokoll geregelter Treibhausgase, sowie über den Abbau solcher Gase durch Senken und Speicher, lit. (a);
- das Erarbeiten, Umsetzen, Veröffentlichen und regelmäßige Aktualisieren regionaler Programme für Maßnahmen zur Verminderung klimarelevanter Treibhausgasemissionen aus Quellen und zur Aufnahme der Gase durch Senken, lit. (b);

---

[134] Betsill, „Global Climate Change Policy: Making Progress or Spinning Wheels?", in: Axelrod/Downie/Vig, The Global Environment – Institutions, Law and Policy, 2005, S. 103–124 (109).

[135] In Anlage I aufgeführt sind die Industriestaaten inklusive der Staaten des ehemaligen Ostblocks, deren Wirtschaft sich im Übergang zur Marktwirtschaft befindet. Diese werden weiter differenziert. In Anlage II werden nochmals gesondert die OECD Mitgliedstaaten (einschließlich der EG) aufgeführt.

[136] Beyerlin, 2000, S. 174, Rn. 362.

[137] Hofmann, 2006, S. 31.

- die Entwicklung, Anwendung und Verbreitung von Technologien und Verfahren zur Bekämpfung der Treibhausgasemissionen, in allen wichtigen Bereichen u.a. Landwirtschaft und Forstwirtschaft, lit. (c);
- die Vorbereitung von Maßnahmen zur Anpassung an die nachteiligen Auswirkungen der Klimaänderungen, insbesondere das Ausarbeiten integrierter Bewirtschaftungspläne für Küstengebiete, Wasservorräte und Landwirtschaft sowie die Erstellung von Konzepten zum Schutz und der Wiederherstellung von Dürre-, Wüsten- und Überschwemmungsgebieten, lit. (e);
- die Integration des Klimaschutzes und Anpassungsmaßnahmen in die verschiedenen Politikbereiche, lit. (f);
- die Förderung von Forschungsarbeiten in allen für den Klimaschutz relevanten Bereichen, die systematische Beobachtung und Entwicklung von Datenarchiven zum Klimasystem lit. (g);
- die Förderung des Austauschs von einschlägigen Informationen über das Klimasystem und die Klimaänderungen, lit. (h);
- die Förderung von Erziehung und Ausbildung sowie des öffentlichen Bewusstseins auf dem Gebiet des Klimaschutzes, lit. (i).

Die in Anlage I aufgeführten Vertragsparteien treffen darüber hinaus materiellrechtlich wichtige Minderungs-, Berichts- und Finanzierungsverpflichtungen, Art. 4 Abs. 2 FCCC. Nach lit. (a) muss jede dieser Parteien nationale und regionale Politiken beschließen und entsprechende Maßnahmen zum Klimaschutz ergreifen, indem sie anthropogene Treibhausgasemissionen begrenzt, sowie Treibhausgassenken und Speicher schützt und ergänzt. Diese Maßnahmen müssen erkennen lassen, dass die Anlage I Staaten eine Führungsrolle übernehmen mit dem Ziel die CO_2-Emissionen bis zum Ende dieses Jahrzehnts (also bis zum Jahr 2000) auf ein früheres Niveau zurückzuführen.[138] Die Frage verbindlicher Emissionsreduktionsziele und Zeitpläne war Hauptstreitpunkt in den Verhandlungen um die Konvention und wurde letztlich erst durch die Einführung des KPs verbindlich geregelt.[139] Im Interesse größtmöglicher Flexibilität wurden keine konkreteren rechtlichen Bedingungen an den Inhalt der Politiken und Maßnahmen geknüpft.[140]

Darüber hinaus wurde festgehalten, dass die unterschiedlichen Ausgangspositionen, Ansätze, Wirtschaftsstrukturen und Ressourcen der Vertragsparteien zu berücksichtigen sind. Außerdem sei nachhaltiges Wirtschaftswachstum aufrechtzuerhalten und der Tatsache Rechnung zu tragen, dass jeder der Anlage I Staaten zu dem weltweiten Bemühen um die Verwirklichung des Zieles gerechte und angemessene Beiträge leisten muss. Nach Art. 4 Abs. 2 lit. (a) S. 3 FCCC wird auch vorgesehen, dass die betroffenen Vertragsparteien Reduktionsmaßnahmen gemeinsam mit anderen Vertragsparteien durchführen können.

Art. 4 Abs. 2 lit. (b) FCCC enthält für Anlage I Staaten, über die allgemeinen Berichtspflichten hinausgehende Verpflichtungen. Die Parteien müssen innerhalb von sechs Monaten nach Inkrafttreten der FCCC und danach in regelmäßigen Abständen gemäß Artikel 12 FCCC ausführliche Angaben über ihre unter lit. (a)

---

[138] Höhne et al., 2003, S. 4.
[139] Höhne et al., 2003, S. 5.
[140] Bodansky, 1993, S. 512.

vorgesehenen Politiken und Maßnahmen sowie über ihre sich daraus ergebenden voraussichtlichen anthropogenen Treibhausgasemissionen mit dem Ziel übermitteln, einzeln oder gemeinsam die Emissionen auf das Niveau von 1990 zurückzuführen. Mit der Formulierung des Art. 4 Abs. 2 lit. (b) FCCC wurden lediglich weiche Ziele und Zeitpläne vereinbart, da offen bleibt, bis wann das Ziel der Rückführung der Emissionen auf das 1990er Niveau erreicht werden muss.[141] Bei der Berechnung der Emissionen von Treibhausgasen aus Quellen und des Abbaus solcher Gase durch Senken sollen nach lit. (c) die besten verfügbaren wissenschaftlichen Kenntnisse auch über die tatsächliche Kapazität von Senken und die jeweiligen Beiträge solcher Gase zu Klimaänderungen berücksichtigt werden. Einen Prozess zur Überprüfung der Verpflichtungen in Art. 4 Abs. 2 lit. (a) und (b) FCCC legt Art. 4 Abs. 2 lit. (d) FCCC i.V.m. Art. 7 Abs. 2, Abs. 4 FCCC fest.[142]

---

[141] Hofmann, 2006, S. 32, m.w.N. in Fn. 183.
[142] Beyerlin, 2000, S. 175, Rn. 364.

D. Die rechtlichen Verpflichtungen zur Leistung von Erfüllungshilfe in den Rio-Konventionen

Das Konzept der gemeinsamen, aber unterschiedlichen Verantwortlichkeiten wirkt sich in den Rio-Konventionen nicht nur in Form unterschiedlicher Schutzverpflichtungen aus, sondern kommt vor allem durch verhältnismäßig weit reichende Bestimmungen zur Erfüllungshilfe zum Ausdruck.[1] Um die Entwicklungsländer in die internationalen Umweltschutzaktivitäten mit einzubeziehen, ist eine Unterstützung durch die Industriestaaten unabdingbar.[2] Durch die Erfüllungshilfe soll es den Entwicklungsländern erleichtert werden ihre Verpflichtungen aus FCCC und CBD trotz mangelnder administrativer, personeller wirtschaftlicher und technischer Infrastrukturen umsetzen und erfüllen zu können. Die Industriestaaten werden zu unterstützenden Maßnahmen in Form von Kapazitätsaufbau, Technologie- und Finanztransfers verpflichtet.[3] Im Mittelpunkt der Erörterung finanzieller Erfüllungshilfe stehen die Finanzierungsverpflichtungen. Dabei bedarf die Frage nach den Konditionen der Finanztransfers zwischen Industriestaaten und Entwicklungsländern, sowie der Verfahren ihrer Gewährung und Abwicklung der Klärung. Darüber hinaus ist die Diskussion des Verhältnisses von Finanzierungspflichten der Industriestaaten und der Verpflichtungen zum Schutz der Umwelt seitens der Entwicklungsländer, sowie eine genauere Betrachtung des Finanzierungsmechanismus der Konventionen von Bedeutung.

I. Kapazitätsaufbau und Technologietransfer

1. Kapazitätsaufbau

Kapazitätsaufbau (*Capacity Building*) stellt eine Hilfe zur Selbsthilfe der Entwicklungsländer dar, durch die sie in die Lage versetzt werden sollen, ihren Verpflichtungen aus den Übereinkommen selbständig nachzukommen.[4] Zum Kapazitätsaufbau im internationalen Umweltschutz gehört neben Maßnahmen zur Umwelterziehung und -ausbildung vor allem der Aufbau personeller und instituti-

---

[1] Vgl. Kellersmann, 2000, S. 156.
[2] Beyerlin, 2000, S. 256, Rn. 505.
[3] Beyerlin, 2000, S. 256, Rn. 505.
[4] Wolfrum, Means of ensuring compliance with and enforcement of international environmental law, 1998, S. 117.

oneller Kapazitäten.[5] Auch die Vermittlung legislativer und administrativer Strukturen sowie die Stärkung der Zivilgesellschaft gehören zum *Capacity Building*.[6] In der FCCC ist in Art. 6 lit. (b) ii. FCCC vorgesehen, dass durch die Stärkung nationaler Institutionen und den Austausch oder die Entsendung von Personal aus den Industriestaaten zur Ausbildung von Sachverständigen Bildungs- und Ausbildungsprogramme insbesondere in Entwicklungsländern entwickelt und durchgeführt werden. Wie bereits dargelegt, sieht auch die CBD in Art. 12 lit. (a) vor, in Entwicklungsländern Programme zur wissenschaftlichen und technischen Bildung und Ausbildung zwecks Bestimmung, Erhaltung und nachhaltiger Nutzung biologischer Vielfalt und ihrer Bestandteile einzurichten.[7]

2. Technologietransfer

Um die Ziele der Übereinkommen erfüllen zu können, bedarf es, gerade auch im Hinblick auf die zur Vermeidung globaler Umweltprobleme verfügbaren Technologien, der Kooperation zwischen den Staaten der Süd- und der Nordhemisphäre. Aufgrund der fortgeschritteneren technologischen Entwicklung der Industriestaaten führt dies meist zu einem Transfer der Technologien von Norden nach Süden.[8] Die Weitergabe von Technologien stellt jedoch ein Konfliktfeld dar. Es herrscht ein Spannungsverhältnis zwischen den Rechten am geistigen Eigentum der Technologieentwickler in den Industriestaaten und den Zugangsrechten der Nutzer in den Entwicklungsländern.[9]

In der FCCC gilt Art. 4 Abs. 5 FCCC als Formulierung eines Kompromisses im Spannungsfeld zwischen der Forderung der Entwicklungsländer nach freiem Zugang zu relevanten Technologien und der von Industriestaaten vertretenen Ansicht, ausschließlich Marktbedingungen gelten zu lassen.[10] Danach ist vorgesehen, dass die Industriestaaten alle nur möglichen Maßnahmen ergreifen, um die Weitergabe von oder den Zugang zu umweltverträglichen Technologien und Knowhow, insbesondere an Entwicklungsländer zu fördern, zu erleichtern und zu finanzieren. Dadurch soll es Entwicklungsländern ermöglicht werden, die Bestimmungen des Übereinkommens umzusetzen und durchzuführen. Der Schwerpunkt liegt dabei auf der Entwicklung und Stärkung von in Entwicklungsländern vorhandenen Fähigkeiten und Technologien. Auch andere Vertragsparteien und Organisationen sollen zur Erleichterung der Weitergabe solcher Technologien beitragen.[11]

---

[5]   Kellersmann, 2000, S. 156.
[6]   Matz, „Environmental Financing: Function and Coherence of Financial Mechanisms in International Agreements", Max-Planck Yearbook of United Nations Law 6 (2002), S. 473–554 (479).
[7]   Vgl. Kapitel C. I. 1. d.
[8]   Biermann, Weltumweltpolitik zwischen Nord und Süd: Die neue Verhandlungsmacht der Entwicklungsländer, 1998, S. 210.
[9]   Wolfrum et al., 2001, S. 19
[10]   Kellersmann, 2000, S. 157.
[11]   Rajamani, 2006, S. 209.

Die Vorschriften der CBD weisen im Bereich des Technologietransfers Besonderheiten auf. Sie sind das Ergebnis der weitaus stärkeren Verhandlungsposition der Entwicklungsländer. Die Industriestaaten haben ein großes Interesse an der Nutzung genetischer Ressourcen zu Forschungszwecken.[12] Aufgrund der global ungleichen Verteilung genetischer Ressourcen konnten die Entwicklungsländer ihre Forderungen daher weitestgehend durchsetzen.[13] In der Regelung des Art. 16 CBD kommt dies deutlich zum Ausdruck. Dort wird zwischen Technologien, die der Erhaltung biologischer Vielfalt dienen und Technologien, die sich auf die Nutzung genetischer Ressourcen beziehen, unterschieden.[14] Nach Art. 16 Abs. 1 CBD verpflichten sich die Vertragsparteien dazu, den Zugang zu und die Weitergabe von Technologien zu Zwecken der Erhaltung und nachhaltigen Nutzung biologischer Vielfalt oder genetischer Ressourcen zu gewährleisten oder zu erleichtern. Nach Art. 16 Abs. 2 CBD sollen Entwicklungsländer den Zugang und die Weitergabe unter ausgewogenen und möglichst günstigen Bedingungen, auch zu Konzessions- oder Vorzugsbedingungen, gewährt bekommen. Sofern es sich um Technologien handelt, die Gegenstand von Patenten oder anderen Rechten des geistigen Eigentums sind, erfolgen Zugang und Weitergabe zu Bedingungen, die einen angemessenen und wirkungsvollen Schutz der Rechte des geistigen Eigentums anerkennen und mit ihm vereinbar sind. Nach Art. 16 Abs. 3 CBD sind die Vertragsparteien dazu verpflichtet, legislative, administrative oder politische Maßnahmen mit dem Ziel vorzunehmen, Entwicklungsländern, die genetische Ressourcen zur Verfügung stellen, zu einvernehmlich festgelegten Bedingungen den Zugang zu und die Weitergabe von Technologien zu gewähren. Der Schutz geistigen Eigentums darf dabei für den Technologietransfer nicht zu einer unüberwindbaren Hürde werden.[15]

II. Finanzielle Erfüllungshilfe

Die Umsetzung und Durchführung multilateraler Umweltschutzübereinkommen verursacht auf nationaler Ebene regelmäßig beträchtliche volkswirtschaftliche Kosten, die manche Parteien der Übereinkommen, meist Entwicklungsländer, nicht tragen können oder nicht zu tragen bereit sind.[16] Um diese Staaten dennoch in die Anstrengungen zur Bekämpfung globaler Umweltgefahren einzubinden, müssen für sie finanzielle Mittel bereitgestellt werden.[17] Aus dieser Einsicht resultiert die ausdrückliche Aufnahme von Verpflichtungen zur Gewährung finanzieller Erfüllungshilfe der Vertragsstaaten, insbesondere der Industriestaaten, in die Rio-

---

[12] Vgl. Kapitel 1.
[13] Henne, 1998, S. 118.
[14] Beyerlin, 2000, S. 260, Rn. 514.
[15] Wolfrum, in: Wolff/Köck, 2004, S. 32.
[16] Stoll, „Die Effektivität des Umweltvölkerrechts", Die Friedens-Warte 74 (1999), S. 187–203 (194).
[17] Kellersmann, 2000, S. 156, S. 241.

Konventionen.[18] Die vorgesehenen Finanzverpflichtungen der Industriestaaten sowie die Bestimmungen über die der Verteilung bereitgestellter Mittel dienenden Finanzierungsmechanismen wurden als kompensatorische Instrumente zugunsten der Entwicklungsländer eingerichtet. Sie stellen einen Anreiz für Entwicklungsländer dar, an den Abkommen zum Schutz der globalen Umwelt teilzunehmen.[19]

Die Erkenntnis, dass für Entwicklungsländer neue und zusätzliche finanzielle Mittel bereitgestellt werden müssten, um sicherzustellen, dass diese in die globalen Bemühungen zum Schutz der Umwelt miteinbezogen werden, war bereits Gegenstand der Resolution 44/228 der VN-Vollversammlung 1989.[20] In den darauf folgenden Verhandlungen zu CBD und FCCC standen die Finanzierungsverpflichtungen der Industriestaaten und die Prüfung weiterer, u.a. freiwilliger Finanzierungsinstrumente, von Marktmechanismen und der Möglichkeit eines speziellen internationalen Umweltfonds oftmals im Mittelpunkt.[21] Während die unverbindlichen Übereinkünfte des Erdgipfels von Rio de Janeiro, wie Grundsatz 7 der Rio-Erklärung und das Finanzkapitel der Agenda 21 (Kapitel 33) den Bedarf, die Aufbringung und die Bereitstellung finanzieller Mittel für den Umweltschutz eher allgemein behandeln, beinhalten die in Rio verabschiedeten Konventionstexte präzisere Finanzbestimmungen. Diese Bestimmungen konkretisieren die, sich aus dem Prinzip der gemeinsamen, aber unterschiedlichen Verantwortlichkeiten ergebende, differenzierte Verantwortung dadurch, dass beide Vertragstexte Unterstützungszahlungen der entwickelten an die weniger entwickelten Vertragsparteien vorsehen.

1. Internationale Naturschutzabkommen vor dem Gipfel über Umwelt und Entwicklung 1992

In den frühen Abkommen zum Schutz der Umwelt wurden die wirtschaftlichen Bedürfnisse der Entwicklungsländer kaum berücksichtigt. Beispielsweise wurden die Vertragspflichten des Walfang-Übereinkommens von 1946, in ihrem Gehalt und Umfang lediglich durch den Zusatz in Art. 8 *„so far as practible"* allgemein relativiert. Erst in späteren Konventionen kommen ausdrückliche Forderungen einer speziellen Berücksichtigung finanzieller Belange der Entwicklungsländer zum Ausdruck. So sieht das Übereinkommen über den Schutz des Mittelmeers von 1976[22] in Art. 3 vor, dass *„priority to be given to the spezial needs of developing countries"*. Hinsichtlich der Vermeidung, Verminderung und Kontrolle der

---

[18]   Iles, „Rethinking Differential Obligations: Equity Under the Biodiversity Convention", Leiden Journal of International Law 16 (2003), S. 217–251 (229).

[19]   Pomar Borda, 2002, S. 130.

[20]   United Nations, UNGA Resolution 44/228 – A/RES/44/228, 1989.

[21]   Roberts, „International Funding for the Conservation of Biological Diversity: Convention on Biological Diversity, Boston University International Law Journal 10 (1992), S. 303–350 (312).

[22]   Übereinkommen über den Schutz des Mittelmeers, ILM 15 (1976), S. 290f.

Verschmutzung der marinen Umwelt sieht die Seerechtskonvention (UNCLOS)[23] von 1982 vor, dass den Entwicklungsländern *„preference by international organizations"* gewährt werden soll.[24] Die Konvention beinhaltet auch Artikel zur Erfüllungshilfe, die späteren Umweltübereinkommen als Vorbild dienten.[25] Erfüllungshilfe der Industriestaaten für Vertragsparteien, die Entwicklungsländer sind, sieht auch das Basler Abkommen in Art. 10 und Art. 14 vor.[26]

Übereinkommen, die auf die Erhaltung biologischer Vielfalt abzielen und finanzielle Unterstützung der Entwicklungsländer vorsehen, sind u.a. die *World Heritage Convention*, CITES und die Ramsar Konvention.[27] Art. 4 und 5 der *World Heritage Convention* verpflichten die Vertragsparteien dazu, ausreichende finanzielle Mittel zur Identifizierung und zum Schutz, Erhalt, von kulturellem und natürlichem Erbe bereit zu stellen. Art. 15 sieht die Schaffung eines *„World Heritage Fund"* zum Zwecke der Finanzierung von Erhaltungsmaßnahmen für die in der Liste aufgeführten Gebiete von natürlichem und kulturellem Erbe vor. Der Fond soll durch freiwillige und obligatorische Zahlungen der Vertragsparteien gespeist werden.[28] Obwohl finanzielle Mittel in CITES und der Ramsar Konvention nicht ausdrücklich vorgesehen sind, werden im Rahmen dieser Übereinkommen seit einiger Zeit Finanzierungsmaßnahmen vorgenommen. So wurde im Rahmen der Ramsar-Konvention 1990 ein *„Small Grants Fund"* geschaffen, der Entwicklungsländern und Ländern, deren Wirtschaft sich im Übergang zur Marktwirtschaft befindet, bei der Erhaltung und nachhaltigen Nutzung von Feuchtgebieten helfen soll. Auf der 12. Vertragsstaatenkonferenz von CITES wurde beschlossen, die existierenden Mechanismen zur Finanzierung von Maßnahmen zur Erhaltung von Arten zu überprüfen und nach neuen innovativen Finanzierungsmechanismen zu suchen.[29] Darüber hinaus wurde festgestellt, dass insbesondere Entwicklungsländer finanzielle Unterstützung zur Deckung von Ausgaben für nationale Schutzmaßnahmen benötigen.[30] Das Montrealer Protokoll sieht in Art. 5 und Art. 10 klare Finanztransferverpflichtungen der Industriestaaten vor.[31] So heißt es in Art. 10 Abs. 6 *„The Multilateral Fund shall be financed by contributions from Parties not operating under Article 5 (1)..."*. Art. 5 Abs. 1 betrifft die Entwicklungsländer, so dass die Industriestaaten Finanzierungspflich-

---

[23] Seerechtskonvention der Vereinten Nationen vom 10.12.1982 (UNCLOS), in Kraft für die BRD seit 16.11.1994, BGBl. 1994 II S. 1798; 1995 II S. 60.

[24] Wolfrum, 1998, S. 134.

[25] Wolfrum, 1998, S. 134.

[26] Gündling, „Compliance Assistance in International Environmental Law: Capacity-Building Through Financial and Technology Transfer, ZaöRV 56 (1996), S. 796–809 (802).

[27] Sand, Trusts for the Earth: New International Financial Mechanisms for Sustainable Development, in: Lang, Sustainable Development and International Law, 1995, S. 167–184 (171f.).

[28] Wolfrum, 1998, S. 129.

[29] Matz, „Protected Areas in International Conservation Law: Can States Obtain Compensation for their Establishment?, ZaöRV 63 (2003), S. 693–716 (710).

[30] Emerton et al., 2006, S. 7.

[31] Beyerlin, 2000, S. 261, Rn. 517.

ten treffen. In den genannten Konventionen wurden überwiegend abkommenge-
bundene Fonds als Finanzierungsinstrumente gewählt. Sie unterschieden sich
damit von dem für die Rio-Konventionen gewählten Finanzierungsinstrument.

2. Die Finanzierungsverpflichtungen der Rio-Konventionen

Durch die, in den Rio-Konventionen vereinbarten Pflichten der entwickelten Staaten, neue und zusätzliche Mittel (*„new and additional financial resources"*) bereitzustellen und Technologie zu transferieren, soll es den Entwicklungsländern
ermöglicht werden, ihre Verpflichtungen zum Schutz der Umwelt unter dem jeweiligen Vertrag erfüllen zu können.[32] Der Wortlaut der Finanzverpflichtungen
der Übereinkommen weist weitgehende Übereinstimmung auf.

a) Biodiversitätskonvention

In der CBD sind die Pflichten zum Transfer finanzieller Mittel überwiegend in
Art. 20 CBD geregelt. Darüber hinaus wird in Art. 8, Art. 9 CBD, welche die
Erhaltung biologischer Vielfalt betreffen, Bezug zu den Finanzierungspflichten
hergestellt. Die Finanzierungsregelungen des Übereinkommens über die biologische Vielfalt waren von Beginn der Verhandlungen an Gegenstand von Konflikten
zwischen Industrie- und Entwicklungsländern.[33] Die Vorschriften des Art. 20
CBD wurden im Rahmen der Verhandlungen um den Text der CBD zwischen
1990 und 1992 kontrovers diskutiert.[34] Während die meisten Verhandlungen zu
den Regelungsentwürfen in einem größeren Plenum stattfanden, wurden die Auseinandersetzungen um die Finanzierungsregelungen überwiegend in kleinen
Gruppen und hinter verschlossenen Türen geführt.[35] Die Vertreter der Entwicklungsländer forderten in den Verhandlungen als Gegenleistung für Erhalt und
nachhaltige Nutzung biologischer Vielfalt, sowie den Zugang zu genetischen Ressourcen *„fair and reasonable compensation"*, bzw. *„additional, new and ap-
proppriate funds"*.[36] Die Industriestaaten hingegen, allen voran die USA, standen
einer ausdrücklichen Verpflichtung zur Leistung finanzieller Mittel kritisch gegenüber. Sie wollten sich zunächst nur auf eine unverbindliche Regelung einlas-
sen, nach der *„all contracting parties and in particular developed countries shall
undertake to provide resources"*.[37] Aufgrund der unterschiedlichen Positionen der
Staatengruppen ist es kaum verwunderlich, dass der verabschiedete Wortlaut des
Art. 20 CBD einen in den letzten Minuten der abschließenden Verhandlungsrunde

---

[32] Stoll, 1999, S. 195.

[33] Roberts, 1992, S. 311.

[34] Jordan/Werksman, „Financing Global Environmental Protection", in: James/-
Werksman/Roderic, Improving Compliance with International Environmental Law,
1996, S. 247–255 (247).

[35] Chandler, „The Biodiversity Convention: Selected Issues of Interest for the International Lawyer", Colo. J. Int'l Envtl. L. & Policy 4 (1993), S. 141–176 (169).

[36] Roberts, 1992, S. 314.

[37] Roberts, 1992, S. 318.

zustande gekommenen Kompromiss darstellt. Die Formulierungen wurden zunächst absichtlich vage gehalten, um ein Scheitern der Konvention zu verhindern und im Zuge weiterer Verhandlungen auf den folgenden Vertragsstaatenkonferenzen zur Präzisierung beitragen zu können.[38]

aa) Finanzielle Mittel für Umsetzung und Erfüllung der Konventionsziele

Art. 20 CBD regelt die Bereitstellung und den Transfer finanzieller Mittel, die für Umsetzung und Erfüllung der Konventionsziele von den Vertragsparteien benötigt werden. Er enthält zwei verschiedene Verpflichtungen, eine alle Vertragsparteien betreffende und eine speziell für Industriestaaten.[39] Nach Art. 20 Abs. 1 CBD verpflichten sich alle Vertragsparteien dazu, im Einklang mit ihren innerstaatlichen Plänen, Prioritäten und Programmen, Tätigkeiten zur Verwirklichung der Ziele des Übereinkommens finanziell zu unterstützen und wirtschaftliche Anreize dafür zu schaffen. Die Durchführung nationaler Maßnahmen zur Erhaltung und nachhaltigen Nutzung biologischer Vielfalt seitens der Entwicklungsländer setzt die Bereitstellung ausreichender finanzieller Mittel durch die Industriestaaten voraus.[40] Diese sind daher gemäß Art 20 Abs. 2 CBD verpflichtet „neue und zusätzliche" finanzielle Mittel zur Deckung der entstehenden „vereinbarten vollen Mehrkosten" bereit zu stellen und es den Entwicklungsländern zu ermöglichen, die sich aus den Bestimmungen der CBD ergebenden Entwicklungspotentiale zu nutzen.[41] Auf der ersten Vertragsstaatenkonferenz wurde eine Liste der Staaten erstellt, die neue und zusätzliche finanzielle Ressourcen bereitstellen, um die den Entwicklungsländern entstehenden Mehrkosten zu decken. Die Liste umfasst nach Art. 20 Abs. 2 CBD entwickelte Staaten, die zum Finanztransfer verpflichtet sind, und Vertragsparteien, die diese Pflicht freiwillig übernehmen.[42] Die finanziellen Mittel müssen angemessen und vorhersehbar sein und rechtzeitig eingehen. Es ist eine Lastenteilung unter den in der Liste aufgeführten beitragsleistenden Vertragsparteien vorgesehen. Die entstehenden „vollen Mehrkosten" sollen zwischen dem betreffenden Entwicklungsland und der GEF als Finanzierungsmechanismus im Einklang einer Politik, einer Strategie, mit Programmprioritäten und Zuteilungskriterien sowie anhand einer als Anhaltspunkt dienenden Liste der Mehrkosten vereinbart werden. In Art. 20 Abs. 3 CBD wird betont, dass die entwickelten Staaten finanzielle Mittel für Entwicklungsländer, die im Zusammenhang mit der Durchführung der CBD stehen, auch auf bilateralem, regionalem oder multilateralem Weg zur Verfügung stellen können. Die Industrieländer erklärten sich mit dem verabschiedeten Text somit zwar zu einem Transfer von neuen und zusätzli-

---

[38] Glowka et al., 1994, S. 100; Bell, „The 1992 Convention on Biological Diversity: The Continuing Significance of U.S. Objections at the Earth Summit", Geo. Wash. J. Int'l L. & Econ. 26 (1993), S. 479–537 (510).

[39] Wolfrum, 1996, S. 389.

[40] Beyerlin, 2000, S. 201, Rn. 410.

[41] Kellersmann, 2000, S. 241.

[42] UNEP/CBD/COP/1/7; Decision I/2, paragraph 1.

chen finanziellen Mitteln bereit,[43] einige Fragen, wie die Höhe der vereinbarten zusätzlichen finanziellen Mittel wurden jedoch offen gelassen.[44] Konsens bestand darüber, dass die zusätzlichen finanziellen Mittel der Finanzierung durch die Umsetzung vertraglicher Verpflichtungen entstehender Mehrkosten dienen sollten.[45] Ungeklärt blieb diesbezüglich jedoch, welche Kosten unter den Begriff der Mehrkosten fallen und damit finanziert würden.[46]

bb) Finanzielle Unterstützung von Erhaltungsmaßnahmen

Die Pflicht der Industriestaaten zur finanziellen Unterstützung von Maßnahmen der Entwicklungsländer zur Erhaltung biologischer Vielfalt wird in Art. 8 lit. (m) CBD und Art. 9 lit. (e) CBD gesondert erwähnt. Da aufgrund der geografischen Verteilung biologischer Vielfalt vor allem die Entwicklungsländer die Möglichkeit haben, auf den Biodiversitätsbestand unmittelbar einzuwirken, trifft die Industriestaaten daher gemäß Art. 8 lit. (m) CBD die Pflicht, finanzielle Hilfe zur Unterstützung von *In-situ*-Erhaltungsmaßnahmen der Entwicklungsländer bereitzustellen.[47] In Art. 9 lit. (e) CBD wird die Zusammenarbeit der Vertragsparteien, bei der Bereitstellung finanzieller und sonstiger Unterstützung für die *Ex-situ*-Erhaltung und bei der Schaffung und Unterhaltung von Einrichtungen für die *Ex-situ*-Erhaltung in Entwicklungsländern angemahnt.[48]

b) Internationales Klimaschutzregime

In den Verhandlungen zur FCCC vertraten die Entwicklungsländer die Ansicht, dass sie ihre Verpflichtungen zum Schutz des Klimas nur eingehen könnten, wenn sie dafür von den Industriestaaten ausreichende finanzielle Unterstützung erhalten würden.[49] Denn obwohl Entwicklungsländer in der Lage sind Treibhausgasemissionen günstiger zu reduzieren, Senken und Speicher kosteneffizienter zu erhalten als Industriestaaten,[50] sind die entstehenden Kosten im Vergleich zu ihrer Zahlungsfähigkeit immer noch sehr hoch. Durch die Bereitstellung finanzieller Mittel sollen Entwicklungsländer deshalb nach Art. 4 Abs. 3 FCCC in ihren Bemühungen unterstützt werden die eingegangenen Verpflichtungen zum Schutz vor Klimaänderungen zu erfüllen und gemäß Art. 4 Abs. 4 FCCC Maßnahmen zur Anpassung an den Klimawandel durchführen zu können.[51]

---

[43]   Heins/Brühl, „Biologische Vielfalt – Institutionen und Dynamik des internationalen Verhandlungsprozesses", in: Mayer, 1995, S. 115–129 (123).

[44]   Johnston, „Financial Aid, Biodiversity and International Law", in: Bowman/Redgwell, 1996, S. 271–289 (273).

[45]   Jordan/Werksman, in: James/Werksman/Roderic, 1996, S. 247.

[46]   Jordan/Werksman, in: James/Werksman/Roderic, 1996, S. 248.

[47]   Glowka et al., 1994, S. 50f.

[48]   Glowka et al., 1994, S. 55.

[49]   Bodansky, 1993, S. 524.

[50]   Freestone, „Preface", in: Freestone/Streck, Legal Aspects of Implementing the Kyoto Protocol Mechanisms, 2005, S. vii.

[51]   Bodansky, 1993, S. 523.

aa) Finanzielle Mittel für Maßnahmen zum Schutz vor Klimaänderungen

Die Regelungen zum Transfer finanzieller Mittel beschränken sich in der FCCC auf Art. 4 Abs. 3, Abs. 4, Abs. 5 FCCC.[52] Die Industriestaaten sind nach Art 4 Abs. 3 S. 1 FCCC dazu verpflichtet „neue und zusätzliche" finanzielle Mittel bereit zu stellen, um die „vereinbarten vollen Kosten" zu tragen, die den Entwicklungsländern bei der Erfüllung ihrer Berichtspflichten aus Art. 12 Abs. 1 FCCC entstehen. Die „vereinbarten vollen Mehrkosten" werden für Erstellung und Weiterleitung nationaler Treibhausgasinventare an die Vertragsstaatenkonferenz sowie die Informationsübermittlung bezüglich der übrigen Verpflichtungen des Art. 4 Abs. 1 FCCC bereitgestellt.[53] Nach Art. 4 Abs. 3 S. 2 FCCC sind die Industriestaaten auch dazu verpflichtet die „vereinbarten vollen Mehrkosten" zu tragen, die bei der Durchführung der durch Art. 4 Abs. 1 FCCC erfassten Klimaschutzmaßnahmen entstehen. Dabei soll berücksichtigt werden, dass „der Fluss der Finanzmittel angemessen und berechenbar sein muss". Die Industriestaaten sollen diesbezüglich auf einen angemessenen Lastenausgleich untereinander achten.

Damit enthält der Wortlaut des Art. 4 Abs. 3 FCCC wie auch Art. 20 Abs. 2 CBD die Begriffe der „neuen und zusätzlichen finanziellen Mittel" sowie der „vollen vereinbarten Mehrkosten". Auf eine genaue Bestimmung der Bedeutung dieser Formulierungen wurde auch bis zum Abschluss der Verhandlungen zur FCCC verzichtet. Ebenso fehlt es an einer Klarstellung der Formulierung des „Flusses angemessener und berechenbarer" Finanzmittel.[54]

bb) Finanzielle Unterstützung umweltverträglicher Technologien

Um es den Entwicklungsländern zu ermöglichen die Bestimmungen des Übereinkommens durchzuführen, sind die entwickelten Länder und die anderen in Anlage II aufgeführten Vertragsparteien u.a. dazu verpflichtet Maßnahmen zu ergreifen und zu finanzieren, die der Weitergabe von umweltverträglichen Technologien und Know-how an Entwicklungsländer dienen, oder den Zugang dazu ermöglichen, Art. 4 Abs. 5 FCCC.

cc) Finanzielle Unterstützung von Maßnahmen zur Anpassung an den Klimawandel

Nach Art. 4 Abs. 4 FCCC sind die Industriestaaten dazu verpflichtet die Kosten zu tragen, die den Entwicklungsländern durch Anpassung an die Auswirkungen des Klimawandels entstehen. Der Umfang der Zahlungen ist dabei nur sehr unklar umrissen. Zum einen sollen die Entwicklungsländer bei der Deckung der Kosten lediglich unterstützt werden, d.h. deren eigene Bemühungen sollen die Grundlage für die Anpassungsmaßnahmen bilden. Zum anderen enthält der Text die Formulierung *„costs of adaptation"* nicht *„the* [Hervorhebung nicht im Originaltext]

---

[52] Höhne et al., 2003, S. 4.

[53] Kellersmann, 2000, S. 165f.

[54] Dolzer, „Die internationale Konvention zum Schutz des Klimas und das allgemeine Völkerrecht", in: Beyerlin/Bothe/Hofmann/Petersmann, Recht zwischen Umbruch und Bewahrung – Festschrift für Rudolf Bernhardt, 1995, S. 957–973 (967).

costs of adaptation", so dass der Wortlaut nicht die Gesamtsumme der auftretenden Kosten umfasst, sondern wohl nur ein Teil der Kosten für eine Unterstüt-
zungszahlung der Industriestaaten in Betracht zu kommen scheint. Auch wird der
Umfang nicht näher beschrieben, wie etwa durch die – zwar ausfüllungsbedürfti-
gen – Begriffe der Kosten in Art. 4 Abs. 3 und Abs. 5.[55] Auf COP 7 wurde entschieden einen Fonds zur Finanzierung konkreter Anpassungsprojekte und Programme in Ländern die auch Vertragsparteien des KPs sind, einzurichten.[56]

III. Auslegung der rechtlichen Verpflichtungen zur Bereitstellung finanzieller Mittel

Die Vertragsbestimmungen der Rio-Konventionen zu den Finanzierungsverpflichtungen der Industriestaaten sind begrifflich nicht sehr präzise gefasst. Insbesondere die Formulierungen in Art. 4 Abs. 3 FCCC und Art. 20 Abs. 2 CBD nach der
die Industriestaaten „neue und zusätzliche finanzielle Mittel" bereitstellen müssen,
um es den Entwicklungsländern zu ermöglichen die „vollen vereinbarten
(Mehr)kosten" zu tragen, lassen großen Interpretationsspielraum. Aus den Formulierungen geht nicht eindeutig hervor, ob die neuen, zusätzlichen Mittel zu Lasten
der bisher im Rahmen der Entwicklungshilfe geleisteten Finanztransfers gehen
dürfen und ob die Finanzverpflichtungen der Industriestaaten Zahlungen in einer
bestimmten Höhe vorsehen. Damit ist die Frage verbunden, welche Kostenpunkte
der Begriff der vollen Mehrkosten umfasst. Offen ist letztlich auch, ob die Erfüllung der Schutzpflichten der Entwicklungsländer und die Erfüllungshilfeverpflichtungen der Industriestaaten in einem Gegenseitigkeitsverhältnis zueinander stehen.

1. Festlegung eines Mindestniveaus finanzieller Mittel

Schon in den frühen Verhandlungen zu CBD und FCCC vertraten die Ent-
wicklungs- und Schwellenländer die Ansicht, dass die zu erwartenden zusätzlichen finanziellen Belastungen, die aufgrund der Verpflichtung zum Erhalt biologischer Vielfalt bzw. zur Ergreifung von Maßnahmen zum Schutz des Klimas
entstehen könnten, durch finanzielle Leistungen der Industriestaaten ausgeglichen
werden müssten.[57] In welchem Umfang die finanziellen Mittel geleistet werden
müssen, geht aus den Konventionstexten nicht hervor. In den Konventionsverhandlungen wurde lange und heftig um die Festlegung eines möglichen Finanzierungsniveaus gerungen. Umstritten war insbesondere die Festschreibung einer
bestimmten Höhe der finanziellen Mittel.[58] Noch während der zweiten Verhandlungsrunde zur CBD wies der Vorsitzende Dr. Tolba darauf hin, dass der Entwurf
des Übereinkommens konkrete und verbindliche Finanzierungsverpflichtungen

---

[55] Kellersmann, 2000, S. 172.
[56] Decision 10/CP.7 FCCC/CP/2001/13/Add. 1, S. 52.
[57] Roberts, 1992, S. 313; Bodansky, 1993, S. 525.
[58] Roberts, 1992, S. S. 314.

enthalten müsse.[59] Auch die Festlegung eines zumindest allgemein formulierten Finanzierungsniveaus wurde von den Entwicklungsländern immer wieder gefordert. Während der ersten Verhandlungsrunde der *„Ad Hoc Working Group of Legal and Technical Experts on Biological Diversity"* in Nairobi, November 19–23, 1990 betonte die brasilianische Delegation, dass die finanziellen Mittel *„additional, new and appropriate"* sein sollten und innovative Finanzierungsmechanismen notwendig seien, um die besonderen Bedürfnisse der Entwicklungsländer in Bezug auf technische Entwicklungen und Erhaltungsmaßnahmen zu decken. Durch den Zusatz des Wortes *„appropriate"* sollte ein gewisses Mindestniveau der Finanzierung festgeschrieben werden, anstatt lediglich allgemein die Verpflichtung zur Bereitstellung höherer finanzieller Mittel zu formulieren.[60] Im weiteren Verlauf der Verhandlungen zur CBD, wie auch in den Verhandlungen zur FCCC wurde diskutiert, ob alternativ zu der später verabschiedeten Formulierung (*„new and additional"*), die finanziellen Mittel für die Entwicklungsländer *„adequate, new and additional"* sein sollten.[61] Das Wort *„adequate"* sollte die Höhe der finanziellen Ressourcen in dem Umfang implizieren, der für die Erfüllung der Pflichten der Entwicklungsländer notwendig sei.[62] Die Industriestaaten wollten sich jedoch nicht dazu verpflichten, finanzielle Mittel für die Entwicklungsländer in der Höhe bereit zu stellen, die für Umsetzung der Verpflichtungen und Erreichung der Ziele durch die Entwicklungsländer „adäquat" wären.[63] Ein Grund dafür war, dass im Verlauf der Verhandlungen zur CBD die Verhandlungsführer darüber informiert wurden, dass die Weltbank in einer Schätzung, die Kosten der Erhaltung biologischer Vielfalt mit etwa 500 Millionen bis 50 Milliarden US $ pro Jahr veranschlage.[64] Die Industriestaaten wollten sich nicht dazu verpflichten, die Kosten zur Umsetzung der Verpflichtungen und zur Erreichung der Ziele zu tragen, sofern diese nicht näher bestimmt werden konnten. So blieb es bei der allgemeinen Vereinbarung zusätzlicher Mittel ohne ein allgemeines Mindestniveau

---

[59] Report of the Ad Hoc Working Group of Legal and Technical Experts on Biological Diversity on The Work of Its Second Session, Ad Hoc Working Group of Legal and Technical Experts on Biological Diversity, 2nd Sess., UNEP Doc. UNEP/Bio.Div/-WG.2/2/5/ (1991).

[60] Report of the Ad Hoc Working Group of Legal and Technical Experts on Biological Diversity on The Work of Its first Session, Ad Hoc Working Group of Legal and Technical Experts on Biological Diversity, 1st Sess. At 4, UNEP Doc. UNEP/Bio.Div/-WG.2/1/4/Add.1 (1991).

[61] Bodansky, 1993, S. 526; Report of The Intergovernmental Negotiating Committee For A Convention On Biological Diversity On The Work Of Its Third Session, UNEP Doc. UNEP/Bio.Div/INC.3/11, July 4, 1991.

[62] Report of The Intergovernmental Negotiating Committee For A Convention On Biological Diversity On The Work Of Its Third Session, UNEP Doc. UNEP/Bio.Div/-INC.3/11, July 4, 1991.

[63] Roberts, 1992, S. 316, 320.

[64] Report of The Intergovernmental Negotiating Committee For A Second Session, 4th Session, UNEP Doc. UNEP/Bio.Div/N4-INC.2/5 (1991).

festzuschreiben. Die Festlegung der Höhe der Zuwendungen durch die Industriestaaten wurde den Vertragsstaatenkonferenzen überlassen.[65]

2. Die Verpflichtung zur Leistung finanzieller Mittel, die über wirtschaftliche Entwicklungshilfe hinausgehen

Durch Art. 4 Abs. 3 FCCC und Art. 20 Abs. 2 CBD wurden die Industriestaaten dazu verpflichtet „neue und zusätzliche" finanzielle Mittel für Entwicklungsländer bereitzustellen.[66] Es bestanden jedoch von Beginn der Konventionsverhandlungen an Bedenken, dass die Industriestaaten aufgrund der neuen, durch CBD und FCCC begründeten Finanzierungspflichten bereits bestehende finanzielle Hilfe reduzieren könnten bzw. dass sie, ohne das Gesamtvolumen der internationalen Entwicklungshilfemittel aufzustocken, einen Teil dieser finanziellen Mittel umdeklarieren würden.[67] Dies sollte durch die Formulierung „neu und zusätzlich" in Art. 20 Abs. 2 CBD und Art. 4 Abs. 3 FCCC vermieden werden.[68] Erst nach dem die Industriestaaten zugestimmt hatten, über die bisher existierenden Mittel der Entwicklungshilfe hinausgehende Sondermittel zur Verfügung zu stellen, erklärten sich die Entwicklungsländer bereit, die Verpflichtungen der Konventionen einzugehen.[69]

Problematisch ist jedoch, wie bestimmt werden soll, ob die finanziellen Mittel tatsächlich „zusätzlich" zu Entwicklungshilfezahlungen geleistet werden. Die Zusätzlichkeit könnte durch einen Vergleich der Zahlungen eines Geberstaates, die er ohne Übernahme der Verpflichtungen aus dem Übereinkommen geleistet hätte und den Zahlungen, die er aufgrund der Verpflichtungen leistet, ermittelt werden.[70] Um die Zahlungen der Industriestaaten zu bestimmen, die sie ohne die eingegangenen Verpflichtungen geleistet hätten, müsste zunächst ein Referenzniveau bestehender (Umwelt-) Entwicklungshilfezahlungen bestimmt werden.[71] Dann stellt sich jedoch die Frage, wie das Referenzniveau ermittelt werden soll. Es könnte das von den Vereinten Nationen 1970 festgelegte Ziel eines Beitrages der Industriestaaten zur Entwicklungszusammenarbeit von 0,7 % des jeweiligen Bruttosozialproduktes als Ausgangsniveau festgelegt werden. Dagegen spricht jedoch, dass es sich bei der 0,7 % Marke um ein unverbindliches Ziel handelt.[72] Die meisten Industriestaaten stellen im Rahmen der wirtschaftlichen Entwick-

---

[65]   Iles, 2003, S. 226.
[66]   Beyerlin, 2000, S. 202, Rn. 410; Bodansky, 1993, S. 527, in FN. 461: In Art. 4 Abs. 3 S. 2 FCCC wird dies zwar nicht ausdrücklich erwähnt, die Industriestaaten sollen jedoch „such financial resources" bereitstellen. Dies weist darauf hin, dass die Mittel den gleichen Anforderungen wie Art. 4 Abs. 3 S. 1 FCCC genügen müssen, also ein Verweis auf das Merkmal „neu und zusätzlich" des Satz 1 gegeben ist.
[67]   Jordan/Werksman, in: James/Werksman/Roderic, 1996, S. 49.
[68]   Roberts, 1992, S. 316.
[69]   Wolfrum, in: Wolff/Köck, 2004, S. 34.
[70]   Jordan/Werksman, in: James/Werksman/Roderic, 1996, S. 250.
[71]   Jordan/Werksman, in: James/Werksman/Roderic, 1996, S. 249.
[72]   Ehrmann, „Die Globale Umweltfazilität (GEF)", ZaöRV 57 (1997), S. 565–614 (582).

lungshilfe bisher weitaus weniger als 0,7 % ihres Bruttosozialproduktes zur Verfügung.[73] Auch die durchschnittlichen Entwicklungshilfeleistungen der Industriestaaten von etwa 0,33 % des Bruttosozialproduktes könnten zur Festlegung eines Referenzniveaus herangezogen werden. Eine dritte Möglichkeit besteht in der individuellen Bestimmung des Referenzniveaus für jeden Geberstaat, gemessen an dessen bisherigen wirtschaftlichen Entwicklungshilfeleistungen.[74] Eine Anknüpfung an individuelle Werte erscheint wohl die praktikabelste Lösung, da diese leicht überprüfbar wären und im Gegensatz zu einer Bestimmung nach Durchschnittswerten, die Möglichkeit einer Umschichtung der Mittel durch überdurchschnittlich zahlende Geberstaaten nicht gegeben wäre.[75] In den INC Verhandlungen vor UNCED verlangten die Entwicklungsländer eine Festlegung der neuen und zusätzlichen Mittel, auf einen bestimmten Prozentsatz des Bruttosozialproduktes der Industriestaaten. Es kam diesbezüglich jedoch zu keiner Einigung.[76] Die Formulierung „neue und zusätzliche Mittel" legt damit nur fest, dass finanzielle Mittel die der Umsetzung von CBD und FCCC dienen, nicht aus bestehenden bi- und multilateralen (Umwelt-) Entwicklungshilfemitteln abgezogen oder anders deklariert werden dürfen. Es ist damit vertraglich festgelegt, dass Zahlungen geleistet werden müssen, die zu den bestehenden Entwicklungshilfeleistungen hinzukommen.[77] Wie hoch die finanziellen Mittel sein sollen, geht daraus jedoch nicht hervor.[78] Eine genaue Berechnung und Durchsetzung der Zusätzlichkeit würde auch schwer erreichbar sein, nicht zuletzt, weil es ein *„general commitment"* in eine spezifische Verpflichtung (*„specific obligation"*) umwandeln würde.[79]

Einige Studien lassen den Schluss zu, dass die Industriestaaten ihre Finanzierungsverpflichtungen aus den Rio-Konventionen bisher nicht erfüllen, insbesondere dem Zusätzlichkeitserfordernis nicht gerecht werden.[80] So hat sich die offizielle Entwicklungshilfe zwischen 1992, dem Jahr des Erdgipfels in Rio und 1997 von 60 Mrd. US $ auf 53 Mrd. US $ reduziert. Die Zahlungen an den Finanzierungsmechanismus der Rio-Konventionen, die Globale Umweltfazilität (*Global Environment Facility*, GEF), haben nicht zu einem Anstieg der offiziellen Entwicklungshilfe geführt. Während zwischen 1991 und 1996 das Budget der GEF bei

---

[73] Deutschland stellt bisher lediglich 0,28 % des Bruttosozialproduktes für Entwicklungshilfe bereit, die EU hat sich für 2010 das Ziel gesetzt, die Entwicklungshilfe Leistungen auf 0,51 % des Bruttosozialproduktes zu erhöhen.
BMZ, Europa – Starker Partner für nachhaltige globale Entwicklung – Entwicklungspolitische Bilanz der deutschen EU-Ratspräsidentschaft 2007, 2007, S. 8.

[74] Beyerlin/Maurahn, Rechtsetzung und Rechtsdurchsetzung im Umweltvölkerrecht nach der Rio-Konferenz 1992, 1997, S. 132.

[75] Kellersmann, 2000, S. 167.

[76] Bodansky, 1993, S. 525.

[77] Jordan/Werksman, in: James/Werksman/Roderic, 1996, S. 248; Wolfrum, 1998, S. 131; Glowka et al., 1994, S. 100.

[78] Bodansky, 1993, S. 525.

[79] Jordan/Werksman, in: James/Werksman/Roderic, 1996, S. 251.

[80] Matz, 2002, S. 486; Bird Life International „Financial Resources for Biodiversity Conservation", Environmental Policy and Law 27 (1997), S. 9–13 (9).

3 Mrd. US $ lag, nahm die offizielle Entwicklungshilfe im selben Zeitraum um 8 Mrd. US $ ab.[81] Aus einer anderen Studie ergibt sich, dass die Entwicklungshilfeleistungen für den Biodiversitätsschutz sich zwischen 1990 und 2000 von etwa 2,2 Mrd. US $ jährlich auf ca. 1,1 Mrd. US $ jährlich reduziert haben.[82]

3. Zweckbindung der finanziellen Mittel - die vereinbarten vollen Mehrkosten

Sowohl nach Art. 20 Abs. 2 CBD, als auch nach Art. 4 Abs. 3 FCCC sollen die zusätzlichen finanziellen Mittel ihrer Höhe nach den Mehrkosten entsprechen, die den Entwicklungsländern durch die Erfüllung ihrer Pflichten entstehen.[83] Entscheidend ist, für welche Maßnahmen diese Mittel eingefordert werden können, welche Kosten also der Begriff der Mehrkosten umfasst. Je weiter der Begriff der Mehrkosten ausgelegt wird, desto mehr Kosten können unter ihn subsumiert werden. Dies wirkt sich auf die Finanzierungsverpflichtungen der Industriestaaten aus. Denn je höher die Mehrkosten sind, desto mehr zusätzliche Mittel müssen diese bereitstellen.[84]

Allgemein werden unter dem Begriff der „Mehrkosten" die Kosten verstanden, die durch Umsetzung und Durchführung eines Abkommens entstehen.[85] Welche konkreten Kosten (Opportunitätskosten, direkte oder indirekte Kosten usw.) unter diesen Begriff subsumiert werden können, ist Gegenstand eingehender Diskussion.[86] Da es darum geht, welche Elemente biodiversitäts- bzw. klimaschutzrelevanter Maßnahmen im Rahmen der Erstattung von Mehrkosten durch den Finanzierungsmechanismus erfasst werden,[87] sollte diese Frage durch Auslegung der Konventionstexte und der Entscheidungen der Vertragsstaatenkonferenzen beantwortet werden.[88] Durch die Vertragstexte von CBD und FCCC wird der Begriff jedoch nicht näher bestimmt. Eine Definition der „Mehrkosten" müsste daher durch die Vertragsstaatenkonferenz vorgenommen werden.[89] Die Vertragsstaatenkonferenzen haben den Begriff „Mehrkosten" bisher nicht genauer definiert, sondern lediglich Schwerpunkte der finanziellen Unterstützung festgelegt.[90] Die GEF, als Finanzierungsmechanismus der Rio-Konventionen, definiert „Mehrkosten" als die Differenz der Kosten, die durch eine Maßnahme (Politik, Programm oder

---

[81] Lake, „Finance for the Global Environment: the Effectiveness of the GEF as the Financial Mechanism to the Convention on Biological Diversity", RECIEL 7 (1998), S. 68–75 (68).

[82] Khare et al., „Forest Finance, Development Cooperation and Future Options", RECIEL 14 (2005), S. 247–254 (247).

[83] Wolfrum, 1998, S. 131.

[84] Jordan/Werksman, in: James/Werksman/Roderic, 1996, S. 248.

[85] Beyerlin, 2000, S. 202, Rn. 410.

[86] Glowka et al., 1994, S. 103.

[87] Plän, Ökonomische Bewertungsansätze biologischer Vielfalt, 1999, S. 76f.

[88] Matz, 2003, S. 708.

[89] Glowka et al., 1994, S. 103.

[90] SCBD, 2005, S. 248f.

Projekt) anfallen, wenn sie dem Schutz der internationalen Umwelt dient, im Gegensatz zu einer Maßnahme ohne diese globale Ausrichtung.[91] Es werden Vorhaben unterstützt, die von globalem Nutzen sind, zwecks Erreichens dieses Nutzens aber auf lokaler Ebene zusätzliche Kosten verursachen.[92] Im Hinblick auf diese Definition wird jedoch als problematisch erachtet, dass die mit Biodiversitäts- und Klimaschutzmaßnahmen verbundenen Kosten im Voraus schwer abzuschätzen sind.[93] Daher einigte man sich in den Verhandlungen, den Umfang der Mehrkosten auf die „vollen vereinbarten Mehrkosten" zu beschränken.[94] Diese Formulierung trägt alle Züge eines Kompromisses und findet sich außer in den Konventionen auch in der Agenda 21 und dem GEF-Instrument wieder.[95] Im Interesse der Entwicklungsländer liegt es, die „vollen" Kosten für alle Maßnahmen, die sie zur Umsetzung der Übereinkommen ergreifen, zu erlangen. Demgegenüber wollen die Industriestaaten den Umfang der Mittel möglichst überschaubar und vorhersehbar halten und daher die Mehrkosten von vornherein fest „vereinbaren". Die genaue Bestimmung der Bedeutung der Formulierung „vereinbarte volle Mehrkosten" wirft insgesamt jedoch so komplexe Fragen auf, dass weder im Rahmen der Vertragsstaatenkonferenzen[96] noch im Rat der GEF[97] bisher eine genauere Definition gefunden werden konnte.[98]

Bedingt durch diese Formulierung entwickelten sich zwei verschiedene Ansätze zur Bestimmung der zu ersetzenden Kosten eines dem Biodiversitäts- bzw. Klimaschutz dienenden Projektes oder einer Maßnahme. Es wird einerseits vertreten die „Brutto-Mehrkosten" (*gross incremental costs*") seien zu erstatten. Darunter sind die vollen Kosten einer konkret ergriffenen Maßnahme zu verstehen, die der Staat aufgrund seiner Verpflichtungen aus dem Übereinkommen ergreift. Davon müssen die Kosten der Maßnahmen abgezogen werden, die das Land ohnehin ergriffen hätte.[99] Diese Deutung kann sich auf die Formulierung stützen, dass die „vollen" Mehrkosten zu ersetzen sind. Nach anderer Auffassung sind lediglich die „Netto-Mehrkosten" („*net incremental costs*") zu erstatten. Danach werden von den zusätzlichen Kosten, die aufgrund der Verpflichtungen des Übereinkommens entstehen, auch die Kosten für den rein innerstaatlich wirkenden Nutzen des Projektes oder der Maßnahme abgezogen.[100] Da die Begriffe „vereinbarte" und „volle" Mehrkosten im Text gleichwertig nebeneinander stehen, kann der Wortlaut der Bestimmung nicht als Anhaltspunkt dienen.[101] Die Formulierung stellt einen Formelkompromiss dar, der sowohl die Forderung der Entwicklungsländer („voll") als auch diejenige der Industrieländer („vereinbart") berücksich-

---

[91] Ehrmann, 1997, S. 578.
[92] Ehrmann, 1997, S. 578.
[93] Jordan/Werksman, in: James/Werksman/Roderic,1996, S. 251.
[94] Jordan/Werksman, in: James/Werksman/Roderic,1996, S. 251.
[95] Beyerlin/Maurahn, 1997, S. 130.
[96] FCCC/CP/1995/7/Add. 1, Abs. 1 (e).
[97] FCCC/SBI/1997/2, Abs. 29.
[98] Ehrmann, 1997, S. 599.
[99] Glowka et al., 1994, S. 103.
[100] Stoll, 1999, S. 195.
[101] Ehrmann, 1997, S. 598.

tigt.[102] Problematisch erweist sich insbesondere die Frage, wie der betreffende Staat das Vorhaben ohne seine internationale Verpflichtung zum Umweltschutz durchgeführt hätte, wie der lokale Nutzen eines Projektes bzw. einer Maßnahme von dem globalen Nutzen zu trennen ist und wie die jeweiligen Kostenanteile ermittelt werden sollen. Es erscheint letztlich praktikabler, Nettomehrkosten ziel- und nicht zweckorientiert zu definieren und auf die Konventionsziele Schutz und nachhaltige Nutzung zu beschränken. Als Mehrkosten würden dann Kosten bezeichnet, die erforderlich sind Biodiversität zu erhalten bzw. wiederherzustellen. Die Höhe der konkreten Finanzaufwendungen muss sich dann an den nicht-nutzungsbezogenen, für den konkreten Finanzierungsfall zu ermittelnden Geldwerten orientieren.[103]

4. Verhältnis zwischen Finanztransfer der Industriestaaten und Schutzmaßnahmen der Entwicklungsländer

Gemäß des Wortlautes von Art. 20 Abs. 4 CBD und Art. 4 Abs. 7 FCCC wird die Erfüllung der (Schutz-)Verpflichtungen seitens der Entwicklungsländer von der Umsetzung und Durchführung der Erfüllungshilfeverpflichtungen der Industriestaaten abhängig gemacht.[104] Ob durch diese Abhängigkeit bereits eine rechtliche Verknüpfung zwischen Transferleistung und Erfüllung der übernommenen Verpflichtungen hergestellt wird, ist umstritten.[105] Einerseits kann es sich um eine rein deklaratorische Formulierung handeln, nach der lediglich festgestellt wird, dass die Effektivität der von den Entwicklungsländern zu ergreifenden Maßnahmen davon abhängt, ob der Technologie- und Finanztransfer durch die Industriestaaten tatsächlich gewährleistet wird.[106] Andererseits kann der Wortlaut aber auch so ausgelegt werden, dass die Leistung der technischen und finanziellen Mittel durch die Industriestaaten rechtlich eine Voraussetzung für die Erfüllung der Schutzpflichten durch die Entwicklungsländer darstellt.[107] Kommen die Industriestaaten ihren Pflichten nicht nach, so sind die Entwicklungsländer nicht an ihre Schutzverpflichtung gebunden.[108] Während der Verhandlungen zur CBD stellte die „Sub-Working Group" fest, dass eine Konvention ohne feste Verpflichtungen zur Finanzierung der Mehrkosten, die den Entwicklungsländern durch die Erhaltung biologischer Vielfalt entstünden, bedeutungslos sei.[109] Es standen zwischenzeitlich verschiedene Formulierungen hinsichtlich der Finanzierungsverpflichtungen zur Debatte.[110] Einer dieser Vorschläge sah eine rechtliche Verknüpfung der Schutz-

---

[102] Beyerlin/Maurahn, 1997, S. 131; Jordan/Werksman, in: James/Werksman/Roderic, 1996, S. 252.

[103] Plän, 1999, S. 76f.

[104] Kloepfer, 2004, S. 653, Rn. 41.

[105] Chandler, 1993, S. 173; Ehrmann, 1997, S. 582.

[106] Chandler, 1993, S. 174.

[107] Bell, 1993, S. 513.

[108] Wolfrum, 1998, S. 132f.; Bell, 1993, S. 517.

[109] Roberts, 1992, S. 315.

[110] Roberts, 1992, S. 316, 320.

pflichten mit der Erfüllung der Finanzierungspflichten vor, wurde jedoch abgelehnt.[111] Der daraufhin vorsichtiger formulierte Wortlaut der Art. 20 Abs. 4 CBD und Art. 4 Abs. 7 FCCC spricht somit eher für die Annahme einer rein tatsächlichen Abhängigkeit.[112]

IV. Der Finanzierungsmechanismus der Rio-Konventionen

Nach der Diskussion, ob und in welcher Höhe die Industriestaaten den Entwicklungsländern finanzielle Erfüllungshilfe bereitstellen müssten, tat sich in den Verhandlungen zu CBD und FCCC die Frage auf, wie der Mechanismus zur Durchführung der Finanzierung gestaltet werden sollte, wie die Finanzierungspflichten umgesetzt werden sollten.[113] Insbesondere die Organisations- und Entscheidungsstruktur des Mechanismus, sowie die Verfahren zur Bestimmung des Finanzbedarfes und der Vergabe der finanziellen Mittel waren zwischen Industrie- und Entwicklungsländern umstritten.[114] Es wurde deutlich, dass die Schaffung eines geeigneten Finanzierungsmechanismus im Bereich des internationalen Umweltschutzes eine der größten Herausforderungen darstellen würde.[115] Die schlussendlich ausgearbeitete Formulierung der getroffenen Regelungen stellt wiederum einen Kompromiss zwischen den Interessen der Entwicklungsländer und der Industriestaaten dar. Ohne eine konkrete Institution oder einen Mechanismus festzulegen, bestimmen Art. 21 CBD und Art. 11 Abs. 1 FCCC nur allgemein die wesentlichen Eigenschaften des Finanzierungsmechanismus. Gemäß Art. 21 Abs. 1 CBD und Art. 11 Abs. 1 FCCC besteht die Aufgabe des Finanzierungsmechanismus' darin, die finanziellen Mittel im Rahmen der Übereinkommen bereitzustellen. Nach Art. 39 CBD und Art. 21 Abs. 3 FCCC wird die GEF zunächst als vorläufiger Finanzierungsmechanismus der Konventionen vorgesehen.[116]

1. Kontroverse um den Finanzierungsmechanismus der Rio-Konventionen

Als im Rahmen der Verhandlungen zu CBD und FCCC die Vereinbarung eines Finanzierungsmechanismus auf der Tagesordnung stand, kam es zu heftigen Auseinandersetzungen zwischen Entwicklungsländern und Industriestaaten.[117] Ge-

---

[111] Glowka et al., 1994, S. 105.

[112] Ehrmann, 1997, S. 582.

[113] Heins/Brühl, in: Mayer, 1995, S. 123.

[114] Ehrmann, 1997, S. 583.

[115] Franz, „Appendix: The Scope of Global Environmental Financing – Cases in Context", in: Keohane/Levy, Institutions for Environmental Aid, 1996, S. 367–380 (367).

[116] Matz, „Financial Institutions between Effectiveness and Legitimacy, – A Legal Analysis of the World Bank, Global Environment Facility and Prototype Carbon Fund", International Environmental Agreements 5 (2005), S. 265–302 (283).

[117] Bodansky, 1993, S. 538; Roberts, 1992, S. 316.

genstand der Meinungsverschiedenheiten war die Organisationsform des Finanzierungsmechanismus. Zentrales Problem war eine Verständigung über Entscheidungsbefugnisse sowie die Kontrolle von Aufbringung und Verwendung der erforderlichen finanziellen Mittel.[118] Es galt zu regeln wer und nach welchem Verfahren über die Höhe der von den Industriestaaten in Erfüllung ihrer Finanzierungsverpflichtungen bereitzustellenden finanziellen Mittel entscheiden sollte und wer darüber entscheiden sollte für welche konkreten Maßnahmen den Entwicklungsländern diese finanziellen Mittel zur Erfüllung ihrer Verpflichtungen zustehen würden.[119]

Dabei standen sich zwei unterschiedliche Modelle für einen Finanzierungsmechanismus gegenüber. Die Entwicklungsländer vertraten die Ansicht, dass es sich bei der Bereitstellung finanzieller Erfüllungshilfe um eine vertraglich festgelegte, echte rechtliche Pflicht handele und nicht lediglich um eine freiwillige Leistung der Industriestaaten. Sie forderten die Zusicherung fester Beiträge für den Finanzierungsmechanismus, sowie die Kontrolle des Finanzflusses und die Entscheidung über die Mittelvergabe.[120] Die Entwicklungsländer favorisierten daher die Einrichtung neuer Fonds als Finanzierungsmechanismus sowohl für die CBD als auch die FCCC.[121] Die Fonds sollten unabhängig von bereits existierenden Mechanismen, allein unter Aufsicht der jeweiligen Vertragsstaatenkonferenz stehen, in der sich die Mehrheitsfindung und damit die Entscheidung über die Mittelvergabe nach dem Prinzip *„one nation – one vote"* und damit eine Mehrheit der Entwicklungsländer ergibt.[122] Als Vorbild galt der *„Multilateral Fund of the Montreal Protocol"* (MFMP).[123] Die Industriestaaten als Geber hingegen wollten sich die Höhe ihrer Beiträge nicht vorschreiben lassen und den Entwicklungsländern auch nicht die Kontrolle über die Vergabe der durch sie bereitgestellten finanziellen Mittel überlassen.[124] Die Geberländer strebten daher einen Finanzierungsmechanismus nach dem Vorbild der *Bretton Woods* Institutionen[125] an, bei denen sich das Stimmenverhältnis auf Grundlage der Beiträge, nach dem Prinzip *„one dollar – one vote"* ermittelt und damit eine Mehrheit der Geberländer garantiert. Die Schaffung gesonderter Fonds für jedes Übereinkommen, wurde außerdem als zu kostspielig und ineffizient abgelehnt. Die Geberstaaten schlugen vor, die GEF als

---

[118] Boisson de Chazournes, 2005, S. 194.

[119] Werksman, „Consolidating Governance of the Global Commons: Insights from the Global Environment Facility", Yearbook of International Environmental Law 6 (1995), S. 27–63 (52); Bodansky, 1993, S. 538; Roberts, 1992, S. 316.

[120] Bodansky, 1993, S. 538; Roberts, 1992, S. 316.

[121] Beyerlin, 2000, S. 265, Rn. 526; Bodansky, 1993, S. 538.

[122] Beyerlin, 2000, S. 265, Rn. 526; Bodansky, 1993, S. 539.

[123] Werksman, 1995, S. 51f.

[124] Boisson de Chazournes, „The Global Environmental Facility as a Pioneering Institution: Lessons Learned and Looking Ahead", GEF Working Paper 19, 2003, S. 8.

[125] Als Bretton Woods Institutionen werden die Internationale Bank für Wiederaufbau und Entwicklung (Weltbank) und der Internationale Währungsfonds (IWF) bezeichnet. Ihre Gründung wurde auf der Finanz- und Währungskonferenz der Vereinten Nationen 1944 in Bretton Woods beschlossen.

Finanzierungsmechanismus für beide Übereinkommen zu etablieren.[126] Dadurch sollten die bei der Mittelvergabe anfallenden Transaktionskosten gering gehalten und eine bessere Koordinierung gewährleistet werden.[127] Außerdem hatte die GEF wegen ihrer Ansiedelung bei der Weltbank und der damit verbundenen finanziellen und personellen Ressourcen einen Vorteil gegenüber kleineren, vertragsspezifischen Fonds.[128]

Die Gründung der GEF war von den Industriestaaten daher bewusst schon in der Zeit vor der Rio-Konferenz durchgeführt worden. Sie wollten die GEF als Instrument in die dortigen Beratungen einbringen können, um zu verhindern, dass andere Finanzierungsmechanismen durchgesetzt würden und die zu erwartenden finanziellen Leistungen einem neuen und unbekannten Fonds anvertraut würden.[129] Die Entwicklungsländer kritisierten hingegen die enge Verbindung der GEF zur Weltbank, sowie deren Dominanz gegenüber UNEP und UNDP. Sie lehnten die GEF als Finanzierungsmechanismus der Übereinkommen entschieden ab.[130] Aufgrund der Organisationsstruktur der GEF ergebe sich eine Vorherrschaft der Geberländer und eine mangelnde Beteiligung der Empfängerländer. Darüber hinaus wurde die mangelnde Kontrolle der Mittelvergabe durch die GEF in der Pilotphase kritisiert. So fehlte es an Mechanismen und Verfahren, die Auswirkungen und Erfolge geförderter Projekte evaluierten. Ein weiterer Kritikpunkt war die Wahl der Schwerpunktgebiete der GEF. Die Empfängerländer führten an, dass sich diese Schwerpunkte wie der Klimaschutz zu sehr an den Interessen der Geberstaaten orientierten, während die Probleme Wüstenbildung und Entwaldung weitestgehend außer acht gelassen würden.[131] Daher wurde in Rio als Kompromiss vereinbart, die GEF nach einer umfassenden Umstrukturierung, insbesondere im Hinblick auf die Entscheidungsstrukturen, zunächst als vorläufigen multilateralen Finanzierungsmechanismus der beiden Rio-Konventionen und der Agenda 21 zu etablieren.[132] In die Konventionen wurden mit Art. 11 i.V.m. Art. 21 Abs. 3 S. 2 FCCC und Art. 21 i.V.m. Art. 39 CBD Klauseln eingefügt, wonach erst in Folge der Umstrukturierung der GEF die Beziehungen zu den Vertragstaatenkonferenzen endgültig geregelt werden sollten.[133]

[126] Beyerlin, 2000, S. 265, Rn. 526; Roberts, 1992, S. 322f.; Bodansky, 1993, S. 539.
[127] Ehrmann, 1997, S. 583, 584.
[128] Matz, 2005, S. 283.
[129] Boisson de Chazournes, 2003, S. 6f.
[130] Heins/Brühl, in: Mayer, 1995, S. 124.
[131] Boisson de Chazournes, „The Global Environment Facility (GEF): A Unique and Crucial Institution", RECIEL 14 (2005), S. 193–201 (194).
[132] Lake, 1998, S. 68.
[133] Borbonus/Hennicke, „Finanzierung nachhaltiger Entwicklung – Die Globale Umweltfazilität", Wuppertal Bulletin 2 (2003), S. 15–19 (15).

2. Die Globale Umweltfazilität als Finanzierungsmechanismus

a) Gründung

Die Gründung der GEF geht auf eine deutsch-französische Initiative im Jahr 1989 zurück.[134] Während der jährlichen Sitzung des Gouverneursrates der Weltbank und des „*International Monetary Funds*", schlug der damalige französische Premierminister vor, einen aus freiwilligen Beiträgen gespeisten Fonds zur Unterstützung der Bemühungen von Entwicklungsländern zum Schutz der globalen Umwelt sowie umweltfreundlicher und nachhaltiger Entwicklung einzuführen.[135] Im Jahr 1990 einigten sich 17 Industriestaaten und sieben Entwicklungsländer auf die Gründung der GEF, die 1991 durch eine Resolution der Exekutivdirektoren der Weltbank vollzogen wurde.[136] Während der bis 1994 vorgesehenen Pilotphase, sollte die GEF nicht zu einer neuen internationalen Institution ausgebaut werden, es wurde lediglich ein Treuhandfonds bei der Weltbank eingerichtet.[137] Mit dem Fonds sollten die Mehrkosten von Projekten finanziert werden, die Länder mit einem Pro-Kopf-Einkommen von unter 4000 US $ jährlich zum Schutz der globalen Umwelt in den festgelegten Aufgabenbereichen Klimaschutz, Biodiversitätsschutz, Schutz der internationalen Gewässer und Schutz der Ozonschicht durchführen.[138] Die Mittel sollten in Form unentgeltlicher Zuschüsse bereitgestellt werden und unterschieden sich damit von den üblichen, verzinsten Entwicklungshilfekrediten der Weltbank.[139] Als Durchführungsorganisationen wurden neben der Weltbank, das Umwelt- sowie das Entwicklungsprogramm der Vereinten Nationen (*United Nations Environment Programme* UNEP, *United Nations Development Programme* UNDP) an der GEF beteiligt.[140] Die Zusammenarbeit der drei Organisationen wurde durch die Resolution des Exekutivrates der Weltbank, durch parallele Resolutionen der Verwaltungsräte von UNEP und UNDP, sowie durch eine gemeinsame Vereinbarung der drei Organisationen festgelegt.[141] Aufgrund der Verwaltung des Fonds, der Entscheidungshoheit in Fragen der Mittelvergabe und einer eventuellen Auflösung des Fonds, kam der Weltbank in dieser Konstellation eine herausragende Stellung zu.[142]

---

[134] Heins/Brühl, in: Mayer, 1995, S. 123.

[135] Boisson de Chazournes, 2005, S. 193.

[136] Boisson de Chazournes, 2005, S. 194; Resolution 91-05 vom 14.3.1991 der Exekutivdirektoren der Weltbank; ILM 30 (1991), S. 1753, 1758.

[137] Sands, 2003, S, 1032f.

[138] Boisson de Chazournes, 2005, S. 194; Glowka et al, 1994, S. 107.

[139] Ehrmann, 1997, S. 578.

[140] Miles, „Innovative Financing: Filling the Gaps on the Road to Sustainable Environmental Funding, RECIEL 14 (2005), S. 202–211 (202).

[141] Resolution 16/47 des UNEP Governing Council, vom 13.5.1991; Decision 92/16 des UNDP Governing Council, vom 26.5.1992; Resolution 91-05 Anlage C, vom 14.3.1991 der Exekutivdirektoren der Weltbank.

[142] Boisson de Chazournes, 2005, S. 194; Glowka et al, 1994, S. 107; Ehrmann, 1997, S. 577.

b) Restrukturierung

Die Etablierung der GEF als Finanzierungsmechanismus der Rio-Konventionen war nur durch die Vereinbarung einer Restrukturierung möglich geworden. Um den Forderungen der Entwicklungsländer gerecht zu werden, sollte der Zugang zur GEF erleichtert, eine gerechte und ausgewogene Vertretung aller Vertragsparteien, sowie eine demokratische und transparente Leitungsstruktur erreicht werden.[143] Des weiteren sollten die Aufgaben und Ziele der GEF präzisiert und auch die Rolle der beteiligten Institutionen Weltbank, UNEP und UNDP genauer definiert werden.[144] Als reformbedürftig galten außerdem die Informationspolitik und das Verfahren der Mittelvergabe.[145] Mit dem Statut zur Restrukturierung der GEF, dem GEF-Instrument,[146] wurde im März 1994 der wesentliche Reformprozess abgeschlossen. Verantwortlich für die Durchführung der Aufgaben, Ziele, Programme und Projekte der GEF blieben Weltbank, UNEP und UNDP.[147] Das Ergebnis des Verhandlungsprozesses stellt inhaltlich und institutionell einen Kompromiss zwischen den Positionen der Industriestaaten und der Entwicklungsländer dar. Auch ein Ausgleich zwischen VN- und *Bretton Woods* System, sowie zwischen internationalem Umweltrecht und dessen Umsetzung durch konkrete Maßnahmen wurde erreicht.[148]

aa) Leitungsstruktur

Die Leitung der GEF wurde auf drei Organe verteilt, die Vollversammlung der Mitgliedstaaten, den Rat und das Sekretariat. Hinzu kam ein wissenschaftlicher Beirat, der in technischen und wissenschaftlichen Fragen unterstützend tätig werden soll.[149] Ein erster Schritt zur breiteren Beteiligung der Entwicklungsländer in der GEF und damit zur Mitbestimmung über die finanziellen Mittel war eine Reform der Mitgliedschaftsvoraussetzungen. Vor der Restrukturierung war die Mitgliedschaft an die Entrichtung von Beitragszahlungen geknüpft, denen einige Entwicklungsländer nicht nachkommen konnten und wollten. Diese Verknüpfung wurde aufgehoben.[150] Die GEF hat daher mittlerweile 177 Mitgliedstaaten, während es ursprünglich 21 Staaten waren.[151] Die Vollversammlung der Vertreter aller Mitgliedstaaten überprüft die allgemeine Politik und Arbeit der GEF auf der Grundlage von Berichten des Rates.[152] Sie tritt seit April 1998 alle drei Jahre zusammen.

---

[143] Heins/Brühl, in: Mayer, 1995, S. 124.
[144] Miles, 2005, S. 203.
[145] Boisson de Chazournes, 2003, S. 7.
[146] Text des GEF-Instrumentes in: ILM 32 (1994), S. 1273.
[147] Miles, 2005, S. 203.
[148] Borbonus/Hennicke, 2003, S. 16.
[149] Sands, 2003, S. 1033.
[150] GEF-Instrument, Abs. 7.
[151] GEF, Participants, (28.09.2006), www.gefweb.org/participants/Members_Countries/-members_countries.html, zuletzt aufgerufen am 9.1.2007.
[152] Sands, 2003, S. 1033.

Wichtigstes Organ der GEF ist seit ihrer Umstrukturierung der Rat. Er fungiert als Direktorium, ist für Annahme und Evaluation der Projekte zuständig und bewältigt die laufenden Geschäfte.[153] Dazu zählt die Aufgabe, Richtlinien für die Mittelvergabe zu formulieren und ihre Durchführung zu überwachen. Soweit hierbei der Regelungsbereich der Übereinkommen betroffen ist, sind die politischen und programmatischen Vorgaben der jeweiligen Vertragsstaatenkonferenz zu beachten.[154] Aufgrund der besonderen Stellung des Rates im Hinblick auf die Mittelvergabe wurde im Interesse der Entwicklungsländer daher auf eine ausgewogene Vertretung aller Mitgliedstaaten der GEF geachtet. Um auch die Interessen der Geberstaaten angemessen zu berücksichtigen, wurde bei der Zusammensetzung des Rates als weiteres Kriterium die Höhe der Beiträge der Geberländer berücksichtigt. Der Rat besteht daher gemäß Abs. 16 des GEF-Instrumentes aus 32 Mitgliedern, die entweder einzelne Staaten oder in Stimmrechtseinheit zusammengefasste Gruppen von Staaten vertreten. Der Rat setzt sich zusammen aus 14 Vertretern der Industriestaaten, 16 Vertretern der Entwicklungsländer und zwei Vertretern von Staaten, die sich im Übergang zur Marktwirtschaft befinden.[155] Er trifft halbjährlich zusammen. Für jedes Treffen wird aus dem Kreise seiner Mitglieder ein Vorsitzender gewählt, der abwechselnd aus den Industriestaaten und den Entwicklungsländern kommen soll.[156] Diese Aufteilung der Sitze im Rat garantiert, dass Entscheidungen über die Mittelvergabe nicht einseitig von Geber- oder Empfängerstaaten getroffen werden können.

Zur Wahrnehmung der Verwaltungsaufgaben und zur Koordinierung der Arbeiten zwischen dem Rat und den Durchführungsorganisationen wurde ein Sekretariat geschaffen. Es ist bei der Weltbank ansässig, umfasst etwa 50 Mitglieder und vertritt die GEF nach außen.[157] Das Sekretariat erhält zwar Unterstützung durch Mitarbeiter der Weltbank, ist von dieser sowie den anderen Durchführungsorganisationen aber funktional unabhängig und ausschließlich gegenüber dem Rat verantwortlich.[158]

bb) Entscheidungsfindung

Kernpunkt der Restrukturierung war die Demokratisierung des Entscheidungsfindungsprozesses.[159] Das Verfahren zur Entscheidungsfindung wurde neu strukturiert, um den Interessen sowohl der Geber- als auch der Empfängerstaaten gerecht zu werden. Das neue Abstimmungsverfahren folgt dem System einer "doppelt gewichteten Mehrheit" (*„double weighted majority"*).[160] Entscheidungen des Rates und der Vollversammlung werden in der Regel im Konsens getroffen.[161] Wird kein Konsens erreicht und keine Einigung erzielt, dann kann jedes Mitglied des

---

[153] Borbonus/Hennicke, 2003, S. 16.
[154] Boisson de Chazournes, 2003, S. 12.
[155] Boisson de Chazournes, 2003, S. 11.
[156] Ehrmann, 1997, S. 588.
[157] Borbonus/Hennicke, 2003, S. 16.
[158] Boisson de Chazournes, 2005, S. 197.
[159] Matz, 2005, S. 285; Abs. 25 GEF-Instrument.
[160] Boisson de Chazournes, 2005, S. 197.
[161] Abs. 25 lit. (b) GEF-Instrument.

Rates eine formale zweistufige Abstimmung verlangen. In der ersten Abstimmungsrunde verfügt jedes Mitglied wie in der Generalversammlung der Vereinten Nationen gemäß Art. 18 Abs. 1 der Satzung der Vereinten Nationen über eine Stimme (*„one-nation, one-vote"*). Vertritt ein Staat eine Staatengruppe in Stimmrechtseinheit, soll er die Stimmen aller darin enthaltenen Staaten abgeben. In der zweiten Runde erfolgt die Abstimmung, wie in den *Bretton Woods* Institutionen, nach der Höhe der finanziellen Beiträge (*„one-dollar, one vote"*). Eine Entscheidung kommt zustande, wenn 60 % der durch die Stimmrechtsgruppen im Rat vertretenen Länder zustimmen und diese Mehrheit zugleich 60 % der Beiträge zum GEF-Treuhandfonds repräsentiert. Industriestaaten und Entwicklungsländer können sich somit gegenseitig nicht überstimmen,[162] gegen den Widerstand der größten Beitragszahler kann aber aufgrund dieser doppelt gewichteten Mehrheit keine Entscheidung ergehen.[163]

cc) Informationspolitik

Durch die Zulassung von Beobachtern während der Zusammenkünfte von Rat und Vollversammlung wird den ebenfalls im GEF-Instrument festgelegen operationalen Kriterien der Partizipation und Transparenz Rechnung getragen,[164] was vor allem im Interesse der Entwicklungsländer lag. Es werden u.a. fünf Vertreter von Nichtregierungsorganisationen (NGOs) als Beobachter zu den Sitzungen der GEF-Gremien zugelassen. Zusätzlich werden zweimal im Jahr Konsultationen mit NGOs abgehalten, derzeit sind etwa 435 NGOs bei der GEF akkreditiert.[165] Dieser Austausch zwischen GEF und NGOs sorgt u.a. für bessere Koordination und Information.[166]

3. Zusammenfassung

Nachdem im Rahmen der Konventionsverhandlungen Einigung über die materiellen Finanzierungspflichten erzielt wurde, kam es im Zuge der Verhandlungen um einen Finanzierungsmechanismus zu Kontroversen um die Umsetzung dieser Pflichten.[167] Die Entwicklungsländer fürchteten, im Falle eines von den Industriestaaten kontrollierten Finanzierungsmechanismus, um die vertragsgemäße Umsetzung der Finanzierungspflichten. Sie wollten sicherstellen, bei der Kontrolle über die Vergabe der Mittel durch die Geberstaaten des Nordens angemessen beteiligt zu werden.[168] Mit der zunächst vorläufigen Ernennung der GEF als Finanzierungsmechanismus, wurde den Verhandlungsparteien Zeit gegeben eine Lösung zu erarbeiten, die den Forderungen der Entwicklungsländer und Industriestaaten gleichermaßen gerecht werden sollte. Die Umstrukturierung der GEF, insbesonde-

---

[162] Borbonus/Hennicke, 2003, S. 16.
[163] Ehrmann, 1997, S. 588.
[164] Abs. 20 GEF-Instrument.
[165] Boisson de Chazournes, 2005, S. 197.
[166] Borbonus/Hennicke, 2003, S. 17.
[167] Heins/Brühl, in: Mayer, 1995, S. 123.
[168] Ehrmann, 1997, S. 583.

re die des Abstimmungsverfahrens und der Sitzverteilung im Rat, sind Ausdruck des Willens die finanziellen Mittel in einem kollektiven Verfahren zu verwalten und damit den Interessen der Geber- und Empfängerstaaten zu entsprechen.[169] Auch die verstärkte Einbeziehung der NGOs trägt zur Transparenz der Entscheidungsfindung und damit in gewisser Hinsicht zu einer externen Kontrolle der Entscheidungen des Finanzierungsmechanismus bei.

V. Kompetenzen der Konventionsgremien und des Finanzierungsmechanismus

Neben der Frage nach der Ausgestaltung der Organisationsstrukturen, galt es, das Verhältnis, insbesondere die Kompetenzverteilung zwischen den Konventionsgremien der Rio-Konventionen und der GEF, als deren Finanzierungsmechanismus klar zu regeln.[170] Dies war vor allem im Hinblick auf das Verfahren zur Bestimmung der Höhe der erforderlichen finanziellen Mittel, die beteiligte Industriestaaten in Erfüllung ihrer vertraglichen Verpflichtungen über den Finanzierungsmechanismus bereitstellen müssen, sowie das Verfahren innerhalb des Mechanismus über die Vergabe der Mittel von besonderer Bedeutung.[171]

1. Verhältnis zwischen der Globalen Umweltfazilität und den Rio-Konventionen

Seit ihrer Restrukturierung dient die GEF lediglich als vorläufiger Finanzierungsmechanismus von CBD und FCCC.[172] Allgemein werden die Beziehungen zwischen der GEF und den Rio-Konventionen durch die Vorschriften der Art. 11 Abs. 1, Abs. 3 FCCC und Art. 21 Abs. 1–3 CBD festgelegt. Danach ist vorgesehen, dass die Vertragstaatenkonferenzen die Politik, die Strategie, die Programmprioritäten und die Zuteilungskriterien für den Zugang zu den finanziellen Mitteln bestimmen, wozu auch eine regelmäßige Überwachung und Bewertung der Verwendung dieser Mittel gehört.[173] Auch das GEF-Instrument sieht vor, dass die GEF unter der Leitung der Konventionen arbeitet und ihnen rechenschaftspflichtig ist. Die Vertragsstaatenkonferenzen haben allerdings keinen direkten Einfluss auf die Bestimmung des Finanzbedarfs.[174] Während ihrer ersten Zusammenkünfte erarbeiteten die Vertragsstaatenkonferenzen detaillierte Richtlinien zur Mittelvergabe. Trotz dieser Regelungen kam es zu Schwierigkeiten in der Zusammenarbeit

---

[169] Boisson de Chazournes, „Technical and Financial Assistance", in: Bodansky/Brunnée/-Hey, International Environmental Law, 2007, S. 947973 (965).

[170] Werksman, 1995, S. 59.

[171] Bodansky, 1993, S. 538; Roberts, 1992, S. 316.

[172] Vgl. Decision 9/CP.1 FCCC/CP/1995/7/Add. 1, 32 und Decision I/2 UNEP/CBD/-COP/1/17.

[173] Xiang/Meehan, 2005, S. 220.

[174] Borbonus/Hennicke, 2003, S. 16 f.

zwischen GEF und den Vertragsstaatenkonferenzen,[175] beispielweise als die CBD COP beschloss den Kapazitätsaufbau im Bereich der Artenbestimmung fördern zu lassen, die GEF dies jedoch nicht im geforderten Maße umsetzte.[176] Außerdem bestanden keine Regelungen zur Handhabung potentieller Konfliktsituationen, wie etwa Meinungsverschiedenheiten über Finanzbedarf oder Mittelvergabe im Einzelfall.[177]

Da die Regelungen über den Finanzierungsmechanismus in den Konventionstexten recht allgemein gehalten waren und es insbesondere an einer genauen Kompetenzaufteilung zwischen Finanzierungsmechanismus und Konventionsgremien fehlte, sahen die Vorschriften von CBD und FCCC (Art. 21 Abs. 2 CBD und Art. 11 Abs. 3 FCCC) sowie Abs. 27 GEF-Instrument vor, die allgemeinen Regelungen durch Vereinbarungen zwischen GEF und den Vertragsstaatenkonferenzen zu konkretisieren.[178] Die Vertragsstaatenkonferenzen erarbeiteten daraufhin so genannte „Memoranda of Understanding",[179] welche auf die Verteilung der Rollen und Verantwortlichkeiten detaillierter Bezug nehmen.[180] Besonders umstritten war bei den Verhandlungen zu den Memoranden die Frage welche Institution über die Höhe des Finanzbedarfes zur Umsetzung der Verpflichtungen des jeweiligen Übereinkommens sowie über die Wiederauffüllung der GEF und damit über die konkrete Höhe der Finanzierungspflichten der Industriestaaten bestimmen können sollte.[181] Die Entwicklungsländer favorisierten eine diesbezügliche Kompetenz der Vertragstaatenkonferenz, da sie dort die Mehrheit hatten. Die Geberländer hingegen wollten die Entscheidung über die Wiederauffüllung selbst treffen, da es ihre finanziellen Mittel waren mit denen die Wiederauffüllung vorgenommen werden sollte.[182] Die letztlich in den Memoranden der CBD und FCCC getroffenen Regelungen unterscheiden sich in ihrem Inhalt kaum.[183] Sie bekräftigen zunächst, dass die jeweilige Vertragstaatenkonferenz die Politiken, Programmprioritäten und die allgemeinen Zuteilungskriterien des Finanzierungsmechanismus festlegen soll, an die sich die GEF zu halten hat. Die konkrete Entscheidung über die Vergabe von Mitteln bleibt jedoch der GEF vorbehalten, auch wenn sie unter Aufsicht der Vertragsstaatenkonferenz tätig werden und dieser gegenüber verantwortlich sein soll.[184] Die GEF trifft auch die Entscheidung über den Umfang der für das jeweilige Übereinkommen verfügbaren finanziellen Mitteln, auch wenn sie sich dabei an

---

[175] Ehrmann, 1997, S. 603.

[176] Lake, 1998, S. 70.

[177] Ehrmann, 1997, S. 604.

[178] Boisson de Chazournes, „The Global Environment Facility Galaxy: Linkages among Institutions", Max-Planck UNYB 3 (1999), S. 243–285 (266).

[179] Text des Memorandums der FCCC in: FCCC/CP/1996/9 vom 21.5.1996; Text des Memorandums der CBD in: SCBD, 2005, S. 468f.

[180] Matz, 2005, S. 285.

[181] Werksman, 1995, S. 59.

[182] Ehrmann, 1997, S. 607; Werksman, 1995, S. 59.

[183] Xiang/Meehan, 2005, S. 220.

[184] Ramos et al., GEF and the Convention on Biological Diversity, 2004, S. 9; van Asselt et al., „Advancing the Climate Agenda: Exploiting Material and Institutional Linkages to Develop a Menu of Policy Options", RECIEL 14 (2005), S. 255–264 (261 f.).

die Vorgaben der Vertragsstaatenkonferenzen halten muss. *Ehrmann* kommt daher zu dem Schluss, dass

> „sich der Umfang der für das Übereinkommen verfügbaren Mittel weiterhin nicht nach dem Bedarf der Entwicklungsländer bestimmt, sondern durch die von politischen Faktoren bestimmte Bereitschaft der Industriestaaten zur Wiederauffüllung der GEF, die in jeder Runde neu zu bestimmen ist".[185]

Darüber hinaus enthalten die Memoranden verfahrensrechtliche Details, wie die Verpflichtung des GEF-Rates zur Berichterstattung gegenüber der jährlich (FCCC) bzw. alle zwei Jahre (CBD) tagenden Vertragsstaatenkonferenz. Diese Berichte sollen spezifische Informationen zu Anwendung und Durchführung der Vorgaben der Vertragsstaatenkonferenz beinhalten. So wird der jeweiligen Vertragsstaatenkonferenz ermöglicht die Arbeit des Finanzierungsmechanismus zu überprüfen und ggf. eine den Konventionszielen wiedersprechende Vergabepraxis zu vermeiden. Des Weiteren regeln die Memoranden die gegenseitige Vertretung auf den Sitzungen der jeweiligen Gremien, sowie die Zusammenarbeit der Sekretariate.[186] Auch enthalten beide Memoranden Verfahren zur Bestimmung des Finanzbedarfs.

2. Aufbringung und Vergabe der finanziellen Mittel

Da sich u.a. Differenzen hinsichtlich der Gewichtung der Programmbereiche und der Interpretation von Schlüsselbegriffen wie dem der „Mehrkosten" ergeben können, soll im Folgenden der Frage nachgegangen werden, welches Gremium – Vertragsstaatenkonferenz oder GEF-Rat – bei der Bestimmung des Finanzbedarfs und der Mittelvergabe im Einzelfall entscheidet.

a) Finanzbedarf

Durch Art. 11 Abs. 3 lit. (d) FCCC bzw. Art. 21 Abs. 1 CBD sind die Vertragsstaatenkonferenzen und die GEF dazu verpflichtet, die Höhe des zu leistenden Beitrages, sowie die Bedingungen für dessen regelmäßige Überprüfung festzulegen. Es soll dafür Sorge getragen werden, dass die von den Geberländern zu leistenden Finanzmittel in einem formalisierten Verfahren festgelegt werden. Eine Regelung des nötigen Verfahrens zur Festlegung der einzusetzenden Mittel haben die Vertragsstaatenkonferenzen mit Zustimmung der GEF in den jeweiligen „*Memoranda of Understanding*" getroffen. Während die Bestimmungen zum Finanzbedarf im Rahmen des FCCC Memorandums als Anlage verfasst wurden,[187] sind sie im CBD Memorandum Bestandteil des Haupttextes.[188] Danach obliegt es der jeweiligen Vertragsstaatenkonferenz, in regelmäßigen Abständen den benötigten Finanzbedarf auf Grundlage der Staatenberichte und unter Berücksichtigung et-

---

[185] Ehrmann, 1997, S. 610.
[186] SCBD, 2005, S. 264.
[187] FCCC/CP/1997/L.4, Zustimmung durch den GEF-Rat in GEF/C.9/7.
[188] UNEP/CBD/COP/3/38, Annex II, Zustimmung des GEF-Rates in GEF/C.9/9/Rev.1.

waiger anderer Finanzquellen einzuschätzen.[189] Daraufhin entscheidet die GEF über eine ggf. erforderliche Aufstockung der Mittel. Hinsichtlich dieser Entscheidung hat sie der Einschätzung der COP „*fully and comprehensively*" Rechnung zu tragen.[190] Ob sie rechtlich an diese Vorgaben gebunden ist hängt von der Rechtsnatur der Memoranden ab.[191]

Nachdem die GEF in der Pilotphase ein Budget von 2 Mrd. US $ zur Verfügung hatte,[192] wurde sie nach ihrer Restrukturierung für einen Zeitraum von drei Jahren mit weiteren 2 Mrd. US $ ausgestattet.[193] Die zweite Auffüllung des GEF-Fonds 1998, erhöhte das Budget auf 2,75 Mrd. US $ und für die Zeit zwischen 2002 und 2006 wurden von den Geberstaaten nochmals 3 Mrd. US $ bereitgestellt.[194]

b) Mittelvergabe

aa) Verfahren

Während Art. 20 Abs. 2 CBD ausdrücklich regelt, dass die „vereinbarten vollen Mehrkosten" zwischen dem betreffenden Entwicklungsland und dem Finanzierungsmechanismus vereinbart werden sollen, wird dies im Rahmen der FCCC durch das „*Memorandum of Understanding*" bestimmt.[195] Die Entscheidung über die Mittelvergabe der als Finanzierungsmechanismus dienenden GEF, wird gemäß den *Memoranda of Understanding* auf Grundlage eines Kriterienkatalogs getroffen, der von der jeweiligen Vertragsstaatenkonferenz entwickelt wird.[196] Im Rahmen der CBD ist es Aufgabe der COP, für den Finanzierungsmechanismus eine Liste als Anhaltspunkt für die Ermittlung der Mehrkosten zu erstellen.[197] In Vorbereitung auf die erste Vertragsstaatenkonferenz listete das Sekretariat der CBD eine Vielfalt von ganz unterschiedlichen Posten auf, die Transferzahlungen im Lichte der Konvention rechtfertigen sollten.[198] Eine umfassende Liste wurde von der Vertragsstaatenkonferenz seither jedoch nicht aufgestellt.[199] Die Vertragsstaatenkonferenz der CBD hat die Problematik finanzieller Mittel und des Finanzierungsmechanismus als ständigen Tagesordnungspunkt ihrer Tagungen festgelegt.

---

[189] Matz, 2005, S. 286.

[190] Beyerlin, 2000, S. 269, Rn. 535.

[191] Siehe oben unter Kapitel D IV 2.

[192] Dolzer, „Konzeption, Finanzierung und Durchführung des globalen Umweltschutzes", in: Götz/Selmer/Wolfrum, Liber amicorum Günther Jaenicke, 1998, S. 37-61 (46).

[193] Miles, 2005, S. 203.

[194] Boisson de Chazournes, 2005, S. 195.

[195] Ehrmann, 1997, S. 607.

[196] Wolfrum, in: Wolff/Köck, 2004, S. 34.

[197] Bell, 1993, S. 512.

[198] UNEP/CBD/IC/2/17; Nach Matz, „Protected Areas in International Nature Conservation Law: Can States Obtain Compensation for their Establishment", ZaöRV 63 (2003), S. 693–716 (708), beinhalten die durch Errichtung von Schutzgebieten entstehenden Mehrkosten, die durch Identifizierung und Ausweisung des Gebietes entstehen sowie Kosten die durch Langzeitmanagementinstrumente und effektive Schutzmechanismen entstehen.

[199] Ehrmann, 1997, S. 596f. Siehe zu geförderten Projekten: Ramos et al., 2004, S. 33f.

Die COP hat unter dem Punkt „zusätzliche finanzielle Mittel" regelmäßig den Status sowie die Entwicklung verfügbarer finanzieller Mittel und ihrer Verwendung durch die GEF überprüft. Darüber hinaus hat sie Maßnahmen getroffen,[200] um die Umsetzung relevanter Vorschriften der CBD, insbesondere Art. 20, 21 CBD, zu verbessern.[201]

Die Vertragsstaatenkonferenz der FCCC hingegen hat bisher keine Entscheidung über die Aufnahme eines „programme of work" getroffen. Der Entwurfstext ihrer Geschäftsordnung sieht jedoch vor, dass auf jeder Tagung der Vertragsstaatenkonferenz die in Art. 7 FCCC vorgesehene Aufgabe der Mobilisierung finanzieller Ressourcen zu behandeln ist. Der Fokus der Vertragsstaatenkonferenz lag bisher auf ihrer Beziehung zum Finanzierungsmechanismus. Es ist nicht vorgesehen die Frage finanzieller Mittel getrennt davon zu behandeln. Die Entscheidungen über finanzielle Mittel sind daher über mehrere Entscheidungen verteilt, beispielsweise im Rahmen der Entscheidungen über die Errichtung spezieller Fonds[202] für bestimmte Aufgaben.[203]

bb) Koordination der Mittelvergabe

Die Kompetenz der GEF als Finanzierungsmechanismus der Übereinkommen erschöpft sich im Rahmen der Projektfinanzierung in der Umsetzung und Anwendung der vorgegebenen Leitlinien und Entscheidungen zur Mittelvergabe der Vertragsorgane. Auch wenn diese Vorgaben den Zielen des jeweils anderen Vertrages widersprechen, ist die GEF daran gebunden und muss den Anforderungen der Leitlinien entsprechende Projekte finanzieren.[204] Das GEF-Instrument enthält keine Regelung zur Koordination der Projektfinanzierung. Auch die zwischen der GEF und den Vertragsstaatenkonferenzen von CBD und FCCC vereinbarten *Memoranda of Understanding* behandeln lediglich die Beziehungen zwischen der GEF und den Organen des jeweiligen Regimes. Sie beinhalten jedoch keine Vorschriften zur Koordination mit Aktivitäten anderer Übereinkommen, die die GEF als Finanzierungsmechanismus eingesetzt haben. Eine Möglichkeit verstärkter Koordination zwischen den Übereinkommen und der GEF wäre die Vereinbarung regelmäßiger Treffen des CBD Sekretariates mit dem Sekretariat der FCCC und der GEF. Im Rahmen solcher Konferenzen könnten gemeinsame Leitlinien zur Mittelvergabe entwickelt werden und damit das Risiko gemindert werden, dass die Leitlinien zur Mittelvergabe einer COP im Widerspruch zu den Zielen und Leitlinien der anderen COP stehen.[205]

---

[200] Vgl. Decision III/6; Decision V/11; Decision VI/16; Decision VII/21, in: SCBD, 2005, S. 411f.

[201] SCBD, Donor Guide to the Convention on Biological Diversity, 2004.

[202] Decision 1/CP.10 FCCC/CP/2004/10/Add.1

[203] Xiang/Meehan, 2005, S. 216.

[204] Wolfrum/Matz, Conflicts in International Environmental Law 2003, S. 201.

[205] Wolfrum/Matz, 2003, S. 200.

3. Rechtliche Verbindlichkeit der Vereinbarungen zwischen Vertragstaatenkonferenz und globaler Umweltfazilität

Problematisch ist die Frage nach der rechtlichen Verbindlichkeit der Memoranda und der dort getroffenen Regelungen über die Kompetenz zur Vergabe der finanziellen Mittel, sowie der Wiederauffüllung des GEF-Budgets. Mangelt es an einer rechtsverbindlichen Wirkung der Memoranden, so besteht lediglich politischer Druck einer den Memoranden entsprechenden Umsetzung durch die GEF. Es bestünde jedoch keine Möglichkeit rechtlich überprüfen zu lassen, ob die GEF bei der Entscheidung über eine mögliche Aufstockung der Mittel den von einer Vertragstaatenkonferenz ermittelten Vorgaben ausreichend Rechnung getragen hat.[206] So hat sich die GEF beispielsweise über die Entscheidung III/5 der CBD COP hinweggesetzt, die vorsah Projekte zur Bestimmung von Arten im Rahmen Kapazitätsaufbaus zu fördern.[207] Völkerrechtliche Bindungswirkung hätten die Memoranda, wenn zwischen den Vertragsstaatenkonferenzen und der GEF jeweils ein völkerrechtlicher Vertrag zustande gekommen wäre. Dies setzt zunächst die Völkerrechtsfähigkeit der Vertragsparteien voraus.[208] Die Vertragsstaatenkonferenzen als jeweils oberstes Gremium des Übereinkommens, sind zwar befähigt verbindliche Verträge zur Erreichung der Konventionsziele einzugehen.[209] Jedoch stellt sich die Rechtsfähigkeit der GEF und die damit verbundene Befähigung zur Unterzeichnung verbindlicher Verträge mit den Vertragsstaatenkonferenzen als ein Problem dar.[210] Mit der Restrukturierung und der Annahme des GEF Instrumentes wurde die GEF zu einer dauerhaften Einrichtung umgebaut. Sie verfügt mit Rat, Sekretariat und Vollversammlung über ausgebildete Institutionen und kann zudem von den Durchführungsorganisationen Weltbank, UNEP und UNDP Rechenschaft über die Verwendung der Mittel des Fonds verlangen. Es stellt sich daher die Frage, ob die GEF nach der Umstrukturierung eine internationale Organisation im Rechtssinne und damit Völkerrechtssubjekt geworden ist.[211] Die Frage war Gegenstand eines Gutachtens des Rechtsberaters der Vereinten Nationen.[212] Das Gutachten kam zu dem Ergebnis, dass

„...the restructured GEF constitutes an entity, established by the World Bank and the United Nations, acting through UNDP and UNEP, as defined in the instrument. As such, the restructured is a new entity which is distinct from the former GEF";[213] [...]

---

[206] Lake, 1998, S. 70.
[207] Lake, 1998, S. 70.
[208] Heintschel von Heinegg, „Die völkerrechtlichen Verträge als Hauptrechtsquelle des Völkerrechts", in Ipsen: Völkerrecht, 2004, S. 112–209 (116), Rn. 1.
[209] Boisson de Chazournes, 1999, S. 267, m.w.N.; Ehrmann, 1997, S. 606.
[210] Boisson de Chazournes, 1999, S. 254f.
[211] Beyerlin/Maurahn, 1997, S. 141; Ehrmann, 1997, S. 591.
[212] UN Doc.A/AC.237/74.
[213] UN Doc.A/AC.237/74, Annex, Ziffer 6, S. 5.

the founders of the restructured GEF did not provide it with the legal capacity to enter legally binding arrangements or agreements".[214]

Damit wird der GEF in dem Gutachten die Völkerrechtsfähigkeit abgesprochen.[215] Auch der Rechtscharakter des Gründungsinstrumentes spricht dafür, dass es sich bei der GEF nicht um ein Völkerrechtssubjekt handelt. Das Instrument wird nach Abs. 1 GEF-Instrument von den Staatenvertretern „accepted". Dieser Terminus ist gegenüber den für völkerrechtliche Verträge typischen Formulierungen „consented" oder „agreed" schwächer.[216] Außerdem besteht kein Erfordernis zur Ratifikation des Instruments durch die Staaten. Dieselbe Vorschrift verlangt, dass das vorliegende Instrument „....shall be adopted by the implementation agencies". Dieser Wortlaut spricht eher für einen Rechtsakt der Durchführungsorganisationen als für einen Vertrag, zumal von den drei Durchführungsorganisationen nur der Weltbank völkerrechtliche Handlungsfähigkeit zukommt.[217] Bei UNEP und UNDP handelt es sich lediglich um Programme, nicht um Sonderorganisationen der Vereinten Nationen.[218] Kern der GEF ist nach Abs. 8 des GEF-Instrumentes der Treuhandfonds, der von der Weltbank errichtet und von ihr verwaltet wird. Diese Vorschrift betont die enge rechtliche Verbindung der GEF zur Weltbank; dasselbe gilt für die Vorschrift über Änderungen des Instruments, die gemäß Abs. 34 des GEF-Instrumentes von jeder der Durchführungsorganisationen angenommen werden müssen. All dies spricht gegen die Annahme, dass das GEF-Instrument als völkerrechtlicher Vertrag und die GEF als Völkerrechtssubjekt qualifiziert werden kann.[219] Die Memoranden sind demzufolge, aufgrund der mangelnden Völkerrechtsfähigkeit der GEF völkerrechtlich nicht bindend.[220] Die Beachtung der Memoranden kann aufgrund der fehlenden rechtlichen Bindungswirkung nicht eingeklagt werden, es bleibt nur die Möglichkeit dies bei den verantwortlichen Gremien anzumahnen.[221]

4. Schlussfolgerungen

Obwohl sich die GEF in den letzten Jahren zur Hauptstütze der Finanzierung von Projekten zum Schutz der globalen Umwelt entwickelt hat,[222] wird deutlich, dass die durch sie bereitgestellten finanziellen Mittel für einen effektiven Schutz auf Dauer nicht ausreichen werden.[223] Der GEF wurden für den Zeitraum 2002–2006

---

[214] UN Doc.A/AC.237/74, Annex, Ziffer 18, S. 8.

[215] Ehrmann, 1997, S. 592.

[216] Beyerlin/Maurahn, 1997, S. 141.

[217] Boisson de Chazournes, 1999, S. 255.

[218] Ehrmann, 1997, S. 591.

[219] Matz, 2005, S. 285.

[220] Matz, 2005, S. 285.

[221] Matz, 2005, S. 285f.; Werksman, 1995, S. 61.

[222] Borbonus/Hennicke, 2003, S. 15.

[223] Miles, 2005, S. 203.

von den Geberstaaten 3 Mrd. US $ bereitgestellt,[224] während wie oben erwähnt, die jährliche Finanzierungslücke für den Erhalt biologischer Vielfalt auf weltweit ca. 20–23 Mrd. US $ pro Jahr geschätzt wird.[225] Die GEF war jedoch von Anfang an nicht dazu gedacht das einzige Finanzierungsinstrument zum Schutz der globalen Umwelt darzustellen. Sie sollte lediglich die auftretenden „Mehrkosten" von Projekten mit dieser Zielsetzung finanzieren.[226] Versuche, die darauf abzielen, den Umfang der bereitgestellten finanziellen Mittel zu erhöhen, haben sich bisher als problematisch erwiesen. Aufgrund der oben beschriebenen institutionellen Strukturen können die Geberstaaten letztlich die Obergrenze der finanziellen Ausstattung der GEF bestimmen.[227] Sowohl die politische Natur der Verhandlungen um die Auffüllung des GEF Budgets, als auch der innerstaatliche Druck innerhalb der Geberstaaten tragen zu einer Begrenzung der Mittel bei. Darüber hinaus wurde festgestellt, dass die GEF oftmals eher als eine Entwicklungshilfeorganisation betrachtet wird und nicht als Mechanismus zum Schutz der globalen Umwelt.[228] Das führt dazu, dass die Zahlungen der Geberstaaten an die GEF innerhalb der nationalen Haushaltsplanungen mit Ausgaben für andere Entwicklungshilfeleistungen konkurrieren und daher nicht höher ausfallen. Daher sind zusätzliche Finanzierungsinstrumente notwendig, um auch zukünftig Projekte zum Schutz der globalen Umwelt finanzieren zu können.[229]

Da die GEF neben der CBD auch andere weltweite Umweltabkommen wie die FCCC aus einem Globalbudget bedient, stehen Biodiversitätsprojekte u.a. in Konkurrenz mit Projekten zum Klimaschutz.[230] Darüber hinaus kann es dazu kommen, dass Projekte finanziert werden, deren Durchführung den Zielen eines anderen Umweltabkommens entgegenwirkt. So kann die Finanzierung von Projekten zur Schaffung von natürlichen Kohlenstoffsenken im Rahmen des Klimaschutzes dem Biodiversitätsschutz schaden, falls z.B. gebietsfremde Monokulturwälder gepflanzt werden. Auch kann die Ausweitung der Anbauflächen von Soja, Zuckerrohr oder Palmenplantagen zur Gewinnung von Biokraftstoffen zwar aus Klimaschutzgründen gefördert werden, der Verlust natürlicher Fläche trägt jedoch zum Verlust biologischer Vielfalt bei. Des weiteren können Projekte der Weltbank, wie z.B. die Förderung der industriellen Fischerei den Zielen des Biodiversitätsschutzes und entsprechenden, von der GEF geförderten Projekten zuwiderlaufen.[231] Die Vermeidung solcher Konflikte muss eines der Hauptanliegen eines Finanzierungsmechanismus sein, der von verschiedenen Übereinkommen mit unterschiedlichen Zielen eingesetzt wird.[232] In solchen Fällen obliegt es bisher jedoch den verantwortlichen Organen der Übereinkommen solche Zielkonflikte auszuräumen, da die GEF der Durchführung der Übereinkommen dient und nicht ihrer Ausges-

---

[224] Boisson de Chazournes, 2005, S. 195.
[225] James et al., 2001, S. 43; Bruner et al., 2003, S. 4.
[226] Lake, 1998, S. 69.
[227] Vgl. auch Ehrmann, 1997, S. 610.
[228] Miles, 2005, S. 203.
[229] Miles, 2005, S. 203.
[230] Korn, in: Wolff/Köck, 2004, S. 41.
[231] Matz, 2002, S. 526.
[232] Matz, 2002, S. 526.

taltung. Die GEF kann lediglich dafür Sorge tragen, dass im Falle sich offensichtlich widersprechender Leitlinien zur Projektfinanzierung dies den Organen der Übereinkommen angezeigt wird, bevor diese Vorgaben umgesetzt werden.[233]

Aufgrund der Bedeutung des Finanzierungsmechanismus für die Durchführung und Umsetzung der Übereinkünfte stellt die GEF als gemeinsamer Finanzierungsmechanismus von CBD und FCCC eine wichtige Verbindung zwischen den Übereinkommen dar. Eine Institution, die über die Finanzierung von Projekten wacht und diese einem Monitoringverfahren unterzieht, hat die Möglichkeiten im Rahmen der Durchführung und Umsetzung der Übereinkommen entstehende Konflikte und potentielle Synergieeffekte zu identifizieren.[234] So gilt es vor allem Biodiversitsaspekte bei der Förderung von Klimaschutzprojekten zu beachten, wie etwa hinsichtlich der Aufforstung waldfreier Flächen mit diversen Arten oder hinsichtlich der Förderung des Anbaus von Pflanzen die der Biospritgewinnung dienen. Auch sollten die Synergieeffekte zwischen Biodiversitäts- und Klimaschutz, hinsichtlich der Vermeidung von Entwaldung bei der Förderung von Projekten beachtet werden. Es ergibt sich daraus die Möglichkeit eines effizienteren Einsatzes der finanziellen Mittel, da eine bessere Koordination der Mittelvergabe möglich ist.[235] Voraussetzung dafür ist jedoch die Schaffung von Strukturen innerhalb des Mechanismus, sowie zwischen dem Mechanismus und den Konventionsgremien, die hinsichtlich der Finanzierungsentscheidungen auf die Vermeidung von Zielkonflikten und die Nutzung von Synergien ausgerichtet sind.[236] Da eine weitere Stärkung der GEF in Form einer ausgeprägten Kompetenz zur Überprüfung von Widersprüchen zwischen den Vorgaben zur Finanzierung von Projekten der beiden Vertragsstaatenkonferenzen aufgrund der Ablehnung seitens der Entwicklungsländer nicht in Betracht kommt und die GEF der jeweiligen Finanzierungsvorgaben der Vertragsstaatenkonferenzen zu folgen hat,[237] müsste eine Harmonisierung der Finanzierungsvorgaben auf der Ebene der Vertragsstaatenkonferenzen erzielt werden.[238] Diese müssten insbesondere ihre Kriterienkataloge zur Mittelvergabe und die konkreten Entscheidungen über Förderprioritäten besser aufeinander abstimmen, wozu eine Einigung auf ein formalisiertes Verfahren hilfreich wäre.

---

[233] Wolfrum/Matz, 2003, S. 199.
[234] Wolfrum/Matz, 2003, S. 203.
[235] Wolfrum/Matz, 2003, S. 195.
[236] Matz, 2002, S. 524.
[237] Matz, 2002, S. 528.
[238] Wolfrum/Matz, 2003, S. 203.

E. Finanzierung von Maßnahmen zur Erhaltung biologischer Vielfalt durch die Marktmechanismen der Rio-Konventionen

Die hohen Kosten von Maßnahmen des globalen Umweltschutzes führen auf nationaler wie auch auf internationaler Ebene dazu, dass vermehrt nach effektiven und kostengünstigen Instrumenten zur Erreichung der Umweltschutzziele gesucht wird.[1] Auch Staaten, die internationale Verpflichtungen begründen, haben, wie nationale Gesetzgeber, verschiedene rechtliche Instrumente zur Verfügung, um vereinbarte ökologische Ziele zu erreichen.[2] Neben Instrumenten direkter Verhaltenssteuerung zählen hierzu auch ökonomische Instrumente umweltrechtlicher Steuerung. Diese Instrumente kennzeichnen sich dadurch, dass sie im Gegensatz zu Instrumenten direkter Verhaltenssteuerung das erwünschte Verhalten nicht normativ vorschreiben, sondern durch die Schaffung monetärer Anreize wirtschaftlich nahe legen.[3] Seit Beginn der 1990er Jahre haben systematische Überlegungen über die ökonomischen Instrumente des Umweltschutzes auf internationaler Ebene Einzug in Vertragsregime, u.a. in die Rio-Konventionen gefunden. Marktorientierte Mechanismen wurden sowohl in die CBD, als auch in das Klimaschutzregime integriert.[4] Im Rahmen der CBD wurden umfangreiche Regelungen über den Zugang zu genetischen Ressourcen und die Aufteilung daraus entstehender Vorteile getroffen. Mit dem Konzept der genetischen Ressourcen, der Zuweisung der Rechte an die Staaten und mit dem System der Vorteilbeteiligung sollen die Regelungen der CBD und deren Umsetzung in nationales Recht, einen wirtschaftlichen Anreiz zur Bewahrung der Biodiversität bieten.[5] Im Klimaschutzregime dienen die flexiblen Mechanismen des KPs der Übertragung von Kosten, die bei der Nutzung der Umweltressource „Luft" bzw. „Atmosphäre" entstehen.[6] Darüber hinaus sollen so die Klimaschutzziele möglichst kosteneffizient erreicht

---

[1] Bothe, „Die Entwicklung des Umweltvölkerrechts 1972/2002", in: Dolde, Umweltrecht im Wandel 2001, S. 51–70 (68).

[2] Schuppert, Neue Steuerungsinstrumente im umweltvölkerrecht am Beispiel des Montrealer Protokolls und des Klimaschutzübereinkommens, 1998, S. 4.

[3] Hendler, „Ökonomische Instrumente des Umweltrechts unter besonderer Berücksichtigung der Umweltabgaben", in: Dolde, 2001, S. 285–308 (287).

[4] Bothe, 2001, S. 68.

[5] Dross/Wolff, 2005, S. 12.

[6] Zimmer, CO_2-Emissionsrechtehandel in der EU – Ökonomische Grundlagen und EG-rechtliche Probleme, 2004, S. 75.

werden.[7] Es finden sich auch Ansätze, die Funktionen terrestrischer Ökosysteme als Klimastabilisator und Kohlenstoffspeicher über die flexiblen Mechanismen in Wert zu setzen und so zur Internalisierung externer Effekte beizutragen. Sowohl die Zugangs- und Teilhabeordnung der CBD, als auch die, biologische Senken betreffenden Vorschriften des KPs stellen somit Instrumente dar, die eine Inwertsetzung von Gütern und Dienstleistungen biologischer Vielfalt zur Folge haben. Welche Bedeutung und Auswirkungen die marktorientierten Mechanismen der Rio-Konventionen für den Biodiversitätsschutz und seine Finanzierung haben, bildet den Gegenstand der folgenden Abschnitte.

I. Inwertsetzung und Vermarktung von Ökosystemdienstleistungen

Hauptursächlich für den Verlust biologischer Vielfalt ist die, durch das globale Wirtschaftswachstum und steigende Bevölkerungszahlen bedingte, zunehmende Nachfrage an biologischen Ressourcen, sowie die Erschließung natürlicher Landflächen als Industriestandort, für Infrastrukturmaßnahmen oder als landwirtschaftliche Nutzfläche.[8] Problematisch ist, dass sich für diese, biologische Vielfalt degradierende Nutzungsformen große einzelwirtschaftliche Gewinne erzielen lassen, während über ihren Standort hinausgehende, regionale und globale Nutzenstiftungen biologischer Vielfalt meist nicht in die Rechnung privater Wirtschaftssubjekte oder das nationalökonomische Kalkül eingehen.[9] Ursächlich hierfür sind die ökonomischen Eigenschaften biologischer Vielfalt.

1. Ökonomische Eigenschaften biologischer Vielfalt als Ursache für Marktversagen

a) Biologische Vielfalt als „öffentliches Gut"

Biodiversität befriedigt in vielfältiger Weise menschliche Bedürfnisse, hat einen ökonomischen Nutzen, ist knapp und kann in unterschiedlicher Weise genutzt werden.[10] Im Zusammenhang mit wirtschaftswissenschaftlicher Forschung wird biologische Vielfalt daher als „ökonomisches Gut" bezeichnet.[11] Lediglich ein geringer Anteil der Produkte und Leistungen biologischer Vielfalt wird auf Märkten gehandelt, überwiegend zu Preisen die deren tatsächlichen Wert nicht wider-

---

[7]   Pohlmann, Kyoto Protokoll: Erwerb von Emissionsrechten durch Projekte in Entwicklungsländern, 2004, S. 32.

[8]   Baumgärtner, 2002, S. 82; OECD, 2003, S. 7.

[9]   Kulessa/Ringel, „Kompensation als innovatives Instrument globaler Umweltschutzpolitik", ZfU 2003, S. 263–285 (264).

[10] Kapitel B.

[11] Weimann/Hoffmann, Brauchen wir eine ökonomische Bewertung von Biodiversität, in: Weimann/Hoffmann/Hoffman, Messung und ökonomische Bewertung von Biodiversität: Mission impossible? 2002, S. 25.

spiegeln.[12] Dies liegt u.a. an dem Öffentlichkeitsgrad dieser Güter. Unter Öffentlichkeitsgrad bezeichnet Bonus den Grad des Vorliegens von Kollektivguteigenschaften.[13] Es handelt sich dabei um ein Kontinuum von reinem privatem Gut (Individualgut) bis zu reinem öffentlichem Gut (Kollektivgut).[14] Als öffentliches Gut wird im Gegensatz zum privaten ein Gut bezeichnet, von dessen Konsum niemand ausgeschlossen werden kann (Nichtausschließbarkeit) und/oder das alle Individuen in gleicher Menge konsumieren (können), ohne dass der Konsum einer Person denjenigen anderer beeinträchtigt (Nichttrivalität).[15] Umgekehrt liegt ein privates Gut bei individueller Nutzbarkeit oder Konsumierbarkeit und Ausschließbarkeit anderer vor. Hinsichtlich der Eigenschaft biologischer Vielfalt als wirtschaftliches Gut ist je nach Verwendungszweck der Öffentlichkeitsgrad zu bestimmen, da dieser die Möglichkeit des Handels eines solchen Gutes oder Leistung wesentlich mitbestimmt.[16]

b) Auftreten negativer externer Effekte

Entscheidungen im Ressourcenmanagement berücksichtigen in der Regel nur diejenigen Veränderungen von Gütern und Leistungen biologischer Vielfalt, die bereits marktfähig und handelbar sind. Das hat zur Folge, dass ökosystemare Versorgungsleistungen über Marktprozesse relativ gut, kulturelle Leistungen nur teilweise, Regulations- und Basisdienstleistungen aber praktisch überhaupt nicht erfasst werden. Der ökonomische Gesamtwert eines nachhaltig genutzten Ökosystems ist damit oftmals höher als der ökonomische Wert, der z.B. einer Entscheidung für eine Landnutzungsänderung in der Praxis zugrunde gelegt wird. Die Verfügungsrechteinhaber erzielen daher nach wie vor Gewinne durch Aktivitäten, deren Gesamtkosten in Form des Verlustes von Biodiversität und Ökosystemdienstleistungen bei anderen Personen oder Gruppen bzw. der Gesellschaft insgesamt anfallen.[17] Bei der Allokation biologischer Ressourcen und ökosystemarer Dienstleistungen entstehen demnach negative externe Effekte.[18] Darunter sind

> „alle direkten und indirekten Verluste zu verstehen, die Dritte und die Allgemeinheit als Folge wirtschaftlicher Aktivität zu tragen haben, ohne dass sie im betrieblichen Rechnungswesen oder in der Wirtschaftsrechung privater oder öffentlicher Haushalte als Kosten auftauchen, und denen die Betroffenen nicht indifferent gegenüberstehen."[19]

---

[12] OECD, Harnessing Markets for Biodiversity, 2003, S. 23.
[13] Bonus, 1980, S. 51.
[14] Hampicke, 1991, S. 69.
[15] Zimmer, 2004, S. 69 m.w.N.; Binder, Grundzüge der Umweltökonomie, 1999, S. 2.
[16] OECD, 2003, S. 8.
[17] Beck et al., 2006, S. 10.
[18] Baumgärtner, 2002, S. 83.
[19] Zimmer, 2004, S. 69.

aa) Fehlen wohl definierter Eigentumsrechte

Ausschlaggebend für die Entscheidung des Einzelnen über die Art der Nutzung biologischer Vielfalt ist das Streben nach Gewinnmaximierung.[20] Konsequenterweise ist dabei nur jener durch Artenreichtum bereitgestellte Strom von Gütern und Dienstleistungen biologischer Vielfalt relevant, deren Werte durch die Eigentumsrechte angeeignet werden können. Eigentumsrechte ermöglichen die Durchsetzung des Konsumausschlussprinzips.[21] Ist kein Eigentumsrecht definiert, so kann der Konsum eines Gutes oder einer Leistung nicht unter den Vorbehalt gestellt werden, dass der Konsument zunächst einen Preis zu entrichten hat.[22] Dies ist ein wesentlicher Grundsatz des im Umweltrecht bekannten Verursacherprinzips.[23] Für die biologische Vielfalt in ihrer Gesamtheit gibt es keine explizit definierten Eigentumsrechte.[24] Sie bestehen allenfalls für einige natürliche Rohstoffe. Für genetische Ressourcen und andere Ökosystemdienstleistungen, wie Kohlenstoffspeicherung in der Biomasse eines Ökosystems, ist es hingegen schwierig Eigentumsrechte zuzuweisen und durchzusetzen.[25] Dies verhindert bzw. erschwert den Handel solcher Güter und Leistungen auf Märkten. Das Fehlen von Eigentumsrechten stellt damit eine Ursache für das Nichtzustandekommen von Marktbewertungen dar und führt so zu Marktversagen.[26]

Eigentumsrechte an Leistungen und Gütern biologischer Vielfalt terrestrischer Ökosysteme sind oft mit dem Grundeigentum verbunden. Aufgrund des Marktversagens kommen diese Güter und Leistungen nicht in den ökonomischen Überlegungen von Landeigentümern vor und werden folglich bei Entscheidungen über die Landnutzung nicht berücksichtigt. Ein Landeigentümer, der sein Land in Wildform bewahrt, produziert zwar ein öffentliches Gut, da es hierfür aber keinen Markt gibt, erhält er auch keine Entschädigung, ihm fehlt es folglich an einem ökonomischen Anreiz zur Bewahrung in Wildform. Im umgekehrten Fall, also der Umwandlung in eine Nutzfläche muss der Landeigentümer den nationalen bzw. globalen volkswirtschaftlichen Schaden, aufgrund fehlender Marktpreise nicht selbst tragen.[27] Mangelnde bzw. unzureichend ausdifferenzierte rechtliche Eigentumsregelungen tragen also dazu bei, dass es an einem ökonomischen Anreiz für ressourcenschonende Nutzung biologischer Vielfalt fehlt.

bb) Räumliche externe Effekte

Biologische Vielfalt stiftet über ihren Standort hinaus erheblichen regionalen und globalen Nutzen, für den derzeit jedoch keine bzw. nur wenig entwickelte Märkte existieren. Im ökonomischen Kalkül der Anbieter von Gütern und Leistungen biologischer Vielfalt werden daher lediglich lokale Nutzenstiftungen nachhaltiger

---

[20] Marggraf, in: Janich/Gutmann/Prieß, 2001, S. 398.

[21] OECD, 2003, S. 27.

[22] Weimann/Hoffmann, in: Weimann/Hoffmann/Hoffmann, 2002, S. 30.

[23] Rowe, „Das Verursacherprinzip als Aufteilungsgrundsatz im Umweltrecht", in Gawel: Effizienz im Umweltrecht, 2001, S. 397–426 (406).

[24] Lerch, 1996, S. 80.

[25] Henne, 1998, S. 211.

[26] Klauer, in: Spehl/Held, 2001, S. 63.

[27] Endres/Bertram, Nachhaltigkeit und Biodiversität, 2004, S. 14.

und degradierender Nutzung gegeneinander abgewogen. Der Erhalt biologischer Vielfalt (z.B. Nichtrodung von Waldflächen) stellt dann jedoch selten eine attraktive Option dar. Der externe Effekt besteht darin, dass bei einer möglichen Entscheidung über die Nutzung (z.B. Rodung), die Bewertungen vieler von dieser Transaktion Betroffener, nämlich der nicht ortsansässigen Nutzer, gar nicht berücksichtigt werden.[28] Der Wert biologischer Vielfalt wird bei der lokalen Entscheidung, unter außer acht lassen des regionalen und globalen Nutzens, daher zu gering angesetzt.[29] Für die Staatengemeinschaft wäre es jedoch oftmals vorteilhaft, wenn auf degradierende Nutzung biologischer Vielfalt verzichtet würde. Denn der Nutzen, den der Erhalt der Ressource stiftet, wird aus globaler Sicht höher bewertet, als die Erträge aus ihrer zerstörerischen Nutzung.[30] Diejenigen, die diesen globalen Nutzen empfinden leben jedoch nicht direkt am Ort der Ressource. Sie können sich daher auch nicht am Entscheidungsprozess über die Verwendung der Ressource beteiligen. Dies bedeutet umgekehrt, dass die Wertschätzung globaler Nutzenstiftungen auch nicht in die lokale Entscheidung über die Verwendung der Ressource einfließt, obwohl der globale Wert nachhaltiger Nutzung über dem lokalen Wert degradierender Nutzung liegt. Dadurch besteht auf lokaler Ebene kein Anreiz biologische Vielfalt derart zu schützen oder zu nutzen, dass auch die regionalen und globalen Nutzenstiftungen gesichert werden.[31] Die Divergenz zwischen lokalen Kosten und globalem Nutzen führt so zu der paradoxen Situation, dass die Erhaltung biologischer Vielfalt nicht ausreichend durch Marktkräfte unterstützt wird, es so zu vermehrter Landnutzungsänderung und damit zu größerem Verlust biologischer Vielfalt kommt, als aus ökonomischer Sicht sinnvoll oder gerechtfertigt wäre.[32]

cc) Intergenerationale externe Effekte

Externe Effekte treten auch im Verhältnis zwischen heutigen und zukünftigen Nutzern biologischer Vielfalt auf. Die gegenwärtig gegebenen Märkte berücksichtigen lediglich gegenwärtige Kosten und Nutzen von Transaktionen. Sie vernachlässigen dadurch den Teil des ökonomischen Gesamtwerts gegenwärtiger Transaktionen, der auf zukünftige Nutzer entfällt, da diese an gegenwärtigen Märkten und Entscheidungsprozessen nicht teilnehmen können.[33]

dd) Zusammenfassung

Im Fall der Biodiversität wirken alle genannten externen Effekte in dieselbe Richtung. Der gegenwärtige Marktpreis wesentlicher Bestandteile biologischer Vielfalt, der vielfach – wenn überhaupt – lediglich deren direkten Gebrauchswert re-

---

[28] Marggraf, in: Janich/Gutmann/Prieß, 2001, S. 399.
[29] Kulessa/Ringel, 2003, S. 264.
[30] Baumgärtner, 2002, S. 85.
[31] Dixon/Pagiola, „Local Costs, Global Benefits: Valuing Biodiversity in Developing Countries", in: OECD, Valuation of Biodiversity Benefits: Selected Studies, 2001, S. 45–60 (45).
[32] Dixon/Pagiola, in: OECD, 2001, S. 45.
[33] Baumgärtner, 2002, S. 85.

flektiert, liegt teilweise erheblich unter ihrem sozial optimalen Wert, der durch den ökonomischen Gesamtwert gegeben ist. Es kommt als Folge des, am sozialen Optimum gemessenen zu niedrigen Marktpreises, also auf freien Märkten zu einer zu hohen degradierenden Nutzung und damit zu einem übermäßigen Verlust an biologischer Vielfalt.[34]

2. Internalisierung durch Schaffung von Märkten für Ökosystemdienstleistungen

a) Internalisierung

Um dem Verlust biologischer Vielfalt entgegen zu wirken, müssen die Anreizstrukturen für (lokale) Anbieter des Gutes biologische Vielfalt so ausgestaltet werden, dass diese sowohl die im Lande verbleibenden als auch die grenzüberschreitenden externen Nutzen und Kosten internalisieren, d.h. in ihr Entscheidungskalkül mit einbeziehen.[35] Es müssen also Möglichkeiten geschaffen werden finanzielle Kompensation für die höheren volkswirtschaftlichen Werte zu erzielen.[36] Eine Möglichkeit der Internalisierung bietet die Verwendung ökonomischer Instrumente in Form verstärkter Nutzung markbasierter Ansätze für das Management von Ökosystemdienstleistungen. Sie beinhalten u.a. die Schaffung von Märkten (einschließlich der Präzisierung von Nutzungsrechten) für Ökosystemdienstleistungen, sowie Zahlungen für dieselben und die zertifizierte Kennzeichnung von nachhaltig produzierten Produkten.[37] Dies ermöglicht eine Preisbildung für Leistungen und Güter biologischer Vielfalt mit regionalem und globalem Nutzen. Durch Schaffung von Märkten und die Präzisierung von Eigentumsrechten für nachhaltig, nichtdegradierend nutzbare Güter und Leistungen biologischer Vielfalt, wird den Verfügungsrechteinhabern eine Steigerung des einzelwirtschaftlichen Nutzens in Aussicht gestellt.[38]

b) Voraussetzungen für funktionsfähige Märkte

aa) Vollkommene Märkte

Obwohl vollkommene Märkte in der Realität nicht anzutreffen sind, ist es wichtig die Voraussetzungen für solche Märkte zu bestimmen. Für einen vollkommenen Markt müssen folgende Voraussetzungen erfüllt sein:[39]

- atomistische Marktstruktur; viele kleine Anbieter und Nachfrager mit jeweils kleinem Marktanteil, sodass ein einzelnes Unternehmen nicht über eine relevante Größe an Marktmacht verfügt;

---

[34]   Baumgärtner, 2002, S. 86.
[35]   OECD, 2003, S. 8.
[36]   Marggraf, in: Janich/Gutmann/Prieß, 2001, S. 399.
[37]   Beck et al., 2006, S. 16.
[38]   Dixon/Pagiola, in: OECD, 2001, S. 50.
[39]   OECD, 2003, S. 28; Rowe, „Globale und globalisierende Umwelt – Umwelt und globalisierendes Recht", in: Voigt, Globalisierung des Rechts, 1999, S. 249–304 (253).

- ein einheitliches (standardisiertes) Produkt wird gehandelt;
- vollständige Markttransparenz; Anbieter und Nachfrager verfügen über alle marktrelevanten Informationen;
- es finden keine Absprachen zwischen Anbietern und Nachfragern statt;
- unbegrenzte Mobilität aller Produktionsfaktoren und Güter, freier Marktzutritt und Marktaustritt;
- sie verfolgen das „Ökonomische Prinzip", um Gewinn- bzw. Nutzenmaximum zu erreichen;
- Transferierbarkeit des Produktes.

bb) Festlegung von Verfügungsrechten

Es bedarf zunächst der Ermöglichung des Konsumausschlusses. Die Verfügungs- und Nutzungsrechte für Güter und Leistungen biologischer Vielfalt waren bisher überwiegend an das Grundeigentum gebunden.[40] Die Festlegung von Verfügungs- rechten beruht jedoch auf Werturteilen, und da sich Werturteile ändern können, ist auch deren Festlegung Veränderungsprozessen unterworfen.[41] Fehlen bzw. sind die Eigentumsrechte, wie im Fall von Gütern und Leistungen biologischer Viel- falt, nur unzureichend geregelt, lässt sich dem Marktversagen durch Definition und Zuweisung von Eigentumsrechten entgegensteuern.[42] Eine Präzisierung von Nutzungs- und Verfügungsrechten kann so, im Rahmen von marktbezogenen Ansätzen dazu führen, dass umfassende Nutzungsrechte,

> „die ursprünglich als selbstverständliche Folge von Grundstückseigentum oder Pacht verstanden wurden, enger umschrieben werden und verschiedenen ‚Eigentümern' bzw. Nutzungsberechtigten zugeteilt werden".[43] So können Ressourcen, die „in Grundstückseigentum inbegriffen oder gebündelt sind, die aber ganz unterschiedliche Umwelteigenschaften aufweisen, als getrennt betrachtet werden und von unterschied- lichen Nutzern beansprucht und genutzt werden".[44]

Durch einen Zertifikationsprozess könnte die Einheitlichkeit des Produktes, also des Gutes oder der Ökosystemdienstleistung biologischer Vielfalt sichergestellt werden.[45] Regulative staatliche Eingriffe können also die Ausschließbarkeit und Rivalität von Gütern und Leistungen biologischer Vielfalt erhöhen und so dazu führen, dass sich die Marktnachfrage auf ein nachhaltiges Niveau zu bewegt.[46]

cc) Etablieren von Handelsplattformen

Um das Problem des Marktversagens bei der Allokation von Biodiversität zu lösen, reicht eine vollständige Definition und Zuweisung von Eigentumsrechten

---

[40]   Wolfrum et al., 2001, S. 28.
[41]   Marggraf, in: Janich/Gutmann/Prieß, 2001, S. 397.
[42]   Baumgärtner, 2002, S. 84.
[43]   Rowe, „Was könnte ‚modernes Recht' heißen? – Das Beispiel des Umweltrechts", in: Voigt, Evolution des Rechts, 1998, S. 155–177 (170).
[44]   Rowe, 1998, S. 170.
[45]   OECD, 2003, S. 29.
[46]   OECD, 2003, S. 21.

jedoch nicht aus. Selbst bei vollständiger Regelung von Eigentumsrechten an biologischen Ressourcen bleiben viele externe Effekte noch bestehen, weil es an entsprechenden Handelsplattformen fehlt, auf denen sich ein Preis dieser Ressourcen bilden könnte, der alle Konsequenzen einer Transaktion mit dieser Ressource vollständig reflektiert. Dies betrifft vor allem die überwiegende Eigenschaft der meisten Güter und Leistungen biologischer Vielfalt als öffentliches Gut. Hinzu kommt das räumliche und zeitliche Auseinanderfallen von Kosten und Nutzen.[47]

dd) Transaktionskosten

Ein weitere Voraussetzung für das Funktionieren ökonomischer Instrumente ist, dass die entstehenden Transaktionskosten (Information über Transaktionspartner, Verwaltungsaufwand, Verzögerungen durch langwierige Verfahren und Verhandlungen, Unsicherheiten etc.) nicht zu hoch sein dürfen. Es darf nicht zu einer Unrentabilität der Maßnahmen kommen.[48]

c) Handelbare Güter und Leistungen biologischer Vielfalt

Zu den Ökosystemdienstleistungen für die Märkte auf regionaler Ebene in Betracht kommen, gehört die Wasserfiltrierung und Speicherung. Ihr Nutzen besteht in einer nachhaltigen und kosteneffizienten Bereitstellung von Trinkwasser.[49] Auf globaler Ebene erscheint die Schaffung bzw. Weiterentwicklung von Märken für die Ökosystemdienstleistungen, Kohlenstoffspeicherung und Bereitstellung genetischer Ressourcen aussichtsreich. Einer gesteigerten Inwertsetzung genetischer Ressourcen wird aufgrund tatsächlicher und rechtlich kaum beeinflussbarer Grenzen (Unsicherheiten über die Entwicklung der Biotechnologien und zeitliche Verzögerungen) zunehmend kritisch begegnet. Fest steht jedoch, dass Mechanismen ausgebaut werden sollten, die eine gerechte und ausgewogene Vertragsgestaltung zwischen den Entwicklungsländern und den Nutzern genetischer Ressourcen im

---

[47] Baumgärtner, 2002, S. 86.

[48] Kottmeier, Recht zwischen Umwelt und Markt – Zur rechtlichen Zulässigkeit von Kompensations- und Zertifikatmodellen im Umweltschutz, 2000, S. 43.

[49] Dazu ein Beispiel aus OECD, 2003, S. 62; Hoffmann/Hoffmann/Weimann, Irrfahrt Biodiversität – Eine kritische Sicht auf die europäische Biodiversitätspolitik, 2005, S. 220: „New York City bezieht Trinkwasser aus den umliegenden Catskill Mountains. Im Zuge intensiver Landnutzung und Überdüngung durch umliegende Farmen verschlechterte sich die Trinkwasserqualität so stark, dass sie schließlich 1996 nicht mehr den EPA-Standards genügte und die Stadt zum Handeln gezwungen war. Die mögliche Investition in Filteranlagen hätte 6–8 Milliarden Dollar zzgl. 300 Millionen Dollar pro Jahr Betriebskosten gekostet. Die Alternative war, Farmern die umliegenden Ländereien abzukaufen und die natürliche Filterleistung des Einzugsgebietes wieder herzustellen und dauerhaft zu erhalten. Die Kosten dieser Alternative betrugen 1–1,5 Milliarden Dollar. Der Transfer an Eigentums bzw. Nutzungsrechten stellte die Bauern besser, da der Kaufpreis weit über der eigenen Wertschätzung lag, als auch die Stadt New York, da die eingesparten Kosten weit über dem Kaufpreis lagen. Die Nutzung des Landes als natürlicher Wasserfilter ist effizient, die landwirtschaftliche Nutzung (in diesem Fall) nicht."

Interesse besserer Einkunftsmöglichkeiten der Ressourcenanbieter sicherstellen.[50] Eine stärkere Berücksichtigung der Kohlenspeicherfunktion im Rahmen des Klimaschutzregimes wird derzeit in den Verhandlungen um die Weiterentwicklung des KPs, für die ökosystemare Leistung der Kohlenstoffeinbindung diskutiert.[51] Erkenntnissen der Umweltökonomie zufolge verfügt die Kohlenspeicherfunktion der tropischen Wälder über ein erhebliches wirtschaftliches Potential.[52]

II. Marktähnliche Finanzierungsinstrumente in der CBD: Access and Benefit Sharing

Während der frühen Verhandlungen zur CBD wurde u.a. darüber diskutiert, Biodiversität reduzierende anthropogene Tätigkeiten, wie die industrielle Landwirtschaft mit Abgaben zu belegen.[53] Da dies aufgrund der ungleichen Verteilung biologischer Vielfalt jedoch zu einer erhöhten Belastung der Entwicklungsländer geführt hätte und diese in den Verhandlungen eine starke Ausgangsposition innehatten, haben sich positive Anreizmechanismen zum Schutz und der Finanzierung biologischer Vielfalt durchgesetzt. Durch die CBD werden nunmehr Wirtschaftsweisen unterstützt, die biologische Vielfalt nutzen und gleichzeitig schützen. Vor allem durch die Regelungen über Zugang und Nutzung genetischer Ressourcen wurde ein positiver Anreiz für den Erhalt biologischer Vielfalt gesetzt. Die Vorschriften der CBD bilden damit den völkerrechtlichen Rahmen für die Vermarktung des aktuellen und potentiellen Wertes genetischer Ressourcen.[54]

Genetisches Material war bislang, abgesehen von Ausnahmen wie dem chinesischen Ausfuhrverbot für Seidenraupen im 19. Jahrhundert, international frei verfügbar.[55] Der ökonomische Wert genetischer Ressourcen liegt in der Eigenschaft Träger nützlicher Information zu sein. Diese können in Bereichen wie der Landwirtschaft, Industrie und Medizin die Grundlage für die Forschung nach neuen Produkten darstellen.[56] Aufgrund ihrer weiterentwickelten Forschung konnten Forschungseinrichtungen aus den Industriestaaten den Wert natürlicher Ressourcen besser ermitteln.[57] Universitäre und gewerbliche Forschungseinrichtungen aus den Industriestaaten entnahmen daher Pflanzen- und Tierproben aus artenreichen Naturgebieten und traditionell arbeitenden Anbaugebieten in Entwicklungsländern, um sie auf ihre Verwertbarkeit zu prüfen und gegebenenfalls ein patentierbares Produkt zu entwickeln.[58] Über Jahrzehnte hinweg wurde so genetisches und

---

[50] Krohn, 2002, S. 372. Ausführlich dazu Teil B.
[51] Dazu ausführlich Kapitel 6.
[52] Krohn, 2002, S. 372.
[53] Stoll, „Genetische Ressourcen, Zugang und Vorteilshabe", in: Wolff/Köck, 2004, S. 74.
[54] Stoll, in: Wolff/Köck, 2004, S. 74.
[55] Biermann, Weltumweltpolitik zwischen Nord und Süd: Die neue Verhandlungsmacht der Entwicklungsländer, 1998, S. 258.
[56] Kellersmann, 2000, S. 206
[57] Hubbard, 1997, S. 419.
[58] Biermann, 1998, S. 258.

biologisches Material von den Entwicklungsländern in die Industriestaaten exportiert. Die, von den Verwertungsrechteinhabern aus den Industriestaaten mit den Produkten erzielten Erträge, waren immens und außer Verhältnis zu den Finanzmitteln, die an die Ursprungsländer zurückflossen.[59] Mit den Regelungen der CBD wurde versucht diese historische Ungleichheit zu ändern.[60] Die Bestimmungen des Übereinkommens sehen vor, dass die Ressourcen der Souveränität ihrer Ursprungsländer unterstellt sind. Damit wurde der nahezu ungehinderte Zugang der Industriestaaten auf das, in den Entwicklungsländern vorkommende genetische Material entscheidend eingeschränkt.[61] Vor allem sollten die Ursprungsländer genetischer Ressourcen jedoch an den wirtschaftlichen Vorteilen, die aus einer erfolgreichen Produktentwicklung entstehen, beteiligt werden. Daran war die Erwartung geknüpft eine „Inwertsetzung" genetischer Ressourcen zu bewirken und so bei den lokalen Akteuren, in der Hoffnung auf ein Einkommen aus der Nutzung genetischer Ressourcen, einen Anreiz zum Schutz biologischer Vielfalt zu setzen.[62]

1. Zugangs- und Teilhabeordnung

Mit der Zugangs- und Teilhaberegelung des Übereinkommens über die biologische Vielfalt soll den genetischen Ressourcen ein wirtschaftlicher Wert zugeordnet werden, der als Anreiz dafür dient, diese Ressourcen zu erhalten.[63] Nach dem allgemeinen Grundgedanken sieht die Konvention einen Austausch von genetischen Ressourcen gegen die Teilhabe u.a. an Forschungsaktivitäten vor.

Zentrale Vorschrift für die Regelungen über genetische Ressourcen ist Art. 15 CBD. Er regelt die Voraussetzungen und Folgen des Zugangs zu genetischen Ressourcen. Die Beteiligung von Herkunftsstaaten genetischer Ressourcen im Falle ihrer biotechnologischen Anwendung ist in Art. 19 Abs. 1 und 2 von CBD normiert. Den bevorzugten Zugang zu Technologien gewährt Art. 16 Abs. 3 CBD den Ländern, die genetische Ressourcen zur Verfügung stellen. Die erforderliche Umsetzung dieser Rahmenvorschriften muss neben den Zielen der Konvention und ihrer Präambel auch andere Vorschriften der Konvention berücksichtigen, die direkt oder indirekt für die Regelung genetischer Ressourcen relevant sind.[64]

a) Zugang zu genetischen Ressourcen

Die folgend behandelten Regelungen betreffen immer den grenzüberschreitenden Zugang zu genetischen Ressourcen und daraus folgend Vorteile, die in einem anderen Land erwirtschaftet werden.[65]

---

[59]   Hubbard, 1997, S. 419.
[60]   Hubbard, 1997, S. 419.
[61]   Beyerlin, 2000, S. 200.
[62]   Stoll, in: Wolff/Köck, 2004, S. 74.
[63]   Wolfrum, in: Janich/Gutmann/Prieß, 2001, S. 433.
[64]   Stoll, in: Wolff/Köck, 2004, S. 79.
[65]   Henne, 1998, S. 148.

aa) Souveränität über genetische Ressourcen

Die zentrale Norm für die Regelung des Zugangs zu genetischen Ressourcen ist Art. 15 CBD.[66] Art. 15 Abs. 1 CBD in Verbindung mit Abs. 3 CBD betont die souveränen Rechte der Ursprungsländer (also überwiegend der Entwicklungsländer) über die genetischen Ressourcen.[67] Als Ursprungsstaat wird der Staat bezeichnet, in dem die genetischen Ressourcen unter *In-situ*-Bedingungen vorkommen, Art. 2 Abs. 16 CBD. Unter *In-situ*-Bedingungen sind gemäß Art. 2 Abs. 9 CBD Bedingungen zu verstehen, unter denen genetische Ressourcen in Ökosystemen und natürlichen Lebensräumen ihre besonderen Eigenschaften entwickelt haben. Aus dem Souveränitätsrecht folgt die Befugnis zur Regelung des Zugangs zu genetischen Ressourcen. Der Zugang zu den genetischen Ressourcen unterliegt damit den innerstaatlichen Rechtsvorschriften des Staates, in dem die Ressource *in-situ* vorkommt.[68] Die Regelung des Zugangs zu genetischen Ressourcen fällt aber auch in die Zuständigkeit der Staaten, auf deren Territorium sich die genetische Ressource befindet (Belegenheitsstaat),[69] sofern der Staat die genetischen Ressourcen konventionsgemäß, also nach Maßgabe des Art. 15 CBD erworben hat.[70]

Als genetische Ressource wird gemäß Art. 2 Abs. 8 CBD jedes Material pflanzlichen, tierischen, mikrobiellen oder sonstigen Ursprungs verstanden, das funktionelle Erbeinheiten von tatsächlichem oder potentiellen Wert enthält. Damit fällt genetisches Material menschlichen Ursprungs nicht in den Regelungsbereich der Konvention.[71] Ebenfalls nicht als genetische Ressourcen i.S. der Konvention gelten Extrakte bzw. Derivate von Organismen, zum Beispiel biochemische, die keine funktionalen Erbeinheiten enthalten.[72]

bb) Inhalt und Adressaten der Zugangsregelung

Von der Regelungsbefugnis, die sich in Art. 15 Abs. 1 CBD aus den souveränen Rechten über die natürlichen Ressourcen ergibt, wird vor allem das Recht umfasst, darüber zu entscheiden, wie der Zugang und damit verbunden die Nutzung des genetischen Materials geregelt werden sollen. Aufgabe der Vertragsstaaten ist es, die Konvention national umzusetzen. Die Vertragsstaaten kommen dieser Verpflichtung nach, indem sie entsprechende Vorschriften für ihre Rechtssubjekte bzw. ihr Hoheitsgebiet im nationalen Recht formulieren. Die Regelungsbefugnis liegt in erster Linie bei den nationalen Regierungen oder von diesen beauftragten nationalen Behörden, Art. 15 Abs. 1 CBD.[73]

Adressaten der, aufgrund Art. 15 Abs. 1 CBD erlassenen Zugangsregelungen sind andere Vertragsstaaten, soweit sie den Zugang zu den genetischen Ressour-

---

[66] Henne, 1998, S. 139.

[67] Stoll, in: Wolff/Köck, 2004, S. 77.

[68] Wolfrum, in: Janich/Gutmann/Prieß, 2001, S. 433.

[69] Henne, 1998, S. 141.

[70] Wolfrum/Stoll, Der Zugang zu genetischen Ressourcen nach dem Übereinkommen über die biologische Vielfalt und dem deutschen Recht, 1996, S. 30.

[71] UNEP/CBD/COP/2/19, Annex II, S. 62.

[72] Henne, 1998, S. 139.

[73] Wolfrum, in: Janich/Gutmann/Prieß, 2001, S. 433.

cen begehren. Dazu gehören alle Behörden des staatlichen Verwaltungsapparates und alle öffentlich-rechtlich organisierten Einrichtungen, etwa Forschungsinstitutionen, Universitäten, Genbanken, botanische oder zoologische Gärten, des nachfragenden Staates.[74] Wegen des großen Interesses der biotechnologischen Industrie, sowie des Interesses Privater, an der Nutzung genetischer Ressourcen ex-situ, ist die Frage von Bedeutung, ob auch Private vom Anwendungsbereich der Zugangsordnung erfasst sind.[75] Vertragsparteien der CBD können gemäß Art. 34 Abs. 1 CBD, Art. 35 Abs. 1 CBD nur Staaten und Organisationen der regionalen Wirtschaftintegration werden. Daher werden auch nur sie unmittelbar aus dem Übereinkommen berechtigt und verpflichtet. Den Vertragsparteien obliegt jedoch die Pflicht zur Umsetzung der Regelungen der Konvention, durch die Formulierung nationaler Vorschriften. An diese nationalen Vorschriften sind dann die Privatrechtssubjekte der nationalen Rechtsordnungen der Vertragsstaaten gebunden. Sie können genetische Ressourcen ohne Beachtung der durch die CBD geforderten Zugangsvoraussetzungen daher nur solange nachfragen, wie die Rechtsordnungen des Herkunftsstaates und des eigenen Staates es erlauben, also bis diese ihrer Umsetzungspflicht nachgekommen sind.[76] Die Zugangsregelung muss in die nationale Rechtsordnung integriert sein, d.h. es sind die Vorgaben des Verfassungs- und Gesetzesrechts auf staatlicher Ebene zu achten, insbesondere die bestehenden innerstaatlichen Eigentums- und Verfügungsrechte.[77] Die Befugnis zur Regelung des Zugangs zu genetischen Ressourcen enthält also keine Aussage über das privatrechtliche Eigentum an diesen.[78] Die sich aus der CBD ergebende Regelungsbefugnis erstreckt sich nur auf die genetischen Ressourcen, nicht jedoch auf den Zugang zum materiellen Träger der funktionalen Erbeinheit zu dessen unmittelbarer Verwendung, etwa zum Verzehr oder zur Verarbeitung als Rohstoff.[79]

cc) Zugangserleichterung

In Art. 15 Abs. 2 CBD wird der Grundsatz der staatlichen Souveränität relativiert. Danach soll sich jede Vertragspartei bemühen („*shall endeavor*"), „Voraussetzungen zu schaffen, um den Zugang zu genetischen Ressourcen für eine umweltverträgliche Nutzung durch andere Vertragsparteien zu erleichtern...". Zum einen ist diese Pflicht das Gegenstück zum Grundsatz der Souveränität des Art. 3 CBD. Zum anderen dient sie dem Ziel des Art. 1 CBD, einer ausgewogenen und gerechten Aufteilung der sich aus der Nutzung genetischer Ressourcen ergebender Vorteile.[80] Der zweite Halbsatz des Art. 15 Abs. 2 CBD, wonach keine Beschränkungen auferlegt werden dürfen, die den Zielen dieses Übereinkommens zuwiderlaufen, verdeut-

---

[74]   Henne, 1998, S. 147.

[75]   Henne, 1998, S. 147.

[76]   Henne, 1998, S. 147.

[77]   Stoll, Gestaltung der Bioprospektion unter dem Übereinkommen für biologische Vielfalt durch international unverbindliche Verhaltensstandards, 2000, S. 5.

[78]   Wolfrum, in: Janich/Gutmann/Prieß, 2001, S. 433.

[79]   Downes, „New Diplomacy for the Biodiversity Trade: Biodiversity, Biotechnology, and Intellectual Property in the Convention on Biological Diversity", Touro JTL 4 (1993), S. 1–46 (3).

[80]   Dross/Wolff, 2005, S. 12.

licht nochmals, dass der Zugang zu annehmbaren und nicht willkürlichen Bedingungen zu ermöglichen ist.[81] Ein völliges Verbot des Zugangs zu genetischen Ressourcen, das auch Ausdruck der Souveränität wäre, ist als Regelfall nicht erlaubt. Eine Ausnahme besteht nach Art. 15 Abs. 2 CBD jedoch dann, wenn eine umweltverträgliche Nutzung der genetischen Ressource nicht denkbar oder ihr Bestand durch den Zugang gefährdet wäre.[82]

dd) Einvernehmlich festgelegte Zugangsbedingungen

Der Zugang zu den genetischen Ressourcen erfolgt gemäß Art. 15 Abs. 4 CBD zu einvernehmlich festgelegten Bedingungen (*„mutually agreed terms"*, MAT). Die Parteien sollen in Verhandlungen die genauen Modalitäten des Zugangs bestimmen. So wird ausgeschlossen, dass ein Staat die Zugangsbedingungen einseitig und hoheitlich vorgibt.[83] In den einvernehmlich festgelegten Bedingungen zeigt sich der Handelscharakter der Ordnung der genetischen Ressourcen. Es geht nicht um eine einseitig reglementierende Zugangsverwaltung, sondern um Verhandlungen über Rahmenbedingungen, innerhalb derer sich eine Zugangsvereinbarung entfalten kann, die den Austausch genetischer Ressourcen gegen eine Vorteilsbeteiligung vorsieht.[84]

ee) Zustimmung des Geberstaates

Die Zugangserlaubnis setzt nach Art. 15 Abs. 5 CBD die, auf der Kenntnis der Sachlage gegründete vorherige Zustimmung des Ursprungslandes (*„prior informed consent"* PIC) der genetischen Ressource voraus. Die vorherige Zustimmung ist, im Gegensatz zum Erfordernis einvernehmlich festgelegter Bedingungen des Abs. 4 abdingbar.[85] Systematisch ist das Zustimmungsverfahren zwar nach den *„mutually agreed terms"* normiert, in der Praxis geht es dem MAT-Verfahren jedoch voraus. Denn erst aufgrund der durch das PIC-Verfahren erlangten Information ist die *„providing Party"* in die Lage versetzt, die einvernehmlichen Bedingungen auszuhandeln.[86]

b) Gerechte Aufteilung sich aus der Nutzung genetischer Ressourcen ergebender Vorteile

Das Gegenstück zur Zugangsordnung ist die Teilhabeordnung der Konvention über die biologische Vielfalt. Nach Art. 1 CBD ist

> „die ausgewogene und gerechte Aufteilung der sich aus der Nutzung ergebenden Vorteile, insbesondere durch angemessenen Zugang zu genetischen Ressourcen und

---

[81]   Henne, 1998, S. 149.
[82]   Wolfrum, in: Janich/Gutmann/Prieß, 2001, S. 434.
[83]   Stoll, in: Wolff/Köck, 2004, S. 78.
[84]   Glowka, A Guide to Designing Legal Frameworks to Determine Access to Genetic Resources, 1998, S. 8.
[85]   Dross/Wolff, 2005, S. 12.
[86]   Kellersmann, 2000, S. 225.

angemessene Weitergabe der einschlägigen Technologien, [...] sowie durch angemessene Finanzierung"

eines der drei Ziele der Konvention. Die Teilhabeordnung umfasst Gebote zur Beteiligung an der Forschung mit genetischen Ressourcen, die Beteiligung an den Vorteilen, die aus ihnen gezogen werden und den Transfer von Technologien, die genetische Ressourcen nutzen.[87] Die Regelungen der Teilhabe finden sich in Art. 15, 16 und 19 CBD.

aa) Teilhabeberechtigung und -verpflichtung

Die Teilhabegebote verpflichten und berechtigen ausschließlich Staaten, die Vertragsparteien sind. Voraussetzung für die Teilhabeberechtigung ist nach Art. 15 Abs. 3 CBD die Gewährung des Zugangs zu genetischen Ressourcen. Als von einer Vertragspartei im Sinne der Art. 15, 16, 19 CBD zur Verfügung gestellte genetische Ressourcen gelten nur die genetischen Ressourcen von Vertragsparteien, die „Ursprungsländer dieser Ressourcen sind" oder von den Vertragsparteien, „die diese Ressourcen in Übereinstimmung mit diesem Übereinkommen erworben haben".[88]

Wie beim Zugang stellt sich auch hinsichtlich der Teilhabe die Frage, ob sich die Teilhabeordnung auf Private erstreckt. Die Konvention trifft ihre Regelungen als Regelungen der Staaten untereinander und auch nur im zwischenstaatlichen Verhältnis. Sie trifft daher keine Aussage über das Verhältnis zwischen dem Staat und Privatrechtssubjekten einer Rechtsordnung. Die Pflicht zur Teilhabe Privater kann jedoch nicht anders entschieden werden als beim Zugang, da es widersinnig wäre, beim Zugang zu den genetischen Ressourcen Private einzubeziehen, sie beim Gegenstück, also der Teilhabe, indes aus der Pflicht zu nehmen.[89] Es obliegt damit den Vertragsparteien eine Berücksichtigung Privater durch entsprechende gesetzgeberische, verwaltungsmäßige oder politische Maßnahmen in ihrer Rechtsordnung zu verankern.[90] Darüber hinaus sollen auch indigene und örtliche Gemeinschaften der genetische Ressourcen bereitstellenden Staaten bei der Umsetzung der Teilhabeordnung in nationales Recht gemäß Art. 8 lit. (j) 3. Alt CBD i.V.m. Art. 15 Abs. 7 CBD als teilhabeberechtigt berücksichtigt werden.[91]

bb) Forschungsbeteiligung

Als Gegenleistung für den Zugang zu genetischen Ressourcen sieht Art. 15 Abs. 6 CBD eine Beteiligung des Ursprungs- bzw. Belegenheitsstaates bei der Forschung vor, möglichst auf dessen Territorium. Für den Bereich der biotechnologischen Forschung wird dies durch Art. 19 Abs. 1 CBD präziser und schärfer geregelt.[92] Es zeigen sich insbesondere Unterschiede hinsichtlich des Verpflichtungsgehaltes und der Maßnahmeanordnung der Regelungen. Während bei der allgemeinen

---

[87]   Wolfrum, in: Janich/Gutmann/Prieß, 2001, S. 434; Henne, 1998, S. 162.
[88]   Henne, 1998, S. 162.
[89]   Henne, 1998, S. 164.
[90]   Wolfrum/Stoll, 1996, S. 99.
[91]   Glowka, 1998, S. 15f.
[92]   Stoll, in: Wolff/Köck, 2004, S. 79.

wissenschaftlichen Forschung auf Grundlage von genetischen Ressourcen nach Art. 15 Abs. 6 CBD von einem Bemühen der Vertragsstaaten die Rede ist, sieht Art. 19 Abs. 1 CBD für biotechnologische Forschungsaktivitäten den Begriff *„shall take legislative administrative or policy measures as appropriate"* vor. Diese Formulierung deutet im Gegensatz zu Art. 15 Abs. 6 CBD einen höheren Verpflichtungsgehalt an.[93]

Die Forschungsbeteiligung soll insbesondere der Ausbildung und Qualifizierung von Fachkräften dienen und so zur Übertragung von Kenntnissen, Methoden und Technologien im Bereich der Forschung beitragen. Darüber hinaus soll jede Vertragspartei nach Art. 15 Abs. 7 CBD Maßnahmen ergreifen, um eine ausgewogene und gerechte Teilung der Ergebnisse der Forschung und Entwicklung, sowie der Vorteile, die sich aus der kommerziellen oder sonstigen Nutzung ergeben, zu gewährleisten. Unter den Begriff Vorteil fallen finanzielle Erträge, sowie technische Entwicklungen und andere Forschungsergebnisse.[94] Das Inaussichtstellen dieser Vorteile soll einen Anreiz für die Erhaltung der biologischen Vielfalt geben.

cc) Technologietransfer

Die Einzelheiten des Zugangs zu und des Transfers von Technologien regelt Art. 16 CBD. Der Technologietransfer spielt für das Übereinkommen eine besondere Rolle. Er steht im Zusammenhang mit der, in Art. 18 CBD geregelten wissenschaftlichen und technischen Zusammenarbeit.[95] Unterschieden wird dabei zwischen Technologien, die der Erhaltung und nachhaltigen Nutzung biologischer Vielfalt dienen Art. 16 Abs. 1, 2 CBD und Technologien zur umweltverträglichen Nutzung genetischer Ressourcen Art. 16 Abs. 1, 3 CBD.[96] Nach Art. 16 Abs. 3 CBD soll jede Vertragspartei dafür sorgen, dass Vertragsparteien, die genetische Ressourcen zur Verfügung stellen, zu einvernehmlich festgelegten Bedingungen Technologie erhalten, jedoch in Übereinstimmung mit den Absätzen 4 und 5 des Art. 16 CBD. Maßnahmen, die den Zugang zu und die Weitergabe von, im Privatsektor befindlichen Technologien erleichtern, verlangt Abs. 4. Der angemessene und wirkungsvolle Schutz der Rechte des geistigen Eigentums soll zugleich anerkannt werden.[97] Nach Art. 16 Abs. 5 sollen die Vertragsparteien vorbehaltlich des innerstaatlichen Rechts und des Völkerrechts zusammenarbeiten, um sicherzustellen, dass die Rechte des geistigen Eigentums die Ziele der CBD unterstützen und ihnen nicht zuwiderlaufen. Den Vertragsstaaten stehen eine Reihe von möglichen Maßnahmen zur Verfügung mit denen sie ihren Technologietransferverpflichtungen gerecht werden können; Zunächst kommt eine Vermittlung von Informationen in Betracht, mit der sich mögliche Interessenten einen Überblick über verschiedene Technologien, ihre Eigenschaften, Einsatzbereiche, ihren Preis und die möglichen Bezugsquellen verschaffen können.[98] Es folgen Maßnahmen zur Beratung im

---

93 Wolfrum/Stoll, 1996, S. 98.
94 Stoll, in: Wolff/Köck, 2004, S. 79.
95 Wolfrum/Stoll, 1996, S. 101.
96 Beyerlin, 2000, S. 201, Rn. 408.
97 Henne, 1998, S. 129.
98 Wolfrum, in: Wolff/Köck, 2004, S. 32.

Hinblick auf Auswahl und Verwendung der Technologie. Abschließend kommt der Transfer der Technologien in Betracht.[99]

dd) Ergebnisbeteiligung

Nach dem Übereinkommen über die biologische Vielfalt stellt die Teilhabe der Staaten, die genetische Ressourcen zur Verfügung stellen, an den entsprechenden Forschungsergebnissen, Entwicklungen und der gewerblichen Anwendung das dritte Element der Vorteilsbeteiligung dar. Grundlegende Regelungen dieser Ergebnis- und Nutzungsbeteiligungen finden sich in Art. 15 Abs. 7 CBD, und für Biotechnologien in Art. 19 Abs. 2 CBD.[100] Diese Regelungen gehen auf die Zielsetzung der Konvention zurück, die nachhaltige Nutzung genetischer Ressourcen zu fördern. Forschungsbeteiligung und Technologietransfer sollen dazu führen, dass die Geberstaaten von genetischen Ressourcen selbst und unabhängig in der Lage sind, diesen Nutzen zum eigenen Vorteil auf den Weg zu bringen. Das Gebot der Ergebnisbeteiligung bestimmt hingegen, dass sie auch Anteil an dem Nutzen haben sollen, den andere aus ihren genetischen Ressourcen ziehen.[101]

Nach Art. 15 Abs. 7 CBD umfasst die Vorteilsbeteiligung einerseits die Ergebnisse der Forschung und Entwicklung und andererseits die Vorteile aus der kommerziellen oder sonstigen Nutzung genetischer Ressourcen.[102] Ergebnisse von Forschung und Entwicklung können beispielsweise den Transfer von Know-how, Technologie oder Anlagen bedeuten. Zu möglichen finanziellen Leistungen gehören Vorabzahlungen für Muster genetischer Ressourcen, Vorabzahlungen als Pauschalleistung, sowie die Gewinnbeteiligung am möglicherweise entstehenden Endprodukt. Diese, aufgrund der Teilhabe erlangten finanziellen Vorteile müssen zweckgebunden, also in die Ziele der Konvention unterstützender Weise verwendet werden.[103]

ee) Informationszusammenarbeit

Den für die Erhaltung und nachhaltige Nutzung der biologischen Vielfalt notwendigen Austausch an maßgeblichen Informationen sowie die technische und wissenschaftliche Zusammenarbeit auf diesem Gebiet, regeln Art. 17 und 18 CBD.[104]

2. Entwicklung eines „Access and Benefit Sharing" – Regimes

Mit den Regelungen der Zugangs- und Teilhabeordnung in der CBD sollte der uneingeschränkten Nutzung von genetischen Ressourcen Einhalt geboten und der

---

[99] Wolfrum, in: Wolff/Köck, 2004, S. 32.
[100] Wolfrum, in: Janich/Gutmann/Prieß, 2001, S. 439.
[101] Wolfrum/Stoll, 1996, S. 76ff.
[102] Henne, 1998, S. 172.
[103] Henne, 1998, S. 175.
[104] Beyerlin, 2000, S. 201, Rn. 409.

„Bioprospektion" ein rechtlicher Rahmen gegeben werden.[105] Da die Zugangs- und Teilhaberegelungen in der CBD nur sehr abstrakt formuliert sind und es kaum Anhaltspunkte dafür gibt, wie eine Gestaltung im Einzelfall aussehen soll, bedurfte es weiterer Konkretisierung der Zugangs- und Teilhabeordnung.[106]

a) Entwicklung

Im Rahmen der Verhandlungen über Maßnahmen zum „Access and Benefit Sharing" (ABS) kamen die Vertragsparteien zunächst über eine prinzipielle Festlegung, auf einen Vorrang vertraglicher Regeln auf der zweiten Vertragsstaatenkonferenz in Jakarta (COP 2) nicht hinaus. In dem wichtigsten Verhandlungsgremium unterhalb der Vertragsstaatenkonferenz, dem „Subsidiary Body on Scientific, Technical and Technological Advice" (SBSTTA), waren die politischen Zerwürfnisse zwischen Entwicklungs- und Industriestaaten zu groß, um weitergehende Regelungen zu treffen. Um dieses wissenschaftliche Fachgremium von dem politisch aufgeladenen Thema zu entlasten, beauftragte die Vertragsstaatenkonferenz COP 4 (1998) in Bratislava ein „Panel of Experts" mit einem ersten Entwurf. Auf der 5. Vertragsstaatenkonferenz wurde die Einrichtung einer „Ad hoc open ended Working Group on Access and Benefit Sharing" beschlossen. Diese Arbeitsgruppe einigte sich im November 2001, zeitgleich zu den Verhandlungen über den internationalen Saatgutvertrag, dem „International Treaty on Plant Genetic Resources in Food and Agriculture" (ITPGRFA), in Bonn auf einen Leitlinienentwurf. Der Entwurf wurde mit einigen Änderungen auf der 6. Vertragsstaatenkonferenz in Den Haag im April 2002 als „Bonn Guidelines" (BG) formal angenommen.[107]

b) Die „Bonn Guidelines" als Richtlinien für „Access and Benefit Sharing"-Verträge

Das Konzept des „Access and Benefit Sharing" wurde durch die sog. „Bonn Guidelines" im April 2002 auf der 6. Vertragsstaatenkonferenz in Den Haag konkretisiert.[108] Striktu sensu sind die BG nur Annex I von Gliederungspunkt A der vierteiligen Entscheidung. Während sich Teil B mit „other approaches", insbesondere dem Aktionsplan für Capacity Building beschäftigt, befasst sich Teil C mit der Problematik der geistigen Eigentumsrechte im Rahmen der Implementierung von ABS-Vereinbarungen. Der letzte Teil D behandelt sonstige „issues", die die Regulierung von Zugang und Vorteilsausgleich betreffen. Dies beinhaltet insbesondere die Auseinandersetzung um den Beobachterstatus des CBD-Sekretariats beim TRIPS-Rat und andere Fragen der internationalen Kooperation.[109]

---

[105] Siebenhüner et al., „Introduction and overview to the special issue on biodiversity conservation, access and benefit sharing and traditional knowledge", Ecological Economics 2005, S. 437–444 (441).

[106] Stoll, 2000, S. 55.

[107] Godt, „Von der Biopiraterie zum Biodiversitätsregime – Die sog. Bonner Leitlinien als Zwischenschritt zu einem CBD-Regime über Zugang und Vorteilsausgleich", ZUR 2004, S. 202–212 (202).

[108] Decision VI/24 UNEP/CBD/COP/6/20, S. 262.

[109] Dross/Wolff, 2005, S. 15.

aa) Grundzüge

Die BG fassen den Regelungsspielraum für genetische Ressourcen enger als die Art. 15–19 der CBD. Sie enthalten Empfehlungen für die Etablierung von institutionellen Rahmenbedingungen und Anregungen für vertragliche Verhandlungen zu den Aspekten des Zugangs zu genetischen Ressourcen wie auch zum Vorteilsausgleich für ihre Nutzung.[110] Der zweite Abschnitt bildet den Kern der *Guidelines*, er befasst sich mit Rollen und Verantwortlichkeiten bei Zugang und Vorteilsausgleich nach Art. 15 CBD. Abschnitt III sieht Regelungen über die Beteiligung von *„stakeholdern"* vor. Der vierte Abschnitt beschreibt den Prozess des Zugangs- und Vorteilsausgleichs. Darüber hinaus beinhalten die BG eine Liste von Beispielen für monetäre und nicht-monetäre Möglichkeiten des Vorteilsausgleichs. Die BG sind jedoch als ein freiwilliges Instrument ausgestaltet. Auf ein rechtlich verbindliches Dokument konnten sich die Vertragsstaaten nicht einigen.[111]

(1) Anbieter genetischer Ressourcen

Die BG enthalten präzise Regelungen für die Vertragsstaaten, die Ressourcen zur Verfügung stellen (*„provider states"*). Diese Staaten sollen nationale Kontaktstellen für Zugang und Vorteilsausgleich benennen.[112] Aufgabe dieser Kontaktstellen ist es, dem Antragsteller als Ansprechpartner zu dienen. Sie sollen insbesondere über die Zugangsgenehmigung, die Voraussetzungen des PIC-Verfahrens sowie über Vertragsvereinbarungen der Materialtransfervereinbarungen informieren.[113] Darüber hinaus sehen die BG vor, dass die Ursprungsländer Bestimmungen einführen und implementieren, die den Zugang zu genetischen Ressourcen in Abhängigkeit einer vorangehenden Umweltverträglichkeitsprüfung setzen und die Beteiligung der betroffenen Bevölkerung absichern.[114]

Die Leitlinien richten sich auch an private Anbieter genetischer Ressourcen. Diese sollen im Einklang mit der CBD den Zugang zu ihren Sammlungen CBD-konform ausgestalten. Sie sollen also den Zugang einfach halten und nur dann Ressourcen und Kenntnisse bereitstellen, wenn sie dazu berechtigt sind.[115]

(2) Nutzer genetischer Ressourcen

Adressaten der Nutzer betreffenden Regelungen sind auch private Akteure wie Wirtschaftsunternehmen, Forschungseinrichtungen und Hochschulen. Ihnen obliegt es nach Nr. 16 b BG Verwaltungsbestimmungen des Zugangsverfahrens einzuhalten, nicht administrative geregelte Verfügungsrechte zu achten, sich um das PIC-Verfahren zu bemühen, sowie die im Rahmen des MAT-Verfahrens ausgehandelten Konditionen zu beachten und die eingeräumte Vorteilsbeteiligung zu gewährleisten. Die Prinzipien, nach denen die einvernehmlich festgelegten Bedin-

---

[110] Abschnitt I, Bonn Guidelines.
[111] Stoll, in: Wolff/Köck, 2004, S. 86.
[112] Nr. 13 BG.
[113] Dross/Wolff, 2005, S. 16.
[114] Godt, 2004, S. 204.
[115] Dross/Wolff, 2005, S. 16.

gungen ausgehandelt werden sollen, sind in Nr. 43 der BG festgelegt. Die Anhänge der BG enthalten Vorschläge zu Möglichkeiten des Vorteilsausgleichs, sowie Checklisten für mögliche Vertragsklauseln. Es ist vorgesehen, dass die Nutzer Belege über die Durchführung des PIC- und des MAT-Verfahrens aufbewahren und diese im Falle einer Materialweitergabe an Dritte weiterreichen.[116] Die Nutzer sollen Verantwortung dafür übernehmen, dass traditionelles Wissen weiterhin gepflegt und Umwelt erhalten wird. Zudem sollen sie Pflichten anerkennen, die mit einer patentrechtlichen Abhängigkeit vergleichbar sind. Ihre Arbeit mit dem Material und etwaig entstehende Produkte sollen gegenüber dem Ausgangsmaterial und dem genutzten traditionellen Wissen eine Art Verpflichtung zur Folge haben.[117]

Die Verpflichtungen von Staaten, die die Nutzung genetischer Ressourcen anderer Staaten anstreben, sind in Nr. 16 d BG nur schwach ausgestaltet.[118] Die Staaten sind verpflichtet private Nutzer über ihre Pflichten aufzuklären. Darüber hinaus werden Maßnahmen zur ordnungsgemäßen Implementierung des PIC-Verfahrens und des Vorteilsausgleiches aufgeführt. Die Nutzer-Staaten sollen Maßnahmen ergreifen, die eine Kennzeichnung der geographischen Herkunft des genetischen Materials ermöglichen, und die rechtswidrige Nutzung verhindern.

bb) Bewertung

Die BGs weisen in zweierlei Hinsicht Schwachstellen auf. Erstens konzentrieren sie sich auf den Zugangsaspekt und vernachlässigen die Teilhabe. Insbesondere enthalten sie kaum Verpflichtungen für so genannte Nutzer-Länder, also überwiegend die Industriestaaten, die sich weiterhin mit Änderungen ihres Patentrechts schwer tun und bisher auch wenige Maßnahmen getroffen haben, um private Nutzer anderweitig auf die Einhaltung der CBD-Regeln zu verpflichten.[119] Als zweites sei ihre Unverbindlichkeit angeführt. Dies hat vor allem seitens der Anbieterstaaten zu der Forderung geführt, dass die BG nur als Ausgangspunkt für die Verhandlung um ein verbindliches Regime zum ABS und damit zur Sicherstellung der Vorteilsbeteiligung gesehen werden sollen.[120]

c) Ausblick

Nahezu zeitgleich mit der Bonner Konferenz 2001 schlossen sich eine ganze Reihe von Ländern, die sich durch ein hohes Maß an biologischer Vielfalt auszeichnen, zur Gruppe der Megadiversen Staaten zusammen. Aufgrund ihrer Kritik an den BG wurde ein Beschluss für den Weltgipfel für nachhaltige Entwicklung im Sommer 2002 in Johannesburg erarbeitet, der dazu aufforderte, ein internationales

---

[116] Godt, 2004, S. 204.
[117] Godt, 2004, S. 204.
[118] Dross/Wolff, 2005, S. 16.
[119] Meyer/Frein, „Gerechtigkeit zwischen Nord und Süd oder biologische Vielfalt im Ausverkauf?" Forum Umwelt und Entwicklung Rundbrief 1/2004, S. 17–20 (18).
[120] Stoll, in: Wolff/Köck, 2004, S. 86.

Regime zum Benefit-Sharing unter dem Dach der CBD auszuarbeiten.[121] Auf der siebten Tagung der Vertragsstaatenkonferenz der CBD in Kuala Lumpur 2004, wurde daraufhin ein Verhandlungsprozess eingeleitet, um internationale Mindestanforderungen an die Regelungen des ABS zu formulieren.[122] Entscheidung VII/19 beinhaltet u.a. den Gebrauch von ABS-Begriffen und die Feststellung der Notwendigkeit einheitlicher Definitionen. Darüber hinaus die Feststellung des Bedarfs eines Glossars in den Bonner Leitlinien. Auch weitere Ansätze, um die Umsetzung der ABS-Forderungen der Konvention, ergänzend zu den Bonner Leitlinien zu unterstützen, werden demnach benötigt. Es wurde beschlossen Maßnahmen, einschließlich der Abwägung von Durchführbarkeit, Anwendbarkeit und Kosten zu unterstützen, die der Einhaltung der auf Kenntnis der Sachlage gegründeten Zustimmung der diese Ressourcen anbietenden Vertragsparteien dienen. Sowie Maßnahmen zu unterstützen die der Einhaltung der einvernehmlich festgelegten Bedingungen dienen, zu denen die Vertragsparteien den Nutzern genetischer Ressourcen Zugang innerhalb ihres Gerichtsstandes gewähren. Darüber hinaus hat die Vertragsstaatenkonferenz einen Aktionsplan zum Aufbau von Kapazitäten im Bereich Zugang und Vorteilsausgleich verabschiedet. In derselben Entscheidung gab die 7. Vertragsstaatenkonferenz der ABS-Arbeitsgruppensitzung das Mandat zur Verhandlung eines Internationalen ABS-Regimes. Das Exekutivsekretariat der CBD wurde beauftragt, die notwendigen Regelungen für die ABS-Arbeitsgruppe zu treffen, damit diese zweimal vor der achten Vertragsstaatenkonferenz zusammenkommen und über den Fortschritt auf der Konferenz berichten kann. Auf der 8. Vertragsstaatenkonferenz 2006 in Curitiba wurde der Fortgang der Verhandlungen um ein rechtsverbindliches Regime zu Access and Benefit Sharing ausdrücklich gelobt und beschlossen die Verhandlungen so früh wie möglich vor der 10. Vertragsstaatenkonferenz 2010 abzuschließen.[123] Ein erster Entwurf des Regimes ist im Anhang zu Entscheidung VIII/4 enthalten.

Auf COP 9, in Bonn 2008 verabschiedeten die Vertragsstaaten eine „Roadmap", einen detaillierten Zeitplan für die ABS-Verhandlungen bis 2010. Dieser Zeitplan sieht vor, dass es drei Zusammenkünfte der konventionsinternen Arbeitsgruppen zu ABS und zusätzlich drei Expertengruppentreffen geben wird, um sicherzustellen, dass das 2010-Ziel für ein ABS-Regime gehalten werden kann.[124]

---

[121]   In Ziff. 42 (o) des „Johannesburg Plan of Implementation", angenommen von der 17. Plenarsitzung des Weltgipfels für nachhaltige Entwicklung (WSSD) am 4.9.2002 wird folgende Forderung aufgestellt: „... negotiate within the framework of the Convention on Biological Diversity, bearing in mind the Bonn Guidelines, an international regime to promote and safeguard the fair and equitable sharing of benefits araising out of the utilization of genetic resources [...]".
United Nations, Johannesburg Plan of Implementation, www.un.org/esa/sustdev/-documents/WSSD_POI_PD/English/POIToc.htm, (11.08.2005), zuletzt aufgerufen am 07.08.2008.

[122]   Meyer/Frein, 2004, S. 17.

[123]   Decision VIII/4 UNEP/CBD/COP/8/31, S. 52

[124]   IISD, „Summary of the Ninth Conference of Parties to the Convention on Biological Diversity: 19–30 May 2008", ENB Vol. 9, No. 452 (2008), S. 1–22 (1).

3. Bedeutung des Access and Benefit Sharing für die Finanzierung von Maßnahmen zur Erhaltung biologischer Vielfalt

Eine Kompensation der Herkunftsstaaten für ihre kostenverursachenden Bemühungen um den Erhalt biologischer Vielfalt wurde bis zum Inkrafttreten der CBD in den Kosten für genetische und biochemische Ressourcen nicht berücksichtigt. Das im Rahmen der CBD entwickelte Konzept des Access and Benefit Sharing stellt einen ersten Schritt zur Internalisierung dieser Kosten dar. Es verknüpft den Zugang zu genetischen Ressourcen mit der Teilung, der aus ihrer Nutzung entstehenden Vorteile. Dadurch wird genetischen Ressourcen ein Wert beigemessen und die genetischen Informationen werden zu einem handelbaren Gut.[125] Uneinigkeit herrscht jedoch hinsichtlich des Marktpotentials genetischer Ressourcen. Auch scheint immer noch fraglich, wie ein effektives Rechtssystem zur Nutzung dieses wirtschaftlichen Potentials gestaltet werden soll.[126] Da sich die, mit den Regelungen der CBD geknüpften hohen Erwartungen an eine Vorteilshabe bisher nicht erfüllt haben, werden zunehmend Zweifel geäußert, ob das Konzept der Rechte an genetischen Ressourcen und einer daran geknüpften Vorteilsbeteiligung überhaupt Aussicht auf Erfolg hat.[127]

Einerseits wird angeführt, dass es derzeit noch an einer effektiven Umsetzung des Konzeptes mangle. Nach einer Studie der IUCN verfügen nationale und internationale Regelungen nicht über

„the tolls and concepts necessary to address ABS in a systematic, coherent and legally consistent way. The most important conclusion of our initial research is that there is no framework in national or international law that is currently able to address the legal rights relating to genetic resources. [...] Lacking basic legally accepted principles, documents and provisions, to protect their rights under ABS Agreements."[128]

Insbesondere wird die nur bedingte Tauglichkeit der ABS Regelungen als Instrument zur Kontrolle des Zugangs zu genetischen Ressourcen und der Durchsetzung von Teilhabeansprüchen angeführt. Darüber hinaus würden Umsetzungsdefizite, zunehmendes Misstrauen und erhebliche rechtliche Grauzonen einer wirtschaftlich vorteilhafteren Nutzung entgegenwirken. Auch sei es mit dem bestehenden Rechtssystem kaum möglich unberechtigte Nutzung genetischer Ressourcen wirksam zu beenden. Andererseits würden beteiligungswillige Akteure durch die scharfen Kontrollen und die damit verbundenen erheblichen Transaktionskosten abgeschreckt.[129] Darüber hinaus seien die, durch Bereitstellung genetischer Ressourcen erwirtschaftbaren Erträge, aufgrund des langen Forschungs- und Entwicklungsprozesses unsicher. Auch wenn man annehmen würde, dass das System wirksam werden könnte sei zweifelhaft, ob davon ein wirksamer Anreiz ausgehe,

---

[125] Dross/Wolff, 2005, S. 12.
[126] OECD, 2003, S. 49.
[127] Stoll, in: Wolff/Köck, 2004, S. 87.
[128] IUCN Studie, zitiert in: Dross/Wolff, 2005, S. 9.
[129] Stoll, in: Wolff/Köck, 2004, S. 88.

wegen des Bestandes an genetischen Ressourcen und der Aussicht ihrer späteren gewinnbringenden Bereitstellung, in den Schutz bestimmter Flächen zu investieren.[130]

Demgegenüber kommt eine Analyse mehrerer Fallstudien zur Anwendung von ABS-Verträgen zu dem Ergebnis,[131] dass die Umsetzung der ABS-Regelungen des Übereinkommens über die biologische Vielfalt durchaus zur Zuteilung von Verfügungsrechten an genetischen Ressourcen führen kann und durch die Schaffung von Märkten dann wirtschaftliche Erträge erzielt werden können. Dabei werde größerer ökonomischer Nutzen erzielt, wenn im Ursprungsland nicht nur das Ausgangsmaterial gesammelt und zur Verfügung gestellt wird, sondern schon vor Ort mit der Bioprospektierung begonnen wird. Es zeigt sich danach jedoch auch, dass die eigentliche Einnahmequelle derzeit noch die Sammlung und Kultivierung der biologischen Ressourcen darstellt und weniger die, aus der Produktentwicklung entstehenden Vorteile. Im Rahmen von ABS-Verträgen kann derzeit somit zumindest ein Teil des existierenden direkten Gebrauchswertes biologischer Vielfalt an denjenigen transferiert werden, der das genetische Material erhält, sammelt und zur Verfügung stellt. Darüber hinaus werden Fälle wie der des *„Kenya Wildlife Service"* (KWS) angeführt, das eine finanzielle Teilhabe in Höhe mehrerer hundert Millionen Dollar aus dem Verkauf eines, in den USA hergestellten Reinigungs- und Bleichmittel fordert, da die aus Kenia stammenden Inhaltsstoffe illegal akquiriert wurden.[132]

Weder die Existenz einer nationalen Teilhabe- und Zugangsordnung, noch sorgfältig verhandelte ABS-Verträge garantieren eine gerechte Verteilung aus der Nutzung genetischer Ressourcen entstehender Vorteile unter den Beteiligten in den Anbieterstaaten. Besonders problematisch ist, dass die lokale Bevölkerung oftmals zumindest kurzfristig nicht von der Bereitstellung genetischer Ressourcen profitiert. Dadurch wird in diesen Fällen keine ökonomisch attraktive Alternative zu degradierender Nutzung bereitgestellt.[133] Letztlich wird eine Zugangs- und Teilhabordnung daher allein nicht zu einer umfassenden Erhaltung biologischer Vielfalt beitragen können. Andererseits können Prospektierungsverträge, sofern beide Vertragspartner guten Willens sind, finanzielle und andere Vorteile für den Anbieterstaat und die Gemeinschaften in vielfaltsreichen Ländern generieren, die wissenschaftliche Forschung vor Ort stärken, zur Verbesserung der Infrastruktur beitragen und Technologietransfer beschleunigen und deshalb Anreize zum Erhalt bieten.

---

[130] Stoll, in: Wolff/Köck, 2004, S. 86f.

[131] Henne et al., Access and Benefit-Sharing (ABS): An Instrument for Poverty Alleviation – Porposals for an International ABS Regime, 2003, S. 28f.

[132] Dross/Wolff, 2005, S. 9, FN 3.

[133] Henne et al., 2003, S. 29f.

F. Bedeutung der Marktmechanismen des Klimaschutzregimes für Schutz und Finanzierung biologischer Vielfalt

Im Rahmen der FCCC einigten sich die Vertragsparteien auf allgemeine Ziele und Grundsätze ihrer Zusammenarbeit. In einem zweiten Schritt wurden diese Ziele durch ein Protokoll konkretisiert. Das KP als Folgeübereinkommen baut inhaltlich auf der FCCC auf. Aus völkerrechtlicher Sicht handelt es sich um einen eigenständigen Vertrag, der einer gesonderten Ratifizierung durch die Vertragstaaten bedarf. Während es sich bei der FCCC um eine Rahmenkonvention handelt, die keine verbindlichen Reduktionsverpflichtungen vorsieht, haben sich im KP die in Annex I aufgeführten Industriestaaten verbindlich dazu verpflichtet ihre Treibhausgasemissionen um 5,2 % im Vergleich zum Ausgangsjahr 1990 zu verringern. Das KP sieht eine Reihe von Instrumenten vor (sog. Kyoto Mechanismen), welche die Annex I Staaten zur gemeinsamen Erreichung der quantifizierten Emissionsbegrenzungs- oder -reduktionspflichten nutzen können.[1] Der projektbasierte Mechanismus für umweltverträgliche Entwicklung (CDM), Art. 12 KP sieht eine Kooperation zwischen Industriestaaten und Entwicklungsländern vor. Es sollen Klimaschutzprojekte in Entwicklungsländern als gemeinsame Projekte mit Industriestaaten durchgeführt werden. Die sich im Rahmen eines solchen Projektes ergebenden Emissionsreduktionen werden zertifiziert und der beteiligte Industriestaat kann sie dann zu der ihm nach dem KP erlaubten Emissionsmenge hinzurechnen. Bei der gemeinsamen Umsetzung (JI), Art. 6 KP überträgt ein Industriestaat durch ein Klimaschutzprojekt erzielte Emissionsreduktionen einem anderen Industriestaat. Der erwerbende Industriestaat kann sich die erzielten Emissionsreduktionseinheiten auf seine eigenen Reduktionsverpflichtungen anrechnen, dem übertragenden Staat wird diese Menge, in der gleichen Höhe von der ihm nach dem KP „zugeteilten Menge" abgezogen. Als weiteres Instrument ist der Handel von Emissionsrechten in Art. 17 KP vorgesehen. Danach können Industriestaaten untereinander Emissionsrechte an- und verkaufen. Dabei werden die transferierten Emissionsreduktionen zu der nach dem KP „zugeteilten Menge" des erwerbenden Staates hinzugerechnet, Art. 3 Abs. 10 KP und gleichzeitig wird dieselbe Menge von der „zugeteilten Menge" des veräußernden Staates abgezogen, Art. 3 Abs. 11 KP. Die Kyoto Mechanismen sehen teilweise eine direkte Einbeziehung des privaten Sektors in die internationalen Anstrengungen zum Schutz des Klimas vor. Insbesondere durch den Mechanismus für umweltverträg-

---

[1] Vgl. F.III.

liche Entwicklung (Clean Development Mechanism, CDM), Art. 12 KP, soll zusätzliches Kapital sowie technologisches *know how* privater Investoren in Klimaschutzprojekte in Entwicklungsländern fließen.[2] Auch die Projekte der gemeinsamen Umsetzung sollen nicht von Regierungen, sondern von privaten Akteuren durchgeführt werden. Art. 6 KP richtet sich vor allem auch an Wirtschaftsunternehmen, die ihre Emissionen mit einem möglichst geringen Aufwand senken wollen.[3] Durch die Bereitstellung unterschiedlicher Reduktionsinstrumente erlangen die Vertragsparteien mehr Flexibilität, sie können einen auf ihre Wirtschaftsverhältnisse abgestimmten Instrumentenmix wählen und die vereinbarten Ziele dadurch kosteneffizienter erreichen.[4] Das KP legt jedoch nur die Grundstruktur dieser Mechanismen fest. Einzelheiten unterliegen der Regelungsbefugnis der Vertragsstaatenkonferenz. Mit den flexiblen Mechanismen des KPs fanden ökonomische Instrumente Einzug in das internationale Klimaschutzregime.

Die Mechanismen des KPs stellen einen Rahmen zur Verfügung, in dem ökonomische Anreize geschaffen werden, um Treibhausgase kosteneffizient zu reduzieren. Durch die Berücksichtigung von biologischen Treibhausgassenken und -quellen aus dem Sektor Landnutzung, Landnutzungsänderungen und Forstwirtschaft (LULUCF), wird ein Markt für eine bedeutende Ökosystemdienstleistung geschaffen, die Kohlenstoffaufnahme und -speicherung. Dadurch könnte ein Beitrag zur Erhaltung terrestrischer Ökosysteme geleistet werden und gleichzeitig eine Reduktion des 20 %igen Anteils der anthropogenen Gesamtemissionen erwirkt werden.[5] Von allen Ökosystemdienstleistungen hat die Kohlenstoffaufnahme und -speicherung in den letzten Jahren die größte Aufmerksamkeit erhalten. Mittlerweile herrscht in der Wissenschaft Konsens darüber, dass der Klimawandel anthropogen bedingt ist und dass der LULUCF-Sektor eine bedeutende Rolle spielt, sowohl hinsichtlich der verursachten Emissionen als auch im Hinblick auf die Minderung dieser Emissionen durch Aufnahme und Speicherung von CO_2. Eine Inwertsetzung dieser Ökosystemdienstleistung kann innerhalb der Kyoto Mechanismen für bestimmte Aktivitäten, wie Auf- und Wiederaufforstung vorgenommen werden. Unter den derzeitig bestehenden Regulierungen und Limitierungen durch das KP und der Annahme eines Preises von etwa 10 US $ pro Tonne reduziertem Kohlenstoff, geht man davon aus, dass während der ersten Verpflichtungsperiode (2008–2012) im Rahmen des Mechanismus für umweltverträgliche Entwicklung bis zu 300 Millionen US $ jährlich durch Auf- und Wiederaufforstungsprojekte generiert werden können.[6] Neben den finanziellen Auswirkungen von Projekten im LULUCF-Sektor, können diese auch unmittelbare, ökologische Auswirkungen auf terrestrische Ökosysteme haben. Die Umsetzung und Durchführung von Politiken, Regelungen und Maßnahmen zum Schutz des Klimas, nach den Vorschriften des KPs, kann sich sowohl positiv als auch negativ auf den Be-

---

2   Kreuter-Kirchhof, 2005, S. 241.
3   Oberthür/Ott, Das Kyoto Protokoll: internationale Klimapolitik für das 21. Jahrhundert, 2000, S. 210.
4   Freestone, „The UN Framework Convention on Climate Change, the Kyoto Protocol, and the Kyoto Mechanisms", in: Freestone/Streck, 2005, S. 11
5   Bonnie, 2002, S. 1853.
6   Khare et al., 2005, S. 252.

stand biologischer Vielfalt auswirken. Im Folgenden wird untersucht, welche anthropogenen Eingriffe in diese Ökosysteme das KP erfasst und welche Bedeutung die Maßnahmen für den Schutz biologischer Vielfalt im Allgemeinen und die Finanzierung von Schutzgebieten im Besonderen haben können.

I. Senkenaktivitäten im Kyoto-Protokoll

Die Mechanismen des KP lassen in begrenztem Umfang auch Senkenaktivitäten zu.[7] Dabei werden Prozesse des natürlichen Kohlenstoffkreislaufes genutzt, insbesondere die Eigenschaft von Pflanzen, durch Photosynthese CO_2 aus der Luft in organische Kohlenstoffverbindungen umzuwandeln, diese in der Biomasse von Wäldern und Böden einzubinden und somit kurz- oder langfristig der Atmosphäre CO_2 zu entziehen.[8] Diese Aktivitäten sollen auch zum Erhalt der biologischen Vielfalt und der nachhaltigen Nutzung natürlicher Ressourcen beitragen.[9]

1. Einbeziehung biologischer Kohlenstoffspeicher, Senken und Quellen

Gemäß der FCCC und des KPs sind Erhalt und Schaffung von biologischen Kohlenstoffspeichern und -senken anerkannte Klimaschutzmaßnahmen.[10] Nach der Präambel der FCCC kamen die Parteien „im Bewusstsein der Rolle und der Bedeutung von Treibhausgassenken und -speichern in Land- und Meeresökosystemen" überein. Regelwerke und Maßnahmen der Vertragsparteien zur Bewältigung der Klimaänderung sollen nach Art. 3 Nr. 3 FCCC daher alle wichtigen Quellen, Senken und Speicher von Treibhausgasen erfassen. Für entwickelte Länder stellt nach Art. 4 Abs. 2 lit. (a) FCCC die Einbeziehung von Schutz und Erweiterung der Treibhausgassenken in nationale Regelwerke und Maßnahmen eine verbindliche Verpflichtung dar.[11]

a) Entwicklung der Senkenfrage in den Verhandlungen zum Kyoto-Protokoll

Das KP regelt nicht abschließend, inwieweit die Industriestaaten ihre Emissionsminderungspflichten durch den Erhalt von natürlichen Speichern oder die Schaffung von Senken erfüllen können.[12] Die Einbeziehung natürlicher Kohlenstoffsenken und -speicher wurde erst kurz vor der dritten Vertragsstaatenkonferenz der FCCC in Kyoto 1997 Gegenstand von Verhandlungen und war während der Kon-

---

[7]   Betsill, 2005, S. 113.
[8]   Herold, 1998, S. 4.
[9]   Decision 11/CP.7 FCCC/CP/2001/13/Add. 1, S. 56.
[10] Hofmann, 2006, S. 57.
[11] Höhne et al., 2003, S. 4.
[12] Kreuter-Kirchhof, 2005, S. 54.

ferenz politisch heftig umstritten.[13] Insbesondere die unzureichende Faktenlage, sowie Unsicherheiten über CO_2-Speicher- und Aufnahmeraten erschwerten eine abschließende Regelung zu Senkenaktivitäten. Dies hatte zur Folge, dass der Bereich im KP zunächst in vielerlei Hinsicht offen und unsystematisch geregelt war.[14]

Nach 1997 zählte die Problematik daher zu den zentralen Punkten der Verhandlungen um eine Konkretisierung des KPs, insbesondere während der Fortsetzung der 6. Vertragstaatenkonferenz in Bonn 2001 und der 7. Vertragsstaatenkonferenz in Marrakesch 2001.[15] Bis zu diesem Zeitpunkt war zwar Einigkeit über die quantifizierten Emissions- und Reduktionsverpflichtungen erzielt worden, zahlreiche in Anlage I KP aufgeführte Industriestaaten hatten ihre Emissionen jedoch im Vergleich zum Ausgangsjahr 1990 nicht verringert sondern erhöht. Die Aussicht einer großzügigen Berücksichtigung von Maßnahmen im LULUCF-Bereich, als Klimaschutzmaßnahmen eröffnete diesen Staaten eine Möglichkeit, die Reduktionsziele doch noch einzuhalten und das Protokoll damit ratifizieren zu können.[16] Diese Strategie scheiterte jedoch vor allem am Widerstand der Entwicklungs- und Schwellenländer, die klare, transparente und überprüfbare Emissionsreduktionsziele und -maßnahmen forderten.[17]

Nach langjährigen Verhandlungen wurden auf der 7. Vertragstaatenkonferenz in Marrakesch 2001 Regelungen getroffen, die für den ersten Verpflichtungszeitraum (2008–2012) festlegen, inwieweit Treibhausgasreduktionen aus biologischen Quellen und Senken auf die Reduktionsverpflichtungen der Industriestaaten angerechnet werden können.[18] In Art. 2 Abs. 1 lit. (a) KP werden die Parteien des Protokolls dazu angehalten, entsprechend ihrer nationalen Gegebenheiten Regelungen und Maßnahmen zu veranlassen, die den Schutz und die Verstärkung von Treibhausgassenken und -speichern

„unter Berücksichtigung der eigenen Verpflichtungen im Rahmen einschlägiger internationaler Umweltübereinkünfte sowie Förderung nachhaltiger Waldbewirtschaftungsmethoden, Aufforstung und Wiederaufforstung"

umsetzen oder näher ausgestalten. Art. 3 Abs. 3, Abs. 4 KP erlaubt die Anrechnung

„unmittelbar vom Menschen verursachter Landnutzungsänderungen und forstwirtschaftliche Maßnahmen".

---

[13]   Oberthür/Ott, 2000, S. 178.

[14]   Schwarze, Internationale Klimapolitik, 2000, S. 191.

[15]   Doelle, From Hot Air to Action? Climate Change, Compliance and the Future of International Environmental Law, 2005, S. 25f.

[16]   Schlamadinger et al., „A synopsis of land use, land-use change and forestry (LULUCF) under the Kyoto Protocol and Marrakech Accords", Environmental Science & Policy 10 (2007a), S. 271–282 (273).

[17]   Oberthür/Ott, 2000, S. 181.

[18]   Decision 11/CP.7 FCCC/CP/2001/13/Add. 1, S. 54 f.

Eine Berücksichtigung biologischer Senken sehen auch die flexiblen Mechanismen des KPs vor.[19] So können sich Projekte im Rahmen des JI, Art. 6 KP auf Maßnahmen zur Reduktion von Treibhausgasen aus Quellen und auf die Verstärkung des Abbaus dieser Gase durch Senken erstrecken.[20] In begrenztem Umfang dürfen im Rahmen des CDM, Art. 12 KP, LULUCF-Maßnahmen durchgeführt werden. (Wieder-) Aufforstungsprojekte in Entwicklungsländern können bis zu einer Obergrenze von 1 % der Emissionen des beteiligten Industriestaates, gemessen am Ausgangsjahr 1990, angerechnet werden.[21] Auch der Emissionshandel nach Art. 17 KP sieht einen Handel mit sog. „Removal Units" (RMU) für Emissionsminderungen aus Senkenprojekten vor.[22]

b) Unsicherheiten bei der Anrechnung natürlicher Kohlenstoffquellen und -senken

Aufgrund der mit der Einbeziehung von Senken und Speichern verbundenen Unsicherheitsfaktoren war und ist diese Frage in den internationalen Verhandlungen höchst umstritten.[23] Weiterhin problematisch sind naturwissenschaftliche Unsicherheiten, insbesondere aufgrund der Messbarkeit, der Dauerhaftigkeit der Kohlenstoffaufnahme und -speicherung sowie des Verlagerungseffektes.[24]

aa) Messbarkeit und Datengrundlage
Äußerst schwierig ist es, verlässlich festzustellen in welchem Umfang natürliche Speicher in der Lage sind, CO_2 zurückzuhalten und inwieweit biologische Senken in der Lage sind Treibhausgase abzubauen. So ist beispielsweise die Speicherkapazität von Wäldern u.a. von deren Alter, den vorkommenden Baumarten und der geographischen Lage eines Waldes abhängig.[25] Die bestehenden statistischen Primärdaten im Bereich der Forstwirtschaft und Landnutzungsänderungen waren daher in vielen Ländern zunächst unzureichend.[26] Im Jahr 1996 bezifferte der IPCC die Unsicherheiten bei den Primärdaten und den darauf basierenden Abschätzungen der Kohlenstoffvorräte auf 30 bis 50 %.[27] Die Unsicherheiten der Senkenpotentiale in Anlage I Staaten war auch ein Hauptgrund dafür, dass im KP

---

[19] Hecht/Orlando, Can the Kyoto Protocol Support Biodiversity Conservation? Legal and Financial Challenges, 1998, S. 6.
[20] Landell-Mills/Porras, Silver Bullet or fools' gold?, 2002, S. 72.
[21] UBA, Klimaverhandlungen – Ergebnisse aus dem Kyoto-Protokoll, den Bonn Agreements und Marrakesh-Accords, 2003, S. 11.
[22] Hofmann, 2006, S. 51.
[23] Kreuter-Kirchhof, 2005, S. 56f.
[24] Sach/Reese, „Das Kyoto-Protokoll nach Bonn und Marrakesch", ZUR 2002, S. 65–73 (68).
[25] Kreuter-Kirchhof, 2005, S. 56f.
[26] Herold, 1998, S. 13.
[27] IPCC, Climate Change 1995 – Impacts, Adaptations and Mitigation of Climate Change, 1996, S. 778f.

eine Beschränkung der Senkenaktivitäten vereinbart wurde.[28] Aktivitäten im Anwendungsbereich von Art. 3 Abs. 3, Abs. 4 KP, sowie den projektorientierten Mechanismen der gemeinsamen Umsetzung, Art. 6 KP und des Mechanismus' für umweltverträgliche Entwicklung, Art. 12 KP wurden in ihrem Umfang begrenzt und setzen die Nachprüfbarkeit erzielter Emissionsreduktionen voraus. Auf der 7. Tagung der Vertragstaatenkonferenz wurde der IPCC deshalb dazu aufgerufen Methoden zur Schätzung, Messung, Kontrolle und Berichterstattung zur Ermittlung der Speicherveränderungen zu erarbeiten. Diesem Auftrag kam der IPCC durch die Erarbeitung eines Berichts zu *„Good Practice Guidance for Land Use, Land-Use Change and Forestry"* nach.[29] Auf der 9. Tagung der Vertragsstaatenkonferenz wurde beschlossen, dass dieser Bericht im Rahmen der FCCC als Grundlage für die Erstellung von Treibhausgasinventaren der Anlage I Staaten vorläufig verwendet werden sollte.[30] Seither haben sich die Methoden und die Technologien zur Messung von Kohlenstoffbeständen und -veränderungen terrestrischer Ökosysteme stark verbessert. Sie basieren auf von Experten begutachteten Waldbestandsbestimmungen, Bodenproben und Umfragen und haben sich mittlerweile global in vielen Projekten bewährt. Die Erfahrung mit mehreren Forstprojekten in tropischen Staaten hat gezeigt, dass die Verwendung dieser neuen Methoden und Technologien zu einer Bestimmung der Kohlenstoffbestände und -veränderungen mittlerweile eine Unsicherheit von weniger als 10 % aufweisen.[31]

bb) Dauerhaftigkeitsproblematik

Die Dauerhaftigkeit Kohlenstoffeinbindung in natürlichen Senken, Speichern und Quellen ist ein weiterer wichtiger Faktor.[32] Im Gegensatz zu Maßnahmen zur Reduktion industrieller Emissionen, sind natürliche Kohlenstoffbindungen keinesfalls von Dauer. Dies muss bei der Berechnung von Emissionszertifikaten aus dem LULUCF-Sektor berücksichtigt werden. Auf der 9. Tagung der Vertragsstaatenkonferenz wurden zur Handhabung des Dauerhaftigkeits-Problems Beschlüsse getroffen, die u.a. eine zeitliche Begrenzung für Emissionszertifikate des CDM und JI vorsehen.[33]

cc) Verlagerungseffekt

Ein weiteres Problem besteht darin, dass LULUCF-Projekte zwar dort, wo sie durchgeführt werden zu Treibhausgasreduktionen oder -einbindung führen, es dafür jedoch an anderen Stellen zu verstärkten Landnutzungsänderungen oder Waldvernichtung und -degradation kommen kann und somit nur eine räumliche

---

[28]   Schlamadinger/Marland, Land Use & Global Climate Change – Forests, Landmanagement and the Kyoto Protocol, 2000, S. 30.

[29]   IPCC, Good Practice Guide for Land Use, Land Use Change and Forestry, 2003a.

[30]   Hofmann, 2006, S. 98.

[31]   Brown, „Measuring, monitoring and verification of carbon benefits for forest-based projects", Phil. Trans. R. Soc. Lond. A (2002) 360, S. 1669–1683 (1669).

[32]   Scholz/Noble, Generation of Sequestration Credits under the CDM, in: Freestone/Streck, 2005, S. 265–280 (269); Herold, 1998, S. 21.

[33]   Decision CP.9 FCCC/CP/2003. Ausführlicher dazu unten im Rahmen des CDM.

Verlagerung der Emissionen stattfindet.[34] Eine bedeutende Rolle spielt der „Verlagerungseffekt" vor allem im Rahmen von Projekten des umweltverträglichen Mechanismus, Art. 12 KP. Da für die beteiligten Entwicklungsländer bisher keine Emissionsbegrenzungs- oder -reduktionspflichten bestehen, hätte die Vornahme von Landnutzungsänderungen und Rodungen außerhalb der CDM-Projektfläche keine Auswirkungen auf die Berechnung der Emissionsreduktionen. Anlage I Staaten könnten Emissionsgutschriften erteilt werden, obwohl wenige Kilometer entfernt von der Projektfläche durch Rodung oder sonstige Landnutzungsänderungen Emissionen entstehen würden.[35] Auch dem Verlagerungseffekt wurde im Rahmen der Regelungen zur Anrechenbarkeit von CDM-Projekten, Rechnung getragen, indem bei der Projektverifizierung ein Nachweis über die Vermeidung von Verlagerungseffekten erbracht werden muss.

2. Zulässige, biodiversitätsrelevante Maßnahmen im Bereich der Landnutzung, Landnutzungsänderungen und Forstwirtschaft

Nach dem, in Bonn und Marrakesch erzielten Kompromiss, bestimmt Art. 3 Abs. 3 KP, dass Treibhausgasreduktionen in Industriestaaten durch Senken, in Folge unmittelbar vom Menschen verursachter Landnutzungsänderungen oder forstwirtschaftlicher Maßnahmen, zur Erfüllung der Reduktionsverpflichtungen von Anlage I Staaten verwendet werden können.[36] Bei den erzielten Reduktionen muss es sich dabei gemäß Art. 3 Abs. 3 KP um „nachprüfbare Veränderungen der Kohlenstoffbestände" handeln. Unter Landnutzung ist die Gesamtmenge an Vorkehrungen, Aktivitäten und Aufwendungen zu verstehen, die Menschen auf einer bestimmten Landfläche unternehmen.[37] Forstwirtschaftliche Maßnahmen umfassen die Wissenschaft, Kunst und Art und Weise der Bewirtschaftung und Nutzung natürlicher Ressourcen für menschliche Zwecke, die auf oder in Verbindung mit Waldflächen stattfinden.[38] Die zulässigen Maßnahmen sind im Anwendungsbereich des Art. 3 Abs. 3 KP auf Aufforstung und Wiederaufforstung seit 1990 beschränkt. Waldbewirtschaftungsmaßnahmen dürfen nur zum Ausgleich von Nettoemissionen nach Art. 3 Abs. 3 KP genutzt werden, also in einem Fall in dem die Freisetzung von Kohlendioxid durch Entwaldung die Aufnahme durch Aufforstung und Wiederaufforstung übersteigt.[39] Die dadurch anrechenbaren Emissionsreduktionen wurden jedoch auf 3 % der Gesamtemissionen des Ausgangsjahres 1990 beschränkt.[40] Die bloße Existenz von Kohlenstoffspeichern (Biomasse) soll

---

[34] Scholz/Noble, in: Freestone/Streck, 2005, S. 274.
[35] IPCC, Land Use, Land Use Change and Forestry, 2000a, S. 84f.
[36] UBA, 2003, S. 7.
[37] IPCC, 2000a, S. 62.
[38] IPCC, 2000a, S. 62.
[39] Klemm, Klimaschutz nach Marrakesch – Die Ergebnisse der 7. Vertragsstaatenkonferenz zum Rahmenübereinkommen der Vereinten Nationen über Klimaänderungen, 2002, S. 15.
[40] Schlamadinger et al., 2007a, S. 277.

zwar nach Art. 3 Abs. 3, Abs. 4 KP nicht angerechnet werden können, gemäß Art. 3 Abs. 4 KP kann jedoch eine Steigerung der, in Wäldern gebundenen Kohlenstoffmengen durch Waldmanagementmaßnahmen bis zu einer länderspezifischen Höchstmenge berücksichtigt werden. Als Emissionsreduktionsmaßnahmen können auch Acker- und Grünlandbewirtschaftung sowie Ödlandbegrünung angerechnet werden.[41] Auch die Anrechnung der Aktivitäten nach Art. 3 Abs. 4 setzt die „Nachprüfbarkeit" der Kohlenstoffveränderungen voraus.

a) Aufforstung, Wiederaufforstung und Entwaldung

In Art. 3 Abs. 3 KP wurde festgeschrieben, Aufforstungen und Wiederbewaldungen durch aktives menschliches Handeln auf Flächen, die 1990 nicht als Waldflächen ausgewiesen waren, als Maßnahmen zur Minderung der CO_2-Konzentrationen in der Atmosphäre anzuerkennen. Dabei müssen auch Emissionen aus Entwaldungen berücksichtigt werden.[42] Diese Klimaschutzmaßnahmen können sich sowohl positiv als auch negativ auf den Erhalt biologischer Vielfalt, sowie deren nachhaltige Finanzierung auswirken. Bevor etwaige, durch die Anwendung der Regelungen des KPs zu Senken bedingte Auswirkungen auf die biologische Vielfalt erörtert werden können, müssen diese Regelungen zunächst ausgelegt werden. Fraglich ist unter anderem, was im Einzelnen unter den Begriffen Wald, Aufforstung, Wiederaufforstung und Entwaldung zu verstehen ist.

aa) Aufforstung, Wiederaufforstung

(1) Definition

Allein für den Begriff „Wald" existieren mehr als 130 Definitionen.[43] Die Vertragsstaatenkonferenz der FCCC definiert Wald in Anlehnung an die Begriffsbestimmung der Welternährungsorganisation (Food and Agriculture Organization, FAO) als eine Fläche von mindestens 0,05 bis zu 1 ha, mit einer Baumkronenbedeckung von mehr als 10–30% und einer potentiellen Baumhöhe von 2 bis 5 m.[44] Vor Beginn der 1. Verpflichtungsperiode (2008–2012) muss sich jede Vertragspartei innerhalb dieser vorgegebenen Margen auf jeweils einen Wert festlegen.[45] Die Definition der Vertragsstaatenkonferenz weicht damit von der des CBD-Waldprogramms ab, wonach Wald definiert wird als eine Landfläche von mehr als 0,5 ha, mit einer Baumkronendichte von mehr als 10 %, die nicht hauptsächlich unter landwirtschaftlicher oder sonstiger nicht-waldspezifischer Landnutzung steht. Bei jungen Waldbeständen oder Regionen, wo das Baumwachstum aus klimatischen Gründen unterdrückt wird, sollten die Bäume in der Lage sein eine

---

[41]   Sach/Reese, 2002, S. 69.

[42]   UBA, 2003, S. 8.

[43]   Lund, „A ‚forest' by any other name", Environmental Science & Policy 2 (1999), S. 125–133 (126).

[44]   Decision 11/CP.7 FCCC/CP/2001/13/Add. 1, S. 58.

[45]   UBA, 2003, S. 9.

Höhe von 5 m *in-situ*, sowie die obige Baumkronendichte zu erreichen.[46] Darüber hinaus ist es wichtig Wälder anhand verschieden starker, anthropogener Beeinträchtigungen zu unterscheiden: so genannte „Primärwälder" sind Wälder, die nie abgeholzt wurden und sich im Laufe der Zeit auf natürlichem Wege gebildet und erneuert haben, unabhängig von ihrem Alter.[47] „Sekundärwälder" haben sich nach anthropogener Zerstörung selbständig regeneriert und sind damit überwiegend aus natürlicher Vegetation früher Sukzessionsstadien zusammengesetzt,[48] während „bewirtschaftete Wälder" vom Menschen planmäßig und intensiv genutzt werden.[49]

Unter Aufforstung ist im KP die

> „direkt durch den Menschen verursachte Umwandlung von Land, das über einen Zeitraum von mindestens 50 Jahren nicht bewaldet war, in bewaldete Flächen"

zu verstehen.[50] Wiederaufforstung ist, nach dem Beschluss der 7. Vertragsstaatenkonferenz von Marrakesch,[51] die unmittelbar vom Menschen verursachte Umwandlung nicht bewaldeter Flächen in bewaldete Flächen auf Land, das bewaldet war, aber in nicht bewaldetes Land umgewandelt wurde. Für den ersten Verpflichtungszeitraum gilt, dass eine Anrechnung von Wiederaufforstungen nur dann stattfinden kann, wenn die entsprechende Fläche am 31.12.1989 anderweitig genutzt wurde.[52] Problematisch ist an dieser Definition, dass gerodete Waldflächen oftmals nicht aktiv aufgeforstet werden, sondern der natürlichen Regeneration überlassen werden, sich die Bestände also z.B. aufgrund zurückgebliebener Samen erholen. Es stellt sich dann die Frage, ob eine natürliche Regeneration als Wiederaufforstung betrachtet und damit als Emissionsreduktionsmaßnahme angerechnet werden kann.[53] Zunächst spricht der Wortlaut von Art. 3 Abs. 3 KP gegen diese Annahme. Danach müsste die Tätigkeit unmittelbar vom Menschen verursacht worden sein. Da im Falle einer natürlichen Regeneration jedoch keine aktive menschliche Handlung vorliegt, stellt sich die Frage, ob in der bewussten Entscheidung, die Fläche nicht mehr zu nutzen, sondern der natürlichen Regeneration auszusetzen eine unmittelbar vom Menschen verursachte Tätigkeit liegen könnte. Nach Ansicht des IPCC schließt die Wiederaufforstung den Vorgang der natürlichen Regeneration nicht mit ein.[54] Die Vertragsstaatenkonferenz hat in ihrer Entscheidung die Anforderungen für eine Wiederaufforstungsmaßnahme genauer

---

[46] CBD, Forest Biodiversity Definitions under the CBD Process: Indicative definitions taken from the Report of the ad hoc technical expert group on forest biological diversity, www.biodiv.org/programmes/areas/forest/definitions.asp (07.08.2008b), zuletzt aufgerufen am (07.08.2008).

[47] CBD, 2008b.

[48] WBGU, 1998, S. 45.

[49] WBGU, 1998, S. 46.

[50] Decision 11/CP.7 FCCC/CP/2001/13/Add. 1, S. 58.

[51] Decision 11/CP.7 FCCC/CP/2001/13/Add. 1, S. 58.

[52] Decision 11/CP.7 FCCC/CP/2001/13/Add. 1, S. 58; UBA, 2003, S. 9.

[53] Hofmann, 2006, S. 81.

[54] IPCC, 2000a, S. 130.

bestimmt. Danach ist eine unmittelbar vom Menschen verursachte Konversion nicht bewaldeter Flächen in einen Wald durch Anpflanzen, Säen und/oder die vom Menschen verursachte Förderung des Wachstums natürlicher Saat erforderlich.[55] Eine natürliche Regeneration kann folglich nur dann als Wiederaufforstung angerechnet werden, wenn zumindest das Wachstum der Saat durch den Menschen gefördert wird. Auch eine Subsumtion unter den Begriff der Waldmanagementmaßnahme nach Art. 3 Abs. 4 KP könnte für diesen Fall in Betracht kommen.[56]

(2) Potentielle positive Auswirkungen auf den Biodiversitätsschutz

Die Durchführung von Aktivitäten des Art. 3 Abs. 3 KP, kann positive, also den Erhalt biologischer Vielfalt fördernde Auswirkungen haben, es können aber auch negative oder keine Auswirkungen für den Biodiversitätsschutz auftreten.[57] Aufforstungs- und Wiederaufforstungsmaßnahmen können die Artenvielfalt und damit Biodiversität vor allem dann erhöhen, wenn sie artenarme Bewuchsformen ersetzen. Insbesondere sind positive Auswirkungen für die biologische Vielfalt dort zu erwarten, wo degradierte Weiden und landwirtschaftliche Flächen durch einheimische Arten, in gemischten Beständen aufgeforstet werden.[58] Die (Wieder) Aufforstung von ausgewählten Gebieten insbesondere solcher, die größere Waldstücke miteinander verbinden, kann der Fragmentierung von Habitaten entgegenwirken. Tier- und Pflanzenarten können so durch Migration innerhalb der Gebiete u.a. auf die Veränderung der klimatischen Bedingungen reagieren, es wird darüber hinaus ein Genaustausch zwischen verschiedenen Populationen ermöglicht.[59]

(3) Potentielle negative Auswirkungen auf den Biodiversitätsschutz

Die Durchführung von Aktivitäten im Rahmen des Art. 3 Abs. 3 KP, kann aber auch negative, also den Erhalt biologischer Vielfalt beeinträchtigende Auswirkungen haben. Aufgrund der relativ vage gehaltenen Definitionen der relevanten Begriffe des Art. 3 Abs. 3 KP, wird den Vertragsparteien bei Auslegung und Umsetzung der Regelungen ein weiter Interpretationsspielraum gelassen. Dadurch besteht die Gefahr, dass die Anrechnung von (Wieder-) Aufforstungen im ersten Verpflichtungszeitraum (2008–2012) von keinen weiteren Bedingungen, wie etwa der Beachtung von Biodiversitätsschutzaspekten abhängig gemacht wird und so ein Anreiz zur Errichtung schnellwachsender, ortsfremder, aus Klimaschutzgesichtspunkten lukrativer Monokulturplantagen geschaffen wird, anstatt auf biodi-

---

[55]   Decision 11/CP.7 FCCC/CP/2001/13/Add. 1, S. 58.

[56]   Hofmann, 2006, S. 82.

[57]   SCBD, Interlinkages between biological diversity and climate change. Advice on the integration of biodiversity considerations into the implementation of the United Nations Framework Convention on Climate Change and its Kyoto Protocol, 2003, S. 58.

[58]   SCBD, 2003, S. 58.

[59]   SCBD, 2003, S. 58.

versitätsreiche, einheimische Mischwälder zurückzugreifen.[60] Monokulturplantagen haben negative Auswirkungen auf die Biodiversität, wenn sie die Regeneration einheimischer Baumarten ersetzen. Sie weisen im Vergleich mit natürlichen Wäldern auch eine erheblich reduzierte Begleitflora und -fauna auf. Auch der Einsatz hoch produktiver Holzplantagen kann sich negativ auf die biologische Vielfalt auswirken. Diese Plantagen brauchen einen hohen Lichteinfall, wodurch die natürliche Bodenflora unterdrückt und andere Lebensformen begrenzt werden. Bei der Verwendung von Arten mit hoher Kronendichte, wie jungen Kiefern-, einigen Eukalyptus- oder Teakplantagen, werden praktisch alle anderen Pflanzen unterdrückt. Für größere Tierarten bieten Plantagen häufig keinen ausreichenden Schutz und da es oftmals an Totholzbeständen fehlt werden wichtige Habitate von Kleintieren vernichtet. In den Plantagen fehlt es häufig auch an der, für eine hohe Diversität an Tieren notwendigen Vielfalt an Futterquellen. Darüber hinaus bedrohen Monokulturplantagen die Biodiversität auch dann, wenn sie invasive Züge annehmen, also einheimische Arten verdrängen.[61]

Nach der Definition der Vertragstaatenkonferenz ist es bei einer Aufforstung erforderlich, dass die betreffende Fläche für mindestens 50 Jahre nicht bewaldet war, darüber hinaus sind jedoch keine weiter einschränkenden Regelungen vorhanden. Daher besteht die Möglichkeit, dass es im Rahmen von Senkenprojekten zu einer Aufforstung biodiversitätsreicher Feuchtgebiete, Moore oder Graslandschaften und damit wiederum zu einem Verlust von Biodiversität kommt.[62] Werden waldlose Ökosysteme mit einer großen Bedeutung für die biologische Vielfalt aufgeforstet, stellt diese Landnutzungsänderung eine hohe Bedrohung für den Biodiversitätsbestand dar. So sind viele Grasland-Ökosysteme reich an endemischen Arten, die aufgrund der Umwandlung in *Eucalyptus*- oder *Pinus*-Plantagen beträchtlich zurückgehen.[63]

bb) Entwaldung

(1) Definition

Mit der Durchführung von Entwaldungsmaßnahmen ist oftmals ein gravierender Verlust an biologischer Vielfalt verbunden.[64] In diesem Zusammenhang bestehende offene Fragen sind daher von besonderer Bedeutung für den Biodiversitätsschutz. Unter Entwaldung ist nach der Definition der Vertragsstaatenkonferenz die dauerhafte, unmittelbar vom Menschen verursachte Umwandlung von bewaldeten Flächen in nicht bewaldete Flächen, zu verstehen.[65] Im Rahmen der Vorschriften des Art. 3 Abs. 3 KP ist bisher unklar, ob die Rodung von Primärwäldern zum

---

[60] Schulze et al., „The long way from Kyoto to Marrakesh: Implications of the Kyoto Protocol negotiations for global ecology", Global Change Biology 8 (2002), S. 505–518 (516).

[61] Herold et al., 2001, S. 56.

[62] Schulze et al., 2002, S. 508.

[63] Herold et al., 2001, S. 56.

[64] SCBD, 2003, S. 62.

[65] Decision 11/CP.7 FCCC/CP/2001/13/Add. 1.

Zwecke der Errichtung eines bewirtschafteten Waldes (etwa die Schaffung einer Monokulturplantage auf der frei gewordenen Fläche) oder die Umwandlung eines Primärwaldes in einen Sekundärwald als Entwaldung und Wiederaufforstung angerechnet werden müssen; gleiches gilt für die Frage, ob der Ernte-/Regenerationszyklus erfasst wird.[66] Die Definition der Vertragsstaatenkonferenz impliziert durch das Erfordernis der „Umwandlung des Waldes in nicht bewaldete Flächen" die Konversion in eine andere Landnutzungsform, was bei einer unmittelbar folgenden Neubewaldung nicht der Fall ist, so dass die entstehenden Emissionen nach dieser Definition nicht angerechnet werden müssten. Ferner forderte die Vertragsstaatenkonferenz in Marrakesch die Industriestaaten dazu auf, gemäß Art. 7 KP zu berichten, wie der Ernte/Regenerationszyklus von einer Entwaldung zu unterscheiden sei,[67] was als weiteres Indiz dafür gedeutet werden kann, dass es sich bei der Umwandlung um keine Entwaldung im Sinne des KPs handelt. Wird nun davon ausgegangen, dass die durch Rodung eines Primärwaldes zum Zwecke der Neubepflanzung, entstehenden Emissionen nicht angerechnet werden müssen, dann stellt sich die Frage, ob die unmittelbar folgende Bepflanzung als Wiederaufforstung angerechnet werden kann. Dies ist nach der Definition der Vertragsstaatenkonferenz nur dann der Fall, wenn die Fläche am 31.12.1989 nicht bewaldet war. Die Anrechnung einer, unmittelbar auf die Rodung eines Primärwaldes folgenden Neubepflanzung kann demnach heute nicht mehr als Wiederaufforstungsmaßnahme, auf die Emissionsreduktionsverpflichtungen der Anlage I Staaten angerechnet werden. Eine Aufforstung unmittelbar nach der Rodung kommt ebenfalls nicht in Betracht, da sie laut Definition erst nach 50 Jahren anderweitiger Nutzung vorliegt. Dass eine sofortige Neubepflanzung gerodeter Primärwaldflächen nicht als Wiederaufforstung angerechnet werden kann, vermeidet folglich eine ungerechtfertigte Anrechnung von Emissionsgutschriften. Sie ist aber aufgrund der großen Mengen des durch die Rodung sofort freigesetzten Kohlenstoffs, der erst im Laufe von Jahrzehnten wieder eingebunden werden kann, aus Klimaschutzgesichtspunkten äußerst problematisch. Auch aus Gründen des Biodiversitätsschutzes ist dies kritisch zu bewerten, da durch die Verwertung des gerodeten Primärwaldes unmittelbar wirtschaftliche Gewinne erzielt werden können. Dadurch schafft das KP Anreize zur Rodung von ökologisch besonders wertvollen Primärwaldflächen.

Ein weiteres Problem im Kontext der Entwaldung ergibt sich aus der zugrunde gelegten Wald-Definition. Geht man nämlich nach obiger Begriffsbestimmung davon aus, dass ein Wald eine Baumkronendichte von mehr als 10–30 % haben muss, stellt sich die Frage, ab wann ein Wald als entwaldet bezeichnet werden kann. Es kann dazu kommen, dass ein Gebiet zwar größtenteils gerodet wird, aber nach der obigen Definition trotzdem keine Entwaldung vorliegt. Geht man etwa von einer Fläche mit 100 % Baumkronendichte aus, dann könnten 69–89 % gerodet werden, ohne dass, nach dem Beschluss der Vertragsstaatenkonferenz eine

---

[66]   Hofmann, 2006, S. 86f.

[67]   Decision 11/CP.7 FCCC/CP/2001/13/Add. 1.

Entwaldung vorliegt, da immer noch 10–30 % Baumkronendichte und damit Wald im Sinne der Definition vorhanden ist.[68]

Neben der vollständigen Vernichtung von Waldflächen durch Kahlschlag spielt das selektive Holzeinschlagverfahren eine bedeutende Rolle für den Verlust von Wäldern und biologischer Vielfalt.[69] Obwohl die Holzentnahmemengen nach diesem Verfahren relativ gering sind und sich der selektive Einschlag lediglich auf wenige, handelsrelevante Baumarten beschränkt, stellt das Verfahren keine umweltschonende und nachhaltige Waldbewirtschaftungsmaßnahme dar. Der selektive Holzeinschlag wird als eine Hauptursache für die Degradation von Wäldern betrachtet.[70] Walddegradation ist für Klima- und Biodiversitätsschutz von Bedeutung, da sie die Entwaldungsrate um ein Vielfaches übersteigt.[71] Damit stellt sich die Frage, ob die resultierende Walddegradation als Entwaldung im Sinne des Art. 3 Abs. 3 KP verstanden werden kann.[72] Nach dem „CBD-Forest Biological Diversity"-Prozess[73] wird ein degradierter Wald als ein

„Sekundärwald, der durch vom Menschen verursachte Maßnahmen Struktur, Funktion, Artenzusammensetzung oder Produktivität, welche normalerweise mit einem natürlichen Wald einhergehen, verloren hat,"

verstanden.[74] Die Vertragstaatenkonferenz befasst sich mittlerweile mit der Degradation als einem gesonderten Aspekt, im Rahmen der Verhandlungen um die Vermeidung von Emissionen aus Entwaldungen.[75] Dies lässt darauf schließen, dass bis zu einer Regelung für den Zeitraum nach der ersten Verpflichtungsperiode (also ab 2012) die Degradation von Wäldern nur dann als Entwaldung betrachtet wird, wenn die Baumkronendichte unter die jeweilige Marge fällt.

(2) Potentielle negative Auswirkungen auf den Biodiversitätsschutz

Die Entwaldung von Primärwaldflächen hat in der Regel negative Auswirkungen auf den Schutz biologischer Vielfalt. Sie kann zu Fragmentierung und Degradation natürlicher Wälder führen.[76] Im Rahmen der Walddegradation werden insbesondere durch die nötigen Erschließungswege, den Einschlag und den Abtransport bedeutende Schäden an den übrigen Beständen verursacht. Des Weiteren fördert die infrastrukturelle Anbindung der erschlossenen Waldflächen die Umwandlung in Agrarfläche. Es kommt dadurch verstärkt zu Habitatzerstörung und -fragmentierung, der primären Ursachen für den Verlust biologischer Vielfalt.[77]

---

[68] Hofmann, 2006, S. 74.
[69] Schulte zu Sodingen, Der völkerrechtliche Schutz der Wälder, 2002, S. 102.
[70] Schulte zu Sodingen, 2002, S. 103.
[71] Schulte zu Sodingen, 2002, S. 245.
[72] Schulze et al., 2002, S. 508.
[73] CBD, 2008b.
[74] Hofmann, 2006, S. 85.
[75] Dazu ausführlich im folgenden Kapitel.
[76] SCBD, 2003, S. 62.
[77] Schulte zu Sodingen, 2002, S. 103.

b) Wald-, Ackerland- und Weidelandbewirtschaftungsmaßnahmen, Ödlandbegrünung

Auf der 6. Vertragsstaatenkonferenz in Bonn einigten sich die Vertragsparteien des KPs darauf, im Rahmen des Art. 3 Abs. 4 KP weitere Maßnahmen zur Erfüllung der Emissionsbegrenzungs- bzw. -reduktionsverpflichtungen zuzulassen.[78] Gemäß dieser Entscheidung sollen auch Wald-, Ackerland- und Weidelandbewirtschaftungsmaßnahmen, sowie die Begrünung von Ödland als Senkenaktivitäten zugelassen werden.[79] Entgegen des Wortlautes des KPs, der darauf schließen lässt, dass die Maßnahmen des Art. 3 Abs. 4 KP erst für den zweiten Verpflichtungszeitraum zugelassen werden sollen und im ersten Verpflichtungszeitraum nur ausnahmsweise Anwendung finden, geht der Beschluss der Vertragsstaatenkonferenz davon aus, dass die Maßnahmen bereits im ersten Verpflichtungszeitraum zulässig seien.[80] Die Annex I Staaten sind lediglich dazu verpflichtet vor Beginn der Verpflichtungsperiode festzulegen, ob und welche der oben genannten Aktivitäten in Anrechnung kommen sollen.[81]

aa) Wiederherstellung degradierter Gebiete – Ödlandbegrünung

Begrünung von Ödland ist eine unmittelbar vom Menschen verursachte Maßnahme zur Verbesserung der Kohlenstoffspeicherung auf Flächen, die nicht unter die Definition von Aufforstung oder Wiederaufforstung fallen. Die begrünte Fläche muss dabei mindestens 0,05 ha groß sein.[82] Die Wirkung solcher Maßnahmen auf die biologische Vielfalt ist nicht eindeutig bestimmbar. In vielen Fällen hat die vorangegangene Degradation von Ökosystemen negative Auswirkungen auf die Biodiversität, so dass Bewuchsmaßnahmen in solchen Gebieten dazu beitragen können, negative Nebeneffekte wie etwa die Verschlammung als Folge von Erosion, zu vermeiden. Dadurch werden Teile der Biodiversität solcher Gebiete wiederhergestellt. Dennoch ist weiterhin unklar, ob die Ödlandbegrünung tatsächlich zu bedeutenden Biodiversitätszunahmen führt. So können aufgegebene Bergbaugebiete und nährstoffarme Rohböden in den gemäßigten Breiten sehr wertvolle Habitate von Arten sein, die an diese extremen Bedingungen angepasst sind. Durch Restaurierungsmaßnahmen könnten solche Habitate zerstört werden.[83] Hinsichtlich der, zur Wiederherstellung der Landschaften ausgewählten Arten, gilt das oben zu Aufforstungsmaßnahmen bereits Ausgeführte. Während eine Wiederherstellung mit diversen, einheimischen Arten in der Regel positive Auswirkungen auf die Biodiversität hat, kann insbesondere der Einsatz ortsfremder Arten zu einer Verringerung biologischer Vielfalt führen.[84]

---

[78]   Klemm, 2002, S. 14.
[79]   Schlamadinger et al., 2007a, S. 275.
[80]   Klemm, 2002, S. 15.
[81]   UBA, 2003, S. 10f.
[82]   Decision 11/CP.7 FCCC/CP/2001/13/Add. 1, S. 58.
[83]   Herold et al., 2001, S. 61.
[84]   SCBD, 2003, S. 64.

bb) Waldbewirtschaftung

(1) Definition

Unter Waldbewirtschaftung ist ein System von Praktiken zur Pflege und Nutzung von Waldflächen zu verstehen, die das Ziel haben, die verschiedenen ökologischen, ökonomischen und sozialen Funktionen in nachhaltiger Weise zu erfüllen.[85] Nach dieser Definition ergibt sich jedoch das Problem, dass auch Praktiken zur wirtschaftlichen Nutzung von Wäldern darunter fallen. Nach Art. 3 Abs. 4 KP könnten somit auch Wiederbewaldungsmaßnahmen auf Flächen berücksichtigt werden, die zuvor durch selektiven Holzeinschlag teilweise vernichtet wurden. Dadurch könnte die enge Definition des Begriffs „Wiederaufforstung", wie sie im Rahmen des Art. 3 Abs. 3 KP ausgehandelt wurde, wieder relativiert werden.[86] Andererseits werden auf diese Weise auch Emissionen aus Walddegradation berücksichtigt.[87]

(2) Auswirkungen

Forstwirtschaftliche Praktiken können sich sowohl negativ als auch positiv auf die Biodiversität auswirken. Grundsätzlich kann jedoch gesagt werden, dass die natürliche Regeneration von Wäldern überwiegend positive Auswirkungen auf den Bestand der biologischen Vielfalt hat.[88] In Fällen, in denen mit hohen Baumdichten gepflanzt wird, kann der rasche Kronenschluss dazu führen, dass der Unterwuchs verarmt, was eine Verringerung biologischer Vielfalt auf solchen Standorten zur Folge hat.[89] Werden Schutzmaßnahmen gegen Krankheiten und Schädlinge durchgeführt, so ist davon auszugehen, dass diese sich auf die Schäden an den Baumbeständen konzentrieren und die Auswirkungen auf andere Arten kaum berücksichtigen. Daher scheint zumindest der Einsatz chemischer Substanzen zur Schädlingsbekämpfung, im Widerspruch zu Zielen des Biodiversitätsschutzes zu stehen.[90] Die Düngung von verarmten Böden führt gewöhnlich zu einer Erhöhung der Pflanzendiversität des Unterwuchses und der Bodenaktivität.[91] In Gebieten, die von Natur aus sehr nährstoffarm sind, hat die Verwendung von Düngern jedoch negative Effekte auf die dort heimische biologische Vielfalt.[92] Auch verschiedene Erntetechniken wirken sich auf die biologische Vielfalt aus. Zu erwähnen ist diesbezüglich, dass die schonende Einzelstammnutzung im Gegensatz zu Kahlschlagtechniken sowohl im Hinblick auf die Kohlenstoffspeicherung als auch den Erhalt biologischer Vielfalt die effizientere Methode darstellt.[93]

---

[85] Decision 11/CP.7 FCCC/CP/2001/13/Add. 1, S. 58.
[86] Klemm, 2002, S. 15.
[87] Hofmann, 2006, S. 113.
[88] SCBD, 2003, S. 65.
[89] Herold et al., 2001, S. 62.
[90] Herold et al., 2001, S. 62.
[91] SCBD, 2003, S. 65.
[92] Herold et al., 2001, S. 62.
[93] SCBD, 2003, S. 65.

cc) Ackerlandbewirtschaftung

Unter dem Begriff Ackerlandbewirtschaftung sind sämtliche Maßnahmen auf Flächen zusammengefasst, auf denen landwirtschaftliche Pflanzen wachsen, selbst wenn die Fläche vorübergehend anders genutzt wurde.[94] Eine verminderte Bodenbearbeitungsintensität kann sowohl zu verstärkter Kohlenstoffeinbindung als auch zu einer Zunahme der Bodenfaunadiversität führen.[95] Die reduzierte Bodenbearbeitung hat jedoch oftmals eine Erhöhung des Einsatzes von Herbiziden und Pestiziden zur Folge, was sich wiederum negativ auf die biologische Vielfalt auswirkt.[96] Die Intensivierung des Anbaus auf landwirtschaftlichen Flächen führt zwar zu einer Zunahme des organischen Kohlenstoffs im Boden, bewirkt in der Regel jedoch eine Abnahme von Biodiversität. Eine Intensivierung der Landwirtschaft in Form von Substitution einheimischer Arten durch gezüchtete Hochertragssorten führt zu einer Verringerung der genetischen Vielfalt.[97] Eine Verringerung der Düngeaktivitäten mit Stickstoffdünger in der Landwirtschaft verringert die Emissionen von Lachgas, gleichzeitig hat sie eine Erhöhung biologischer Vielfalt zur Folge.[98]

dd) Weidelandbewirtschaftung

Weidelandbewirtschaftung ist ein System von Praktiken zur Bewirtschaftung von Flächen die der Viehhaltung dienen.[99] Verbessertes Weidemanagement mit verminderten Viehzahlen kann Überweidung und die daraus resultierenden negativen Auswirkungen wie Kohlenstofffreigabe und Biodiversitätsverlust verhindern. Dabei ist jedoch zu beachten, dass die Verringerung des Viehbestandes auf einer Fläche den Druck auf andere natürliche Flächen der Region erhöht und deren Umwandlung die erreichten Vorteile zunichte machen kann.[100]

3. Anrechnung von Landmanagementmaßnahmen auf Aufforstungs- bzw. Entwaldungsflächen

Aufgrund der Entscheidung der Vertragsstaatenkonferenz, zusätzliche Landnutzungsänderungen in Industriestaaten im Rahmen des Art. 3 Abs. 4 KP zuzulassen, stellt sich die Frage, wie diese Aktivitäten behandelt werden sollen, wenn sie auf Flächen vorgenommen werden, auf denen schon Maßnahmen nach Art. 3 Abs. 3 KP durchgeführt wurden.[101] Es geht dabei um die Gefahr einer möglichen Doppelanrechnung bestimmter Maßnahmen, die sowohl nach Art. 3 Abs. 3 KP als auch unter Art. 3 Abs. 4 KP angerechnet werden könnten. Die Vertragsstaatenkonferenz entschied zu dieser Problematik, dass eine Partei Maßnahmen unter Art. 3

---

[94] Decision 11/CP.7 FCCC/CP/2001/13/Add. 1, S. 58.
[95] SCBD, 2003, S. 67.
[96] Herold et al., 2001, S. 64.
[97] Herold et al., 2001, S. 64.
[98] SCBD, 2003, S. 68.
[99] Decision 11/CP.7 FCCC/CP/2001/13/Add. 1, S. 58.
[100] Herold et al., 2001, S. 65f.
[101] Hofmann, 2006, S. 113f.

Abs. 4 KP dann nicht anrechnen darf, wenn diese bereits unter Art. 3 Abs. 3 KP angerechnet wurden.[102] Für die praktische Umsetzung dieser Entscheidung entwickelte der IPCC mehrere Optionen. Eine Möglichkeit sei, die betreffende Fläche fortan unter Art. 3 Abs. 4 KP und nicht mehr unter Art. 3 Abs. 3 KP zu „verwalten". Dies scheint jedoch im Widerspruch zum Wortlaut des Art. 3 Abs. 3 KP („werden […] verwendet") zu stehen. Da eine gesonderte Anrechnung nach Art. 3 Abs. 4 KP auf einer Fläche, die schon unter Art. 3 Abs. 3 KP fällt, zwecks Vermeidung einer Doppelberechnung ausscheidet, bleibt nur die Möglichkeit die Fläche insgesamt unter Art. 3 Abs. 3 KP zu „verwalten".[103]

4. Verpflichtungszeiträume

Die in Art. 3 Abs. 1 KP festgelegte Verpflichtung der Industrieländer zur Emissionsreduktion um insgesamt mindestens 5 % (im Vergleich zum Ausgangsjahr 1990) bezieht sich zunächst nur auf die erste Verpflichtungsperiode zwischen 2008–2012. Auch das in Art. 3 Abs. 7 KP beschriebene Berechnungsverfahren ist für diesen ersten Verpflichtungszeitraum gültig. Daher ergeben sich einige Fragen im Hinblick auf die Anrechnung von Maßnahmen im Rahmen der Art. 3 Abs. 3 und Abs. 4 KP, für folgende Verpflichtungsperioden.[104]

a) Übertragung des Status als LULUCF-Fläche in einen späteren Verpflichtungszeitraum

Fraglich ist, ob auch in künftigen Verpflichtungszeiträumen, die Kohlenstoffbestandveränderungen einer Fläche, auf der im 1. Verpflichtungszeitraum Aufforstungen, Wiederaufforstungen oder Entwaldungen stattfinden, unter dem KP angerechnet werden müssen. Zur Verdeutlichung der Problematik ein Beispiel des IPCC:[105] Angenommen, auf einer Fläche finden im 1. Verpflichtungszeitraum Aufforstungen und Wiederaufforstungen statt, dann kann die jeweilige Partei den Kohlenstoffzuwachs als Gutschrift verbuchen. Würde die Aktivität nach ihrem Ablauf nicht mehr unter Art. 3 Abs. 3 KP fallen, dann könnte der Durchführende gleich doppelt profitieren: von den Gutschriften im Verpflichtungszeitraum einerseits und der späteren Ernte der Bestände andererseits, da diese nicht mehr angerechnet werden müsste, weil sie nicht mehr unter Art. 3 Abs. 3 fallen würde. Dies hätte sowohl aus Klimaschutzgesichtspunkten als auch für den Biodiversitätsschutz negative Auswirkungen, da einerseits die Emissionen aus der Ernte nicht mehr unter dem KP erfasst und andererseits ein Anreiz zur Rodung von Wäldern geschaffen würde, was bei einem einheimischen und artendiversen Wald ein Verlust an biologischer Vielfalt zur Folge hätte. Einen solchen, den Zielen des Klima- und Biodiversitätsschutzes entgegenwirkenden Anreiz gilt es zu vermeiden. Wie sich durch Auslegung von Art. 3 Abs. 3 KP ergibt, der die Anrechnung von Quel-

---

[102] Decision 11/CP.7 FCCC/CP/2001/13/Add. 1, S. 58.
[103] IPCC, 2000a, S. 135.
[104] WBGU, 1998, S. 8.
[105] IPCC, 2000, S. 151.

len und Senken im Bereich Landnutzungsänderung und Forstwirtschaft regelt, bezieht sich dieser auf alle Verpflichtungszeiträume („*each commitment period*"). Dies impliziert, dass Flächen, die einmal Gegenstand von Aktivitäten des Art. 3 Abs. 3 KP sind, nicht wieder aus dieser Kategorie entfernt werden können.[106] Dafür spricht auch die Entscheidung der Vertragsstaatenkonferenz in Marrakesch, wonach für eine Fläche, die einmal unter Art. 3 Abs. 3 oder Abs. 4 KP fällt, alle Veränderungen auch für nachfolgende und aufeinander folgende Verpflichtungs-zeiträume berücksichtigt werden müssen.[107]

b) Fortlaufende Verpflichtungszeiträume

Nach Art. 3 Abs. 9 KP ist vorgesehen, dass Verhandlungen über Änderungen der in Anlage B KP quantifizierten Emissionsbegrenzungs- oder –reduktionsverpflich-tungen, für Verpflichtungszeiträume, die auf den in Art. 3 Abs. 1 KP genannten 1. Verpflichtungszeitraum (2008–2012) bereits sieben Jahre vor dessen Ablauf aufgenommen werden müssen. Aus dem Absatz ergibt sich jedoch nicht, ob die Folgezeiträume zwingend zeitlich unmittelbar an den vorherigen Verpflichtungs-zeitraum anknüpfen müssen. Für den Fall, dass es in den Verhandlungen um Fol-gezeiträume zu keiner Einigung auf einen lückenlosen Übergang zum nächsten Verpflichtungszeitraum kommt, besteht die Gefahr, dass es zwischen den Ver-pflichtungszeiträumen zu verstärkter Abholzung und anderen Landnutzungsände-rungen kommt.[108] Denn einerseits müssten die Emissionen aus der Entwaldung nicht angerechnet werden und andererseits würden freie Flächen geschaffen, auf denen zu einem späteren Zeitraum LULUCF-Aktivitäten angerechnet werden könnten.[109] Der WBGU hatte diese Gefahr schon 1998 erkannt und gefordert, dass die Verpflichtungsperioden lückenlos aufeinander folgen müssten, da dies eine unabdingbare Voraussetzung für Verifizierbarkeit und Effektivität der Redukti-onsmaßnahmen sei.[110] Dieses Problem scheint die Vertragstaatenkonferenz jedoch erkannt zu haben, da sie in den Beschlüssen von Marrakesch festhält, dass es sich im Hinblick auf die Regelungen der Art. 3 Abs. 3, Abs. 4 KP um fortlaufende Verpflichtungszeiträume handeln soll.[111]

c) Aktivitäten vor dem ersten Verpflichtungszeitraum

Da aus Art. 3 Abs. 1, Abs. 3 KP folgt, dass Bestandsveränderungen nur innerhalb des Verpflichtungszeitraums 2008–2012 berücksichtigt werden müssen, könnte sich ein weiteres Problem im Hinblick auf Aktivitäten ergeben, die im Bereich der Aufforstung, Wiederaufforstung und Entwaldung im Zeitraum zwischen 1990 und 2008 durchgeführt werden. Um eine volle Anrechnung von Emissionen durch Entwaldungen im ersten Verpflichtungszeitraum zu vermeiden, könnte ein Anreiz

---

[106] IPCC, 2000, S. 151; WBGU, 1998, S. 8.
[107] Decision 11/CP.7 FCCC/CP/2001/13/Add. 1.
[108] WBGU, 1998, S. 43.
[109] Hofmann, 2006, S. 109.
[110] WBGU, 1998, S. 8.
[111] Decision 11/CP.7 FCCC/CP/2001/13/Add. 1.

bestehen, diese Aktivitäten auf den Zeitraum vor 2008 zu verlegen.[112] Zunächst spricht der Wortlaut des Art. 3 Abs. 3 KP gegen eine solche Auslegung. Danach müssen „alle" nachprüfbaren Bestandsveränderungen der Kohlenstoffbestände im Verpflichtungszeitraum angerechnet werden. Ein Teil der durch Entwaldung zwischen 1990 und 2008 entstehenden Bestandsveränderungen lässt sich jedoch auch noch während des Verpflichtungszeitraums, ab 2008 nachweisen. Die Vertragstaatenkonferenz könnte dieser Gefahr auch im Rahmen der kommenden Verhandlungen um zukünftige Verpflichtungsperioden, durch die Einführung von Zeitlimits entgegenwirken, wonach Entwaldungen im Zeitraum zwischen 1990 und 2008 berücksichtigt werden müssen.

II. Die Regelung von Senkenprojekten im Rahmen der flexiblen Mechanismen

Während sich Art. 3 Abs. 3 und Abs. 4 KP auf Maßnahmen der Industriestaaten auf ihrem Hoheitsgebiet beziehen, sehen die flexiblen Mechanismen des KPs Maßnahmen vor, die auf dem Hoheitsgebiet anderer Vertragsstaaten durchgeführt werden können. Auch im Rahmen der flexiblen Mechanismen besteht die Möglichkeit der Durchführung von Senkenprojekten. Die erfolgreiche Durchführung von LULUCF-Projekten im Rahmen der flexiblen Mechanismen kann direkt positive Auswirkungen auf den Erhalt biologischer Vielfalt haben. Insbesondere Projekte in artenreichen, tropischen Entwicklungsländern können neben der Verwirklichung von Klimaschutzzielen, bei entsprechendem Design auch dem Biodiversitätsschutz dienen. Dadurch, dass im Rahmen der Projekte zertifiziert Emissionsreduktionseinheiten generiert und veräußert werden, können sie auch zur nachhaltigen Finanzierung von Schutzmaßnahmen beitragen.

1. Senkenprojekte in Entwicklungsländern – der Mechanismus für umweltverträgliche Entwicklung

Im Rahmen des CDM sollen Klimaschutzprojekte in Entwicklungsländern als gemeinsame Projekte mit Industriestaaten durchgeführt werden. Dies stellt die bisher einzige Möglichkeit der Einbeziehung von Entwicklungsländern im KP dar. Die sich aus einem solchen Projekt ergebenden zusätzlichen Emissionsreduktionen werden zertifiziert, der beteiligte Industriestaat kann sie dann zu der ihm nach dem KP erlaubten Emissionsmenge hinzurechnen. Auf diese Weise kann der Investorstaat einen Teil seiner Reduktionsverpflichtungen durch Klimaschutzprojekte in Entwicklungsländern erfüllen. Das beteiligte Entwicklungsland wird zugleich darin unterstützt eine nachhaltige Entwicklung zu erreichen.[113] Auch Senkenpro-

---

[112] WBGU, 1998, S. 34.

[113] Cowie et al., „Potential Synergies between existing multilateral environmental agreements in the implementation of land use, land-use change and forestry activities", Environmental Science & Policy 2007a, S. 335–352 (338).

jekte können im Rahmen des CDM in Entwicklungsländern durchgeführt werden. Auch hier gilt, dass die konkreten Maßnahmen auf Aufforstung und Wiederaufforstung beschränkt sind. Im ersten Verpflichtungszeitraum (2008–2012) dürfen auf diese Weise erzielte, anrechenbare Emissionsreduktionen eines Annex I Staates 1 % der Emissionen dieses Staates im Basisjahr nicht überschreiten.[114]

a) Zulässigkeit von Senkenprojekten im Rahmen des Mechanismus für umweltverträgliche Entwicklung

Art. 12 KP lässt offen, ob im Rahmen des Mechanismus für umweltverträgliche Entwicklung Senkenprojekte im Bereich der Landnutzung, Landnutzungsänderung und Forstwirtschaft durchgeführt werden dürfen.[115] Einerseits wird vertreten, nach dem Wortlaut des Art. 12 KP sei nur von Emissionsreduktionen die Rede. Insbesondere Art. 12 Abs. 5 KP, der Bedingungen für die Zertifizierbarkeit angibt, nennt nur „Emissionsreduktionen". Die Vorschrift über die gemeinsame Umsetzung, Art. 6 KP hingegen beziehe sich ausdrücklich auch auf die Verstärkung des anthropogenen Abbaus von Treibhausgasen durch Senken.[116] Aus dieser Nichterwähnung von Senken in Art. 12 KP, im Vergleich zu der ausdrücklichen Nennung von Senken in Art. 6 KP könne auf einen willentlichen Verzicht von Senkenprojekten im Rahmen des CDM geschlossen werden.[117] Des Weiteren wird angeführt, Art. 12 Abs. 3 KP lege fest, dass Anlage I Parteien des KPs zertifizierte Emissionsreduktionen aus Projektaktivitäten in Nicht-Anlage I Staaten dazu verwenden können, ihre quantitativen Reduktionsverpflichtungen zu erfüllen. Einer engen Auslegung des Wortes Emissionsreduktion folgend dürften Senkenaktivitäten nicht darunter fallen, da Senken keine bestehenden Emissionen reduzieren, sondern Treibhausgase aus der Atmosphäre einbinden.[118] Aus der Verhandlungsgeschichte des KPs geht hervor, dass der Entwurfstext zu Art. 12 KP mit mehreren Fußnoten versehen war. Eine dieser Fußnoten diente als Platzhalter für das Ergebnis der Verhandlungen über die Einbeziehung von Senkenaktivitäten. Danach konnten, „in Übereinstimmung mit entsprechenden Beschlüssen der Parteien zur Behandlung der Senken im KP, Maßnahmen zur Abschwächung des Klimawandels auch Senkenaktivitäten miteinbeziehen".[119] Es kam jedoch längere Zeit nicht zu einer Einigung über die Frage nach Möglichkeit und Umfang der Einbeziehung biologischer Kohlenstoffsenken und -speicher. Im Zuge des Löschens von Fußnoten aus dem Entwurfstext zu Art. 12 KP wurde auch diese Fußnote gelöscht.[120] Ob die Streichung bewusst oder zufällig vorgenommen wurde, ist nicht dokumentiert. Aus der Ver-

---

[114] Höhne et al., „The rules for land use, land-use change and forestry under the Kyoto Protocol – lessons learned for the future climate negotiations", Environmental Science and Policy 2007, S. 353–369 (359).

[115] Bettelheim/d'Origny, „Carbon sinks and emissions trading under the Kyoto Protocol: a legal analysis", Phil. Trans. R. Soc. Lond. A 360 (2002), S. 1827–1851 (1833).

[116] WBGU, 1998, S. 12.

[117] Bettelheim/d'Origny, 2002, S. 1833.

[118] Herold, 1998, S. 19.

[119] Depledge, „Tracing the Origins of the Kyoto Protocol: An Article-by-Article Textual History", FCCC/TP/2000/2, 2000, S. 76.

[120] Depledge, 2000, S. 76.

handlungsgeschichte zu Art. 12 KP lässt sich demnach kein zwingendes Argument gegen die Einbeziehung von Senkenaktivitäten in den Mechanismus für umweltverträgliche Entwicklung ableiten.

Andererseits wird die Auffassung vertreten, dass Senkenprojekte im Rahmen des CDM durchaus zulässig seien. Mangels ausdrücklichen Ausschlusses von Senkenprojekten spreche der Wortlaut des Art. 12 KP ihrer Durchführung nicht entgegen.[121] Auch wird angenommen, dass sich Art. 12 KP auf die Netto-Emissionen beziehe, so dass neben energiebedingten Emissionen auch Quellen und Senken des LULUCF-Sektors zu berücksichtigen seien. Begründet wird dies mit einem Verweis auf die Verpflichtungen nach Art. 3 KP, zu deren Erfüllung Senkenprojekte zulässig sind.[122] Es wird angeführt, man dürfe Art. 12 KP nicht isoliert betrachten, sondern müsse ihn im Zusammenhang mit Art. 2 Abs. 1 KP und Art. 3 Abs. 1, Abs. 3 KP auslegen. Eine solche Auslegung lasse dann nur den Schluss zu, auch Senkenprojekte als zulässige Aktivitäten im Rahmen des CDM zuzulassen.[123]

Die Vertragsstaatenkonferenz hat sich auf den Tagungen in Bonn und Marrakesch mit der Frage nach der Einbeziehung von Senkenprojekten in den CDM beschäftigt und entschieden, auch LULUCF-Projekte zuzulassen.[124] Aufgrund der zu dieser Zeit existierenden Unsicherheiten und der Befürchtung die Industriestaaten könnten die kostengünstigen CDM-Projekte in größerem Umfang den Emissionsreduktionsmaßnahmen im eigenen Land vorziehen, wurde eine quantitative Begrenzung der Emissionsreduktionen aus CDM-Projekten auf ein Prozent der Emissionen im Ausgangsjahr multipliziert mit fünf vorgenommen.[125] Auch die Frage, welche Aktivitäten im Rahmen der Projekte in Entwicklungsländern zulässig seien, wurde geklärt. Demnach sind Projekte des CDM auf die in Art. 3 Abs. 3 KP genannten Aufforstungs- und Wiederaufforstungsmaßnahmen begrenzt, und damit weitergehende Maßnahmen wie etwa die Vermeidung von Entwaldung ausgeschlossen.[126]

b) Auswirkungen von Senkenprojekten in Entwicklungsländern auf die Biodiversität

Senkenprojekte im Rahmen des CDM können, ähnlich wie Projekte im Rahmen des Art. 3 Abs. 3 KP positive Effekte für die Erhaltung biologischer Vielfalt haben. Wiederaufforstungen gerodeter Flächen mit diversen, einheimischen Arten zwecks Vergrößerung natürlicher Habitate gefährdeter Arten, können insbesondere in den artenreichen tropischen Entwicklungsländern einen großen Beitrag zum Biodiversitätserhalt leisten. Die Regelungen zu Senkenprojekten in Art. 12 KP und den konkretisierenden Entscheidungen der Vertragsstaatenkonferenz lassen

---

[121] Kreuter-Kirchhof, 2005, S. 284.

[122] Schulte zu Sodingen, 2002, S. 251; WBGU, 1998, S. 12.

[123] Bettelheim/d'Origny, 2002, S. 1833.

[124] Decision 5/CP6 FCCC/CP/2001/L.7, S. 9.

[125] Decision 5/CP6 FCCC/CP/2001/L.7, S. 11; Decision 17/CP7 FCCC/CP/2001/Add.2, S. 22.

[126] Decision 5/CP6 FCCC/CP/2001/L.7, S. 9.

im Rahmen des CDM derzeit aber auch Maßnahmen zu, die dem Erhalt natürlicher Ökosysteme und damit dem Schutz biologischer Vielfalt entgegenwirken. Da sich die Entwicklungsländer noch nicht zur Erreichung verbindlicher Emissionsreduktionen verpflichtet haben, müssen die durch Rodung in einem Entwicklungsland freigesetzten Emissionen auch nicht auf Reduktionsverpflichtungen angerechnet werden.[127] Dadurch kann ein Anreiz zur Rodung stehender Primärwaldflächen entstehen. Mit den Primärwaldflächen könnten kurzzeitig wirtschaftliche Erträge aus der Verwertung des geernteten Holzes erzielt werden. Später könnten die Flächen Industriestaaten zur Durchführung von Wiederaufforstungsmaßnahmen im Rahmen eines CDM-Projektes zur Verfügung gestellt werden.[128] Ein weiteres Problem stellt die, aus Klimaschutzgründen geleistete finanzielle Unterstützung des Anbaus von Biomasse zur Energiegewinnung dar. Dies kann vor allem dann, wenn es zur Zerstörung natürlicher terrestrischer Ökosysteme, z.B. zum Zwecke des Anbaus von Zuckerrohr zur Gewinnung des Biokraftstoffs Ethanol kommt, erhebliche negative Auswirkungen auf den Erhalt biologischer Vielfalt haben.[129] Sowohl für die beteiligten Entwicklungsländer als auch für die Industriestaaten würde dies eine wirtschaftlich lukrative Option darstellen. Verstärkt wird dies durch die Tatsache, dass nach Art. 12 Abs. 10 KP CERs, die bereits zwischen 2000 und 2008 erworben werden, als Beitrag zur Erfüllung der Verpflichtungen im ersten Verpflichtungszeitraum genutzt werden können. Das beteiligte Entwicklungsland könnte so zunächst ungestraft entwalden, danach die Fläche bis zum Projektbeginn intensiv gewinnbringend nutzen und schließlich, im Rahmen eines Finanztransfers für das CDM-Projekt profitieren. Der Industriestaat könnte insofern Nutzen ziehen, als auch ihm die Emissionen nicht angelastet würden und es dann im Entwicklungsland Senkenprojekte kostengünstiger durchführen kann als im eigenen Land.[130] Des Weiteren besteht hinsichtlich der Durchführung eines CDM-Aufforstungsprojektes die Gefahr, dass es im Hinblick auf maximale wirtschaftliche Erträge zur Errichtung schnellwachsender Monokulturplantagen kommt und nach Projektablauf zu ungestraften Entwaldungen, sofern die Rodungen keiner Partei angerechnet werden.[131]

c) Modalitäten und Prozeduren für die Erteilung der Emissionszertifikate von Aufforstungs- und Wiederaufforstungsprojekten im Rahmen des Mechanismus für umweltverträgliche Entwicklung

Der Handel mit Emissionsgutschriften aus CDM-Projekten setzt zunächst die Überprüfung der Projekte, sowie die Überwachung der entstehenden Emissionsminderungen voraus, bevor es zur Ausstellung von handelbaren Emissionszertifikaten kommt. Das Zertifizierungssystem ist ein wichtiges Instrument um sicherzu-

---

[127] WBGU, 1998, S. 36.

[128] WBGU, 1998, S. 36.

[129] Dutschke/Wolf, Reducing Emissions from Deforestation in Developing Countries – The way forward, 2007, S. 9.

[130] Hofmann, 2006, S. 122.

[131] Schulze et al., 2002, S. 516.

stellen, dass auch tatsächlich nur solche Emissionsreduktionen zertifiziert und den Anlage I Staaten angerechnet werden, die den Regelungen des KPs entsprechen.[132] Die Zertifizierungsvoraussetzungen werden durch die Bonner Übereinkunft und das Übereinkommen von Marrakesch konkretisiert und im Folgenden dargelegt.

aa) Berechtigung zur Teilnahme an Senkenprojekten im Rahmen des Mechanismus für umweltverträgliche Entwicklung

Die Teilnahme am Mechanismus für umweltverträgliche Entwicklung ist freiwillig. Nach Art. 12 Abs. 2 KP, konkretisiert durch die Entscheidung der Vertragstaatenkonferenz von Marrakesch können Anlage I Vertragsparteien als Investorstaaten am Mechanismus für umweltverträgliche Entwicklung teilnehmen, wenn sie gemäß Art. 1 Abs. 6 KP das KP ratifiziert haben. Die Anlage I Staaten müssen darüber hinaus die nach dem KP zulässige Gesamtemissionsmenge gemäß Art. 3 Abs. 7 KP und Art. 3 Abs. 8 KP festgesetzt haben. Auch die Etablierung eines nationalen Systems zur Abschätzung der Treibhausgasemissionen und -speicherung durch Senken nach Art. 5 Abs. 1 KP, sowie die Errichtung eines computerisierten nationalen Registers gemäß Art. 7 Abs. 4 KP sind Voraussetzungen für die Teilnahme von Anlage I Staaten. Die nationalen Emissionsinventare müssen von der Anlage I Partei nach Art. 7 Abs. 1 KP rechtzeitig und mit etwaigen erforderlichen Zusatzinformationen eingereicht worden sein.[133]

Nicht Anlage I Staaten müssen zur Teilnahme an einem Projekt des Mechanismus für umweltverträgliche Entwicklung ebenfalls das KP ratifiziert haben. Vor der Teilnahme an einem Aufforstungs- oder Wiederaufforstungsprojekt muss der Staat, in dem das Projekt durchgeführt werden soll, die Werte innerhalb der vorgegebenen Marge der Walddefinition festlegen.[134] Darüber hinaus bestehen für Nicht Anlage I Staaten keine weiteren Teilnahmevoraussetzungen.[135]

bb) Dauerhaftigkeit der Projektmaßnahmen

Nach langjährigen Diskussionen und Verhandlungen über das Problem begrenzter Dauerhaftigkeit der Kohlenstoffeinbindung und -speicherung wurden Modalitäten und Definitionen für die Anrechnung von Aufforstungen und Wiederaufforstungen im Rahmen des Mechanismus für umweltverträgliche Entwicklung eingeführt.[136] Mittels einer zeitlichen Befristung der ausgegebenen Zertifikate (*Certified Emissions Reductions*, CER) soll verhindert werden, dass die Emissionsreduktionsgutschriften im Falle ungeplanter Freigabe des gespeicherten CO_2, etwa durch menschliche Eingriffe (z.B. illegaler Einschlag) oder natürliche Ursachen (z.B. Feuer, Sturm), nicht mehr durch Kohlenstoffbindung gedeckt sind.[137] Es wurden mit den *„long-term CERs"* (lCERs) und den *„temoprary CERs"* (tCERs) zwei neue Zertifikate eingeführt. Die Zertifikate unterscheiden sich in ihrer Gültigkeits-

---

[132] Vgl. Kreuter-Kirchhof, 2005, S. 299.
[133] Decision 17/CP7 FCCC/CP/2001/Add.2, S. 32f.
[134] Decision 5/CMP.1 FCCC/KP/CMP/2005/8/Add. 1, S. 63.
[135] Decision 17/CP7 FCCC/CP/2001/Add.2, S. 32f.
[136] Decision 5/CMP.1 FCCC/KP/CMP/2005/8/Add. 1.
[137] Hofmann, 2006, S. 101.

dauer. LCERs verfallen mit Ablauf des Kreditierungszeitraums des Projekts, für das sie ausgestellt wurden. Ein lCER wird demnach, abhängig vom gewählten Kreditierungszeitraum, nach etwa 30–60 Jahren ungültig. TCERs hingegen verfallen bereits am Ende des Verpflichtungszeitraums, der auf den Verpflichtungszeitraum folgt, in dem sie ausgestellt wurden.[138] Sie haben daher eine Gültigkeitsdauer von sechs bis zehn Jahren.[139] Beide Zertifikate müssen nach ihrem Verfall durch AAU, CER, ERU oder RMU ersetzt werden. TCERs können darüber hinaus durch neue tCERs ersetzt werden.[140] Auch wurde beschlossen, dass ein Senkenprojekt alle fünf Jahre verifiziert werden muss, um zu gewährleisten, dass die Kohlenstoffspeicherung weiterhin gegeben ist.

cc) Bestimmung von Ausgangswert und Zusätzlichkeit der Kohlenstoffeinbindung

Zertifizierbare Emissionsreduktionen, die durch Projekte im Rahmen des Mechanismus für umweltverträgliche Entwicklung generiert werden, sollen nach Art. 12 Abs. 5 lit. (a) KP „reale und messbare" sowie „langfristige" Vorteile in Bezug auf die Abschwächung der Klimaänderungen erbringen. Gemäß Art. 12 Abs. 5 lit. (b) KP werden jedoch nur solche Emissionsreduktionen anerkannt, die

> „zusätzlich zu denen entstehen, die ohne die zertifizierte Projektmaßnahme entstehen würden".

Es handelt sich dabei um das Kriterium der Zusätzlichkeit.[141] Die Berechnung der „zusätzlichen" Emissionsreduktionen stützt sich auf den ebenfalls zu ermittelnden Ausgangswert, eine quantitativ bestimmte Referenzemission als Bezugsbasis, auch „Baseline" genannt.[142] Dabei ist es von entscheidender Bedeutung, dass die Ausgangswerte richtig und verlässlich festgelegt werden. Von der, auf diese Ausgangswerte gestützten Zertifizierung der Emissionsreduktionen ist die Übertragung und damit die Anrechnung auf die Reduktionsverpflichtungen der Anlage I Staaten abhängig.[143] Durch die Festlegung eines hohen Ausgangswertes können beispielsweise die erzielbaren Emissionsreduktionsgutschriften erhöht werden. Da der Nicht Annex I Staat, in dem das CDM-Projekt durchgeführt wird, keine Emissionen reduzieren muss, wären mit einem hohen Emissionsausgangswert auch keine Nachteile für ihn verbunden. Es ergäbe sich daher sowohl für den Investor aus dem Annex I Staat als auch den Nicht Annex I Staat, ein Anreiz, den Ausgangswert mit möglichst hohen Emissionen zu berechnen.[144] Der Nachweis des Zusätzlichkeitserfordernisses, sowie die Aufstellung einer Berechnungsgrundlage für den Ausgangswert bedurften daher ausfüllender Regelungen durch die Ver-

---

[138] Decision 5/CMP.1 FCCC/KP/CMP/2005/8/Add. 1, S. 62.

[139] Fraunhofer Institut, Flexible Instrumente im Klimaschutz, 2005, S. 407.

[140] Sterk, „COP 9 entscheidet über Senkenprojekte", JIKO-Info 01/04 (2004), S. 1–3 (2).

[141] Schwarze, 2000, S. 165.

[142] Kreuter-Kirchhof, 2005, S. 261.

[143] Scholz/Noble, in: Freestone/Streck, 2005, S. 272.

[144] Schwarze, 2000, S. 169.

tragsstaatenkonferenz.[145] Für Auf- und Wiederaufforstungsprojekte wird der Ausgangswert definiert als das Szenario, das die Summe der Änderungen der Kohlenstoffbestände in den Kohlenstoffspeichern innerhalb der Projektgrenze wiedergibt, die ohne das Projekt zu erwarten wäre.[146] Die Projektteilnehmer haben bei der Ermittlung des Ausgangswertes die von der Vertragsstaatenkonferenz erlassenen Regelungen über die Nutzung neuer und genehmigter Methoden zu berücksichtigen.[147] Angemessene Methoden zur Bestimmung der Ausgangswerte werden vom *Executive Board* des CDM bekannt gegeben.[148] Ansätze, Annahmen, Methoden, Parameter, Datenquellen und Schlüsselfaktoren zur Bestimmung des Ausgangswertes sollen unter Berücksichtigung von Unsicherheiten, transparent und konservativ erfolgen. Die Referenzemission muss projektspezifisch aufgestellt werden.[149] Derzeit stehen für Aufforstungs- und Wiederaufforstungsprojekte folgende Ansätze zur Bestimmung der Ausgangswerte zur Verfügung:[150]

- Bestehende oder frühere Änderungen der Kohlenstoffbestände in den Kohlenstoffspeichern innerhalb der Projektgrenze soweit anwendbar.
- Änderungen der Kohlenstoffbestände in den Kohlenstoffspeichern innerhalb der Projektgrenze durch Landnutzung, die unter Berücksichtigung von Investitionsbarrieren die ökonomisch attraktivste Alternative darstellt.
- Änderungen der Kohlenstoffbestände in den Kohlenstoffspeichern innerhalb der Projektgrenze, durch die wahrscheinlichste Landnutzung zum Zeitpunkt des Projektstartes.

dd) Berücksichtigung des Verlagerungseffektes
Die Vertragsstaatenkonferenz stellt in einer Entscheidung auf ihrer 9. Tagung klar,

„dass von der Nettoentfernung der Treibhausgase durch Senken die Folgen des Verlagerungseffekts abgezogen werden müssen und dass ein Senkenprojekt unter dem CDM so ausgestaltet werden muss, dass der Verlagerungseffekt minimiert wird."[151]

Definiert wird der Verlagerungseffekt als

„die messbare Zunahme der Treibhausgasemissionen aus Quellen, die außerhalb der Grenze des Aufforstungs- oder Wiederaufforstungsprojekts unter dem CDM auftritt und dem Projekt zurechenbar ist."[152]

---

[145] Höhne et al., 2007, S. 366.
[146] Decision 5/CMP.1 FCCC/KP/CMP/2005/8/Add. 1, S. 66.
[147] Decision 3/CMP.1, Decision 5/CMP.1 FCCC/KP/CMP/2005/8/Add. 1.
[148] Decision 5/CMP.1 FCCC/KP/CMP/2005/8/Add. 1, S. 66.
[149] Fraunhofer Institut, 2005, S. 419.
[150] Decision 5/CMP.1 FCCC/KP/CMP/2005/8/Add. 1, S. 67.
[151] Decision 19/CP.9 FCCC/CP/2003/6/Add.2.
[152] Decision 19/CP.9 FCCC/CP/2003/6/Add.2.

ee) Verbot der Verwendung offizieller Entwicklungshilfemittel

Für die Finanzierung der Projekte dürfen keine Mittel eingesetzt werden, die ursprünglich zur Deckung der Verpflichtungen der Annex I Länder nach der FCCC durch die GEF bereitgestellt werden.[153]

ff) Nachhaltige Entwicklung und Umweltauswirkungen

Zulässigkeitsvoraussetzung für alle Projekte des umweltverträglichen Mechanismus ist das, in Art. 12 Abs. 2 KP genannte Ziel der Unterstützung von Nicht Anlage I Staaten in ihrem Bemühen um eine nachhaltige Entwicklung.[154] Die beteiligten Projektteilnehmer müssen hinsichtlich der ökologischen Auswirkungen des Aufforstungs- oder Wiederaufforstungsprojekts den Nachweis der Unbedenklichkeit erbringen.[155] Das erfordert eine Analyse der Umweltauswirkungen und falls diese den Projektteilnehmern oder dem Gastland bedenklich erscheint, ist eine Umweltverträglichkeitprüfung gemäß den Vorgaben des Gastgeberlandes durchzuführen.[156] Dabei sind auch die sozioökonomischen Auswirkungen des Projekts zu untersuchen.[157] Die Anforderungen an die ökologische Nachhaltigkeit von (Wieder-) Aufforstungsprojekten wird jedoch aus Biodiversitätsschutzgründen kritisch betrachtet, da eine Umweltverträglichkeitsprüfung zwar nach den Vorgaben des Gastgeberlandes durchgeführt werden muss, im Rahmen des KPs für (Wieder-) Aufforstungsprojekte jedoch keine spezifischen Regelungen bzw. Mindeststandards dieser Umweltverträglichkeitsprüfung vorgegeben werden. Damit ist weder die Verwendung von genetisch modifizierten Organismen noch die von gebietsfremden Arten auf internationaler Ebene untersagt worden. Ihre Verwendung muss lediglich im Projektentwurfsplan (*Projekt Design Dokument,* PDD) angegeben werden.[158]

gg) Ermittlung der notwendigen Daten

Für das Monitoring von Aufforstungs- und Wiederaufforstungsmaßnahmen gelten prinzipiell die selben Anforderungen wie für andere Projekte im Rahmen des CDM.[159] Demnach fällt die Ermittlung der erforderlichen Daten in den Aufgabenbereich der Projektteilnehmer und ist während der Projektlaufzeit in regelmäßigen Abständen durchzuführen. Es müssen alle zur Ermittlung der tatsächlichen Projektemissionen erforderlichen Daten in einem Monitoringbericht festgehalten werden.[160] Hierzu gehören Daten, die der Festlegung der erforderlichen Ausgangswerte dienen. Auch Daten zur Erfassung von Verlagerungseffekten sowie der Nachweis der Dauerhaftigkeit und möglicher Umweltauswirkungen müssen

---

[153] Fraunhofer Institut, 2005, S. 347.

[154] Kreuter-Kirchhof, 2005, S. 252.

[155] Scholz/Noble, in: Freestone/Streck, 2005, S. 275.

[156] Decision 17/CP.7 FCCC/CP/2001/13/Add.2, S. 44; Decision 5/CMP.1 FCCC/KP/-CMP/2005/8/Add.1, S. 14.

[157] Scholz/Noble, in: Freestone/Streck, 2005, S. 275.

[158] Sterk, 2004, S. 2.

[159] Decision 5/CMP.1 FCCC/KP/CMP/2005/8/Add.1, S. 14.

[160] Bosquet, „Specific Features of Land Use, Land-Use Change, and Forestry Transactions", in: Freestone/Streck, 2005, S. 281–294 (289).

erhoben werden.[161] Bei der Erstellung des Monitorings sind Methoden zu verwenden, die von der *„Operating Entity"* als für das Projekt geeignet und in der Anwendung für ordnungsgemäß befunden wurden.[162]

hh) Verifizierung und Zertifizierung der Projekte und Emissionsgutschriften

Die Zertifizierung der resultierenden Emissionsgutschriften erfolgt gemäß Art. 12 KP in einem förmlichen, zweistufigen Verfahren. Der erste Schritt sieht die Überprüfung, Validierung und Registrierung des Projektes vor. In dem zweiten Schritt werden die aus dem Projekt resultierenden Emissionsreduktionen verifiziert und zertifiziert.[163] Bei der als Validierung bezeichneten Zertifizierung der Projekte wird durch unabhängige Einrichtungen (*„Designated Operational Entity"*, DOE) überprüft, ob das Projekt selbst die – unter aa.–gg. erörterten – Zulässigkeitsvoraussetzungen für CDM-Projekte erfüllt.[164] Als Überprüfungsgrundlage hierzu dient der Projektentwurfsplan.[165] Entspricht das Projekt den erforderlichen Voraussetzzungen, erfolgt die Registrierung durch den CDM-Exekutivrat in Form einer förmlichen Annahme als CDM-Projekt.

Die aus einem Projekt hervorgegangenen Emissionsreduktionen sollen durch unabhängige Einrichtungen verifiziert und anschließend zertifiziert werden.[166] Im Rahmen von (Wieder-)Aufforstungsprojekten wird unter Verifizierung die periodische, unabhängige Überprüfung und ex post Feststellung der Netto-Treibhausgasbindung seit Projektstart verstanden. Als Grundlage dienen die von den Projektteilnehmern erhobenen Daten.[167] Den Zeitpunkt der ersten Verifizierung und Zertifizierung eines Senkenprojekts können die Projektteilnehmer bestimmen. Nach der ersten Verifizierung und Zertifizierung muss sie bis zum Ablauf des Kreditierungszeitraums alle fünf Jahre stattfinden. Dies gilt unabhängig von der gewählten Gutschriftenform (tCERs oder lCERs).[168] Über die Ergebnisse dieser Prüfung wird ein Verifizierungsbericht erstellt und an den CDM-Exekutivrat sowie die Projektteilnehmer weitergereicht.[169] Dieselbe Einrichtung bestätigt mit der Zertifizierung schriftlich, dass während eines bestimmten Zeitraums die verifizierten Emissionsreduktionen aus einem Projekt hervorgegangen sind, zu denen es ohne das Projekt nicht gekommen wäre.[170] Damit schließt die Zertifizierung den Verifizierungsprozess ab.

---

[161] Kreuter-Kirchhof, 2005, S. 302.

[162] Fraunhofer Institut, 2005, S. 375.

[163] Kreuter-Kirchhof, 2005, S. 301. Auf die zertifizierten Projekte beziehen sich Art. 12 Abs. 5 lit. c, Abs. 6 und Abs. 8 KP. Dass es das Ziel der Projekte ist, zertifizierte Emissionsreduktionen zu generieren ergibt sich aus Art. 12 Abs. 3 lit. a, lit. b, Abs. 5, Abs. 9 und Abs. 10 KP.

[164] Dabei sind insbesondere die Entscheidungen 17/CP.7 und 19/CP.9 zu berücksichtigen.

[165] Decision 5/CMP.1 FCCC/KP/CMP/2005/8/Add.1, S. 64.

[166] Kreuter-Kirchhof, 2005, S. 301.

[167] Decision 5/CMP.1 FCCC/KP/CMP/2005/8/Add.1, S. 69.

[168] Decision 5/CMP.1 FCCC/KP/CMP/2005/8/Add.1, S. 69.

[169] Kreuter-Kirchhof, 2005, S. 301.

[170] Decision 5/CMP.1 FCCC/KP/CMP/2005/8/Add.1, S. 70.

ii) Ausgabe der zertifizierten Emissionsreduktionen

Gemäß Art. 12 Abs. 2 KP, Art. 12 Abs. 3 lit. (a) KP, Art. 12 Abs. 3 lit. (b) KP und Art. 12 Abs. 5 KP gehen aus Projekten des umweltverträglichen Mechanismus zertifizierte Emissionsreduktionen hervor. Das Verfahren ist durch Entscheidungen der Vertragsstaatenkonferenz genau vorgegeben. Danach ist die unabhängige Zertifizierungsstelle dazu verpflichtet dem Exekutivrat zunächst einen Zertifizierungsbericht zu übermitteln, aus dem hervorgeht, wie viele verifizierte Emissionsreduktionen aus einem Projekt zertifiziert worden sind. Der Zertifizierungsbericht stellt gleichzeitig den Antrag an den Exekutivrat dar, zertifizierte Emissionsreduktionen entsprechend der Menge der verifizierten Emissionsreduktionen auszugeben.[171] Die Ausschüttung der für den verifizierten Zeitraum entstandenen Gutschriften, wird nach Eingang des Verifizierungsberichts durch den Exekutivrat des CDM angewiesen und vom Administrator des CDM-Registers, gemäß den von der Vertragsstaatenkonferenz getroffenen Regelungen durchgeführt.[172]

2. Senkenprojekte in Industriestaaten – die gemeinsame Umsetzung

Die gemeinsame Umsetzung wurde in Art. 6 KP geregelt. Sie erlaubt eine projektbezogene Zusammenarbeit zwischen Anlage I Staaten, also Industriestaaten und Staaten im Übergang zur Marktwirtschaft. Dabei reduziert ein Industriestaat die Emissionen seines Partnerstaates auf dessen Territorium. Die erzielten Emissionsreduktionen werden ihm übertragen.[173] Art. 6 Abs. 1 KP sieht dem Wortlaut nach vor, dass Projekte im Rahmen der gemeinsamen Umsetzung auch Maßnahmen zur Schaffung von Senken oder zur Reduktion der Emissionen aus Quellen beinhalten können. Während die Vertragsstaatenkonferenz auf ihrer 9. Tagung detaillierte Regelungen zu Senkenprojekten im Rahmen des CDM erließ, werden die Modalitäten für Senkenprojekte der gemeinsamen Umsetzung nur allgemein durch die Regelungen des KPs und die Entscheidung von Marrakesch bestimmt.[174] So sind u.a. die im Rahmen von Art. 3 Abs. 3 und Abs. 4 KP gewählten Definitionen und Berechnungsverfahren für Projekte der gemeinsamen Umsetzung entsprechend anzuwenden.[175] Der Hauptgrund für die unterschiedlich detaillierte Regelung von CDM und JI-Senkenprojekten liegt darin, dass durch Projekte im CDM neue Emissionsrechte geschaffen werden. JI-Projekte hingegen führen lediglich zu einem Transfer existierender Emissionsrechte von einem Industriestaat auf einen anderen.[176] Das Gastland hat daher keinen Anreiz die reduzierte Emissionsmenge

---

[171] Decision 17/CP7 FCCC/CP/2001/13/Add.2, S. 40.

[172] Decision 5/CMP.1 FCCC/KP/CMP/2005/8/Add.1, S. 70 i.V.m. Decision 17/CP7 FCCC/CP/2001/13/Add.2, S. 40.

[173] Freestone, in: Freestone/Streck, 2005, S. 11.

[174] Graichen, „Can Forestry Gain from Emissions Trading? Rules Governing Sinks Projects Under the UNFCCC and the European Emissions Trading System", RECIEL 14 (2005), S. 11–18 (16).

[175] FCCC/CP/2001/CRP.11 S. 6.

[176] Graichen, 2005, S. 16.

zu übertreiben, sondern die im Zuge eines JI-Projektes generierten Emissionsreduktionen genau zu überprüfen bzw. nationale Regelungen zu erlassen, die eine detaillierte Überprüfung vorsehen. Vor Missbrauch schützende, detaillierte Regelungen auf internationaler Ebene sind somit nicht erforderlich.[177]

a) Zulässige Maßnahmen im Rahmen von Senkenprojekten der gemeinsamen Umsetzung

Im Rahmen der gemeinsamen Umsetzung, Art. 6 KP stand nicht in Frage, ob Senkenaktivitäten generell zulässig seien. Dem Wortlaut nach können Projekte der gemeinsamen Umsetzung in jedem Bereich der Wirtschaft durchgeführt werden. Dies schließt auch Senkenerweiterungsprojekte mit ein.[178] Fraglich ist lediglich, welche konkreten Maßnahmen im Rahmen von Senkenprojekten der gemeinsamen Umsetzung zulässig sind. Aufgrund der weit gefassten Formulierung in Art. 6 KP wird vereinzelt die Meinung vertreten Art. 6 KP erlaube die Anrechnung von Projekten aus den Bereichen Emissionsreduktion und Senkenaufbau ohne jede Beschränkung. Art. 6 KP erweitere damit den Modus zur Anrechnung inländischer Senken im Rahmen des Art. 3 Abs. 3 KP. Dieser erlaubt wie oben erörtert nur die Anrechnung der Aktivitäten Aufforstung, Wiederaufforstung und Waldschutz.[179] In dieser, dem Wortlaut nach weiten Fassung des Art. 6 KP wurde die Gefahr einer möglichen Umgehung der Aktivitätsbeschränkungen des Art. 3 Abs. 3 KP gesehen.[180] So könne ein Land A ein Projekt außerhalb der Aktivitäten des Art. 3 Abs. 3 KP in einem Land B durchführen, um dieses Projekt als Maßnahme der gemeinsamen Durchführung auf das nationale Emissionsbudget anrechnen zu lassen. Es bestünde sogar die Möglichkeit, dass beide Länder über die gemeinsame Umsetzung von Projekten eine wechselseitige Anrechnung von nach Art. 3 Abs. 3 KP nicht zugelassener Landnutzungsänderungen erreichen könnten.[181] Es stellt sich daher die Frage, ob auch andere als die in Art. 3 Abs. 3, Abs. 4 KP genannten und durch die Beschlüsse von Marrakesch und Bonn näher bestimmten Aktivitäten im Rahmen der gemeinsamen Umsetzung zulässig und damit auch weitergehende Auswirkungen auf die biologische Vielfalt möglich sind.[182] Gegen diese These spricht der enge Ansatz des Art. 3 Abs. 3 und Abs. 4 KP. In beiden Regelungen wurden bestimmte Tätigkeiten aufgezählt bzw. durch die Beschlüsse der Vertragsstaatenkonferenzen in Bonn und Marrakesch konkretisiert und definiert. Daraus lässt sich schließen, dass die Vertragsparteien überwiegend eine begrenzte Anrechenbarkeit von Senken und Quellen wollten. Dieser Wille würde

---

[177] So müsste bei einem JI Projekt, bei dem ein deutsches Unternehmen in Russland investiert, Russland die entsprechenden Emissionsrechte von seinem Assigned Amount abziehen, in ERUs umwandeln und nach Deutschland transferieren.
Fraunhofer Institut, 2005, S. 516.

[178] Oberthür/Ott, 2000, S. 208.

[179] Schwarze, 2000, S. 198.

[180] WBGU, 1998, S. 39.

[181] WBGU, 1998, S. 39.

[182] Hofmann, 2006, S. 115.

jedoch durch eine weitergehende Reglung in Art. 6 KP untergraben.[183] Es wurde auch angeführt, dass die Gefahr über Art. 3 Abs. 3, Abs. 4 KP hinausgehender Maßnahmen durch die Regelung des Art. 3 Abs. 11 KP ausgeschlossen sei. Danach werden alle aus der gemeinsamen Umsetzung des Art. 6 KP entstehenden Emissionsreduktionen zwar der erwerbenden Partei zugerechnet, dem Emissionsbudget des Gastlandes jedoch auch angerechnet, so dass die befürchtete wechselseitige Anerkennung nicht zugelassener Senkenaktivitäten letztlich keiner der beteiligten Anlage I Parteien Emissionsgutschriften einbringen würde.[184] Die Vertragsstaatenkonferenz beschloss auf ihrer Tagung in Marrakesch, dass Senkenprojekte im Rahmen der gemeinsamen Umsetzung mit den Definitionen, Anrechnungsregeln, Modalitäten und Richtlinien der Art. 3 Abs. 3, Abs. 4 KP übereinstimmen müssen.[185] Das kann als weiteres Indiz dafür gewertet werden, dass nur Maßnahmen zulässig sind, die den Art. 3 Abs. 3, Abs. 4 KP entsprechen. Sonst würde es im Rahmen des Art. 6 KP an spezifischen Vorgaben für die Durchführung von Senkenprojekten gänzlich fehlen.[186] Es spricht folglich vieles dafür, dass die Durchführung von Senkenprojekten auch im Rahmen des Art. 6 KP auf die, in Art. 3 Abs. 3 und Abs. 4 KP beschriebenen und durch die Vertragstaatenkonferenz konkretisierten Aktivitäten begrenzt ist.[187] Auch die weiteren Anforderungen an die Einbeziehung von Senken in das KP, die durch die Beschlüsse von Bonn und Marrakesch festgelegt wurden, gelten daher für die Projekte der gemeinsamen Durchführung.[188]

b) Auswirkungen von Senkenprojekten im Rahmen der gemeinsamen Umsetzung auf die Biodiversität

Da im Rahmen der gemeinsamen Umsetzung, Art. 6 KP keine weitergehenden Senkenaktivitäten zulässig sind, ergeben sich folglich auch keine Auswirkungen für den Biodiversitätsschutz, die über die im Rahmen der Erörterung von Art. 3 Abs. 3, Abs. 4 beschriebenen hinausgehen. Um jedoch zu verhindern, dass es nach Projektablauf zu ungestraften Entwaldungen kommt, muss die Vertragsstaatenkonferenz beschließen, dass auch die Speicherveränderungen nach Ablauf eines Projekts zwischen Industriestaaten weiterhin unter dem KP erfasst werden.[189]

---

[183] Hofmann, 2006, S. 116.

[184] Oberthür/Ott, 2000, S. 208; Hecht/Orlando, 1998, S. 11f.

[185] Decision 16/CP.7 FCCC/CP/2001/13/Add. 2.

[186] Hofmann, 2006, S. 117.

[187] Langrock/Sterk/Wiehler, Akteurorientierter Diskussionsprozess „Senken und CDM/JI",
2003, S. 20f.

[188] Kreuter-Kirchhof, 2005, S. 181.

[189] Cullet/Kameri-Mbote, „Implementation and Forestry Projects: Conceptual and Operational Fallacies", International Affairs 74 (1998), S. 393–408 (406).

c) Modalitäten und Prozeduren für die Erteilung der Emissionszertifikate von Landnutzungsänderungsprojekten im Rahmen der gemeinsamen Umsetzung

Für die Anerkennung von Senkenprojekten und die Zertifizierung der daraus resultierenden Emissionsgutschriften sind im Rahmen der gemeinsamen Umsetzung unterschiedliche Verfahren vorgesehen. Erfüllt das Land in dem ein Senkenprojekt durchgeführt werden soll alle unten näher ausgeführten Teilnahmekriterien, dann ist ein vereinfachtes Verfahren zur Anerkennung des Projektes und der Zertifizierung der Emissionsgutschriften vorgesehen (sog. *First Track*).[190] Erfüllt das Gastland lediglich einige Kriterien, weist insbesondere Defizite hinsichtlich der Erfüllung von Berichtspflichten auf, so ist ein, an den Modalitäten und Prozeduren des CDM angelehntes Verfahren vorgesehen (sog. *Second Track*).[191]

aa) Berechtigung zur Teilnahme an Senkenprojekten im Rahmen der gemeinsamen Umsetzung

Die Teilnahme an Projekten der gemeinsamen Umsetzung setzt die Erfüllung der Regelungen des KPs, sowie der Beschlüsse der 9. Tagung der Vertragstaatenkonferenz von Marrakesch voraus.[192] Wie beim CDM können Anlage I Vertragsparteien als Investorstaaten an JI-Projekten teilnehmen, wenn sie gemäß Art. 1 Abs. 6 KP das KP ratifiziert, die zulässige Gesamtemissionsmenge nach Art. 3 Abs. 7 KP und Art. 3 Abs. 8 KP festgesetzt, ein nationales System zur Abschätzung der Treibhausgasemission und Speicherung durch Senken gemäß Art. 5 Abs. 1 KP etabliert, ein computerisiertes nationales Register gemäß Art. 7 Abs. 4 KP eingesetzt und die nationalen Emissionsinventare rechtzeitig nach Art. 7 Abs. 1 KP und mit etwaig erforderlichen Zusatzinformationen eingereicht haben.[193] Erfüllt auch der Gaststaat all diese Voraussetzungen, dann gelten für die Anerkennung des Projekts und die Zertifizierung der erzielten Emissionsreduktionen die nationalen Bestimmungen dieses Staates (sog. *First Track*). Es findet keine internationale Überprüfung statt. Hat der Gaststaat lediglich das KP ratifiziert, seine zulässige Gesamtemissionsmenge festgesetzt und verfügt über ein computerisiertes nationales Register, so wird der Projektzyklus von internationalen Kontrollinstanzen (*Supervisory Committee*) begleitet (sog. *Second Track*).[194] Das Vorliegen der Voraussetzungen wird dann durch eine internationale Institution, die „*Enforcement Branch*" des Komitees zur Erfüllungskontrolle geprüft und innerhalb von 16 Monaten beschieden.[195]

bb) Dauerhaftigkeit der Projektmaßnahmen

Das Problem der begrenzten Dauerhaftigkeit von Senkenprojekten wurde im Rahmen des JI nicht durch die Schaffung temporärer Emissionszertifikate gelöst.

---

[190] Graichen, 2005, S. 16.
[191] Graichen, 2005, S. 16.
[192] Fraunhofer Institut, 2005, S. 512.
[193] Decision 16/CP7 FCCC/CP/2001/Add.2, S. 12.
[194] Fraunhofer Institut, 2005, S. 513.
[195] Fraunhofer Institut, 2005, S. 513.

Senkenprojekte des JI generieren wie andere JI Projekte sog. *Emissions Reduction Units* (ERUs). Da Senkenprojekte unter die allgemeinen Regelungen zu Landnutzungsänderungen fallen, obliegt es dem Gaststaat die Dauerhaftigkeit der erzielten Emissionsreduktionen sicherzustellen. Er haftet für die Dauerhaftigkeit. Flächen, die der Durchführung von Senkenprojekten dienen, werden in das KP-Monitoring- und Berichtssystem aufgenommen. Kommt es im Rahmen von JI Projekten zur Zerstörung aufgeforsteter Waldflächen etwa durch Feuer und damit zur Freisetzung von Kohlenstoff, so gehen damit die zertifizierten ERUs verloren.[196]

cc) Bestimmung von Ausgangswert und Zusätzlichkeit der Kohlenstoffeinbindung

Art. 6 Abs. 1 lit. b KP schreibt vor, dass JI Projekte zu einer Reduktion der Emissionen aus Quellen oder zu einer Verstärkung des Abbaus durch Senken führen, „die zu den ohne das Projekt entstehenden hinzukommt." Die Zusätzlichkeit des durch die Schaffung von Senken erreichten Abbaus von Kohlenstoff wird durch einen Vergleich mit einem hypothetischen Ausgangswert bestimmt (sog. Baseline Szenario). Die Vertragsstaatenkonferenz definiert Baseline als ein Szenario, das die Emissionen durch Quellen und den Abbau durch Senken in Abwesenheit des jeweiligen Projekts widerspiegelt.[197] Die Baseline soll projektspezifisch bestimmt werden. Sie soll auf transparente Art und Weise erstellt werden, insbesondere im Hinblick auf die gewählten Ansätze, Annahmen, Methoden und Daten. Örtliche und sektorale Besonderheiten sind zu berücksichtigen. Darüber hinaus muss die Festlegung auf vorsichtigen Abschätzungen beruhen und Unsicherheitsfaktoren mit einbeziehen.[198]

dd) Projektvalidierung, Zertifizierung der Emissionsreduktionen und Übertragung der Emissionsgutschriften

Bei JI Projekten im „*First Track*" übernimmt das Gastland die Projektüberprüfung und gibt eigene Kriterien sowie Überprüfungsverfahren vor. Im Rahmen des „*Second Track*" müssen von den Projektteilnehmern Unterlagen mit den nötigen Informationen zur Überprüfung der Anerkennungskriterien an eine unabhängige Einrichtung eingereicht werden. Erfolgt eine Validierung des Projektes durch diese unabhängige Einrichtung, müssen die Projektteilnehmer im Rahmen des Monitoring die notwendigen Daten zur Berechnung der Projektemissionen und damit der Emissionsminderung durch die Projektteilnehmer erheben. Nach Erhalt dieser Daten übernimmt die unabhängige Einrichtung Verifizierung und Zertifizierung der Angaben. Vorausgesetzt es treten im Zusammenhang mit diesen Daten keine Unregelmäßigkeiten auf, erfolgt eine Übertragung der ERUs vom Gastgeberland auf das Konto des Investors. Bei JI-Projekten ist im Gegensatz zu CDM-Projekten keine Registrierung der Projekte auf internationaler Ebene beim „*Supervisory Committee*" vorgesehen.[199]

---

[196] Graichen, 2005, S. 16.
[197] Appendix B Decision 16/CP7 FCCC/CP/2001/Add.2, S. 18.
[198] Appendix B Decision 16/CP7 FCCC/CP/2001/Add.2, S. 18.
[199] Fraunhofer Institut, 2005, S. 521f.; Decision 16/CP7 FCCC/CP/2001/Add.2, S. 13f.

3. Handel mit Emissionsrechten aus Senkenaktivitäten

Nach Art. 17 KP können zwischen Industriestaaten Emissionsrechte gehandelt werden. Ein Annex I Staat, der überschüssige Emissionsrechte hat, kann diese an einen Staat transferieren, der zur Einhaltung seiner Verpflichtungen noch Emissionsrechte erwerben muss. Auch ein Handel mit in Senken gespeicherten Emissionen aus Art. 3. Abs. 3 KP, Art. 3 Abs. 4 KP Aktivitäten ist aufgrund der Einführung von *Removal Units* (RMU) möglich.[200] Durch die Einführung von tCERs und lCERs können die gemäß Art 12 KP im Rahmen des CDM, durch Senkenprojekte erworbenen Emissionsgutschriften gehandelt werden. Letztlich erlauben auch die ERUs einen Handel, von Emissionsgutschriften, die im Rahmen von Senkenprojekten der gemeinsamen Umsetzung nach Art. 6 KP erlangt wurden.

III. Regelungen zu Senkenaktivitäten im europäischen und deutschen Recht

Das KP sieht in Art. 4 KP u.a. vor, dass Vertragsstaaten einer Organisation der regionalen Wirtschaftsintegration ihre Emissionsreduktionsverpflichtungen gemeinsam erfüllen können.[201] Infolge eines solchen Zusammenschlusses ist bei der Berechnung der Treibhausgasreduktionen nicht mehr der einzelne Vertragsstaat entscheidend, sondern nur die Gesamtemissionsreduktionen der Gemeinschaft.[202] Die EU und ihre Mitgliedstaaten sind übereingekommen, ihre Emissionsreduktionsverpflichtungen nach dem KP, gemäß Art. 4 KP gemeinsam zu erfüllen.[203] Sie haben sich im KP dazu verpflichtet, ihre Emissionen bis 2012 um 8 % gegenüber dem Ausgangsjahr 1990 zu reduzieren.[204] Für die Art der Umsetzung der Verpflichtungen durch die Vertragsparteien enthält das KP selbst keine verbindlichen Regelungen. Es gibt also nicht vor, durch welche innerstaatlichen Politiken und Maßnahmen die Reduktionspflichten umgesetzt werden müssen.[205]

1. Regelungen zu Senkenaktivitäten im europäischen Recht

Eine Verknüpfung zwischen den Senkenaktivitäten betreffenden Regelungen des KP – insbesondere den Vorschriften über die projektbezogenen Mechanismen – und europarechtlichen Regelungen ergibt sich aus der EG-Richtlinie über ein

---

[200] Bettelheim/d'Origny, 2002, S. 1833.

[201] Heintschel von Heinegg, „Internationales öffentliches Umweltrecht", in: Ipsen, Völkerrecht, 2004, S. 973–1068 (1018), Rn. 68.

[202] Kloepfer, 2004, S. 1520, Rn. 66.

[203] Kreuter-Kirchhof, 2005, S. 442.

[204] Reuter/Busch, „Einführung eines EU-weiten Emissionshandels – Die Richtlinie 2003/-87/EG", EuZW 2 (2004), S. 39-43 (39).

[205] Kloepfer, 2004, S. 1527, Rn. 85.

System für den Handel mit Treibhausgasemissionszertifikaten (EH-RL)[206] und der sog. Verbindungsrichtlinie,[207] die eine Einbeziehung der projektbezogenen Emissionsrechte des KP in den europäischen Emissionshandel vorsieht.[208]

a) Das europäische Emissionshandelssystem

Ein Instrument zur Erreichung der gemeinsamen europäischen Emissionsreduktionsverpflichtungen stellt der europaweite Emissionsrechtehandel dar. Im Gegensatz zu dem in Art. 17 KP beschriebenen internationalen Emissionshandelssystem, bei dem es sich um einen zwischenstaatlichen Handel zwischen den Annex I Staaten des KP handelt,[209] also übertragene „Rechte" auf die Emissionsquoten der KP-Parteien angerechnet werden, bezieht sich das europäische Emissionshandelssystem auf einen Handel zwischen Unternehmen innerhalb der EU.[210] Der innereuropäische Emissionshandel soll dazu beizutragen, die von der EU im KP übernommenen Reduktionsverpflichtungen möglichst kostengünstig zu erfüllen und unterschiedliche nationale Handelssysteme zu verhindern.[211] Im Oktober 2003 wurde daher die Richtlinie des Europäischen Parlaments und des Rates über ein System für den Handel mit Treibhausgasemissionszertifikaten in der Gemeinschaft verabschiedet.[212] Der Handel mit Emissionszertifikaten findet in der EU seit dem 1. Januar 2005 statt.

Das europäische Emissionshandelssystem stellt ein sog. „Cap and Trade" System dar. D.h. es wird zunächst eine Höchstmenge erlaubter Gesamtemissionen festgelegt (Cap) und diese anschließend, in Form von handelbaren Zertifikaten auf die einzelnen, in Anhang I der EU-Emissionshandelsrichtlinie aufgelisteten Emittenten verteilt.[213] Die Menge der für eine Handelsperiode zuzuteilenden Emissionszertifikate, sowie das Verfahren der Zuteilung werden gemäß Art. 9 Abs. 1 EH-RL durch nationale Zuteilungspläne (NAP) von den Mitgliedstaaten festge-

---

[206] Richtlinie 2003/87/EG des Europäischen Parlaments und des Rates über ein System für den Handel mit Treibhausgasemissionszertifikaten in der Gemeinschaft, ABl. EU, Nr. L 275, S. 32.

[207] Richtlinie 2004/101/EG des Europäischen Parlaments und des Rates vom 27. Oktober 2004 zur Änderung der Richtlinie 2003/87/EG über ein System für den Handel mit Treibhausgasemissionszertifikaten in der Gemeinschaft im Sinne der projektbezogenen Mechanismen des Kyoto-Protokolls, ABl. EU, Nr. L 338 S. 18.

[208] Ebsen, Emissionshandel in Deutschland, 2004, S. 67.

[209] Schröder, „Der Handel mit Emissionsrechten als völker- und europarechtliches Problem", in: Hendler/Marburger/Reinhardt/Schröder, 2004, S. 35–70 (38).

[210] Seidel/Kerth, „Umsetzungsprobleme internationaler Umweltschutzkonventionen: das Beispiel des Kyoto-Protokolls – Emissionshandel als Instrument internationaler, europäischer und nationaler Politik", in: Müller-Graff/Pache/Scheuning, 2006, S. 149–168 (156).

[211] Pohlmann, 2004, S. 205.

[212] Richtlinie 2003/87/EG des Europäischen Parlaments und des Rates über ein System für den Handel mit Treibhausgasemissionszertifikaten in der Gemeinschaft, ABl. EU, Nr. L 275, S. 32.

[213] Seidel/Kerth, in: Müller-Graff/Pache/Scheuning, 2006, S. 150.

legt.[214] Die Betreiber der Anlagen sind dazu verpflichtet jährlich je Tonne CO_2, die von der Anlage emittiert wird, eine Emissionsberechtigung abzugeben.[215] Die Anlagenbetreiber, die mehr emittieren als sie Berechtigungen zugewiesen bekommen, müssen Berechtigungen nachkaufen, die Anlagenbetreiber, die weniger emittieren als sie Berechtigungen haben können diese verkaufen. Dadurch entsteht ein Handel mit den Emissionsberechtigungen („Trade"). Das „Cap and Trade"- Emissionshandelssystem hat aus ökonomischer Sicht den Vorteil, dass die Emissionen dort gemindert werden können, wo es am kostengünstigsten ist. Durch die Festlegung und spätere Senkung der handelbaren Höchstmenge an Treibhausgasen, kann darüber hinaus die Reduktion der Gesamtemissionen politisch zielgerichtet gesteuert werden.[216]

Obwohl der europäische Emissionshandel darauf angelegt ist langfristig sämtliche Treibhausgase zu erfassen, wurde er der Einfachheit halber zunächst auf CO_2-Emissionen, der in Anhang I der Richtlinie abschließend aufgeführten Anlagen des Energie- und Industriesektors beschränkt.[217] Der Anhang umfasst Feuerungsanlagen der Energiewirtschaft, Anlagen der Eisenmetallerzeugung und –verarbeitung, der mineralverarbeitenden Industrie sowie Anlagen zur Herstellung von Zellstoff aus Faserstoffen oder Erzeugnissen aus Papier und Pappe.[218] Die aufgrund der Umwandlung natürlicher Ökosysteme in der EU entstehenden Emissionen der Land- und Forstwirtschaft werden damit im EU-Emissionshandel derzeit ebenso wenig berücksichtigt wie der Sektor Verkehr und private Haushalte. Eine Erweiterung des Anwendungsbereiches, insbesondere des Einschlusses weiterer Sektoren kann gemäß Art. 24 Abs. 1 EH-RL jedoch für zukünftige Handelsperioden vereinbart werden.[219]

b) Die flexiblen Mechanismen im europäischen Emissionshandelssystem

Die EU beschränkt sich hinsichtlich der Instrumente zur Erreichung ihrer Emissionsreduktionsverpflichtungen nicht auf den Handel der zugeteilten Zertifikate. Sie strebt darüber hinaus mit der sog. Verbindungsrichtlinie (Linking Directive)[220] eine Einbindung der beiden projektbezogenen Mechanismen des KPs in den europäischen Emissionshandel an.[221] Die Verbindungsrichtlinie ist am 13.11.2004 in Kraft getreten und musste von den Mitgliedstaaten bis zum 13.11.2005 in nationa-

---

[214]   Kerth, Emissionshandel im Gemeinschaftsrecht, 2004, S. 167.

[215]   Ebsen, 2004, S. 1.

[216]   Schröder, 2004, S. 48f.

[217]   Reuter/Busch, 2004, S. 40.

[218]   Seidel/Kerth, in: Müller-Graff/Pache/Scheuning, 2006, S. 158.

[219]   Strube, Das deutsche Emissionshandelsrecht auf dem Prüfstand, 2006, S. 94.

[220]   Richtlinie 2004/101/EG des Europäischen Parlaments und des Rates vom 27. Oktober 2004 zur Änderung der Richtlinie 2003/87/EG über ein System für den Handel mit Treibhausgasemissionszertifikaten in der Gemeinschaft im Sinne der projektbezogenen Mechanismen des Kyoto-Protokolls, ABl. EU, Nr. L 338 S. 18.

[221]   Schröder, „Klimaschutz durch die Europäische Union", in: Hendler/Marburger/-Reinhardt/Schröder, 2006, S. 19–42 (26).

les Recht umgesetzt werden. Gemäß der Verbindungsrichtlinie sollen Gutschriften aus JI- und CDM-Projekten als äquivalent zu EU-Emissionszertifikaten anerkannt werden.[222] Die Anlagenbetreiber sollen so ihre Reduktionsverpflichtungen aus dem Gemeinschaftssystem durch eine Teilnahme an JI- und CDM-Projekten erfüllen können.[223] Dadurch werden auf dem europäischen Markt jedoch mehr Treibhausgasemissionsberechtigungen zur Verfügung stehen. Schätzungen gehen daher davon aus, dass in der Zeit von 2008–2012 die jährlichen Kosten für die Erfüllung der Verpflichtungen der in der erweiterten EU für das System zugelassenen Anlagen um mehr als 20 % sinken werden.[224] Um zu verhindern, dass die Emissionen höher werden als es das Ziel der EU ist, wurde beschlossen, deren Einbeziehung auf etwa 8 % der Emissionsminderungen zu begrenzen. Diese Limitierung gilt nur für das europäische Handelssystem. Kein Unternehmen wird daran gehindert, darüber hinausgehende CERs oder ERUs zu erwerben und zu besitzen.[225]

c) Senkenaktivitäten im europäischen Emissionshandelssystem

Senkenaktivitäten können nach Maßgabe des KP im Rahmen der sog. flexiblen Mechanismen JI und CDM durchgeführt werden. Auf europäischer Ebene ermöglicht die *Linking Directive* Zertifikate bestimmter Projekte die im Rahmen der flexiblen Mechanismen durchgeführt werden, als Gutschriften im innereuropäischen Emissionshandelssystem einzusetzen.[226] Im Folgenden wird ein Überblick über die bestehenden europarechtlichen Regelungen zu Senkenaktivitäten, sowie ein Ausblick auf mögliche Änderungen der europäischen Regelungen für einen Verpflichtungszeitraum nach 2012 gegeben.

aa) Regelung für den Zeitraum bis 2012

Durch die Verbindungsrichtlinie wurden für den Zeitraum bis 2008 zertifizierte Emissionsreduktionen und Emissionsreduktionseinheiten der projektbezogenen Mechanismen aus der Nutzung von Atomenergie und Senkenprojekte für die Verwendung im europäischen Emissionshandelssystem ausgeschlossen.[227] Während der Verhandlungen um die Verbindungsrichtlinie in den Jahren 2003 und 2004, war die Frage nach einer Einbeziehung von Senkenprojekten unter den Staaten der EU heftig umkämpft. Einige Staaten sprachen sich für eine Einbeziehung von biologischen Senken in das Handelssystem ab 2005 aus. Dieser Vorschlag wurde von anderen Staaten jedoch vehement abgelehnt. Hauptargumente gegen eine Einbeziehung von Senken waren die mit der Erfassung und Überwachung verbundenen Unsicherheiten, die lediglich vorübergehende Speicherung des Kohlendioxids, sowie die Gefahr einer Verwässerung der Klimaschutzziele durch

---

[222] Knopp/Hoffmann, „Das Europäische Emissionsrechtehandelssystem im Kontext der projektbezogenen Mechanismen des Kyoto-Protokolls", EuZW 20 (2005), S. 616–620 (617).

[223] Ebsen, 2004, S. 67.

[224] Kreuter-Kirchhof, 2005, S. 466.

[225] Kreuter-Kirchhof, 2005, S. 467.

[226] Reuter/Busch, 2004, S. 41.

[227] Knopp/Hoffmann, 2005, S. 617.

die Verwendung kostengünstiger temporärer Emissionsgutschriften.[228] Es wurde
befürchtet, dass diese Emissionsreduktionen solchen, aus den Sektoren Energiewirtschaft und Verkehr vorgezogen würden. Des Weiteren wurde auf die möglichen negativen Auswirkungen auf den Biodiversitätsschutz, etwa durch die Verwendung invasiver ortsfremder oder genetisch modifizierter Arten in Forstprojekten hingewiesen.[229]

Beratungen über die Einbeziehung von Senkenprojekten für die zweite Han-
delsphase des europäischen Emissionshandelssystems von 2008–2012, wurden im
Rahmen der Überprüfung des Emissionshandelssystems 2006 vorgenommen.[230]
Ein Ergebnis dieser Überprüfung war jedoch, dass das EU-System einfacher und
berechenbarer gestaltet werden sollte. Eine Vereinfachung würde unter einer
Ausweitung der im System verwendeten Einheiten auf die temporären Einheiten
„lCER" und „tCER" leiden, die bis 2012 im Rahmen des Mechanismus für eine
umweltverträgliche Entwicklung (CDM) des KPs eingeleitete Senkenprojekte
ausgegeben werden.[231] Nach den offiziellen Beratungen über die zweite Handels-
phase ist davon auszugehen, dass auch für den Zeitraum 2008–2012 Senkenprojekte vom EU-Emissionshandel ausgeschlossen bleiben.

bb) Senkenaktivitäten im europäischen Emissionshandelssystem nach 2012

Mit der Fortentwicklung der EU-Gesamtstrategie für den Zeitraum nach 2012,
wenn der erste Verpflichtungszeitraum des KPs endet und damit auch dort weitergehende Änderungen anstehen, will die Union auch weiterhin ihrer Vorreiterrolle
im Klimaschutz gerecht werden. Die EU-Kommission hat im Februar 2005 die
von ihr ausgearbeitete Klimaschutzstrategie für die Zeit nach 2012 vorgestellt.[232]
Diese Strategie soll verschiedene Instrumente enthalten, u.a. einen neuen Ansatz
der darauf abzielt, die voranschreitende globale Abholzung der Wälder deutlich zu
reduzieren.[233] Das gezielte Angehen dieses Problems in bestimmten Regionen sei
notwendig, da nahezu 20 % der globalen Treibhausgasemissionen derzeit infolge
von Änderungen der Landnutzung entstehen. Während der Verhandlungen im
Rahmen des Klimagipfels (COP 13) auf Bali im Dezember 2007 setzte sich die
EU daher auch stark für eine Einbeziehung vermiedener Entwaldung in ein Kyoto-
Folgeabkommen ein. Zur Sicherung der Finanzierung der Erhaltungsmaßnahmen

---

[228] Langrock/Sterk, Linking CDM & JI with EU Emissions Allowance Trading, 2004, S. 10.

[229] Graichen, 2005, S. 17.

[230] KOM (2006) 676 endg. Mitteilung der Kommission an den Rat, das Europäische Par-
lament, den Europäischen Wirtschafts- und Sozialausschuss und den Ausschuss der
Regionen: Errichtung eines globalen Kohlenstoffmarktes – Bericht nach Maßgabe von
Artikel 30 Richtlinie 2003/87/EG.

[231] KOM (2006) 676 endg., FN 10, S. 6.

[232] Schröder, in: Hendler/Marburger/Reinhardt/Schröder, 2006, S. 23.

[233] EU Kommission, KOM (2005) 35 endg., Mitteilung der Kommission an den Rat, das
Europäische Parlament, den Europäischen Wirtschafts- und Sozialausschuss und den
Ausschuss der Regionen: Strategie für eine erfolgreiche Bekämpfung der globalen
Klimaänderung, S. 10.

sprach sich die EU für eine – noch nicht näher spezifizierte – Einbeziehung vermiedener Entwaldung in den internationalen Emissionshandel aus.[234] Es kann davon ausgegangen werden, dass bei einer Entscheidung für die Einbeziehung vermiedener Entwaldung auf internationaler Ebene weitgehende Veränderungen der derzeitigen LULUCF-Regelungen des Klimaschutzregimes verbunden sein werden.[235]

Obwohl die EU-Kommission die Verhandlungen über die Einbeziehung vermiedener Entwaldung und die möglicherweise damit verbundene Abstimmung der bestehenden LULUCF-Regelungen nicht durch detaillierte Vorschriften im Rahmen des europäischen Emissionshandelssystems belasten möchte, nimmt die EU-Kommission in einem Vorschlag zur Verbesserung und Ausweitung des EU-Emissionshandels für die Zeit der Handelsperiode ab 2012 zu dieser Problematik Stellung.[236] Demnach hat sie geprüft, ob eine Integration von Senkenprojekten in den EU-Emissionshandel für einen Zeitraum nach 2012 als sinnvolle Erweiterung des Emissionshandelssystems in Betracht kommt. Die Kommission kommt zu dem Ergebnis, dass den Problemen der fehlenden Dauerhaftigkeit der CO_2-Speicherung und des Verlagerungseffektes derzeit nur unzureichend begegnet werden kann. Daraus ergäben sich für ein unternehmensgestütztes Handelssystem erhebliche Gefahren und erhebliche Haftungsrisiken für die Mitgliedstaaten.[237] Es wird weiter ausgeführt, dass die Qualität der Überwachung und Berichterstattung im Rahmen von Senkenprojekten den Verfahren der derzeit vom EU-Emissionshandelssystem erfassten Anlagen entsprechen bzw. vergleichbar sein müsste. Dies sei zum jetzigen Zeitpunkt jedoch nicht gegeben und wäre mit hohen Kosten verbunden.[238] Schlussendlich führt die Kommission an, dass die einfache Handhabung, die Transparenz und die Voraussagbarkeit des europäischen Handelssystems bei einer Einbeziehung von Senkenprojekten leiden würden und dass die Menge der im Rahmen von Senkenprojekten generierten Emissionsgutschriften das Funktionieren des Marktes gefährden könnte.[239] Es ist demnach nicht damit zu rechnen, dass Senkenprojekte nach 2012 stärker in den EU weiten Emissionshandel einbezogen werden. Damit kann die Ökosystemleistung Kohlenstoffaufnahme in näherer Zukunft nicht auf einer gut funktionierenden Handelsplattform gehandelt werden. Es gilt weiter Forschung zu betreiben, um die von der EU-Kommission angeführten Argumente gegen eine Einbeziehung von Senkenprojekten in Zukunft entkräften zu können.

---

234 Scholz, „Waldschutz ist Klimaschutz", ad hoc international 3 (2008), S. 10–12 (11).
235 Zu den Verhandlungen über die Änderungen der Regelungen des LULUCF Sektors im Rahmen der FCCC, KP siehe ausführlich Kapitel 6.
236 EU Kommission, KOM(2008) 16 endg., Vorschlag für eine Richtlinie des Europäischen Parlaments und des Rates zur Änderung der Richtlinie 2003/87/EG zwecks Verbesserung und Ausweitung des EU-Systems für den Handel mit Treibhausgasemissionszertifikaten.
237 EU Kommission, MEMO KOM 08-35 (2008), S. 8.
238 EU Kommission, MEMO KOM 08-35 (2008), S. 8.
239 EU Kommission, MEMO KOM 08-35 (2008), S. 8.

2. Umsetzung in deutsches Recht

In Deutschland erfolgte die Umsetzung der EH-RL nicht in einem Zuge. Es wurden mehrere aufeinander bezogene gesetzliche bzw. auf einem Gesetz beruhende Regelungen getroffen, das Gesetz über den Handel mit Berechtigungen zur Emission von Treibhausgasen (Treibhaugas-Emissionshandelsgesetz, TEHG), das Zuteilungsgesetz (ZuG) sowie die darauf basierende Zuteilungsverordnung (ZuV).[240] Weitere Anforderungen der Richtlinie werden in der Verordnung zur Durchführung des Bundesimmissionsschutzgesetzes in das immissionsschutzrechtliche Genehmigungsverfahren integriert und vorhandene Genehmigungen ergänzt.[241] Die Verbindungsrichtlinie wird durch das sog. Projekt-Mechanismen-Gesetz (ProMechG) umgesetzt.[242]

a) Grundzüge des Emissionshandels in Deutschland

Das TEHG legt die Grundlagen des Emissionshandelssystems in Deutschland fest, insbesondere das Verfahren zur Erstellung des nationalen Zuteilungsplans.[243] Es regelt welche Anlagen von dem System betroffen sind, wie die Überwachung der Anlagen zu erfolgen hat, enthält Vorschriften zu Verwaltung und Handel der Zertifikate, sowie Sanktionsvorschriften.[244] Das TEHG sieht nach § 20 Abs. 1 auch vor, dass für die staatlichen Überwachungsaufgaben bei dem UBA eine „Emissionshandelsstelle" eingerichtet wird (die Deutsche Emissionshandelsstelle, DEHSt).

Die Zuteilung der Treibhausgasemissionsberechtigungen an die Anlagenbetreiber wird in einem besonderen Gesetz über den nationalen Zuteilungsplan (ZuG) geregelt. Das ZuG wiederum beruht auf dem zuvor durch die Bundesregierung erstellten und von der EU-Kommission genehmigten nationalen Zuteilungsplan (NAP).[245] Nach den Bestimmungen des TEHG werden die Zertifikate (sog. Emissionsberechtigungen) jährlich ausgegeben. Die Betreiber emissionshandelspflichtiger Anlagen müssen gemäß § 5 Abs. 1 TEHG die von ihren Anlagen verursachten Emissionen ermitteln, was anhand technischer Daten vorgenommen werden soll. Sie müssen daraufhin von Sachverständigen verifizierte Emissionsberichte erstellen und bei der zuständigen Landesbehörde vorlegen, die sie dann an die DEHSt weiterleitet.[246] Nach Ablauf des jeweiligen Jahres müssen sie dann eine

---

[240] Seidel/Kerth, in: Müller-Graff/Pache/Scheuning, 2006, S. 161. Durch das „Gesetz zur Änderung der Rechtsgrundlagen zum Emissionshandel im Hinblick auf die Zuteilungsperiode 2008-2012", (BGBl. I S. 1788), kam es zu geringfügigen Änderungen des TEHG und des ProMechG, vor allem enthält es das neue Zuteilungsgesetz.

[241] Reuter/Busch, 2004, S. 41.

[242] Seidel/Kerth, in: Müller-Graff/Pache/Scheuning, 2006, S. 160.

[243] Strube, 2006, S. 133.

[244] Boie, Ökonomische Steuerungsinstrumente im europäischen Umweltrecht, 2006, S. 188.

[245] Frenz, „Einführung", in: ders.: Emissionshandelsrecht – Kommentar zum TEHG und ZuG, 2005, S. 52, Rn. 20.

[246] Theuer, „§ 5 TEHG – Ermittlung von Emissionen und Emissionsbericht", in: Frenz, Emissionshandelsrecht – Kommentar zum TEHG und ZuG, 2005, S. 134, Rn. 29.

der tatsächlichen Emission entsprechende Anzahl von Zertifikaten bei der DEHSt abgeben. Die abzugebenden Zertifikate können die Anlagenbetreiber zuvor auf zwei Wegen erhalten: 1. durch die Zuteilung und 2. durch eine rechtsgeschäftliche Übertragung (§ 6 Abs. 2 und Abs. 3, § 16 TEHG).[247]

Das sehr komplexe Verfahren der Zuteilung von Emissionsberechtigungen soll hier nur in Grundzügen beschrieben werden. Zunächst wird der NAP in Gesetzesform als Grundlage der Zuteilungsregelungen beschlossen.[248] Er enthält zum einen Angaben über die Gesamtmenge der zuzuteilenden Emissionsberechtigungen (Makroplan) und zum anderen die Grundzüge der konkreten Zuteilung der Berechtigungen auf die einzelnen Anlagen (Mikroplan). Die Einzelheiten der Zuteilungsregelungen für die jeweilige Handelsperiode wird durch das ZuG bestimmt.[249] Das ZuG enthält Vorschriften über die nationalen Emissionsziele, regelt die Höchstmenge der CO_2-Emissionen von Anlagen, die unter das Emissionshandelsrecht fallen, und bestimmt ein Reservekontingent an Emissionsberechtigungen für Neuanlagen. Vor allem enthält es Vorschriften über die Zuteilungsmethoden und die Vergabe der Emissionsberechtigungen.[250]

Insgesamt werden die deutschen Umsetzungsregelungen des TEHG und des ZuG als zu komplex erachtet. Sie führten dazu, dass die theoretischen Effizienzvorteile des einfachen umweltökonomischen Konzeptes Emissionshandel gegenüber dem ordnungsrechtlichen Instrumentarium verloren gehen,[251]

„die relativ einfache Struktur des Emissionshandels augenscheinlich nicht von der Theorie der Umweltökonomie in die juristische Wirklichkeit übertragen werden konnte."[252]

Als ursächlich dafür werden teilweise komplizierte Konstruktionen der Vorgaben aus der EH-RL angesehen.[253] Auch musste der nationale Gesetzgeber bei der Umsetzung die Vorgaben des Verfassungsrechts beachten, wie etwa hinsichtlich des Eigentumsschutzes, der Berufsfreiheit oder des Gleichbehandlungsgebotes.[254] Die Zuteilungsregelungen müssen mit EG-Beihilfe- und Wettbewerbsrecht vereinbar sein.[255] Da die Regelungen unter starkem Zeitdruck geschaffen werden mussten,[256] kann davon ausgegangen werden, dass es sich bei vielen derzeit auftretenden Problemen um Anlaufschwierigkeiten handelt, im Rahmen der ersten Praxiserfah-

---

[247] Seidel/Kerth, in: Müller-Graff/Pache/Scheuning, 2006, S. 161.
[248] Weinreich, „Klimaschutzrecht in Deutschland – Stand und Entwicklung der nationalen Gesetzgebung", ZUR 9 (2006), S. 399–405 (399).
[249] Strube, 2006, S. 139.
[250] Strube, 2006, S. 251f.
[251] Strube, 2006, S. 259.
[252] Seidel/Kerth, in: Müller-Graff/Pache/Scheuning, 2006, S. 167.
[253] Strube, 2006, S. 139.
[254] Reuter/Busch, 2004, S. 42.
[255] Reuter/Busch, 2004, S. 42; Seidel/Kerth, in: Müller-Graff/Pache/Scheuning, 2006, S. 167.
[256] Adam/Hentschke/Kopp-Assenmacher, Handbuch des Emissionshandelsrechts, 2006, S. 1.

rungen Optimierungspotential aufgewiesen wird und die Schwierigkeiten damit mittelfristig überwunden werden können.

b) Rahmenbedingungen für die Nutzung projektbezogener Mechanismen

Um die Vorgaben der Verbindungsrichtlinie und des KP in deutsches Recht umzusetzen, hat der Deutsche Bundestag am 30. Juni 2005 das „Gesetz zur Einführung projektbezogener Mechanismen nach dem Protokoll von Kyoto [...]"[257] verabschiedet.[258] Das Gesetz enthält vier Artikel,[259] von denen die ersten beiden hier von Interesse sind, das Projekt-Mechanismen-Gesetz (ProMechG) in Art. 1 und ein Änderungsgesetz zum TEHG in Art. 2.[260] Das ProMechG regelt die gesetzlichen und administrativen Voraussetzungen für die Durchführung von Projekttätigkeiten i.S. des Art. 6 und Art. 12 KP, an denen Deutschland als Investor- oder im Falle von JI-Projekten auch als Gastgeberstaat beteiligt ist, § 1 ProMechG sowie die Nutzung der daraus entstehenden Emissionsgutschriften im europäischen Emissionshandelssystem.[261]

Das „Kernstück" des ProMechG bilden die Teile zwei und drei des Gesetzes. Sie umfassen Regelungen zu den Anforderungen an die Zustimmung zu Projekten sowie das jeweilige Zustimmungsverfahren.[262] Teil zwei ProMechG regelt in §§ 3–7 ProMechG die gemeinsame Projektumsetzung. Teil drei regelt in §§ 8–9 ProMechG die Verfahren für Projekte des umweltverträglichen Mechanismus. Mit dem Zustimmungsverfahren wird u.a. die Vorgabe des KP umgesetzt, dass die Durchführung eines Projektes durch einen privaten Projektträger vom Investor- und Gastgeberstaat gebilligt werden muss.[263] Die Verfahrensvorschriften und die Voraussetzungen an die Zustimmung zu Anträgen für die Durchführung eines JI- oder CDM-Projektes unterscheiden sich im Grundsatz nicht.[264] Es gilt für alle Projekte das Antragsprinzip, d.h. die Zustimmung wird nur auf Antrag eines Projektträgers gegeben, als Projektträger kommt jede natürliche oder juristische Person in Betracht.[265] Hinsichtlich der Entscheidung über die Zustimmung handelt es sich um eine gebundene Entscheidung. Die Zustimmung ist demnach zu erteilen,

---

[257] Gesetz zur Einführung der projektbezogenen Mechanismen nach dem Protokoll von Kyoto zum Rahmenübereinkommen der Vereinten Nationen über Klimaänderungen vom 11. Dezember 1997, zur Umsetzung der Richtlinie 2004/101/EG und zur Änderung des Kraft-Wärme-Kopplungsgesetzes, vom 22. September 2005, BGBl. I, S. 2826.
[258] Fraunhofer Institut, 2005, S. 72.
[259] Art. 1: ProMechG; Art. 2: Änderung des TEHG; Art. 3: Änderung des Kraft-Wärme-Kopplungsgesetzes; Art. 4: Inkrafttreten.
[260] Marr/Wolke, „Das Emissionshandelssystem nimmt Formen an", NVwZ 10 (2006), S. 1102–1107 (1106).
[261] Seidel/Kerth, in: Müller-Graff/Pache/Scheuning, 2006, S. 160.
[262] Knopp/Hoffmann, 2005, S. 619.
[263] Ehrmann, „Das ProMechG: Projektbezogene Mechanismen des Kyoto-Protokolls und europäischer Emissionshandel", ZUR 9 (2006), S. 410–415 (414).
[264] Zenke/Handke, „Das Projekt-Mechanismen-Gesetz – Eine erste und kritische Bewertung", NuR 29 (2007), S. 668–674 (671f).
[265] Weinreich, 2006, S. 403.

wenn die wesentlichen, im Anhang des Gesetzes aufgeführten materiellen und formalen Zustimmungsvoraussetzungen vorliegen.[266]

Die allgemeinen Zustimmungsvoraussetzungen umfassen gemäß §§ 3 Abs. 1 Nr. 1, 5 Abs. 1 Nr. 1, 8 Abs. 1 Nr. 1 ProMechG zunächst die Darlegung einer durch das Projekt erzielten zusätzlichen Emissionsminderung. Dazu hat der Projektträger in der sachgerecht erstellten Projektdokumentation und dem Validierungsbericht Berechnungen und Annahmen zu Referenzfall- und Projektemissionen vorzulegen.[267] Des weiteren darf ein Projekt gemäß §§ 3 Abs. 1 Nr. 2, 5 Abs. 1 Nr. 2 und 8 Abs. 1 Nr. 2 ProMechG keine schwerwiegenden nachteiligen Umweltauswirkungen verursachen. Dies muss aus der Projektdokumentation und dem Validierungsbericht oder einer Umweltverträglichkeitprüfung (UVP) hervorgehen.[268] Solche schwerwiegenden Umwelteinwirkungen liegen gemäß der nichtamtlichen Fassung der Gesetzesbegründung vor, wenn nach der von der Behörde vorzunehmenden Bewertung eine schwerwiegende Schädigung von einzelnen Schutzgütern der Umwelt (Menschen, Tiere, Pflanzen, Boden, Wasser, Luft, Klima, Landschaft, Kulturgüter und sonstige Sachgüter) unter Berücksichtigung der Wechselwirkung zwischen den vorgenannten Schutzgütern zu erwarten ist.[269] Die Zustimmung ist auch dann zu versagen, wenn die Annahme gerechtfertigt ist, dass der Projektträger nicht die notwendige Gewähr für die ordnungsgemäße Durchführung der Projekttätigkeit bieten kann.[270]

Für CDM-Projekte bestehen neben diesen allgemeinen Zustimmungsvoraussetzungen gemäß § 8 Abs. 1 S. 1 Nr. 3 ProMechG besondere Anforderungen an die Nachhaltigkeit des Projektes. Es ist unter der Berücksichtigung wirtschaftlicher, sozialer und ökologischer Kriterien sicherzustellen, dass die Projekttätigkeit nicht der nachhaltigen Entwicklung des Gastgeberstaates zuwiderläuft. Darüber hinaus kann die zuständige Behörde nach § 8 Abs. 4 ProMechG, den Projektträger zur Durchführung einer UVP verpflichten. Dies erfordert jedoch das Vorliegen objektiver Anhaltspunkte in Bezug auf Umfang, Standort und Folgen der Projekttätigkeit, die erhebliche Umweltauswirkungen wahrscheinlich machen.[271] Sind diese Anhaltspunkte gegeben, kann die UVP selbst dann verlangt werden, wenn dies nach nationalem Recht des Gastgeberstaates nicht erforderlich ist.[272]

Entsprechend der Vorgaben der EH-RL werden die zustimmungsfähigen Projektarten durch das ProMechG beschränkt. So sind nach § 1 Abs. 2 ProMechG Emissionsminderungen aus Projekttätigkeiten, die Nuklearanlagen zum Gegenstand haben, ausdrücklich von dem Anwendungsbereich des Gesetzes ausgeschlossen. Aus der Bestimmung des Begriffes „Emissionsminderung" in § 2 Nr. 5 ProMechG ergibt sich in negativer Abgrenzung zum Begriff der Verstärkung des Abbaus von Treibhausgasemissionen durch Senken, dass ausschließlich eine Reduzierung der Freisetzung von Treibhausgasen aus Quellen als Emissionsminde-

---

[266] Ehrmann, 2006, S. 414.
[267] Marr/Wolke, 2006, S. 1106.
[268] Weinreich, 2006, S. 403.
[269] Marr/Wolke, 2006, S. 1107, Fn. 56.
[270] Zenke/Handke, 2007, S. 671f.
[271] Marr/Wolke, 2006, S. 1107.
[272] Zenke/Handke, 2007, S. 673.

rung im Sinne des Gesetzes gilt. Im Zusammenspiel mit der jeweiligen materiellen Zustimmungsvoraussetzung einer zu erwartenden zusätzlichen Emissionsminderung (vgl. § 3 Abs. 1 Nr. 1, § 5 Abs. 1 Nr. 1 und § 8 Abs. 1 Nr. 1), kommen damit Senkenprojekte im Bereich der Landnutzung, Landnutzungsänderung und Forstwirtschaft nicht als zustimmungsfähige Projekte in Betracht.[273] Das KP verpflichtet als völkerrechtlicher Vertrag nur die teilnehmenden Staaten. Mangelt es privaten Projektträgern an der erforderlichen Zustimmung der zuständigen deutschen Behörde, weil diese im Falle der Senkenprojekte aufgrund der nationalen Vorschriften nicht erteilt werden kann, dann fehlt es an der notwendigen Ermächtigung, JI- und CDM-Senkenprojekte durchzuführen.[274] Aufgrund der generellen Durchführbarkeit von Senkenprojekten im Rahmen des KP plädieren einige Autoren dafür, dass der nationale Gesetzgeber *de lege ferenda* diese international bereits praktizierte Projektkategorie nicht mehr länger vom Katalog der zustimmungsfähigen Projekte ausschließen sollte.[275]

In Teil vier des Gesetzes, den „gemeinsamen Vorschriften", §§ 10–15 ProMechG, wird das UBA als für den Vollzug des Gesetzes zuständige Behörde bestimmt, § 10 Abs. 1 ProMechG. Damit fällt die Prüfung von Anträgen auf vorausgehende Zustimmung zu einer Projekttätigkeit, sowie die ggf. zu erteilende Zustimmung in den Aufgabenbereich des UBA. Dort wiederum übernimmt die DEHSt diese Aufgaben.[276] § 13 ProMechG sieht eine Verordnungsermächtigung zur genaueren Regelung der Anforderungen an die Zustimmungsvoraussetzungen vor und nach § 14 ProMechG kann das UBA für Amtshandlungen Kosten und Auslagen nach Maßgabe einer Verordnung erheben.[277]

Die durch Art. 2 des Gesetzes zur Einführung der projektbezogenen Mechanismen vorgenommene Änderung des TEHG eröffnet den Anlagenbetreibern die Möglichkeit, ihrer Abgabepflicht gemäß § 6 Abs. 1 TEHG durch Abgabe von Emissionsgutschriften aus Projekttätigkeiten nachzukommen.[278] Dafür wurde § 6 TEHG um die Absätze 1a bis 1c, 2a ergänzt, die bestimmte Vorgaben hinsichtlich des Einsatzes von Emissionsgutschriften, d.h. ERU und CER, zur Erfüllung der Abgabepflicht gemäß § 6 Abs. 1 TEHG vorsehen.[279] Nach § 2a TEHG sind in der Handelsperiode 2008-2012 CER/ERU abgabefähig und werden damit den ausgegebenen Emissionsberechtigungen gleichgestellt. Die Abgabefähigkeit der CER/ERU wurde gemäß § 18 ZuG 2012 auf 22 % der für eine Anlage zugeteilten Emissionsberechtigungen begrenzt.[280] CER/ERU aus Projekten im Nuklear- bzw. Senkenbereich und aus unilateralen CDM-Projekten sind nicht abgabefähig.[281]

Das ProMechG setzt die Vorgaben des KP und der Verbindungsrichtlinie um. Es verschafft den deutschen Anlagenbetreibern noch mehr Flexibilität im Emissi-

---

[273] Zenke/Handke, 2007, S. 671.

[274] Ehrmann. 2006, S. 414.

[275] Zenke/Handke, 2007, S. 671.

[276] Marr/Wolke, 2006, S. 1106.

[277] Zenke/Handke, 2007, S. 673.

[278] Ehrmann, 2006, S. 413.

[279] Marr/Wolke, 2006, S. 1107.

[280] Zenke/Handke, 2007, S. 674.

[281] Weinreich, 2006, S. 404.

onsmanagement, da neben dem Handel mit Emissionsberechtigungen auch die mit der Durchführung internationaler Emissionsminderungsprojekte generierten Emissionszertifikate eingesetzt werden können. Damit besteht eine weitere Möglichkeit Emissionen dort zur reduzieren, wo es für den Anlagenbetreiber am kostengünstigsten ist. Insgesamt vermittelt das ProMechG einen „wohldurchdachten" Eindruck, so dass davon ausgegangen werden kann, dass es

> „zu wenig Reibungsverlusten zwischen Projektträgern und der zuständigen Behörde kommen dürfte".[282]

Insgesamt gilt es jedoch zu betonen, dass Senkenprojekte nach dem deutschen ProMechG nicht zustimmungsfähig sind.[283] Auch stehen die unterschiedlichen staatlichen Umsetzungsregelungen zur Anerkennung von Emissionsgutschriften aus internationalen Projekten durchaus im Wettbewerb miteinander,[284] so dass die Durchführung von Senkenprojekten über einen anderen Staat denkbar wäre. Dies erscheint hinsichtlich der Finanzierung und des Erhaltes biologischer Vielfalt aus zwei Gründen als unbefriedigend. Zum einen da Senkenprojekten durch die deutsche Umsetzung nicht zustimmungsfähig sind. Zum anderen enthalten die Regelungen des ProMechG die Möglichkeit der Durchführung einer UVP im Gastgeberstaat eines CDM-Projektes, auch wenn es dort nicht verlangt wird. Dadurch bestünde eine über die Regelungen des KP hinausgehende Kontrollmöglichkeit, die etwa in bei der Durchführung von Senkenprojekten sehr sinnvoll wäre. Darüber hinaus wird teilweise auch angeführt, dass das ProMechG zur Schaffung größerer Rechtsklarheit der Konkretisierung durch Rechtsverordnungen bedarf, wie etwa zu den Anforderungen einer UVP für CDM Projekte. Werden solche Unklarheiten nicht beseitigt, dann kann sich der Abstand zu anderen Investorstaaten wie den Niederlanden, Großbritannien oder Japan weiter vergrößern.[285]

3. Zusammenfassung

Das europäische Emissionshandelssystem stellt in dem Bündel verschiedener Klimaschutzmaßnahmen der EU ein Instrument dar, das zur Erreichung des gemeinsamen Treibhausgasemissionsreduktionsziels der EU-Staaten beitragen soll.[286] Mit der Einführung des EU-Systems wurde erstmalig ein umweltökonomisches Instrument zur kosteneffizienten Reduzierung von Emissionen in einer solch kurzen Zeitspanne und einer solchen Größenordnung umgesetzt.[287] Dies war vor allem dadurch möglich, dass das System in der Einführungsphase relativ einfach gestaltet wurde. Es fand eine Beschränkung der handelbaren Treibhausgase auf CO_2 statt und es wurden auch nur bestimmte Anlagen des Energie- und Industrie-

---

[282] Marr/Wolke, 2006, S. 1107.

[283] Ehrmann, 2006, S. 414.

[284] Ehrmann, 2006, S. 415.

[285] Zenke/Handke, 2007, S. 674.

[286] Seidel/Kerth, in: Müller-Graff/Pache/Scheuning, 2006, S. 155.

[287] Ebsen, 2004, S. 1.

sektors in den Handel einbezogen.[288] Auch wurde die Menge der zu handelnden Emissionszertifikate sehr hoch angesetzt und diese den beteiligten Anlagenbetreibern darüber hinaus kostenlos zugeteilt, um eine Akzeptanz für dieses Instrument auch in der Wirtschaft zu erreichen. Damit war auch der Klimaschutzeffekt zunächst recht gering. Mittlerweile ist das System jedoch etabliert und während der ersten Handelsperiode (2005–2008) konnten wichtige praktische Erfahrungen gesammelt werden. Eine Erweiterung des Systems um zusätzliche Treibhausgase und Sektoren, sowie eine Reduzierung der Höchstmenge gehandelter Zertifikate und eine Versteigerung der zuzuteilenden Emissionszertifikate wird innerhalb der EU für den Handelszeitraum ab 2012 breit diskutiert.[289] Damit dürfte sich auch die klimaschützende Wirkung des Instrumentes stark verbessern.

Der zunächst einfach gehaltenen Ausgestaltung des europäischen Emissionshandelssystems ist es auch geschuldet, dass die schwer zu messenden und zu überwachenden Emissionsreduktionen aus Senkenprojekten bisher vom Handel ausgeschlossen wurden.[290] In ihrem Vorschlag für eine Verbesserung und Ausweitung des EU-Systems ab 2012 plädiert die EU-Kommission auch heute noch dafür Zertifikate aus Senkenprojekten nicht für das EU-Emissionshandelssystem zuzulassen.[291] Da es jedoch während der jüngsten Verhandlungen um ein globales Klimaschutzregime für die Zeit nach 2012, auf COP 13 auf Bali Verhandlungsposition der EU war, Emissionsreduktionen aus vermiedener Entwaldung als zertifizierbare Klimaschutzmaßnahme anzuerkennen und in den internationalen Emissionshandel nach dem KP aufzunehmen,[292] scheint eine künftige Einbeziehung von Senkenprojekten und vermiedener Entwaldung in das EU-Handelssystem zumindest nicht ausgeschlossen.

Auf europäischer Ebene wurde durch die Emissionshandelsrichtlinie und die Verbindungsrichtlinie ein Rahmen gesetzt, den die Mitgliedstaaten durch nationale Regelungen umsetzen und für deren Durchführung sorge tragen müssen.[293] Dem ist der deutsche Gesetzgeber durch das TEHG, das ZuG und das ProMechG nachgekommen. Diese Regelungen wurden innerhalb einer recht kurzen Zeitspanne geschaffen und mussten diverse verfassungsrechtliche und europarechtliche Vorgaben erfüllen. Dies führte dazu, dass die Vorschriften an einigen Stellen noch etwas zu komplex und unklar sind, so dass damit auch ein gewisses Maß an Effektivität und Effizienz eingebüßt wird. Hinsichtlich des Biodiversitätsschutzes sollte betont werden, dass sich der deutsche Gesetzgeber durch die Regelungen des ProMechG gegen eine Zustimmungsfähigkeit von Senkenprojekten entschieden hat.

---

[288] Strube, 2006, S. 93.
[289] Vgl. EU Kommission, KOM (2008) 16 endg., Vorschlag für eine Richtlinie des Europäischen Parlaments und des Rates zur Änderung der Richtlinie 2003/87/EG zwecks Verbesserung und Ausweitung des EU-Systems für den Handel mit Treibhausgasemissionszertifikaten.
[290] Graichen, 2005, S. 17.
[291] EU Kommission, MEMO KOM 08-35 (2008), S. 8.
[292] Scholz, 2008, S. 11.
[293] Schröder, 2004, S. 69.

IV. Schlussfolgerungen

Durch die Einbeziehung natürlicher Kohlenstoffsenken und -speicher in das KP, und die damit verbundene Möglichkeit im Rahmen von Aufforstungs-, Wiederaufforstungs- sowie Landmanagementmaßnahmen zertifizierbare Emissionsgutschriften zu generieren, wurde die Ökosystemdienstleistung Kohlenstoffaufnahme bzw. -speicherung in Wert gesetzt. Mit der Einbindung in den Emissionshandel können die Verfügungsrechte an diesen generierten und zertifizierten Emissionsgutschriften auf Märkten gehandelt werden. Dadurch eröffnet sich eine weitere Möglichkeit durch nichtdegradierende, nachhaltige Nutzung terrestrischer Ökosysteme, wirtschaftliche Erträge zu erzielen. Dies kann auch zur Finanzierung von Maßnahmen des Erhaltes biologischer Vielfalt genutzt werden. Um die Vorteile für den Klima- und Biodiversitätsschutz erhöhen zu können, ist es jedoch notwendig die den natürlichen Senken- und Kohlenstoffspeicherprojekten anhaftenden Unsicherheiten zu minimieren und ihre Durchführung als Klimaschutzmaßnahme insgesamt wirtschaftlich rentabler zu gestalten. Dazu sollten insbesondere Erleichterungen im Genehmigungsverfahren für kleinere Projekte geschaffen werden.

Die Analyse der Vorschriften des KPs zu Senkenaktivitäten hat auch gezeigt, dass die Umsetzung der Vorschriften sich sowohl positiv als auch negativ auf den Erhalt biologischer Vielfalt auswirken kann. Im Hinblick auf die negativen Auswirkungen scheinen einige Änderungen und Präzisierungen der Senkenprojekte betreffenden Regelungen erforderlich.[294] Insbesondere ein Verbot des Einsatzes ortsfremder und genetisch modifizierter Arten, sowie der Einsatz von Monokulturplantagen sollte geregelt werden. Um diese und zukünftige Zielkonflikte zwischen der CBD und dem Klimaschutzregime besser erkennen und vermeiden zu können und damit den Schutz biologischer Vielfalt effektiver zu gestalten, scheint eine engere Kooperation und Koordinierung der Konventionsgremien erforderlich.[295] Obwohl bereits Kooperationsinstrumente bestehen, müssen Wege gefunden werden, Maßnahmen und Mechanismen der Konventionen besser untereinander abzustimmen. Vorgeschlagen wird u.a. ein *„Memorandum of Understanding"* zu verfassen, das darauf abzielt, die Auslegung der Übereinkommen zu harmonisieren und Normwidersprüche zu beseitigen.[296]

Darüber hinaus stellt weder die FCCC noch das KP derzeit marktorientierte Mechanismen bereit, die auf eine Vermeidung von Emissionen aus Entwaldungsmaßnahmen gerichtet sind. Die Vorschriften des internationalen Klimaschutzregimes sehen auch keine anderen Maßnahmen zum Schutz der großen Kohlenstoffspeicher unberührter und langfristig gewachsener Waldbestände vor.[297] Obwohl über eine mögliche Einbeziehung natürlicher Kohlenstoffspeicher in das Klimaschutzregime schon während der Verhandlungen zur FCCC diskutiert wurde,[298] konnte man sich nicht auf weitergehende Ziele als die Formulierung des Art. 4

---

[294] Langrock/Sterk/Wiehler, 2003, S. 23f.

[295] Schulze et al., 2002, S. 508.

[296] Hofmann, 2006, S. 199.

[297] WBGU, 2003, S. 62.

[298] Bodansky, 1993, S. 472.

Abs. 1 lit. d FCCC, wonach die Parteien dazu angehalten werden, die nachhaltige Bewirtschaftung, Erhaltung und Verbesserung von Senken und Speichern entsprechender Treibhausgase (darunter auch Wälder) zu fördern, einigen.[299] Weitergehende Verhandlungen über die Einbeziehung von Senken und Speichern wurden im Zusammenhang mit den Verhandlungen über quantifizierte Emissionsreduktionspflichten im Rahmen des KP geführt. Aufgrund der großen Mengen von in Vegetation und Böden terrestrischer Ökosysteme aufgenommenem und gespeichertem Kohlenstoff, sahen mehrere Industriestaaten in der Einbeziehung von Senkenaktivitäten und dem Erhalt biologischer Kohlenstoffspeicher eine wichtige Erweiterung ihrer Emissionsreduktionsmöglichkeiten.[300] Gegen eine Einbeziehung natürlicher Kohlenstoffspeicher- und senken wurden u.a. die bei der Messung terrestrischer Kohlenstoffspeicher auftretenden Unsicherheiten angeführt.[301] Als weiteres Problem wurde u.a. die Dauerhaftigkeit der Kohlenstoffspeicherung genannt. Auf der dritten Vertragsstaatenkonferenz in Kyoto wurde ein Kompromiss erreicht, nach dem die Annex I Staaten quantifizierte Emissionsbegrenzungs- bzw. -reduktionspflichten unterliegen und bestimmte LULUCF-Aktivitäten wie Aufforstung, Wiederaufforstung und Entwaldung in begrenztem Umfang auf diese Verpflichtungen angerechnet werden können.[302] Im Rahmen der Vereinbarung über konkrete Emissionsreduktionsziele sollten vor allem technische Lösungen zur Verminderung des Ausstoßes energiebedingter Treibhausgasemissionen voran getrieben werden.[303] Aufgrund der großen Menge, des in den natürlichen Wäldern einiger Industriestaaten gespeicherten und aufgenommenen Kohlenstoffs, hätte eine großzügigere Anrechnungsmöglichkeit von natürlichen Senken und Speichern zur Folge gehabt, dass die vereinbarten Reduktionsverpflichtungen durch weitaus geringere Reduktionen von energiebedingten Emissionen hätten erzielt werden können, die Ziele zur Reduktion von Emissionen aus der Nutzung fossiler Brennstoffe wären „verwässert" worden.[304] Die Vertragsparteien haben sich daher mit den während COP 7, 2001 in Marrakesch getroffenen Regelungen auf eine mengenmäßige Begrenzung der durch Senkenaktivitäten generierbaren Emissionsreduktionen geeinigt und die Anrechenbarkeit von biologischen Kohlenstoffspeichern vorerst ausgeschlossen. Damit wurde sichergestellt, dass die in KP vereinbarten, quantifizierten Emissionsreduktionspflichten der Industriestaaten zum größten Teil durch technische Lösungen im Energie- und Industriesektor erreicht werden, jedoch hatte dies den Preis eine bedeutsame Quelle von Treibhausgasen, die Zerstörung natürlicher Kohlenstoffspeicher auszuschließen, sowie die Einbeziehung von Senkenaktivitäten im KP bis 2012 stark einzuschränken.

[299] Oberthür, 1993, S. 45.
[300] Freestone/Streck, 2005, S. 265f.
[301] Oberthür/Ott, 2000, S. 182.
[302] Zimmer, 2004, S. 43, 46.
[303] Schulze et al., 2002, S. 509.
[304] Nach einem von Oberthür/Ott, 2000, S. 186 zitierten Bericht war die terrestrische Kohlenstoffabsorption der USA 1998 sogar höher als ihre CO_2 Emissionen.

G. Die Regelung finanzieller Anreize für den Erhalt terrestrischer biologischer Kohlenstoffspeicher in Entwicklungsländern

Nach Einschätzung des IPCC ist es zur Stabilisierung der CO_2-Konzentration in der Atmosphäre notwendig, eine Reduzierung der anthropogen bedingten Treibhausgasemissionen in weitaus größerem Umfang zu erreichen, als es im Rahmen der derzeitigen Regelungen des KPs, sowie den Entscheidungen von Bonn und Marrakesch vorgesehen wird.[1] Dafür werden aber Instrumente benötigt, die das KP in seiner jetzigen Form nicht vorsieht.[2] Auch eine stärkere Einbeziehung der Entwicklungsländer scheint aufgrund der dort steigenden Treibhausgasemissionen für einen wirksamen Klimaschutz unerlässlich.[3]

Mit der Senkenproblematik eng verbunden ist die Frage nach der Berücksichtigung von Treibhausgasemissionen, die bei der Umwandlung natürlicher terrestrischer Ökosysteme in Entwicklungsländern entstehen. Während der ersten Verhandlungen zu FCCC und KP wurden die Themen auch zusammen behandelt. Mit den von der Vertragsstaatenkonferenz der FCCC in Bonn und Marrakesch getroffenen Regelungen, wurden zwar Emissionen aus Landnutzungsänderungen in das KP miteinbezogen, wichtige Fragen wie die nach der Handhabung von in Entwicklungsländern durch Entwaldung entstehenden Emissionen fanden darin jedoch keine Berücksichtigung. Die Vermeidung von Entwaldung und Degradation naturbelassener Ökosysteme hat positive Auswirkungen sowohl für den Erhalt biologischer Vielfalt, als auch die Reduktion von Treibhausgasemissionen. Durch den Schutz dieser Ökosysteme werden natürliche Habitate vieler Tier- und Pflanzenarten erhalten und die Freisetzung von Treibhausgasen verhindert. Maßnahmen die der Erhaltung natürlicher terrestrischer Ökosysteme dienen, tragen daher zur Verwirklichung der Ziele des Klima- und Biodiversitätsschutzes bei. Mit dem Erhalt der Ökosysteme sind jedoch Nutzungseinschränkungen verbunden. Diese können sich vor allem in Entwicklungsländern existentiell auf die Lebensbedingungen der Bevölkerung auswirken. Daher ist es erforderlich finanzielle Anreize für Maßnahmen zum Erhalt natürlicher terrestrischer Ökosysteme zu schaffen. Eine Integration oder Verknüpfung mit dem im Rahmen des internationalen Kli-

---

[1] Schlamadinger et al., 2007a, S. 272.
[2] Schulze et al., 2002, S. 517.
[3] Skutsch et al., „Clearing the way for reducing emissions from tropical deforestation", Environmental Science & Policy 10 (2007), S. 322–334 (323f.).

maschutzregimes geschaffenen Marktes für Emissionsreduktionen könnte ein Instrument darstellen, das die nötigen finanziellen Anreize schafft.

Im Folgenden wird daher die Möglichkeit einer völkerrechtlich verbindlichen Vereinbarung zur Schaffung finanzieller Anreize für den Erhalt natürlicher terrestrischer Ökosysteme in Entwicklungsländern, im Rahmen des internationalen Klimaschutzregimes untersucht. Es wird zunächst ein Überblick über die Problematik verschafft. Nach einer Analyse der Verhandlungen über die Einbeziehung von Emissionen aus der Umwandlung naturbelassener Ökosysteme in das internationale Klimaschutzregime, wird der jüngste Vorschlag für ein solches Instrument erörtert. Es folgt die Darstellung einer Untersuchung möglicher rechtlicher Rahmen in welche ein Instrument zum Erhalt natürlicher terrestrischer Ökosysteme eingebettet werden könnte. Abgeschlossen wird das Kapitel mit der Darstellung der Problematiken, die eine Regelung auf internationaler Ebene erfordern.

I. Die Bedeutung des Erhaltes natürlicher terrestrischer Ökosysteme in Entwicklungsländern für Klima- und Biodiversitätsschutz

Die Umwandlung natürlicher terrestrischer Ökosysteme in wirtschaftlich nutzbare Flächen stellt eine der Hauptursachen für den globalen Verlust biologischer Vielfalt und die Emission von Treibhausgasen in Entwicklungsländern dar.

1. Integration der Entwicklungsländer

Ein Jahrzehnt nach in Kraft treten des KPs haben die meisten Anlage I Staaten verbindliche Emissionsreduktionsziele für den ersten Verpflichtungszeitraum von 2008–2012 vereinbart und mit der Umsetzung von Maßnahmen zur Reduzierung ihrer Emissionen begonnen. Entwicklungs- und Schwellenländer wie China, Indien oder Brasilien emittieren hingegen immer größere Mengen an Treibhausgasen.[4] Für sie bestehen bisher jedoch keine quantifizierten Reduktionsverpflichtungen.[5] Der globale Klimaschutz kann langfristig ohne die Ratifizierung des KPs durch die USA und Australien, sowie die Einbeziehung der Entwicklungsländer nicht erfolgreich sein.[6] Eine Erhöhung der Pro-Kopf-Emissionen bei ihren hohen und noch wachsenden Bevölkerungszahlen zieht eine drastische Erhöhung der

---

[4]   Nach Baumert et al., Navigating the Numbers – Greenhouse Gas Data and International Climate Policy, 2005, S. 12f., hatten die Kyoto-Mitgliedstaaten mit Minderungspflichten im Jahr 2000 lediglich einen Anteil von knapp 30 Prozent an den globalen Treibhausgasemissionen. Die Staaten die das Protokoll bisher nicht ratifizierten, also USA und Australien vereinigen 22 Prozent auf sich, die Schwellen- und Entwicklungsländer, die bislang keinen quantifizierten Emissionsreduktionen unterliegen, 48 Prozent.

[5]   Santilli et al., „Tropical Deforestation and the Kyoto Protocol", Climatic Change 71 (2005), S. 267–276 (269).

[6]   Kreuter-Kirchhof, 2005, S. 541.

Gesamtemissionen nach sich.[7] Besonderen Anteil haben hieran die so genannten Hauptemittenten innerhalb der Gruppe der Entwicklungsländer, deren wichtigste Vertreter Indien und China sind. Eine entscheidende Aufgabe der internationalen Klimapolitik besteht daher darin, gerade diese Gruppe der Entwicklungsländer in ein internationales Klimaschutzregime einzubinden.[8]

Einer stärkeren Berücksichtigung steigender Verursachungsbeiträge von Entwicklungsländern stehen im Rahmen des Klimaschutzregimes rechtlich keine Hindernisse entgegen. Im „Berliner Mandat", das den Beginn der Verhandlungen zum KP darstellte, wurde zwar festgehalten, dass für die nicht in Annex I aufgeführten Vertragsparteien keine neuen Verpflichtungen eingeführt würden. Gleichzeitig wurden jedoch die in Art. 4 Abs. 1 FCCC aufgeführten, bestehenden Verpflichtungen der Entwicklungsländer bekräftigt und deren beschleunigte Umsetzung beschlossen.[9] Auf der Vertragstaatenkonferenz von Kyoto 1997 wurde diese Entscheidung wiederholt.[10] Der Tatbestand der Länder, die in einer besonderen Verantwortung für den Schutz des Klimas stehen, und der Länder, die sich zu einer quantifizierten Reduktion ihrer Treibhausgasemissionen verpflichtet haben, kann die Entwicklung der Staaten aufnehmen. Es besteht die Möglichkeit Anlage I der FCCC, ebenso wie Anlage B des KPs gemäß Art. 4 Abs. 2 FCCC, Art. 16 FCCC und Art. 21 KP zu ändern und zu ergänzen.[11] Die Verhandlungen über ein globales Klimaschutzregime für die Zeit nach 2012 sollten daher weitergehende Verpflichtungen der Industriestaaten gemäß Art. 3 Abs. 9 KP zum Gegenstand haben. Gleichzeitig sollten aber, im Rahmen einer Überprüfung des KPs nach Art. 9 KP, auch weitergehende Beiträge der Entwicklungsländer zu Kontrolle und Reduzierung der Emissionen in Betracht gezogen werden.[12]

Auf der 11. Vertragsstaatenkonferenz in Montreal 2005 wurde daher vereinbart, über zwei Jahre hinweg unverbindliche Verhandlungen über die Zeit nach der ersten Verpflichtungsperiode zu beginnen. Der thematisch recht breit angelegte „Dialog über langfristige kooperative Aktivitäten gegen den Klimawandel" ist nicht unter dem KP, sondern im Rahmen der FCCC angesiedelt, findet also unter Beteiligung der USA statt. Die „G 77 & China" bestand jedoch darauf, dass dieser Dialog nicht zu neuen Verpflichtungen, Prozessen oder sonstigen Festlegungen führen dürfe.[13] Dass Verhandlungen in einem solchen, zunächst unverbindlichen Rahmen als Ausgangspunkt für weiterführende Verhandlungen dienen können, zeigt sich in der Entstehungsgeschichte des Vorschlags von Papua Neu-Guinea zur Eindämmung der mit Waldrodungen verbundenen CO_2-Emissionen in Entwicklungsländern. Dieser Vorschlag wurde zunächst im Mai 2005 auf dem „Seminar

---

[7]   Der Beitrag der Nicht-Annex-I-Länder zu den weltweiten CO_2-Emissionen steigt gemäß der Prognosen der OECD von weniger als einem Drittel im Jahre 1990 auf fast die Hälfte im Jahr 2050.

[8]   Schwarze, 2000, S. 148.

[9]   Oberthür/Ott, 2000, S. 81.

[10]   Decision 1/CP.3 FCCC/CP/1997/7/Add.1.

[11]   Kreuter-Kirchhof, 2005, S. 41.

[12]   Wittneben et al., In from the Cold: The Climate Conference in Montreal Breathes New Life into the Kyoto Protocol, 2006, S. 16.

[13]   Brouns/Langrock, Kyoto Plus Papers, 2006, S. 6.

von Regierungsexperten", dem inoffiziellen Start der Post-2012-Verhandlungen, vorgestellt. Auch dieses auf dem Klimagipfel von Buenos Aires (2004) beschlossene Seminar sollte explizit keine formale Verbindung zu den offiziellen Verhandlungen haben. Doch inspiriert von den Diskussionen auf dem „Seminar" brachte ein Bündnis von Papua Neu-Guinea, Costa Rica und sieben weiteren Regenwaldländern den Vorschlag in Montreal ein Jahr später in den offiziellen Verhandlungsprozess ein. Er sollte in den folgenden zwei Jahren im Detail ausgearbeitet werden.[14]

2. Landnutzungsänderungen in Entwicklungsländern

Die Regelung eines Instrumentes zur Schaffung finanzieller Anreize für den Erhalt natürlicher terrestrischer Ökosysteme setzt zunächst die Bestimmung der zu Landnutzungsänderungen führenden Aktivitäten und ihrer Ursachen voraus.

a) Aktivitäten

Anthropogen bedingte Landnutzungsänderungen die zur Emission der Treibhausgase Kohlendioxid, Methan, Distickstoffoxid führen und in hohem Maße zum Verlust biologischer Vielfalt beitragen, sind vor allem Rodung und Degradation von Waldflächen, sowie die Devegetation einschließlich der Drainage, Trockenlegung und Bewirtschaftung von Moorlandschaften und anderen Feuchtgebieten.[15] Unter Entwaldung wird die dauerhafte vom Menschen verursachte Umwandlung von Waldflächen in Nicht-Waldflächen verstanden.[16] Die FAO schätzt, dass während der 1990er Jahre etwa 16,1 Millionen Hektar Wald pro Jahr von Entwaldungsmaßnahmen betroffen waren, das meiste davon in den Tropen.[17] Die Entwaldung in den tropischen Regenwäldern nimmt weiterhin zu. In ihrem Bericht zum Zustand der Wälder gibt die FAO an, dass zwischen 1990 und 2000 allein sieben Staaten (Brasilien, Indonesien, Sudan, Sambia, Mexiko, Demokratische Republik Kongo und Myanmar) mehr als 71 Millionen Hektar Wald verloren haben. Den Angaben des Reports zufolge hat jedes dieser Länder durchschnittlich mindestens 500,000 ha Waldfläche verloren. Die Liste wird von Brasilien mit 2,3 Millionen Hektar und Indonesien mit 1,3 Millionen Hektar entwaldeter Fläche angeführt.[18] Daneben spielt die Degradation von Waldflächen, also eine Verminderung der (Kohlenstoff speichernden) Biomasse eine entscheidende Rolle. Einer Studie über die Auswirkungen selektiven Baumeinschlags in Brasilien zufolge, ist davon auszugehen, dass das Ausmaß an Walddegradation doppelt so hoch ist wie bisher angenommen. Des Weiteren geht aus dieser Studie hervor, dass drei Jahre

---

[14]   Brouns/Langrock, 2006, S. 7.

[15]   Schlamadinger et al., „Should we include avoidance of deforestation in the international response to climate change?" In: Myrdiyarso/Herwati, Carbon Forestry: Who will benefit?, 2005, S. 26–41 (27).

[16]   Decision 11/CP.7 FCCC/CP/2001/13/Add. 1.

[17]   Schlamadinger et al., 2005, S. 26.

[18]   FAO, State of the World's Forests, 2005.

nach und infolge der Durchführung selektiven Baumeinschlags etwa ein fünftel der jeweiligen Fläche vollständig gerodet wurde. Daher sollte die Degradation von Waldflächen unbedingt als eine natürliche Ökosysteme bedrohende Aktivität betrachtet werden.[19] Auch die Verminderung der natürlichen Vegetation auf Nicht-Waldflächen (Devegetation),[20] wie Moor- oder Graslandschaften trägt in großem Maße zum Verlust biologischer Vielfalt und zur Emission von Treibhausgasen bei.[21] Diese Aktivitäten finden, sofern sie in Nicht-Anlage I Staaten vollzogen werden, während des ersten Verpflichtungszeitraums (2008–2012) keine Berücksichtigung im Rahmen des KPs.[22]

b) Ursachen für Landnutzungsänderungen

Während die Auswirkungen von Landnutzungsänderungen, insbesondere von Entwaldung und Degradation auf den globalen Klimawandel und die biologische Vielfalt mittlerweile gut erforscht sind, besteht hinsichtlich der Ursachen von Landnutzungsänderungen noch Forschungsbedarf.[23] Die Gründe für Landnutzungsänderungen sind meist komplex und vielschichtig. Als sicher gilt mittlerweile lediglich, dass eine Kombination mehrerer Faktoren ursächlich für den Rückgang an natürlichen Flächen ist.[24]

Global betrachtet stellt die Umwandlung von Waldökosystemen in landwirtschaftliche Flächen die Hauptursache für den Verlust von Primärwaldflächen dar. Dem Ergebnis einer Analyse von 152 Fallstudien zufolge, treibt auf regionaler Ebene die Kombination mehrerer Ursachen Entwaldungsmaßnahmen voran.[25] Aus der Untersuchung ergibt sich, dass mittelbare ökonomische, institutionelle Faktoren und nationale politische Entscheidungen die unmittelbaren Ursachen wie Ausweitung der Landwirtschaft, Holzeinschlag, und infrastrukturellen Ausbau bedingen.[26] Die unmittelbaren Ursachen von Landnutzungsänderungen sind von Region zu Region verschieden. In Afrika beispielsweise sind Entwaldung und

---

[19] Asner et al, „Selective logging in the Brazilian Amazon", Science 310 (2005), S. 480–482 (481).

[20] IPCC, Report on „Definitions and Methodological Options to Inventory Emissions from Direct Human-induced Degradation of Forests and Devegetation of Other Vegetation Types, 2003, S. 14.

[21] IISD, „A Special Report on Selected Side Events at the twenty sixth sessions of the Subsidiary Bodies (SB 26) of the United Nations Framework Convention on Climate Change (UNFCCC)", ENB on the Side – UNFCCC SBSTA 26, Issue No. 1 (2007), S. 1–4 (1).

[22] Höhne et al., 2007, S. 359.

[23] UNFCCC Secretariat, „Workshop on reducing emissions from deforestation in developing countries – Part I – Scientific, socio-economic, technical and methodological issues related to deforestation in developing countries – Working Paper No. 1 (a) (2006)", http://unfccc.int/methods_and_science/lulucf/items/3757.php, 2006a, S. 1–28 (10f.), zuletzt aufgerufen am 07.08.2008.

[24] UNFCCC Secretariat, 2006a, S. 10f.

[25] Geist/Lambin., „Proximate causes and underlying driving forces of tropical deforestation", Bioscience 52 (2002), S. 143–150 (145).

[26] Geist/Lambin, 2002, S. 146.

Degradation vor allem das Ergebnis übermäßiger Holzernte zur Deckung des Energiebedarfs der Bevölkerung. Der kommerzielle Holzeinschlag und die Ausweitung der Landwirtschaft sind in Asien hauptursächlich für den Verlust natürlicher Ökosysteme. Dabei stellt der Holzeinschlag nicht unmittelbar die größte Gefahr für die Ökosysteme dar, vielmehr führt dieser erst zur Erschließung vorher nur schwer zugänglicher Gebiete. Meist werden die natürlichen Flächen durch wirtschaftlich ertragreichere Nutzungsformen wie z.B. Palmenplantagen zur Ölgewinnung ersetzt. In Lateinamerika werden Primärwaldflächen überwiegend in Weideflächen zur Tierhaltung umgewandelt.[27]

Trotz der regional unterschiedlichen Gründe für die Umwandlung natürlicher Ökosysteme in wirtschaftlich nutzbare Flächen scheint als 'gemeinsamer Nenner' die wirtschaftliche Entwicklung der Regionen „*through a growing cash economy*" zu sein.[28]

3. Notwendigkeit eines Schutzinstrumentes

Die Umwandlung natürlicher Ökosysteme in wirtschaftlich nutzbare Flächen hat immense Artenverluste und Emissionen von klimaschädlichen Treibhausgasen zur Folge. Der Schutz terrestrischer Ökosysteme, insbesondere der Wälder und Feuchtgebiete stellt daher eine wichtige und unmittelbare Aufgabe des internationalen Klima- und Biodiversitätsschutzes dar.[29] Ein Mechanismus, der nachhaltige Nutzung natürlicher Ökosysteme wirtschaftlich profitabler machen würde, könnte einen Beitrag dazu leisten, die aufgrund von Landnutzungsänderungen resultierenden Treibhausgasemissionen, sowie den Verlust biologischer Vielfalt zu mindern.

a) Bedeutung für den Erhalt biologischer Vielfalt

Für den Biodiversitätsschutz ist der Erhalt natürlicher terrestrischer Ökosysteme von größter Bedeutung.[30] Derzeit verteilen sich etwa 66–75 % der gesamten Biodiversität auf die Territorien von 17 Staaten. Zu diesen Staaten gehören: Brasilien, Indonesien Kolumbien, Mexiko, Australien, Madagaskar, China, die Philippinen, Indien, Peru, Papua Neuguinea, Ekuador, USA, Venezuela, Malaysia, Südafrika und die demokratische Republik Kongo.[31] Die meisten dieser Staaten befinden sich zumindest teilweise in den tropischen Regionen der Erde und sind überwiegend als Entwicklungsländer zu qualifizieren. Die tropischen Wälder sind Lebensraum von etwa 10–30 Millionen Tier- und Pflanzenarten, also mehr als der Hälfte der bekannten Arten.[32] Landnutzungsänderungen in diesen Gebieten, insbesondere

---

[27]   UNFCCC Secretariat, 2006a, S. 11.

[28]   UNFCCC Secretariat, 2006a, S. 11.

[29]   Skutsch et al., 2007, S. 323; Schwarze, 2000, S. 194; Lehmann, Schutz der Wälder – Nationale Verantwortung tragen und global handeln, 2007, S. 7.

[30]   Lehmann, 2007, S. 7

[31]   Gaston/Spicer, 2004, S. 63.

[32]   FCCC/SBSTA/2006/MISC. 5, S. 117.

Entwaldung und Degradation von Waldökosystemen stellen die Hauptursachen für den Verlust biologischer Vielfalt dar. Der derzeitige Artenverlust ist auch deshalb 100–1000 mal höher als unter natürlichen Umständen anzunehmen wäre.[33] Experten sind sich einig, dass bei Beibehaltung derzeitiger Entwaldungsraten der Tropenwald schon in den nächsten 50 Jahren bis auf Restbestände vernichtet sein wird.[34] Es wird daher vertreten, dass sich Erhaltungsmaßnahmen auf Gebiete konzentrieren sollten, in denen Effektivität und Kosten von Erhaltungsmaßnahmen in einem guten Verhältnis stehen, wobei auch unersetzbare Gebiete berücksichtigt werden sollen.[35] Aufgrund der hohen Konzentration und gleichzeitig vorliegender großer Gefährdung biologischer Vielfalt in den tropischen Regionen der Erde haben mehrere Experten eine Liste von sog. „Hot Spots" erstellt. Diese Hot Spots kennzeichnen Regionen in denen der größte Nutzen für den Biodiversitätsschutz erzielt werden kann.[36]

b) Bedeutung für den Klimaschutz

Natürliche terrestrische Ökosysteme, vor allem die in den Tropen gelegenen Waldökosysteme, spielen eine bedeutende Rolle im globalen Kohlenstoffkreislauf.[37] Sie stellen, wie bereits erörtert, eine Senke für Treibhausgase dar, in dem sie Kohlenstoff aus der Atmosphäre einbinden. Sie wirken sich auch auf regionale Klimaveränderungen aus. Gleichzeitig ist die dort vorhandene Biomasse ein großer natürlicher Kohlenstoffspeicher.[38] Infolge der fortdauernden, anthropogen bedingten Zerstörung dieser Speicher werden große Mengen an Treibhausgasen emittiert.[39] Berücksichtigt man neben den Kohlendioxidemissionen auch die Methan-, Distickstoffoxid- und weitere, durch Landnutzungsänderungen entstehende Emissionen, ergibt sich daraus, dass die jährlichen Emissionen aus Landnutzungsänderungen seit 1990 einen Anteil von etwa 20–25 % an den gesamten anthropogen bedingten Treibhausgasemissionen haben.[40] Der WBGU misst dem Erhalt bestehender biologischer Speicher in terrestrischen Ökosystemen daher einen mindestens ebenso hohen Stellenwert bei, wie der Schaffung von Senken.[41] Den Waldökosystemen kommt eine besondere Bedeutung zu. Sie speichern etwa die Hälfte des terrestrischen biologischen Kohlenstoffs. Nach Schätzungen der FAO aus dem Jahr 2005 sind das etwa 638 Gt Kohlenstoff.[42] Die Vernichtung und Degradation von Waldökosystemen, vor allem in den tropischen Entwicklungslän-

---

[33] Myers et al., 2000, S. 853.
[34] Schwarze, 2000, S. 205.
[35] Küper et al., 2003, S. 132.
[36] Myers et al., 2000, S. 853.
[37] Malhil. et al., „Forests, carbon and global climate" Phil. Trans. R. Soc. Lond. A 360 (2002), S. 1567–1591 (1577).
[38] FCCC/SBSTA/2006/MISC. 5, S. 73.
[39] UNFCCC Secretariat, 2006a, S. 3; WBGU, 2003, S. 55.
[40] Houghton, „Tropical deforestation as a source of greenhouse gas emissions", in: Moutinho/Schwartzman, Tropical deforestation and climate change, 2005, S. 13–21 (15).
[41] WBGU, 2003, S. 71.
[42] FAO, Forest Resources Assessment 2005, 2005, S. 12.

dern trägt daher seit mehreren Jahrzehnten signifikant zur Akkumulation von Treibhausgasen in der Atmosphäre bei.[43] Allein die Emissionen aus Entwaldungsaktivitäten in Indonesien und Brasilien entsprechen etwa 80 % der von den Anlage I Staaten im KP vereinbarten Emissionsreduktionen.[44] Es gibt Indizien dafür, dass die Entwaldungsraten und die damit verbundenen Emissionen in den nächsten Jahren weiter ansteigen werden. So hat beispielsweise die Entwaldung in der Amazonasregion in Brasilien zwischen 2001 und 2004 um etwa 30 % zugenommen.[45]

Auch durch Landnutzungsänderungen anderer Vegetationstypen werden große Mengen Treibhausgase freigesetzt. Die Bedeutung der Degradation von Mooren als Quelle von Treibhausgasemissionen wurde beispielsweise erst vor kürzester Zeit erkannt. Nach einem, auf der 12. Tagung der Vertragsstaatenkonferenz der FCCC in Nairobi 2006 präsentierten Bericht übersteigen die aus der Drainage und Trockenlegung von Mooren resultierenden Treibhausgasemissionen in Süd-Ost Asien, die aus der Verbrennung fossiler Brennstoffe entstehenden Emissionen einiger Industriestaaten.[46] Unter den Vertragsstaaten der FCCC besteht daher Konsens, dass die Erhaltung biologischer Kohlenstoffspeicher terrestrischer Ökosysteme, neben der Minderung der weltweiten Treibhausgasemissionen aus der Nutzung fossiler Brennstoffe, ein vorrangiges Ziel künftiger Klimaschutzregime sein sollte.[47]

4. Abgrenzung zu Senkenaktivitäten im Rahmen des Kyoto-Protokolls

Im Bereich der Landnutzungsänderungen erfasst das KP in seiner derzeitigen Form lediglich Senkenaktivitäten in begrenztem Umfang. Das sind direkt vom Menschen verursachte Aktivitäten, die zu einer erhöhten Aufnahme von Treibhausgasen durch natürliche Ökosysteme führen. Durch die konkretisierenden Entscheidungen der Vertragsstaatenkonferenzen von Bonn und Marrakesch wurden die zulässigen Aktivitäten auf ganz bestimmte Maßnahmen und ihrem Umfang nach beschränkt. Es fallen lediglich Emissionen aus Landnutzungsänderungen darunter, die vom Menschen in den Anlage I Staaten unmittelbar verursacht werden. Auf- und Wiederaufforstungsmaßnahmen können im Rahmen des Mechanismus' für umweltverträgliche Entwicklung auch in Nicht-Anlage I Staaten durchgeführt werden.[48] Von diesen Senkenaktivitäten sind Maßnahmen zum Er-

---

[43]   Achard et al, 2002, S. 999; Houghton, „Revised estimates of the annual net flux of carbon to the atmosphere from changes in land use and land management 1850–2000", Tellus 55 B (2003), S. 378–390 (381); Fearnside/Laurance, „Tropical deforestation and greenhouse gas emissions", Ecological Applications 14 (2004), S. 982–986 (984).

[44]   Santilli et al., 2005, S. 268.

[45]   Santilli et al., 2005, S. 267.

[46]   Wetlands International and Delft Hydraulics, Peatland degradation fuels climate change – An unrecognized and alarming source of greenhouse gases, 2006, S. 1.

[47]   FCCC/SBSTA/2006/MISC.5.

[48]   Siehe Kapitel F.

halt naturbelassener biologischer Kohlenstoffspeicher in Entwicklungsländern zu unterscheiden. Sie wurden bisher nicht in das KP einbezogen. Grund dafür sind Probleme bei der Bestimmung des Zusätzlichkeitskriteriums, des Verlagerungseffektes und der Dauerhaftigkeit der Kohlenstoffspeicherung.[49] Auch die Tatsache, dass für Nicht-Anlage I Staaten im ersten Verpflichtungszeitraum keine quantifizierten Emissionsbegrenzungs- oder Emissionsreduktionspflichten vorgesehen sind, sprach bisher gegen eine Einbeziehung der Emissionen aus der Umwandlung natürlicher Ökosysteme in wirtschaftlich nutzbare Flächen.[50]

II. Die Verhandlungen über Instrumente zum Erhalt terrestrischer biologischer Kohlenstoffspeicher im Rahmen des internationalen Klimaschutzregimes

Aufgrund der hohen naturwissenschaftlichen und technischen Komplexität bedurfte es einiger Zeit die gesamte Problematik der Emissionen aus Landnutzungsänderungen zu erfassen.[51] Einige Schwerpunkte der Problematik wurden bereits im Rahmen der Verhandlungen zu Vorschriften über biologische Senken in den 1990er Jahren erörtert. Im Hinblick auf Verhandlungen zu einer völkerrechtlichen Vereinbarung, die der Vermeidung von Emissionen aus Landnutzungsänderungen in Entwicklungsländern dienen soll, stellen die genannten Schwierigkeiten auch weiterhin eine Hürde dar. Daher wird zunächst ein Überblick über die Gründe der bisherigen Nichtberücksichtigung von vermiedenen Emissionen aus Landnutzungsänderungen in Entwicklungsländern, insbesondere Maßnahmen zur Reduzierung der Entwaldungsrate verschafft. Es folgt die Darstellung des aktuellen Verhandlungsstandes zu dieser Problematik, seit Einbringung eines entsprechenden Vorschlags von Costa Rica und Papua Neuguinea auf der 11. Vertragsstaatenkonferenz der FCCC 2005 in Montreal.

1. Der Erhalt biologischer Kohlenstoffspeicher in den Verhandlungen zu Klimarahmenkonvention und Kyoto-Protokoll

a) Die Verhandlungen zur Klimarahmenkonvention

Vor Beginn der offiziellen Verhandlungen über ein völkerrechtlich verbindliches Instrument zum Schutz vor Klimaänderungen, bestand unter den Verhandlungsparteien noch Uneinigkeit darüber, welchen Gegenstand ein solches Instrument

---

[49] Skutsch et al., 2007, S. 323; Environmental Defense, Submission to SBSTA 24 (2007), S. 1f.
[50] Skutsch et al., 2007, S. 323.
[51] Siehe Darstellung in: Höhne et al., 2007, S. 361.

haben sollte.[52] Kanada schlug vor, den Klimaschutz in eine umfassende Rahmenkonvention zum Schutz der Atmosphäre zu integrieren.[53] Da dieser Ansatz jedoch als inhaltlich zu umfangreich und seine Umsetzung daher als unrealistisch angesehen wurde, bevorzugten andere Staaten ein Rahmenübereinkommen zum Schutz vor Klimaänderungen.[54] Die FCCC sollte durch konkretisierende Protokolle zu den verschiedenen Treibhausgasen, zu Entwaldung und Aufforstung, sowie zu finanziellen Transfers in Form eines Klimafonds ausgefüllt werden.[55] Im Dezember 1989 beschloss die VN Generalversammlung mit den Vorbereitungen der Verhandlungen für eine FCCC zu beginnen.[56] Offen blieb jedoch die Frage, ob das daraufhin eingerichtete, offizielle Verhandlungskomitee (INC) sich nur mit energiebedingten Treibhausgasemissionen oder auch mit den aus der Vernichtung biologischer Kohlenstoffspeicher entstehenden Emissionen befassen würde.[57] Die Verhandlungsparteien waren diesbezüglich unterschiedlicher Auffassung. Die USA verfolgten einen ‚umfassenden Ansatz', nach dem alle direkt und indirekt klimawirksamen Gase, sowie ihre Senken und Speicher berücksichtigt werden sollten.[58] Jedoch sollten die Emissionen aus Entwaldungsmaßnahmen im Rahmen einer getrennten Forstkonvention behandelt werden.[59] Die Europäische Union sah neben der Reduktion energiebedingter Emissionen die Erhaltung und den Ausbau von Kohlenstoffspeichern und -senken als notwendige Maßnahmen zur Verminderung der negativen Auswirkungen des Klimawandels an.[60] Es bestanden jedoch große naturwissenschaftliche Unsicherheiten, insbesondere hinsichtlich der Emissionen aus Landnutzungsänderungen.[61] Außerdem erschwerten die zu erwartenden Auswirkungen ambitionierter Klimaschutzziele auf die Weltwirtschaft im allgemeinen und die einzelnen Sektoren Energie-, Verkehrs- und Industriesektor, sowie die Land- und Forstwirtschaft die Verhandlungen zusätzlich.[62] In ihrem Bemühen um konkrete Emissionsreduktionsziele und -zeitpläne schlug die Europäische Union daher eine getrennte Verhandlung der Energie-, Industrie und Verkehrsektoren einerseits und natürlicher Senken und Speicher andererseits, unter dem Dach

---

[52]   Oberthür, Politik im Treibhaus – Die Entstehung des internationalen Klimaschutzregimes, 1993, S. 31.

[53]   Zaelke/Cameron, „Global Warming and Climate Change: An Overview of the International Legal Process", AM. U. J. Int'l Law & Policy 5 (1990), S. 249–290 (276f.)

[54]   Selected Materials, „Protection of the Atmosphere: Statement of the Meeting of Legal and Policy Experts on the Protection of the Atmosphere, Ottawa, Feb. 20–22, 1989", in: AM. U. J. Int'l Law & Policy 5 (1990), S. 529.

[55]   Bodansky, 1993, S. 472.

[56]   UN, „Protection of Global Climate for Present and Future Generations of Mankind", G.A. Res. 44/207, U.N. GAOR, 44th Sess., Supp. No. 49, S. 262, U.N. Doc. A/44/862 (1989).

[57]   Oberthür, 1993, S. 32.

[58]   Oberthür, 1993, S. 39.

[59]   Luhmann/Sterk, 2007, S. 4.

[60]   Oberthür, 1993, S. 40.

[61]   Bodansky, 1993, S. 476.

[62]   Bodansky, 1993, S. 475.

der FCCC vor.[63] Dennoch wurde insbesondere die Funktion von Wäldern im Kohlenstoffkreislauf als relevant erachtet und seitens tropischer Staaten gegen einen Ausschluss der Problematik biologischer Kohlenstoffsenken und -speicher votiert.[64] Die EU wollte im Konsens mit den G-77 Staaten diese Problematik im Rahmen eines separaten Protokolls zur FCCC behandeln, was aber letztlich am Votum der USA scheiterte.[65] Die eingangs noch offen gelassene Frage, ob sich das Verhandlungskomitee mit den, aus der Vernichtung biologischer Kohlenstoffspeicher entstehenden Emissionen befasste, lässt sich daher nicht eindeutig beantworten. Einerseits wurde die Thematik nicht von den Verhandlungen ausgeschlossen, andererseits jedoch auch nicht detailliert behandelt.

Während der ersten Verhandlungsrunde zur FCCC wurden zwei Arbeitsgruppen eingerichtet. Die erste sollte sich u.a. auch mit der Frage beschäftigen, inwieweit der Schutz und Ausbau von (natürlichen) Treibhausgassenken und -speichern in die FCCC mitaufgenommen werden sollte.[66] Während der zweiten Verhandlungsrunde, im Juni 1991 hatten sich die USA und Großbritannien im Streit um die Frage nach konkreten Emissionsbegrenzungen auf eine Kompromissformulierung geeinigt, nach der zur Berechnung der Emissionsreduktionsziele der Industriestaaten auch der Ausbau von natürlichen Kohlenstoffsenken herangezogen werden sollte. Schlussendlich einigten sich die Verhandlungsparteien auf den Text der Konvention, der die allgemeine Formulierung des Art. 4 Abs. 1 lit. d FCCC beinhaltet, wonach die Parteien dazu angehalten werden, die nachhaltige Bewirtschaftung, Erhaltung und Verbesserung von Senken und Speichern entsprechender Treibhausgase (darunter auch Wälder) zu fördern. Andererseits wurde das Thema nicht konkreter unter expliziter Bezugnahme auf stehende Wälder verhandelt.[67] Auch verbindliche, quantifizierbare Emissionsreduktionsziele wurden nicht vereinbart.[68]

b) Die Verhandlungen zum Kyoto-Protokoll

Während einige Vertragsstaaten und Nichtregierungsorganisationen (NGOs) die Einbeziehung von natürlichen Senken und Speichern in den Maßnahmenkatalog des KPs aus unterschiedlichen Gründen ablehnten, sprach sich die sog. *Umbrella Group*[69] vehement für deren Berücksichtigung aus. Aufgrund der großen Mengen von in Vegetation und Böden terrestrischer Ökosysteme aufgenommenem und gespeichertem Kohlenstoff, sahen mehrere Industriestaaten in der Einbeziehung von Senkenaktivitäten und dem Erhalt biologischer Kohlenstoffspeicher eine wichtige Erweiterung ihrer Emissionsreduktionsmöglichkeiten.[70] Nach Auffassung

---

[63]   Bodansky, 1993, S. 483.
[64]   Bodansky, 1993, S. 481.
[65]   Luhmann/Sterk, 2007, S. 4.
[66]   Bodansky, 1993, S. 482.
[67]   Oberthür, 1993, S. 45.
[68]   Schröder, Negotiating the Kyoto Protocol, 2001, S. 22.
[69]   Bestehend aus USA, Kanada, Japan, Australien, Island, Norwegen, Neuseeland, Russland und Ukraine.
[70]   Freestone/Streck, 2005, S. 265f.

der *Umbrella Group* sollten biologische Kohlenstoffsenken im KP berücksichtigt werden und zum Ausgleich der aus der Nutzung fossiler Brennstoffe entstehenden Emissionen angerechnet werden können. Senkenmaßnahmen sollten dabei alle vom Menschen verwalteten und genutzten Gebiete erfassen, auch Schutzgebiete, da die Entscheidung ihrer Unterschutzstellung eine Managementmaßnahme darstelle.[71] Aufgrund der großen Menge, des in den natürlichen Wäldern Nordamerikas gespeicherten und aufgenommenen Kohlenstoffs, hätte eine solche Regelung zur Folge gehabt, dass die zu vereinbarenden Emissionsreduktionen durch weitaus geringere Reduktionen von energiebedingten Emissionen hätten erzielt werden können.[72] Nach Ansicht der EU und vieler Entwicklungsländer sollte die Anrechenbarkeit von Senkenaktivitäten daher weitestgehend eingeschränkt werden. Im Rahmen der Vereinbarung über konkrete Emissionsreduktionsziele sollten vor allem technische Lösungen zur Verminderung des Ausstoßes energiebedingter Treibhausgasemissionen vorangetrieben werden.[73] Gegen eine Einbeziehung natürlicher Kohlenstoffspeicher- und senken wurden auch die bei der Messung terrestrischer Kohlenstoffspeicher auftretenden Unsicherheiten angeführt.[74] Als weiteres Problem wurde u.a. die Dauerhaftigkeit der Kohlenstoffspeicherung genannt. Es sollte vermieden werden, dass bereits gutgeschriebene Emissionsreduktionen später, infolge der Zerstörung einer Senke oder eines Speichers tatsächlich nicht mehr existent waren. Einige Entwicklungsländer und NGOs, sprachen sich darüber hinaus gegen eine Anrechnungsmöglichkeit von Senkenaktivitäten und dem Erhalt biologischer Kohlenstoffspeicher im CDM aus. Sie befürchteten, dass sich die Anlage I Staaten auf diesem Wege von ihrer Verantwortung, Emissionen aus der Nutzung fossiler Brennstoffe auf dem eigenen Territorium zu verringern, „freikaufen" könnten.[75]

Auf der dritten Vertragsstaatenkonferenz in Kyoto wurde letztlich ein Kompromiss erreicht, nach dem die Annex I Staaten quantifizierte Emissionsbegrenzungs- bzw. -reduktionspflichten unterliegen und bestimmte LULUCF-Aktivitäten wie Aufforstung, Wiederaufforstung und Entwaldung auf diese Verpflichtungen angerechnet werden können.[76] Darüber hinausgehende Maßnahmen sollten jedoch nach weiterer (u.a. technischer) Begutachtung durch den SBSTA und den IPCC, erst auf einer der folgenden Vertragsstaatenkonferenzen verhandelt werden.[77] Da in Kyoto auch nicht alle Unklarheiten hinsichtlich der Durchführung von Senkenprojekten abschließend geklärt werden konnten, wurde die Problematik bereits ein Jahr später wieder auf die Agenda der internationalen Verhandlungen gesetzt. Eine Initiative, angeführt von einigen Entwicklungsländern schlug im Rahmen des CDM einen Katalog von Maßnahmen im Bereich der Forstwirtschaft vor, die zur

---

[71] Schulze et al., 2002, S. 509.
[72] Nach einem von Oberthür/Ott, 2000, S. 186 zitierten Bericht war die terrestrische Kohlenstoffabsorption der USA 1998 sogar höher als ihre CO_2 Emissionen.
[73] Schulze et al., 2002, S. 509.
[74] Oberthür/Ott, 2000, S. 182.
[75] Hecht/Orlando, 1998, S. 14.
[76] Zimmer, 2004, S. 43, 46.
[77] Freestone/Streck, 2005, S. 266.

Reduktion von Treibhausgasemissionen zugelassen werden sollten.[78] Auf der darauf folgenden, 6. Tagung der Vertragsstaatenkonferenz in Den Haag 2000 wurde eine Anrechnung von Maßnahmen zum Schutz naturbelassener, stehender Primärwälder zwar diskutiert, dann allerdings aus ökonomischen Gründen abgelehnt.[79] Die Meinungsverschiedenheiten zwischen der Europäischen Union und der USA über die Anrechnungsmöglichkeit natürlicher Kohlenstoffsenken und – speichern waren schließlich der entscheidende Grund für das Scheitern der weiteren Verhandlungen auf der 6. Vertragsstaatenkonferenz von Den Haag.[80] Nach Art. 25 KP mussten für ein In-Kraft-treten des KPs die ratifizierenden Annex I Staaten für 55 % der CO_2-Emissionen des Ausgangsjahres 1990 verantwortlich sein. In Folge des Scheiterns der Verhandlungen von Den Haag hatte die Bush Administration angekündigt, das KP nicht zu ratifizieren. Um ein Scheitern des Protokolls zu verhindern, waren die übrigen Verhandlungsparteien zur Erreichung eines Kompromisses gezwungen. Nach intensiven diplomatischen Bemühungen der EU wurde die 6. Vertragsstaatenkonferenz 2001 in Bonn fortgesetzt. Dort wurde ein Kompromiss erzielt. Die übrigen Staaten der *Umbrella Group* Japan, Russland und Kanada erreichten weitgehende Zugeständnisse hinsichtlich des Umfangs der Anrechnung von Senken.[81] Um die Reduktionsziele nicht weiter zu verwässern, wurden die zulässigen LULUCF-Aktivitäten im Rahmen des CDM dafür auf Auf- und Wiederaufforstung beschränkt, eine Debatte über die Erhaltung von Wäldern als zulässige Maßnahme abermals verschoben.[82] Der in Bonn erzielte Kompromiss wurde durch die Beschlüsse der 7. Vertragsstaatenkonferenz in Marrakesch konkretisiert. Aufgrund der dadurch umfangreich möglichen Anrechnung biologischer Kohlenstoffsenken, verringerte sich das vereinbarte Emissionsreduktionsziel der Industriestaaten von 5,2 % auf ca. 2 %.[83]

Letztlich wurde es, aufgrund des Fehlens anerkannter, einheitlicher und überprüfbarer Daten über Kohlenstoffaufnahme und -speicherung und aufgrund der umfangreichen Zugeständnisse hinsichtlich der Anrechnung von Senken versäumt, im Rahmen eines Zertifikatesystems finanzielle Anreize für den Erhalt biologischer Kohlenstoffspeicher und -senken zu schaffen.[84] Dies wird von vielen Kommentatoren sehr bedauert.[85] Bettelheim vertritt sogar die Ansicht, dass durch den Kompromiss von Bonn und die in Marrakesch getroffenen Regelungen, das vorrangige Ziel der FCCC, die Reduzierung der Treibhausgasemissionen, missachtet wurde.[86] Mittlerweile wurden die ökonomischen Folgen der Vereinbarung von Bonn untersucht. Aus ökonomischer Sichtweise hat die Verminderung der Abholzung in den Entwicklungsländern das größte Potential aller LULUCF-Aktivitäten.

---

[78] Freestone/Streck, 2005, S. 266.

[79] Schulze et al., 2002, S. 510.

[80] Bettelheim/d'Origny, 2002, S. 1837; Zimmer, 2004, S. 53.

[81] Bettelheim/d'Origny, 2002, S. 1837.

[82] Decision 5/CP.6, Annex VII/7.

[83] Zimmer, 2004, S. 54; Sach/Reese, 2002, S. 69.

[84] Bonnie et al., 2002, S. 1853.

[85] Schulze et al., 2002, S. 505–518 (516f), m.w.N.; Bonnie et al., 2002, S. 1869; Hofmann, 2006, S. 90.

[86] Bettelheim/d'Origny, 2002, S. 1833.

Die Ergebnisse der Studie zeigen, dass Maßnahmen zur Vermeidung der Entwaldung von Primärwäldern neben der Verminderung von Emissionen auch zur Erhaltung biologischer Vielfalt führen.[87] Eines der dringlichsten Themen ist daher der Schutz der terrestrischen Kohlenstoffspeicher, insbesondere die Vermeidung von Entwaldungsmaßnahmen.[88]

2. Reduktion von Emissionen aus Landnutzungsänderungen – Verhandlungen seit der 11. Vertragsstaatenkonferenz der Klimarahmenkonvention von Montreal 2005

Während der 9. Tagung der Vertragsstaatenkonferenz der FCCC in Mailand 2003 wurde ein erster konkreter Vorschlag für ein Instrument zur Verminderung von Emissionen aus Landnutzungsänderungen in Entwicklungsländern vorgestellt.[89] Der Vorschlag sieht einen finanziellen Anreizmechanismus für die Reduzierung von Emissionen durch den Verzicht auf Abholzung von Wäldern vor. Seither wurde die Möglichkeit der Einführung eines solchen Mechanismus als Klimaschutzmaßnahme in der Literatur intensiv diskutiert.[90] Auf Grundlage von Art. 2 KP und unter Berücksichtigung der in Bonn und Marrakesch getroffenen Regelungen, brachten Costa Rica und Papua Neuguinea, mit Unterstützung vieler Lateinamerikanischer Staaten auf der 11. Vertragsstaatenkonferenz in Montreal einen neuen Vorschlag zur Berücksichtigung natürlicher Kohlenstoffspeicher, in den internationalen Verhandlungsprozess ein.[91] Die Staaten betonten, dass es sich bei ihrem Vorschlag um ein neues Konzept zur Reduktion von Emissionen handele und nicht um einen Beitrag zur alten Debatte über biologische Kohlenstoffsenken.[92] Der Vorschlag bezog sich zunächst nur auf die Reduzierung von Emissionen aus Entwaldungsmaßnahmen. Er hat auf der Vertragsstaatenkonferenz in Montreal große Zustimmung, auch seitens der Industriestaaten bekommen und soll daher im Folgenden genauer dargestellt werden.

a) Begründung

Als Begründung für ihren Vorstoß führten die Verhandlungsdelegationen Costa Ricas und Papua Neuguineas an, dass es immer offensichtlicher erscheine, dass das Ziel des Art. 2 FCCC schwer zu erreichen sein werde, sofern nicht sowohl Industrie- als auch Entwicklungsländer in allen Sektoren zu einer Reduktion von Treibhausgasen beitragen.[93] Es unterlägen immer noch über 75 % der Staaten

---

[87]   Schulze et al., S. 516f., m.w.N.

[88]   Malhi et al., 2002, S. 1585; Hofmann, 2006, S. 90.

[89]   Santilli et al., Tropical Deforestation and the Kyoto Protocol: a new proposal, 2003.

[90]   Vgl. WBGU, 2003, S.71; Schlamadinger et al., 2005; Santilli et al., 2005; Schulze et al., „Making Deforestation Pay Under the Kyoto Protocol", Science 299 (2003), S. 1669; Houghton, 2005.

[91]   FCCC/CP/2005/MISC.1.

[92]   FCCC/CP/2005/MISC.1.

[93]   FCCC/CP/2005/MISC.1; Santilli et al., 2005, S. 267.

keinen Emissionsminderungs- oder Begrenzungspflichten, über 60 % der globalen Emissionen würden derzeit nicht reguliert.[94] Darüber hinaus sei davon auszugehen, dass die Treibhausgasemissionen der Schwellen- und Entwicklungsländer auch innerhalb der nächsten Jahrzehnte dramatisch ansteigen.[95] Eine zunehmende Integration der Entwicklungsländer in Maßnahmen und Verpflichtungen zu Emissionsreduktionen sei daher unausweichlich.[96] Emissionen aus Entwaldungsmaßnahmen stellen derzeit den größten Anteil der Treibhausgasemissionen in Entwicklungsländern dar.[97] Ihre Reduzierung könnte einen entscheidenden Beitrag zu den globalen Anstrengungen zur Stabilisierung von Treibhausgasemissionen im Sinne des Art. 2 FCCC darstellen und die Entwicklungsländer stärker in das internationale Klimaschutzregime einbinden.[98]

b) Regelungsgegenstand der Klimarahmenkonvention

Wie dargelegt, wurden weder im Rahmen der FCCC noch des KPs Regelungen über die Vermeidung von Entwaldung als Emissionsminderungsmaßnahmen getroffen.[99] Dies scheint nach Auffassung Costa Ricas und Papua Neuguineas jedoch im Rahmen der FCCC geboten. Dafür spricht, neben der Verhandlungsgeschichte, dass Entwaldung als Quelle von Treibhausgasen im Sinne des Art. 1 Abs. 9 FCCC bezeichnet werden kann. Demnach wird ein Vorgang oder eine Tätigkeit, durch die ein Treibhausgas, ein Aerosol oder eine Vorläufersubstanz eines Treibhausgases in die Atmosphäre freigesetzt wird, als Emissionsquelle bezeichnet. Nach Art. 3 Abs. 3 der FCCC

„sollen die Politiken und Maßnahmen [...] alle wichtigen Quellen, Senken und Speicher von Treibhausgasen und die Anpassungsmaßnahmen erfassen, sowie alle Wirtschaftsbereiche einschließen."

Da die Entwaldung tropischer Gebiete eine wichtige Treibhausgasquelle darstellt, solle auch sie von entsprechenden Politiken und Maßnahmen erfasst werden. Art. 4 Abs. 1 lit. (c), FCCC verpflichtet alle Vertragsparteien, unter Berücksichtigung ihrer gemeinsamen, aber unterschiedlichen Verantwortlichkeiten und ihrer speziellen nationalen und regionalen Entwicklungsprioritäten, Ziele und Gegebenheiten die Entwicklung und Anwendung von Methoden und Verfahren zur Verringerung oder Verhinderung anthropogener Emissionen von Treibhausgasen in allen wichtigen Bereichen, u.a. der Land- und Forstwirtschaft zu fördern und dabei zusammen zu arbeiten. Nach Art. 4 Abs. 1 lit. (d) sollen nachhaltige Bewirtschaftung und Erhaltung von Senken und Speichern, etwa durch die Verbesserung der Biomasse in Wald- und sonstigen terrestrischen Ökosystemen gefördert werden. Dar-

---

[94] FCCC/CP/2005/MISC.1.
[95] FCCC/CP/2005/MISC.1.
[96] FCCC/CP/2005/MISC.1.
[97] Cowie et al., „Options for including all lands in a future greenhouse gas accounting framework", Environmental Science and Policy 10 (2007b), S. 306–321 (307).
[98] FCCC/CP/2005/MISC.1.
[99] Siehe Kapitel 5.

über hinaus ist nach Ansicht vieler Entwicklungsländer eine „faire und gerechte" Öffnung des Kohlenstoffmarktes, sowie eine „gerechte" Ausweitung der Marktinstrumente Voraussetzung für ihre weitergehende Integration in den internationalen Klimaschutzprozess.[100]

c) Mögliche Instrumente

Als Möglichkeiten zur Integration vermiedener Entwaldung in das internationale Klimaschutzregime schlagen Costa Rica und Papua Neuguinea für die Zeit nach 2012 vor, entweder ein neues Protokoll im Rahmen der FCCC einzuführen oder zusätzliche Beschlüsse zum KP zu treffen. Ein neues Protokoll im Rahmen der FCCC, solle zunächst eine freiwillige Partizipation vorsehen. So könnten Industrie- und Entwicklungsländer erste praktische Erfahrungen sammeln, aufgrund derer in künftigen Verpflichtungszeiträumen umfassendere Regelungen getroffen würden. Daneben wird die Möglichkeit einer Einbeziehung in den umweltverträglichen Mechanismus des KP erwogen. Der Wortlaut des Art. 12 KP sehe die Vermeidung von Entwaldung, als Emissionsminderungsmaßnahme weder ausdrücklich vor, noch bestehe ein ausdrückliches Verbot. Art. 12 KP beinhalte lediglich den Begriff „Emissionsreduktionen". Da die Entwaldung von Primärwäldern wesentlich zu den globalen Emissionen von Kohlenstoff beitrage, stelle auch ihre Vermeidung eine Maßnahme zur Reduktion von Emissionen dar. Eine Einbeziehung in den CDM sei damit generell möglich. Doch obwohl es sich hinsichtlich der Emissionen aus Entwaldungsmaßnahmen um die größte Emissionsquelle in den Entwicklungsländern handelt, wurden durch die Beschlüsse von Marrakesch, Projekte zur Vermeidung von Emissionen aus Entwaldung im Rahmen des CDM ausgeschlossen.[101] Nach Auffassung Costa Ricas und Papua Neuguineas sollten die Vertragsparteien daher eine Änderung der Regelungen von Marrakesch in Betracht ziehen. Der WBGU war schon 2003 der Auffassung, dass die Erhaltung bestehender Kohlenstoffvorräte – also etwa Primärwälder oder Feuchtgebiete, aber auch Grasländer – grundsätzlich, ebenso wie die Schaffung von Senken in den Emissionshandel bzw. den CDM integriert werden könnte.[102]

d) Offene Fragen

Der Vorschlag Costa Ricas und Papua Neuguineas war ein erster Schritt in Richtung ernsthafter Verhandlungen um die Einbeziehung von Maßnahmen zur Reduzierung von Emissionen aus Landnutzungsänderungen im internationalen Verhandlungsprozess. Vor einer möglichen Einbeziehung von Maßnahmen zur Reduzierung von Emissionen aus Entwaldung besteht nach Auffassung der Staaten, derzeit Bedarf an der Klärung einiger offener Fragen. Insbesondere technische Fragen wurden bereits im Rahmen der Diskussion um eine Anrechnung von Senkenaktivitäten behandelt.[103] Die meisten dieser Problematiken ergaben sich aus

---

[100] FCCC/CP/2005/MISC.1.

[101] FCCC/CP/2005/MISC.1.

[102] WBGU, 2003, S. 71.

[103] Siehe die Darstellung der Problematiken des Verlagerungseffektes, des Ausgangswertes, der Zusätzlichkeit usw. im vorangegangenen Kapitel.

dem projektorientierten Ansatz des Mechanismus für umweltverträgliche Entwicklung. Die Staaten erwähnen in ihrem Vorschlag Ansätze zur Lösung dieser Problematiken. Nach der Auffassung Costa Ricas und Papua Neuguineas könnte die Einführung nationaler Referenzwerte einen Beitrag zur Lösung bestehender Problematiken leisten. Dies würde es ermöglichen genau zu bestimmen, ob tatsächlich eine Verminderung der Emissionen aus Entwaldung auf nationaler Ebene stattgefunden hat. Die „Zusätzlichkeit" der Emissionsminderungen von Maßnahmen zur Reduzierung der Entwaldung könnte so genauer und schneller bestimmt werden. Zugleich gäbe es klare Reduktionsziele. Auch der „Verlagerungseffekt" innerhalb eines Staates, also von einer Projektfläche auf eine andere Fläche in der Umgebung des Projektes könnte so minimiert werden. Zur Lösung der „Dauerhaftigkeits-Problematik" schlagen Costa Rica und Papua Neuguinea die Einführung eines „*carbon banking mechanism*" vor. Danach würden Reduktionen, die im Rahmen von Pilotmaßnahmen entstehen, – wie bei einem Bankkonto – als Gutschriften verbucht und zertifizierte Reduktionen abgezogen werden, die aufgrund einer späteren Zerstörung der Speicher nicht mehr existent waren. Des Weiteren schlagen die Parteien vor, den Versicherungsmarkt in die Versicherung von traditionellen Risiken wie z.B. Feuer oder Überflutung einzubeziehen. Aufgrund der mittlerweile verfügbaren Satellitentechnologie, könnten „*remote-sensing*"-Verfahren zur Datenermittlung im Rahmen eines Verifizierungs- und Zertifizierungsprozesses Anwendung finden und die Überwachung mit der erforderlichen Genauigkeit und Wirtschaftlichkeit gewährleisten.[104]

3. Zusammenfassung

a) *Verhandlungen über die Einbeziehung von Speichern und Senken im Rahmen der Klimarahmenkonvention*

Den Parteien des Klimaschutzregimes war schon zu Beginn ihrer Verhandlungen über ein völkerrechtlich verbindliches Instrument zum Schutz vor Klimaänderungen bewusst, dass erhebliche Reduktionen der Treibhausgasemissionen nötig sind, um eine anthropogen bedingte Störung des Klimasystems zu vermeiden und dass die entwickelten Länder dabei eine Vorreiterrolle übernehmen müssten. Auch herrschte Einigkeit darüber, dass die Emissionen aus Landnutzungsänderungen, insbesondere aus Entwaldungsmaßnahmen einen wesentlichen Anteil der anthropogen bedingten Treibhausgasemissionen darstellten. Einer Berücksichtigung des Erhaltes natürlicher biologischer Kohlenstoffspeicher bzw. der Emissionen aus Landnutzungsänderungen standen in den Verhandlungen zu FCCC und KP jedoch komplexe naturwissenschaftliche, technische und ökonomische Probleme entgegen.

Äußerst schwierig war es beispielsweise, verlässlich festzustellen, in welchem Umfang natürliche Speicher in der Lage sind, Kohlendioxid zurückzuhalten und inwieweit biologische Senken in der Lage sind Treibhausgase abzubauen.[105] Die

---

[104] FCCC/CP/2005/MISC.1.
[105] Kreuter-Kirchhof, 2005, S. 56f.

zu dieser Zeit bestehenden statistischen Primärdaten in den Bereichen Forstwirtschaft und Landnutzungsänderungen waren in vielen Ländern zunächst unzureichend.[106] Im Jahr 1996 bezifferte der IPCC die Unsicherheiten bei den Primärdaten und den darauf basierenden Abschätzungen der Kohlenstoffvorräte auf 30 bis 50 %.[107] Die Verhandlungen wurden auch durch die Vertretung nationaler ökonomischer Interessen geprägt. So fürchteten die entwickelten Länder durch die Reduzierung der Emissionen aus der Nutzung fossiler Brennstoffe Wettbewerbsnachteile gegenüber den Schwellenländern und Wachstumseinbußen, da diese Reduzierung insbesondere die Sektoren Industrie, Energie und Verkehr betraf.[108] Insbesondere seitens der US-amerikanischen Wirtschaft bestanden massive Bedenken gegenüber der Ratifizierung des KP, da sie die Reduzierung von Emissionen im Industrie- und Energiesektor als Schädigung der eigenen Industrie betrachtete.

Mit der Anrechnung biologischer Kohlenstoffspeicher und -senken sahen andererseits insbesondere die waldreichen Industriestaaten der *Umbrella Group* eine Möglichkeit ambitionierte Reduktionsziele zu vereinbaren, dabei jedoch die Emissionen aus der Nutzung fossiler Brennstoffe nur moderat senken zu müssen. Zahlreiche Entwicklungsländer mit großen bewaldeten Flächen, wie Malaysia oder Brasilien, befürchteten daher, die Industriestaaten könnten sich durch die Anrechnung von Senken und Speichern ihrer ökologischen Verantwortung entziehen, sei es durch die Anrechnung von biologischen Senken und Speichern auf dem eigenen Territorium oder im Rahmen der Durchführung von Senkenprojekten in Entwicklungsländern.[109] Gleichzeitig fürchteten die waldreichen Entwicklungsländer, eine Einbeziehung von biologischen Speichern und Senken, insbesondere vermiedene Entwaldung, könne eine reduzierte Ausbeutung ihrer natürlichen Ressourcen zur Folge haben und damit zu einer Einschränkung ihrer wirtschaftlichen Wachstumsmöglichkeiten führen. Im Rahmen der FCCC konnte man sich daher zunächst nur auf die weichen Ziele und Zahlen der Reduktionsverpflichtungen des Art. 4 Abs. 2 FCCC und die relativ unbestimmten Regelungen zu natürlichen Treibhausgasspeichern und -senken in Art. 4 Abs. 1 lit. d FCCC einigen.[110]

b) Verhandlungen über die Einbeziehung von Speichern und Senken im Kyoto-Protokoll

1994 kam der IPCC in einem Zwischenbericht zu dem Ergebnis, dass selbst bei Erreichen des Reduktionsziels des Art. 4 Abs. 2 FCCC ein Anstieg der Treibhausgaskonzentration in der Atmosphäre nicht zu vermeiden sei.[111] Die Notwendigkeit weitergehender quantifizierter Reduktionsziele wurde erkannt, dennoch kam es auf den Vertragsstaatenkonferenzen von Berlin 1995 und Genf 1996 zu keiner

---

[106]   Herold, 1998, S. 13.

[107]   IPCC, Climate Change 1995 – Impacts, Adaptations and Mitigation of Climate Change, 1996, S. 778f.

[108]   Grubb, The Kyoto Protocol – A Guide and Assessment, 1999, S. 79.

[109]   Bodansky, 1993, S. 451.

[110]   Heintschel von Heinegg, in: Rengeling, 2003, S. 793.

[111]   Grubb, 1999, S. 81.

Einigung.[112] In den, 1997 in Kyoto folgenden Verhandlungen stand dann die Vereinbarung verbindlicher, quantifizierbarer Reduktionsziele sowie die damit untrennbar verbundene Frage nach den hierfür zulässigen Instrumenten auf der Tagesordnung. Die Berücksichtigung natürlicher Kohlenstoffsenken und -speicher bei der Berechnung der Reduktionsziele bzw. als Maßnahme zur Reduzierung von Treibhausgasemissionen wurde jedoch erst kurz vor Beginn der dritten Vertragsstaatenkonferenz Gegenstand von Verhandlungen und war während der Konferenz politisch heftig umstritten.[113] Erneut sprachen sich die waldreichen Staaten der *Umbrella Group*[114] vehement für die Berücksichtigung natürlicher Speicher und Senken aus. Sie sahen darin weiterhin eine wichtige Erweiterung ihrer Möglichkeiten zur Emissionsreduktion.[115] Sie erhofften sich, im Idealfall ihre Emissionen aus der Nutzung fossiler Brennstoffe vollständig gegen biologische Speicher und Senken aufrechnen zu können. So rechneten beispielsweise die USA vor, dass ihre Reduktionsquote von 7 % auf effektiv 4 % sinken würde, wenn es zu einer Anrechnung von Senken käme.[116] Nach Ansicht der EU und vieler Entwicklungsländer sollte der Schwerpunkt jedoch auf der Reduktion der Emissionen aus der Nutzung fossiler Brennstoffe bestehen und die Anrechenbarkeit von biologischen Speichern und Senkenaktivitäten daher weitestgehend eingeschränkt werden. Mit einer Anrechnung der Speicher und Senken wäre zu befürchten gewesen, dass angesichts der enormen weltweiten Senkenpotentiale das eigentliche Anliegen – d.h. die Reduktion der Emissionen fossiler Brennstoffe – untergraben werden könnte.[117] Andere Staaten wie etwa Japan wären zudem durch die Anrechenbarkeit in besonderem Maße benachteiligt gewesen, da sie eine sehr hohe Bevölkerungsdichte aufweisen und daher kaum die Möglichkeit gehabt hätten, auf ihrem eigenen Territorium Senkenprojekte in größerem Umfang zu realisieren.[118] Darüber hinaus herrschte weiterhin eine unzureichende Faktenlage, sowie Unsicherheiten über CO_2-Speicher- und Aufnahmeraten. Der Dissens zwischen den Staaten hatte zur Folge, dass die Frage nach der Einbeziehung biologischer Speicher und Senken wie bereits in den Verhandlungen zur FCCC, auch im KP zunächst in vielerlei Hinsicht offen und unsystematisch geregelt wurde.[119] So blieb insbesondere ungeklärt, wie die anrechenbaren Aktivitäten des Art. 3 Abs. 3 und Abs. 4 KP zu definieren seien und ob es hinsichtlich der Anrechenbarkeit dieser Aktivitäten eine Höchstgrenze geben solle.[120]

---

[112] Heintschel von Heinegg, in: Rengeling, 2003, S. 793.

[113] Oberthür/Ott, 2000, S. 178.

[114] Bestehend aus USA, Kanada, Japan, Australien, Island, Norwegen, Neuseeland, Russland und Ukraine.

[115] Freestone/Streck, 2005, S. 265f.

[116] Ott, The Kyoto Protocol to the UN Framework Convention on Climate Change – Finished and Unfinished Business, 1998, S. 4.

[117] Nach einem von Oberthür/Ott, 2000, S. 186 zitierten Bericht war die terrestrische Kohlenstoffabsorption der USA 1998 sogar höher als ihre CO_2 Emissionen.

[118] Grubb, 1999, S. 79.

[119] Schwarze, 2000, S. 191.

[120] Hofmann, 2006, S. 40.

c) Verhandlungen über die Einbeziehung von Speichern und Senken nach Kyoto

Nach 1997 zählte die Problematik der Einbeziehung von Speichern und Senken zu den zentralen Punkten der Verhandlungen um eine Konkretisierung des KPs, insbesondere während der Fortsetzung der 6. Vertragsstaatenkonferenz in Bonn 2001 und der 7. Vertragsstaatenkonferenz in Marrakesch 2001.[121] Bis zu diesem Zeitpunkt war zwar Einigkeit über die quantifizierten Emissions- und Reduktionsverpflichtungen erzielt worden, zahlreiche in Anlage I KP aufgeführte Industriestaaten hatten ihre Emissionen jedoch im Vergleich zum Ausgangsjahr 1990 nicht verringert, sondern erhöht. Die Aussicht einer weiten Auslegung der Aktivitäten und damit einer großzügigen Berücksichtigung von Maßnahmen im LULUCF-Bereich, als Klimaschutzmaßnahmen eröffnete diesen Staaten eine Möglichkeit, die Reduktionsziele doch noch einzuhalten und das Protokoll damit ratifizieren zu können.[122] Diese Strategie scheiterte jedoch vor allem am Widerstand der Entwicklungs- und Schwellenländer, die klare, transparente und überprüfbare Emissionsreduktionsziele und -maßnahmen forderten.[123] Auch die EU opponierte dagegen mit dem Verweis auf eine mögliche „Verwässerung" der Klimaschutzziele, so dass auf COP 7 2001 in Marrakesch endgültig von der Möglichkeit einer Anrechnung bestehender natürlicher Ökosysteme Abstand genommen wurde. In den „Marrakesh Accords" wurde daher eine beschränkte Anrechnungsmöglichkeit von Aufforstungs-, Wiederaufforstungs- und Entwaldungsmaßnahmen beschlossen.

d) Der Vorschlag Costa Ricas und Papua Neuguineas auf COP 11 in Montreal 2005

Die Marrakesh Accords wurden nach In-Kraft-Treten des KPs, auf COP 11 / MOP 1 in Montreal offiziell angenommen.[124] In Montreal wurden auch erste Schritte zur Fortentwicklung des KPs eingeleitet. So wurde unter anderem beschlossen, dass die Entwicklungsländer in einem Prozess gemäß Art. 9 KP ihre Ideen zu möglichen Verpflichtungen in einem Post 2012 Abkommen, bis September 2006 äußern sollten.[125] Papua Neuguinea und Costa Ricas kamen diesem Beschluss durch die Vorstellung ihres Vorschlages zur Einbeziehung der Vermeidung von Entwaldung während COP 11 Montreal 2005 zuvor. Dies würde ermöglichen, neue Maßnahmen zur Reduktion anthropogen bedingter Treibhausgasemissionen zeitgleich mit neuen Emissionsreduktionszielen zu verhandeln und diese aufeinander abzustimmen. Dadurch könnte sichergestellt werden, dass es

---

[121] Doelle, From Hot Air to Action? Climate Change, Compliance and the Future of International Environmental Law, 2005, S. 25f.

[122] Schlamadinger et al., „A synopsis of land use, land-use change and forestry (LULUCF) under the Kyoto Protocol and Marrakech Accords", Environmental Science & Policy 10 (2007a), S. 271–282 (273).

[123] Oberthür/Ott, 2000, S. 181.

[124] Holwitsch, „Die Klimakonferenz von Montreal – Totgesagte leben länger", NuR 28 (2006), S. 214–217 (215).

[125] Holwitsch, 2006, S. 217.

durch die Annahme vermiedener Entwaldung als Klimaschutzinstrument nicht zu einer verminderten Reduzierung von Emissionen aus der Nutzung fossiler Brennstoffe kommt. Darüber hinaus bietet der Ansatz Lösungsmöglichkeiten für naturwissenschaftliche und technische Problematiken, die noch während der Vertragsstaatenkonferenz von Marrakesch zum Ausschluss der Maßnahmen führten.[126] Auf der Vertragsstaatenkonferenz wurde daher beschlossen, den Verhandlungsprozess über eine Berücksichtigung vermiedener Entwaldung zunächst im Rahmen des SBSTA, mit der Beschaffung erforderlicher Hintergrundinformationen und mit der Anhörung von Vertragsparteien und akkreditierten Beobachtern zu beginnen. Der Austausch erlangter Informationen und Ansichten sollte im Rahmen der Durchführung mehrerer Workshops gewährleistet werden, um abschließend konkretere Handlungsvorschläge für die Vertragsstaatenkonferenz zu erarbeiten.[127] Am Ende dieses Prozesses könnte ein Klimaschutzregime stehen, das künftig sämtliche Emissionen aus der Zerstörung natürlicher terrestrischer Ökosysteme mit einbezieht.

e) Die Verhandlungen auf COP 13 in Bali 2007

Die Vertragsstaaten verhandelten während des Klimagipfels von Bali 2007 (COP 13) über die Grundlagen eines Klimaschutzregimes nach 2012. Im sog. Bali-Aktionsplan (Bali Roadmap) wurde niedergelegt, über welche inhaltlichen Schwerpunkte im Hinblick auf ein Kyoto-Folgeabkommen bis zu COP 15 in Kopenhagen näher verhandelt werden sollte.[128] Die Regelungen zu Senkenaktivitäten waren mit dem zwei Jahre zuvor auf COP 11 verabschiedeten Kompromiss von Marrakesch nicht mehr direkt Gegenstand von Verhandlungen auf Bali. Eine Neuregelung der Vorschriften zu LULUCF kommt für die Zeit nach 2012 jedoch dann in Betracht, wenn entschieden werden sollte Maßnahmen zur Vermeidung von Entwaldung in ein Klimaschutzregime nach 2012 aufzunehmen.

Die Frage der Einbeziehung vermiedener Entwaldung war Gegenstand der Verhandlungen von Bali. Grundlegend musste zunächst entschieden werden, ob eine Entscheidung für die Aufnahme konkreter Verhandlungen über die Einbeziehung vermiedener Entwaldung zustande kommen würde.[129] Die Problematik wurde zunächst anhand eines Entwurfstextes erörtert, den der SBSTA in Vorbereitung auf die Konferenz erarbeitet hatte.[130] Gegenstand der Diskussionen waren u.a. die Einbeziehung von Erhaltungsmaßnahmen wie etwa die Errichtung von Schutzgebieten als zulässige Klimaschutzmaßnahmen. Darüber hinaus wurden Fragen

---

[126] Evironmental Defense, Reducing Emissions from Deforestation in Developing Countries, 2006, S. 1f.

[127] Die Ansichten wurden gesammelt in: FCCC/SBSTA/2006/MISC.5 and Add.1.

[128] Watanabe et al., „The Bali Road Map for Global Climate Policy – New Horizons and Old Pitfalls", JEEPL 5 (2008), S. 139–158 (140).

[129] Bals, Bali, Poznan, Kopenhagen – Dreisprung zu einer neuen Qualität der Klimapolitik?, 2008, S. 8.

[130] IISD, „Summary of the Thirteenth Conference of Parties to the UN Framework Convention on Climate Change and the Third Meeting of Parties to the Kyoto Protocol: 3–15 December 2007", ENB Vol. 12, No. 354 (2007), S. 1–22 (7).

hinsichtlich der Anerkennung von Pilotprojekten erörtert, die Entwicklung von Leitlinien für solche Pilotprojekte diskutiert, sowie die Frage nach regionalen und nationalen Ansätzen zur Berechnung der Entwaldung behandelt.[131] Am Ende der zweiwöchigen Verhandlungen einigte man sich darauf, die Thematik in den Bali-Aktionsplan aufzunehmen, Pilotprogramme zu unterstützen und für die Zeit nach 2012 über neue Politiken und finanzielle Anreize zu verhandeln.[132] Mit der Entscheidung über den Einschluss vermiedener Entwaldung wurde ein großer Schritt hin zu einer Einbeziehung der Thematik in ein Kyoto-Folgeabkommen gemacht. Es gilt in den kommenden Jahren bis zur Beschlussfassung auf COP 15 in Kopenhagen, insbesondere im Rahmen der Durchführung von Pilotprojekten grundsätzliche Fragen zu klären sowie letzte methodische Probleme zu beseitigen.

III. Grundsatzfragen eines Instrumentes zum Erhalt terrestrischer biologischer Kohlenstoffspeicher in Entwicklungsländern

Auf der 13. Vertragsstaatenkonferenz der FCCC Ende 2007 auf Bali konnte der erste Schritt hin zu Verhandlungen über die Einführung eines Instrumentes zur Erhaltung terrestrischer biologischer Kohlenstoffspeicher gemacht werden.[133] Es wurde entschieden offene Fragen bis 2009 zu klären und konkrete Verhandlungen über die Thematik aufzunehmen.[134] Mit dem Entwurf eines Instrumentes zur Kompensation von Emissionsreduktionen aus Landnutzungsänderungen in Entwicklungsländern sind derzeit noch viele offene Fragen verbunden, die es bis 2009 zu klären gilt.[135] So ist u.a. unklar, welche Prinzipien und Grundsätze im Rahmen der Verhandlungen um die Ausgestaltung der Rechte und Pflichten dieses Instrumentes Anwendung finden und wie diese insbesondere im Hinblick auf die Kriterien für die Verteilung von Emissionsreduktionspflichten zu berücksichtigen sind. Darüber hinaus stellt sich die Frage, ob und wie ein Instrument zur Reduzierung von Emissionen aus Entwaldungsmaßnahmen mit den Regelungen zum internationalen Emissionsrechtehandel und den Erfüllungsregelungen eines „Post-2012-Regimes" verbunden werden sollte.[136] Auch die Auswirkungen einer Einführung von Gutschriften für die Reduzierung von Emissionen aus Entwaldungsmaßnahmen für das Gesamtregime sind nicht abschließend geklärt. Es gilt zu erörtern, wie das Verhältnis der quantifizierten Reduktionsziele der Industriestaaten (insbesondere bezogen auf die Nutzung fossiler Brennstoffe) zu Gutschriften aus der Vermeidung von Landnutzungsänderungen ausgestaltet werden soll.[137] Für den Fall

---

[131] IISD, 2007, S. 7.
[132] FCCC/SBSTA/2007/L.23/Add.1/Rev.1; Watanabe et al., 2008, S. 153.
[133] Watanabe et al., 2008, S. 153.
[134] FCCC/SBSTA/2007/L.23/Add.1/Rev.1; Watanabe et al., 2008, S. 154.
[135] Dutschke/Wolf, 2007. S. 4.
[136] Watanabe et al., 2008, S. 154.
[137] Bals, 2008, S. 19.

einer sektoralen Trennung und eines Entschlusses gegen eine Anbindung von Gutschriften für die Reduzierung von Emissionen aus Landnutzungsänderungen, müsste ein alternatives Kompensationskonzept erarbeitet werden. Da die zu verhandelnde Übereinkunft die Emissionen aus Landnutzungsänderungen in Entwicklungsländern zum Gegenstand hat, sollte insbesondere auf eine möglichst breite Integration der Entwicklungsländer geachtet werden. Daher muss die Verbindlichkeit der Teilnahme erörtert werden und ggf. eine freiwillige Partizipation erwogen werden. Letztlich muss die Frage beantwortet werden, welcher rechtliche Rahmen für ein solches Instrument gewählt werden sollte.[138] Dabei kommen insbesondere eine Übereinkunft im Rahmen des KPs oder der FCCC in Betracht. Im Folgenden wird der derzeitige Diskussionsstand in der Literatur und dem SBSTA zu diesen Fragen dargelegt.

1. Grundsätze

Für Staaten, in denen Emissionen aus der Konversion natürlicher Ökosysteme, insbesondere von Primärwäldern in großem Umfang entstehen, wie in Brasilien, Indonesien, Bolivien, Peru, Kolumbien und den zentralafrikanischen Staaten, bestehen derzeit keine über die allgemeinen Regelungen des Art. 4 Abs. 1 FCCC hinausgehenden Verpflichtungen zum Schutz dieser biologischen Kohlenstoffspeicher. Es existieren bisher auch keine finanziellen Anreizmechanismen zur Reduktion bzw. Vermeidung der Emissionen aus Entwaldung.[139] Um einen wirksamen Schutz vor Klimaänderungen bewirken zu können und die globalen Emissionen von Treibhausgasen soweit zu senken, dass der zu erwartende Temperaturanstieg beherrschbar bleibt, besteht daher die Notwendigkeit substantielle Anreize zur Integration der Entwicklungsländer und der Vermeidung der genannten Emissionen zu etablieren.[140] Im Folgenden wird geprüft, inwieweit die allgemeinen Prinzipien der FCCC bei der Gestaltung eines neuen Instrumentes beachtet werden müssen. Insbesondere soll geklärt werden, welche Bedeutung sie für die Verteilung der Rechte und Pflichten zum Schutz der Atmosphäre, durch die Reduzierung der Treibhausgasemissionen haben, welche konkreten Ansätze zur Verteilung von Emissionsreduktionspflichten aus ihnen folgen. Im Rahmen der Ausgestaltung einer Übereinkunft zur Vermeidung von Emissionen aus Landnutzungsänderungen in Entwicklungsländern, könnten insbesondere die in Art. 3 Abs. 1 FCCC aufgeführten Grundsätze zu berücksichtigen sein. Dies sind das *„Equity-Principle"* und das Prinzip der gemeinsamen, aber unterschiedlichen Verantwortlichkeiten. Sie stellen die Grundsätze des internationalen Klimaschutzregimes für eine ausgewogene Verteilung von Rechten und Pflichten dar.[141]

---

[138] IISD, 2007, S. 7; Dutschke/Wolf, 2007. S. 4.
[139] Santilli et al., 2005, S. 269.
[140] Santilli et al., 2005, S. 269.
[141] Doelle, 2005, S. 296.

a) Prinzipien im Umweltvölkerrecht

Im internationalen Schrifttum wird seit einigen Jahren intensiv die Existenz bzw. das Heranwachsen umweltvölkerrechtlicher Prinzipien erörtert.[142] Mit Prinzipien werden unterschiedliche Konstrukte beschrieben, die z.T. eine unterschiedliche Rechtsnatur aufweisen und auch in ihrer Struktur stark divergieren.[143] Im anglo-amerikanischen Rechtskreis werden sie als „Principles" bezeichnet. Eine bedeutende Rolle spielten solche Prinzipien erstmals in der Deklaration von Stockholm 1972. In den vergangenen Jahren haben sie weite Verbreitung in internationalen Umweltdeklarationen und Übereinkommen gefunden.[144] Mittlerweile hat sich eine Vielzahl von Prinzipien entwickelt. Eine vom Sekretariat der UN-Kommission für nachhaltige Entwicklung (CSD) eingesetzte Expertengruppe hat im Jahre 1995 einen 19 „principles and concepts" umfassenden Prinzipienkatalog aufgestellt.[145] Diese Prinzipien sollen bei der Entwicklung neuer Rechtsinstrumente helfen und der Auslegung vertraglicher und außervertraglicher Verpflichtungen dienen.[146] Sie stellen generelle Vorgaben dar, die in den sektoralen Abkommen konkretisiert werden können.[147] Zu den von der Expertenkommission genannten Prinzipien gehören u.a. „Right to development", „Right to a healthy environment", „Equity", „Sovereignty over natural resources and responsibility not to cause damage to the environment of other States or to areas beyond national jurisdiction", „Sustainable use of natural resources", „Prevention of environmental harm", „Precautionary principle", „Common concern of humankind", „Common but differentiated responsibilities", „Common heritage of humankind".[148] Die Aussagen der CSD-Expertengruppe über die Rechtsnatur dieser Prinzipien und Grundsätze beschränkten sich jedoch auf die Feststellung

> „that the legal status of each of the principles [...] varies considerably; some of the principles identified are more firmly established in international law, while other are only in process of gaining relevance in international law. The Expert group agreed

---

[142] Beyerlin, „Different Types of Norms in International Environmental Law: Policies, Principles, and Rules", in: Bodansky/Brunnée/Hey, The Oxford Handbook of International Environmental Law, 2007, S. 425–448; ders. „'Prinzipien' im Umweltvölkerrecht – ein pathologisches Phänomen?", in: Cremer/Giegerich/Richter/Zimmerman, Tradition und Weltoffenheit des Rechts – Festschrift für Helmut Steinberger, 2002, S. 31–63 (42f.) m.w.N.; De Sadeleer, Environmental Principles, 2002; Sands, 2003.

[143] Glass, 2008, S. 5f.

[144] Beispielsweise die Rio-Deklaration oder die Klimarahmenkonvention.

[145] Report of the Expert Group Meeting on identification of Principles of International Law for Sustainable Development (Geneva, 24–28 September 1995), in: UNCSD, International Legal Instruments and Mechanisms - E/CN.17/1996/17/Add. 1, 1996, http://www.un.org/esa/documents/ecosoc/cn17/1996/ecn171996-17a1.htm, zuletzt aufgerufen 07.08.2008.

[146] Beyerlin, in: Cremer/Giegerich/Richter/Zimmerman, 2002, S. 44.

[147] Glass, 2008, S. 14.

[148] E/CN.17/1996/17/Add. 1.

that the discussion and formulation of principles [...] is without prejudice to the question of whether these are part of customary international law".[149]

Auch eine 1996 von UNEP eingesetzte Expertengruppe erstellte einen Katalog von „concepts and principles in international environmental law". Auch sie vermied jedoch Aussagen zur Rechtsnatur der Prinzipien und beschrieb lediglich deren Funktion als

> „providing coherence and consistency to international environmental law; guiding governments in negotiating future international instruments; providing a framework for the interpretation and application of domestic environmental laws and policies, and assisting the integration of international environmental law with other international law fields".[150]

Die Prinzipien des internationalen Umweltrechts sollen somit bei der Entwicklung neuer Rechtsinstrumente und bei deren Auslegung herangezogen werden, welche Rechtsnatur sie inne haben – ob sie rechtlich verbindlich sind, muss jedoch im Einzelfall ermittelt werden.

b) Das „Equity-Principle"

In Art. 3 Abs. 1 FCCC wird zunächst „Equity" als im Rahmen der FCCC zu beachtender Grundsatz aufgeführt. Der aus dem anglo-amerikanischen Rechtskreis stammende Begriff „Equity" wird im Deutschen mit „Gerechtigkeit", „Treu und Glauben", „Billigkeit" oder „Gerechtigkeitsprinzip" übersetzt.[151] „Equity" wird im internationalen Recht oft auch als synonym für „fairness" oder „justice" verwendet.[152] Das sog. „Equity-Principle" findet Anwendung sowohl in der Rechtsprechung („procedural dimension") als auch im Rechtsetzungsverfahren („substantive dimension").[153] Im Sinne von „Billigkeit" ist Equity als Auslegungsmaxime und „einzelfallbezogenes Korrektiv zum positivierten Recht" bereits seit langem ein in der Völkerrechtspraxis akzeptierter Rechtsgrundsatz.[154] Vom IGH wird Equity definiert als „direct emanation of the idea of justice" und „general principle directly applicable as law", das direkt als internationales Recht anzuwenden ist

---

[149] E/CN.17/1996/17/Add. 1, Ziffer 6.

[150] UN, „Final Report of the Expert Group Workshop on International Environmental Law Aiming at Sustainable Development, Washington, DC, 30. September – 4.Oktober 1996", UNEP/IEL/WS/3/2 Annex I, Ziffer 29.

[151] Glass, 2008, S. 217; Beyerlin, in: Cremer/Giegerich/Richter/Zimmerman, 2002, S. 45; Kaltenborn, 1998, S. 112; Kloepfer, Umweltgerechtigkeit, 2006, S. 34, Rn. 36, vertritt die Ansicht, dass sich in dem Begriff „Equity" die deutschen Begriffe Gleichheit, Proportionalität, Angemessenheit und Billigkeit sammeln.

[152] Shelton, „Equity", in: Bodansky/Brunnée/Hey, The Oxford Handbook of International Environmental Law, 2007, S. 639–662 (640).

[153] Shelton, 2007, S. 640.

[154] Kaltenborn, Entwicklungsvölkerrecht und Neugestaltung der internationalen Ordnung, 1998, S. 111, m.w.N.

„to balance up various considerations which it regards relevant in order to produce an equitable result."[155]

Anwendung findet „*Equity*" insbesondere bei Verteilungsstreitigkeiten hinsichtlich knapper Umweltgüter,[156] so etwa in diversen Festlandsockel-Entscheidungen des IGH.[157]

Im Bereich des Umweltrechts bildet das „*Equity Principle*" vor allem einen Ansatz für die gerechte Verteilung der Rechte und Pflichten die aus Schutz und Nutzung der Umwelt entstehen.[158] Aus dem „*Equity-Principle*" wurden die Grundsätze der inter- und intragenerationellen Gerechtigkeit abgeleitet.[159] Nach dem Grundsatz der intragenerationellen Gerechtigkeit ist im Umweltbereich eine gerechte Verteilung der Nutzungsrechte an natürlichen Ressourcen und der Verantwortung für deren Belastung innerhalb der derzeit lebenden Generationen sicher zu stellen.[160] Nach dem Prinzip der intergenerationellen Gerechtigkeit sind die Belange und Bedürfnisse zukünftiger Generationen im Hinblick auf den heutigen Ressourcenverbrauch insoweit zu beachten, als dass die natürlichen Ressourcen nicht die Früchte der gegenwärtigen Generationen sind und ihr Gebrauch daher nur mit Rücksicht auf die ‚Nutzungsrechte' künftiger Generationen geschehen darf.[161] Das Prinzip der intergenerationellen Gerechtigkeit hat seit dem Maltesischen Vorstoß in der UN-Generalversammlung 1967 große internationale Unterstützung gefunden und findet sich seither in diversen Verträgen und Deklarationen des internationalen Umweltrechts wieder.[162]

Einzug in internationale Umweltvereinbarungen und Deklarationen hat das „*Equity-Principle*" bzw. aus ihm abgeleitete Grundsätze bereits vor dem Erdgipfel von Rio gefunden.[163] Mittlerweile ist es Bestandteil diverser verbindlicher

---

[155] Glass, 2008, S. 217.

[156] Franck, Fairness in International Law, 1995, S. 56 m.w.N.

[157] IGH, North Sea Continental Shelf, ICJ-Rep. 1969, S. 3, 47; IGH, Continental Shelf (Tunisia/Lybia), ICJ-Rep. 1982, S. 18, 60; IGH, Continental Shelf (Lybia/Malta), ICJ-Rep. 1985, S. 12, 38f,

Im Fall IGH, Maritime Delimitation in the Area Between Greenland and Jan Mayen (Denmark/Norway), ICJ-Rep. 1993, S. 38, führte der IGH-Richter Weeramantry in einer separaten Stellungnahme zum Anwendungsbereich von Equity aus, es sei „a basis for individualized justice; introducing considerations of fairness, reasonableness, and good faith; a basis for certain specific principles of legal reasoning; offering standards for the allocation and sharing of resources and benefits; and to achieve distributive justice."

[158] Glass, 2008, S. 219f.

[159] Shelton, 2007, S. 642f.; E/CN.17/1996/17/Add. 1, Ziffer 40f.

[160] Glass, 2008, S. 220; Shelton, in: Bodansky/Brunnée/Hey, 2007, 642f.; Atapattu, Emerging Principles of International Environmental Law, 2006, S. 115.

[161] Schweisfurth, Völkerrecht, 2006, S. 604, Rn. 10; Kloepfer, 2006, S. 26, Rn. 18.

[162] Schröder, „Sustainable Development – Ausgleich zwischen Umwelt und Entwicklung als Gestaltungsaufgabe, AVR 34 (1996), S. 251–275 (253).

[163] E/CN.17/1996/17/Add. 1, Ziffer 40.

umweltvölkerrechtlicher Übereinkommen geworden.[164] In den Abkommen hat die Verwendung des *„Equity Principle"* zunächst den Vorteil, dass die Absicht der gerechten Verteilung als Grundkonsens manifestiert werden kann, ohne die genaue Reichweite der Rechte und Verpflichtungen festlegen zu müssen. Über diese kann in einem zweiten Schritt nachträglich Einigung erzielt werden.[165] Zur Beurteilung der Frage, was als gerechte Verteilung anzusehen ist, wurden diverse Gerechtigkeitsmaßstäbe entwickelt.[166] Im Hinblick auf die Verteilung der Rechte und Pflichten an globalen Umweltgütern werden insbesondere Gleichheitstheorien, Verantwortlichkeiten, sowie die (wirtschaftliche) Leistungsfähigkeit und besondere Bedürfnisse als Kriterien herangezogen.[167]

Auch im Rahmen der FCCC bezieht sich *Equity* nur sehr abstrakt auf die gerechte Verteilung der Anstrengungen zum Schutz des Klimas, es werden keine genaueren Angaben darüber gemacht, wie die gerechte Verteilung der Klimaschutzverpflichtungen konkret vorgenommen werden soll. Es wird in Art. 3 Abs. 1 FCCC insbesondere auf die gemeinsame aber unterschiedliche Verantwortung Bezug genommen, darüber hinaus in Art. 3 Abs. 2 FCCC erwähnt, dass die speziellen Bedürfnisse und besonderen Gegebenheiten der Entwicklungsländer, sowie der Staaten, die in besonderem Maße von den Klimaänderungen betroffen sein werden, zu beachten seien. Art. 3 Abs. 4 FCCC verweist darauf, dass wirtschaftliche Entwicklung eine wesentliche Voraussetzung für die Durchführung von Klimaschutzmaßnahmen darstellt.

c) Das Prinzip der gemeinsamen aber unterschiedlichen Verantwortlichkeiten

Der Inhalt des Prinzips der gemeinsamen aber unterschiedlichen Verantwortlichkeiten wurde bereits dargelegt.[168] Das Prinzip ist mit dem *Equity-Principle* eng verknüpft. Es wird vertreten, es habe sich u.a. aus der Anwendung von *Equity* im internationalen Recht entwickelt,[169] das *Equity-Principle* stelle „the philosophical basis of the principle of common but differentiated responsibility" dar.[170] Einige Autoren gehen sogar davon aus, dass

---

[164] Franck, 1995, S. 7; E/CN.17/1996/17/Add. 1, Ziffer 40; So beispielsweise in der Präambel des Montrealer Protokolls, in der sich die Vertragsstaaten das Ziel setzen „equitably total global emissions of substances that deplete the ozone layer" zu kontrollieren; Siehe auch Art. 3 Abs. 1 und Art. 4 Abs. 2 lit. a FCCC, sowie der Präambel und Art. 1 der CBD.

[165] Glass, 2008, S. 218.

[166] Rowe, „Gerechtigkeit und Effizienz im Umweltrecht – Divergenz und Konvergenz", in: Gawel, Effizienz im Umweltrecht, 2001, S. 303–337 (322), m.w.N; Shelton, in: Bodansky/Brunnée/Hey, 2007, S. 654.

[167] Shelton, in: Bodansky/Brunnée/Hey, 2007, S. 654f.; Rowe, in: Gawel, 2001, S. 397–426; Vgl. auch eigene Ausführungen in Kapitel C. I. 2.

[168] Siehe Kapitel C.

[169] Sands, 2003, S. 285; Atapattu, 2006, S. 390.

[170] Rajamani, 2000, S. 122.

„the principle of common but differentiated responsibilities may incorporate some or all of the different factors relevant to equity."[171] „It seeks to achieve an equitable result by adopting differential obligations based on the level of development of a particular state, as well as the contribution that a particular state has historically made to the environmental issue in question."[172]

Betrachtet man die historischen Emissionen aus Landnutzungsänderungen der Industriestaaten, so wird deutlich, dass diese in den vergangenen Jahren erheblich zur Akkumulation von Treibhausgasen in der Atmosphäre beigetragen haben. Die Landnutzungsänderungen waren historisch notwendige Bedingungen der wirtschaftlichen Entwicklung der Industriestaaten.[173] Nach Auffassung vieler Entwicklungsländer sollte daher als Leitprinzip für die Ausgestaltung des Instrumentes zur Reduzierung von Emissionen aus Landnutzungsänderungen das Prinzip der gemeinsamen aber unterschiedlichen Verantwortlichkeiten herangezogen werden.[174] Es stellt sich nun die Frage, ob die Berücksichtigung des Prinzips völkerrechtlich verbindlich ist. Die Beantwortung dieser Frage ist auch entscheidend für die Ausgestaltung von Konzepten zur Lastenverteilung innerhalb eines neuen Instrumentes des Klimaschutzregimes. Nach der hM in der Literatur müssen Völkerrechtsprinzipien entweder vertraglich oder gewohnheitsrechtlich anerkannt sein, um rechtliche Bindungswirkung zu entfalten.[175] Handelt es sich um ein Prinzip des Völkergewohnheitsrechts, so entfaltet es unmittelbare (rechts)normative Verpflichtungswirkung für alle von seinem Regelungsinhalt betroffenen Staaten.[176] Hat das Prinzip Eingang in einen völkerrechtlichen Vertrag gefunden, so teilt es grundsätzlich die Rechtsnatur des Vertrages. Es entfaltet – ungeachtet seines außervertraglichen Status – hinsichtlich der Auslegung und Anwendung der Vertragsregeln rechtsverbindliche Wirkung.[177] Ist das Prinzip hingegen nicht Bestandteil eines völkerrechtlichen Vertrages und geben die Staaten zu erkennen, dass es sich hinsichtlich des Prinzips nicht um einen Ausdruck des Völkergewohnheitsrechtes handelt, so stellt es allenfalls eine außerrechtliche Norm dar, die lediglich politisch-moralische Leitungswirkung erzielt, einen Maßstab für Auslegung und Anwendung bestehender umweltvölkerrechtlicher Normen bildet und als Wegweiser für zukünftige Entwicklungen dienen kann.[178] Diese außerrechtlichen Normen

---

[171] Shelton, 2007, S. 656; ähnlich auch Louka, International Environmental Law, 2006, S. 54.

[172] Atapattu, 2006, S. 392; ähnlich auch Louka, 2006, S. 54.

[173] Malhi et al., 2002, S. 1575.

[174] FCCC/SBSTA/2006/MISC. 5, S. 23-60.

[175] Kaltenborn, 1997, S. 113.

[176] Heintschel von Heinegg, „Die weiteren Quellen des Völkerrechts", in: Ipsen, Völkerrecht, 2004, S. 210–256 (222), Rn. 25; Beyerlin, „Staatliche Souveränität und internationale Umweltschutzkooperation", in: Beyerlin/Bothe/Hofmann/Petersmann, Recht zwischen Umbruch und Bewahrung, Festschrift für Rudolf Bernhardt, 1995, S. 937–956 (951).

[177] Beyerlin, in: Cremer/Giegerich/Richter/Zimmerman, 2002, S. 55.

[178] Schweisfurth, 2006, S. 92, Rn. 165; Epiney, „Zur Einführung – Umweltvölkerrecht", JuS 43 (2003), S. 1066–1072 (1067); Sands, „International Law in the Field of Sustain-

werden, trotz der „mißverständlichen Bezeichnung"[179] überwiegend als *„soft law"* bezeichnet.[180] Ob dem Prinzip der gemeinsamen, aber unterschiedlichen Verantwortlichkeiten völkergewohnheitsrechtliche Verbindlichkeit oder außerrechtliche Leitungswirkung zukommt, ist noch nicht abschließend geklärt.[181]

aa) Das Prinzip der gemeinsamen aber unterschiedlichen Verantwortlichkeiten als Grundsatz des Völkergewohnheitsrechts

Dem Prinzip der gemeinsamen, aber unterschiedlichen Verantwortlichkeiten könnte völkerrechtliche Bindungswirkung zukommen, wenn es sich um eine Norm des Völkergewohnheitsrechts handelt. Die Anforderungen an den Nachweis gewohnheitsrechtlicher Geltung eines Prinzips im internationalen Umweltbereich entsprechen denen des allgemeinen Völkerrechts,[182] ihr Nachweis begegnet jedoch erheblichen Schwierigkeiten.[183] Nach hM setzt die Entstehung gewohnheitsrechtlicher Grundsätze auch im Umweltvölkerrecht die Erfüllung zweier Merkmale voraus: die von einer Rechtsüberzeugung (*opinio iuris sive necessitias*) getragene internationale, allgemeine Übung (*consuetudo*).[184] Diese Merkmale finden sich in Art. 38 Abs.1 lit. b IGH-Statut und wurden in Entscheidungen des IGH als konstitutive Elemente bestätigt.[185] Dennoch verfährt eine zunehmende Anzahl von Auto-

---

able Development: Emerging Legal Principles", in: Lang, Sustainable Development and International Law, 1995, S. 53–66 (54); Dupuy, „Soft Law and the International Law of the Environment", Michigan Journal of International Law 12 (1991), S. 420–435 (420).

[179] Beyerlin, in: Cremer/Giegerich/Richter/Zimmerman, 2002, S. 37.

[180] Heintschel von Heinegg, in Rengeling, 2003, S. 822, Rn. 75; Schweisfurth, 2006, S. 92, Rn. 165; Nach Heintschel von Heinegg, in: Ipsen, 2004, S. 251, Rn. 20, werden von den Vertretern des amerikanischen Rechtsrealismus jedoch auch in Kraft befindliche völkerrechtliche Verträge als „soft law" qualifiziert, etwa wenn sie modernen Anforderungen nicht mehr entsprechen.

[181] Shelton, in: Bodansky/Brunée/Hey, S. 657; Rajamani, 2006, S. 158, m.w.N.

[182] Beyerlin, 2000, S. 50 Rn. 105.

[183] Heintschel von Heinegg, „Internationales öffentliches Umweltrecht", in: Ipsen, Völkerrecht, 2004, S. 973–1064 (1043), Rn. 1; Beyerlin, in: Cremer/Giegerich/Richter/-Zimmerman, 2002, S. 42, m.w.N.

[184] Heintschel von Heinegg, „Spektrum und Status der internationalen Umweltkonventionen – Der Beitrag der Europäischen Gemeinschaft zur fortschreitenden Entwicklung des völkervertraglichen Umweltschutzes", in: Müller-Graff/Pache/Scheuning, 2006, S. 77–98 (77); ders. in: Ipsen, 2004, S. 213, Rn. 2; ders., Die außervertraglichen (gewohnheitsrechtlichen) Rechtsbeziehungen im Umweltvölkerrecht, in: Lorz/Spies/-Deventer/Schmidt-Schlaeger: Umwelt und Recht, 1990, S. 110–128 (111); ICJ, Military Activities in and against Nicaragua (Nicaragua v. USA), ICJ Rep. 1986, S. 97f.

[185] Graf Vitzthum, „Begriff, Geschichte und Quellen des Völkerrechts", in: ders., Völkerrecht, 2004, S. 1–79 (65), Rn. 131; Schweisfurth, 2006, S. 63, Rn. 46; ICJ, North Sea Continental Shelf Case (Denmark/Netherlands v. Germany), ICJ Rep. 1969, 3, S. 43.; ICJ, Military Activities in and against Nicaragua (Nicaragua v. USA), ICJ Rep. 1986, 14, S. 97f.

ren beim Nachweis der Entstehung gewohnheitsrechtlicher Normen im internationalen Umweltbereich recht großzügig.[186]

(1) Implementierbarkeit

Fraglich ist zunächst, ob das Prinzip der gemeinsamen aber unterschiedlichen Verantwortlichkeiten überhaupt implementierbar ist, ob sich aus ihm eine klare Verhaltensmaxime ableiten lässt.[187] Es wurde bereits festgestellt, dass das Prinzip der gemeinsamen, aber unterschiedlichen Verantwortlichkeiten die Staatengemeinschaft dazu auffordert, sich gemeinsam, durch Verhandlung, Annahme und Durchführung an umweltrechtlichen Instrumenten zu beteiligen und so zum Schutz der globalen Umwelt beizutragen. Des Weiteren sieht das Prinzip vor, dass innerhalb dieser Instrumente eine differenzierte Verteilung der konkreten Verpflichtungen vorgenommen werden soll, also eine Unterscheidung der Staaten entsprechend ihrer Schutzfähigkeit und Schadensverantwortlichkeit. Damit fordert das Prinzip der gemeinsamen, aber unterschiedlichen Verantwortlichkeiten die Staaten zwar zu einem sehr abstrakten, aber bestimmten Verhalten auf und ist somit implementierbar.[188]

(2) Allgemeine Übung („consuetudo")

Die allgemeine Übung ist nach hL anzunehmen, wenn das Verhalten der Staaten von einer gewissen Dauer, Einheitlichkeit und Verbreitung zeugt.[189] Die Frage, ob zum Nachweis der allgemeinen Übung auch multilaterale Verträge von Bedeutung sein können, wird in der Literatur mit Einschränkungen bejaht.[190] Sie können jedenfalls dann als Nachweis dienen, wenn „in ihnen eine unabhängig vom Vertrag bestehende Rechtsüberzeugung zum Ausdruck gebracht wird."[191] Im Hinblick auf das Prinzip der gemeinsamen, aber unterschiedlichen Verantwortlichkeiten wurde in der Literatur das Bestehen einer allgemeinen und einheitlichen Staatenpraxis mit Verweis auf die schwache Ausgestaltung der Finanzierungsverpflichtungen von Industriestaaten innerhalb der im Rio-Folgeprozess entstandenen Wüstenkonvention und der damit verbundenen Unterbrechung der fortschreitenden Entwicklung unterschiedlicher Verantwortlichkeiten in völkerrechtlichen Verträgen bislang abgelehnt.[192] *Glass* verweist jüngst zwar auf die seither eingetretenen Entwicklungen, führt die „große Anerkennung" des Prinzips der gemeinsamen aber unterschiedlichen Verantwortlichkeiten auf dem *World Summit on Sustai-*

---

[186] Heintschel von Heinegg, in: Ipsen, 2004, S. 1043, Rn. 1; Beyerlin, in: Cremer-/Giegerich/Richter/Zimmerman, 2002, S. 42, m.w.N.

[187] Glass, Die gemeinsame, aber unterschiedliche Verantwortlichkeit als Bestandteil eines umweltvölkerrechtlichen Prinzipiengefüges, 2008, S. 51; Beyerlin, 2000, S. 60 Rn. 126, m.w.N.; Beyerlin/Marauhn, 1997, S. 22.

[188] Glass, 2008, S. 51; Kellersmann, 2000, S. 55f; Beyerlin, 2000, S. 60 Rn. 126.

[189] Heintschel von Heinegg, in: Ipsen, 2004, S. 215, Rn. 7.

[190] Doehring, „Gewohnheitsrecht aus Verträgen", ZaöRV 36 (1976), S. 77–94 (77f.); ders., 2004, S. 139f, Rn. 314f., m.w.N.; Heintschel von Heinegg, in: Ipsen, 2004, S. 225, Rn. 37.

[191] Heintschel von Heinegg, in: Ipsen, 2004, S. 225, Rn. 37.

[192] Kellersmann, 2000, S. 326.

nable Development (WSSD) 2002 in Johannesburg an und wertet den Niederschlag des Konzepts in der Stockholm Convention on Persistent Organic Pollutants[193] (POP) als jüngstes Indiz für eine allgemeine Staatenübung in einem rechtsverbindlichen Übereinkommen.[194] Zutreffend lehnt jedoch auch er eine einheitliche allgemeine Staatenübung mit der Begründung ab, dass die Ausgestaltung des Prinzips, insbesondere hinsichtlich des unterschiedlichen Verpflichtungsgrades, in den diversen Übereinkommen sehr unterschiedlich sei.[195] So haben Entwicklungs- und Industrieländer in der Wüstenkonvention die gleichen Verpflichtungen, in der POPs-Konvention wird den Entwicklungsländern hingegen nur ausnahmsweise eine Befreiung von gemeinsamen Verpflichtungen gewährt, während die FCCC eine Vorreiterrolle der Industriestaaten ausdrücklich betont. Von einer einheitlichen Staatenübung, die ein konsistentes Verhalten einer repräsentativen Zahl von Völkerrechtssubjekten voraussetzt,[196] kann daher nicht ausgegangen werden.[197] Damit liegt bereits die objektive Entstehungsvoraussetzung für die gewohnheitsrechtliche Geltung des Prinzips nicht vor.

(3) Anerkennung als Recht („opinio iuris sive necessitatis")
Der konstitutive Charakter des objektiven Elements, der allgemeinen Übung, wird jedoch von manchen Rechtsschulen abgelehnt, wodurch ein „spontan" erzeugtes Völkergewohnheitsrecht denkbar wäre.[198] Es käme demnach nur auf das Vorliegen der *opinio iuris* an.[199] Diese Auffassung steht jedoch in offenem Widerspruch zu Art. 38 Abs. 1 lit. b IGH Statut, findet in der Rechtsprechung des IGH keine Stütze und wird in der Literatur überwiegend abgelehnt.[200] Der Meinungsstreit kann im vorliegenden Fall jedoch offen gelassen werden, sofern auch das subjektive Element, die *opinio iuris* nicht gegeben ist.

> „Unter opinio iuris ist [...] die von der Wandelbarkeit des Willens losgelöste Einsicht und damit fixierte Grundposition zu begreifen, dass in den Rechtsbeziehungen der Völkerrechtsubjekte Verhaltensmuster einzuhalten sind, dass etwas „rechtens" ist."[201]

Zur Ermittlung des Rechtsbewusstseins bedarf es der Suche nach einem „in der Außenwelt zum Ausdruck gelangten Verhalten der Staaten, also einer Handlung, einer Unterlassung oder Duldung" in der das Rechtsbewusstsein seinen Ausdruck

---

[193] Stockholmer Übereinkommen vom 23. Mai 2001 über persistente organische Schadstoffe (POPs-Übereinkommen), BGBl. II, S. 803.

[194] Glass, 2008, S. 51.

[195] Glass, 2008, S. 53.

[196] Heintschel von Heinegg, in: Ipsen, 2004, S. 216, Rn. 10.

[197] So auch Glass, 2008, S. 53.

[198] Nachweise bei Schweisfurth, 2006, S. 69, Rn. 67; Heintschel von Heinegg, in: Ipsen, 2004, S. 214, Rn. 5; Cheng, „United Nations Resolutions in Outer Space: ‚Instant' Customary Law", IJIL 5 (1965), S. 23–48 (35f.)

[199] Beyerlin, in: Cremer/Giegerich/Richter/Zimmerman, 2002, S. 41.

[200] Heintschel von Heinegg, in: Ipsen, 2004, S. 214, Rn. 5; Beyerlin, in: Cremer/Giegerich/Richter/Zimmerman, 2002, S. 41.

[201] Heintschel von Heinegg, in: Ipsen, 2004, S. 218, Rn. 14.

findet.[202] Gegen die Annahme eines Rechtsbewusstseins der Staaten spricht, dass es zwischen den Staaten unterschiedliche Auffassungen über die Begründung der unterschiedlichen Verantwortlichkeiten von Industriestaaten und Entwicklungsländern gibt.[203] Es werden im Wesentlichen zwei Ansätze herangezogen. Einerseits wird, insbesondere von den USA auf die Schutzfähigkeit, also die wirtschaftliche und technologische Ausstattung abgestellt. Andererseits wird, überwiegend von Entwicklungsländern, die Schadensverantwortlichkeit betont, die sich auf den Verursachungsbeitrag der Staaten zur heutigen Umweltsituation bezieht.[204] Darüber hinaus besteht auch Uneinigkeit über die Verbindlichkeit der aus dem Prinzip erwachsenden Rechtsfolgen. Während beispielsweise die G-77 und China die Auffassung vertreten, es handele sich um obligatorische Pflichten, wird dies u.a. von den USA bestritten.[205] Auch die bisher ausgebliebene Ratifikation des KPs durch die USA wird als Fehlen einer entsprechenden Rechtsüberzeugung angesehen. So gibt die Resolution des US-Senats vom 25. Juli 1997 vor, dass ein Protokoll, welches quantifizierbare Reduktionsverpflichtungen enthalte, nur ratifiziert werde, sofern es in der gleichen Verpflichtungsperiode auch Reduktionsverpflichtungen für die Entwicklungsländer vorsehe.[206] Dies veranschauliche,

> „dass die das Konzept konstituierende Überzeugung, dass die Führung bei der Bewältigung der globalen Umweltprobleme von den Industriestaaten zu übernehmen ist, sich noch nicht zweifelsfrei und einheitlich im Bewusstsein der Industriestaaten etabliert hat."[207]

Dem ist in der Gesamtwürdigung der hier aufgeführten Manifestationen der Rechtsüberzeugungen zu folgen und damit auch die Erfüllung des subjektiven Elements, der *opinio iuris* abzulehnen. Die von einer Mindermeinung vertretene Auffassung der Existenz „spontan" erzeugbaren Gewohnheitsrechts bedarf daher im vorliegenden Kontext keiner weiteren Erörterung.

(4) Zwischenergebnis

Obwohl davon ausgegangen werden kann, dass sich die Staaten in Zukunft an den Grundsätzen der Rio-Deklaration orientieren werden[208] und sich hinsichtlich des Prinzips der gemeinsamen, aber unterschiedlichen Verantwortlichkeiten in nicht allzu langer Zeit voraussichtlich eine verbreitete, einheitliche und dauerhafte Staatenpraxis, sowie eine korrespondierende Rechtsüberzeugung bilden wird, ist dies derzeit noch nicht der Fall.[209] Eine allgemeine, alle Staaten treffende völkerge-

---

[202] Schweisfurth, 2006, S. 71, Rn. 73.
[203] Rajamani, 2006, S. 159, m.w.N.
[204] Siehe Ausführungen hierzu in Kapitel C. I. 2. b.
[205] Rajamani, 2006, S. 159.
[206] Glass, 2008, S. 53; Kellersmann, 2000, S. 327.
[207] Kellersmann, 2000, S. 327; im Ergebnis auch Glass, 2008, S. 53.
[208] Heintschel von Heinegg, „Neue Entwicklungen im Umweltvölkerrecht – Nachhaltige Entwicklung, Welthandel und Investitionsschutz", Jahrbuch der Universität Augsburg 1996/1997 (1998), S. 157–166 (159).
[209] Im Ergebnis auch Beyerlin, in: Bodansky/Brunée/Hey, 2007, S. 442.

wohnheitsrechtliche Pflicht zur Anwendung des Konzepts der gemeinsamen, aber unterschiedlichen Verantwortlichkeiten und eine daraus resultierende Differenzierung der Verpflichtungen von Entwicklungsländern und Industriestaaten im Umweltvölkerrecht kann derzeit somit nicht angenommen werden.[210]

bb) Das Prinzip der gemeinsamen aber unterschiedlichen Verantwortlichkeiten als Bestandteil völkerrechtlicher Verträge

Einige Prinzipien der internationalen Umweltbeziehungen finden sich in den Texten verbindlicher völkerrechtlicher Verträge wieder. Ihnen wird eine substanziellere Bedeutung beigemessen als solchen Prinzipien, die lediglich in unverbindlichen Erklärungen niedergelegt sind.[211] Grundsätzlich teilen diese Prinzipien die Völkerrechtsverbindlichkeit der jeweiligen Übereinkunft und binden die Vertragsparteien bei der Auslegung und Anwendung des Vertrages.[212] Darüber hinaus wird eine weitere Differenzierung im Hinblick auf die rechtliche Verbindlichkeit anhand der Verortung der Prinzipien in den jeweiligen Abkommen vorgenommen. Prinzipien, die Bestandteil der Präambel eines Abkommens sind, sollen von solchen unterschieden werden, die in den operativen Teil eingebettet sind.[213] Während die völkerrechtliche Bindungswirkung von Prinzipien in der Präambel eines Völkerrechtvertrages eher abgelehnt wird, ist grundsätzlich von einer Bindungswirkung der Prinzipien im operativen Teil auszugehen.[214] Teilweise wird über dieses formale Kriterium hinaus verlangt, es müsse sich auch aus der Wortwahl und dem Kontext, in den das Prinzip im jeweiligen Übereinkommen eingebettet wurde, der Bindungswille der Parteien ergeben.[215] Die Vertragsparteien der FCCC konnten sich nach zähen Verhandlungen darauf einigen, das Prinzip der gemeinsamen, aber unterschiedlichen Verantwortlichkeiten im operativen Teil der Konvention, in Art. 3 Nr. 1 FCCC, nieder zu legen.[216] Obwohl die Industriestaaten, allen voran die USA, bestrebt waren, den Wortlaut des Art. 3 Nr. 1 FCCC im Hinblick auf eine über die Konvention hinausgehende Bindungswirkung des Prinzips abzuschwächen, kommt durch die Formulierung doch zum Ausdruck, dass eine für die Vertragsstaaten der Konvention verbindliche Leitungswirkung des Prinzips gegeben ist.[217] Dem Wortlaut nach sollen sich die Vertragsparteien bei der Durchführung des Übereinkommens von den nachfolgenden Grundsätzen leiten lassen, *„shall be guided inter alia by the following principles"*. Durch die Verwendung des Wortes *„shall"* erhält die Formulierung eine verpflichtende Wirkung. Das Prinzip wirkt sich dadurch innerhalb des Klimaregimes aus. Die Vertragsparteien

---

[210] Glass, 2008, S. 56; Schweisfurth, 2006, S. 605, Rn. 12; Rajamani, 2006, S. 160; Epiney, 2003, S. 1068; Pomar Borda, 2002, S. 130; Kellersmann, 2000, S. 327.

[211] Sands, 1995, S. 57.

[212] Beyerlin, in: Cremer/Giegerich/Richter/Zimmerman, 2002, S. 55; Beyerlin/Marauhn, 1997, S. 9.

[213] Beyerlin, in: Cremer/Giegerich/Richter/Zimmerman, 2002, S. 55; Sands, 1995, S. 57; Bodansky, 1993, S. 502.

[214] Beyerlin, in: Cremer/Giegerich/Richter/Zimmerman, 2002, S. 55; Kellersmann, S. 145

[215] De Sadeleer, 2002, S. 311; Glass, 2008, S. 33.

[216] Yamin/Depledge, The International Climate Change Regime, 2004, S. 67.

[217] Rajamani, 2006, S. 160; Kellersmann, 2000, S. 145.

sind bei der Auslegung und Anwendung der vertraglichen Regelungen maßgeblich gebunden.[218] Auch bei künftigen Verhandlungen über die Weiterentwicklung der Klimaschutzverpflichtungen müssen sich die Vertragsparteien u.a. von dem Prinzip der gemeinsamen, aber unterschiedlichen Verantwortlichkeiten leiten lassen.[219] Darüber hinaus verpflichtet es die Industriestaaten, auch bei der Weiterentwicklung des Klimaschutzregimes ihrer Führungsrolle gerecht zu werden.[220] Eine darüber hinausgehende verpflichtende Wirkung entfaltet es jedoch wegen des mangelnden Status eines gewohnheitsrechtlichen Prinzips nicht.[221] Das Prinzip der gemeinsamen aber unterschiedlichen Verantwortlichkeiten stellt in erster Linie ein prozedurales Konzept dar. Es bezieht sich vornehmlich auf die Gestaltung von Verpflichtungen und greift daher während der Verhandlungen.[222] Dabei handelt es sich jedoch um keine Dauerhafte Verpflichtung *ad infinitum,* sondern eher um eine ‚dynamische Verantwortlichkeit'.[223] Mit steigendem Beitrag der Entwicklungsländer steigt auch ihre Verantwortlichkeit weitergehende Verpflichtungen zum Schutz der globalen Umwelt einzugehen.[224]

d) Ansätze zur Verteilung von Emissionsreduktionspflichten in einem künftigen Klimaschutzregime

Aus den in Art. 3 FCCC aufgeführten Prinzipien, dem *„Equity-Principle"*, dem Prinzip der gemeinsamen, aber unterschiedlichen Verantwortlichkeit und dem Leistungsprinzip wurden verschiedene Ansätze einer gerechten Verteilung der aus den Anstrengungen zum Schutz vor Klimaänderungen in Form von Emissionsreduktionspflichten entstehenden Lasten entwickelt.[225] Es kann hier kein umfassender Überblick über alle Ansätze gegeben werden, im Folgenden sollen daher die am weitesten verbreiteten und akzeptierten Ansätze kurz dargestellt werden.

Eine Vielzahl von Ansätzen zur Verteilung der entstehenden Lasten stützt sich auf die dem Verursacherprinzip folgende Verantwortlichkeit der Staaten. Insbesondere Brasilien brachte im Vorfeld der Verhandlungen zum KP einen Vorschlag ein, nach dem die Verteilung der aus dem Schutz des Klimas entstehenden Lasten der historischen Verantwortung entsprechen soll.[226] Der Vorschlag stützt sich u.a. auf die naturwissenschaftliche Erkenntnis, dass die während der Industrialisierung

---

[218]   Beyerlin, in: Cremer/Giegerich/Richter/Zimmerman, 2002, S. 55.

[219]   Rajamani, 2006, S. 162; Kreuter-Kirchhof, 2005, S. 540; Kellersmann, 2000, S. 145.

[220]   Kreuter-Kirchhof, 2005, S. 541.

[221]   Mann, „Comment on the Paper by Philippe Sands", in: Lang, Sustainable Development and International Law, 1995, S. 67–72 (68).

[222]   Kellersmann, 2000, S. 52.

[223]   French, 2000, S. 50.

[224]   Rajamani, 2000, S. 122.

[225]   Ringius et al., „Burden Sharing and Fairness Principles in International Climate Policy", International Environmental Agreements: Politics, Law and Economics 2 (2002), S. 1–22 (4f.); Rose et al., „International Equity and Differentiation in Global Warming Policy", Environmental and Resource Economics 12 (1998), S. 25–51 (30); Wicke/-Spiegel/Wicke-Thüs, Kyoto Plus, 2006.

[226]   Ashton/Wang, „Equity and Climate: In Principle and Practice", in: PEW Center, Beyond Kyoto, 2003, S. 61–85 (68).

des letzten Jahrhunderts in der Atmosphäre akkumulierten Treibhausgase für die derzeitige Änderung des Klimas ursächlich sind.[227] Für einen solchen Ansatz spricht, dass in vielen Fällen der Verursachungsbeitrag und die wirtschaftliche Leitungsfähigkeit der Staaten zusammentreffen, da die größten Emittenten oftmals auch die wohlhabendsten Staaten sind. Der Vorschlag würde somit auch dem Prinzip der gemeinsamen, aber unterschiedlichen Verantwortlichkeiten gerecht. Neben der Tatsache, dass die klimaschädigende Wirkung der Akkumulation von Treibhausgasen erst seit etwa zwei Jahrzehnten bekannt ist, wird gegen den Vorschlag jedoch angeführt, dass dadurch für jeden Staat unabhängig von seinen Bedürfnissen Reduktionsverpflichtungen entstehen würden – also auch für Entwicklungs- und Schwellenländer. Des weiteren würde die Umsetzung des Vorschlags dazu führen, dass die Reduktionsverpflichtungen einzig auf die historischen Emissionen gestützt wären, die Bevölkerungsgröße, sowie gegenwärtige Emissionen damit jedoch gänzlich außer Acht gelassen würden.[228] Darüber hinaus wird vorgebracht, dass es hinsichtlich der historischen Emissionen an einer gesicherten Datenlage fehle und auch die in den vergangenen Jahren eingetretenen Änderungen der Staatsgrenzen (vor allem in Osteuropa) nicht beachtet würden.[229]

Es werden auch Ansätze zur Verteilung der Emissionsreduktionspflichten anhand des Pro-Kopf-Einkommens der Staaten, also der Leistungsfähigkeit in Betracht gezogen. Für Ansätze die allein auf der Berücksichtigung der Leistungsfähigkeit (*„capacities"*), der Staaten basieren spricht neben dem Vorhandensein der erforderlichen Mittel, dass sich diese Leistungsfähigkeit oftmals mit der historischen Verantwortlichkeit für die Akkumulation der Treibhausgase in der Atmosphäre deckt. Die Folge wäre jedoch, dass jeder Staat (also auch Entwicklungs- und Schwellenländer) entsprechend seiner (monetären) Möglichkeiten und Fähigkeiten Maßnahmen zur Reduzierung von Emissionen vornehmen müsste.[230] Als Maßstab für die Bemessung der Leistungsfähigkeit eines Staates wird oftmals die relative Wirtschaftskraft, ausgedrückt durch das Pro-Kopf-Einkommen herangezogen. Dem wird entgegengehalten, dass dadurch kein Bezug zur tatsächlichen Verantwortlichkeit für den Klimawandel in Form von verursachten Emissionen hergestellt wird. Staaten mit ungefähr gleichem Wohlfahrtsniveau, aber unterschiedlichem Emissionsniveau würden in diesem Falle gleich behandelt. Dies würde insbesondere solchen Staaten den Anreiz für weitere Emissionsreduktionen nehmen, die bereits relativ geringe Emissionen aufweisen.[231]

Wie bereits erwähnt, stellen Gleichheitstheorien einen Ausgangspunkt für die gerechte Verteilung der Lasten von Emissionsreduktionsverpflichtungen zwischen den Vertragsstaaten der FCCC dar. Es gilt diesbezüglich zu unterscheiden zwischen der Gleichbehandlung von Staaten (*„Sovereign Equality"*) und der Gleichbehandlung aller Individuen (*„Egalitarian Equality"*).[232] Eine Gleichbe-

---

[227] Brouns, „Was ist gerecht? – Nutzungsrechte an natürlichen Ressourcen in der Klima- und Biodiversitätspolitik", 2004, S. 15.

[228] Brouns, 2004, S. 16.

[229] Ashton/Wang, 2003, S. 68.

[230] Brouns, 2004, S. 15.

[231] Brouns, 2004, S. 15.

[232] Rose et al., 1998, S. 30.

handlung von Staaten hätte zur Folge, dass alle Staaten die gleiche Anzahl an Rechten zum Ausstoß bzw. Pflichten zur Reduktion von Treibhausgasen erhalten würden.[233] Es wird jedoch vertreten *Equity* sei auf internationaler Ebene nicht primär als Gerechtigkeit zwischen Staaten oder Gruppen von Staaten zu verstehen, sondern müsse vielmehr auf eine faire Behandlung von Individuen abzielen. Begründet wird dies damit, dass es das Ziel von *Equity* sei, das Wohlergehen und die Entwicklungschancen von Individuen zu fördern und nicht von Staaten als politischer Einheit, da die Sicherung von Grundrechten und -bedürfnissen des Einzelnen der einzige Weg zu sozialer Sicherheit sei. Aufgrund der Würde eines jeden Menschen müssten diesem grundsätzlich die gleichen Nutzungsrechte an der Natur zugestanden werden, damit er seine Lebensziele verwirklichen könne.[234] Insbesondere bevölkerungsreiche Entwicklungs- und Schwellenländer fordern daher seit langem eine stärkere Gewichtung der Bevölkerungszahlen bei der Verteilung von Nutzungsrechten. Auch in diversen Industriestaaten findet der Ansatz als langfristiges Ziel Zuspruch.[235] Aufgrund der derzeit sehr unterschiedlichen Pro-Kopf-Emissionen von Industrie- und Entwicklungsländern[236] werden jedoch auch sehr unterschiedliche Übergangszeiten für eine einheitliche Pro-Kopf-Emissionsmenge vorgeschlagen. Bis zu einer vollständigen Angleichung der Pro-Kopf-Emissionen erscheint daher ein Ansatz sehr sinnvoll, der die Entwicklungsländer in abgestuften Verpflichtungen in den Klimaschutz einbezieht und dabei insbesondere die historische und aktuelle Verantwortung, sowie die Leistungsfähigkeit der Industriestaaten berücksichtigt.[237] Eine dieser Stufen könnte ein sektoraler Beitrag der Entwicklungs- und Schwellenländer sein. So könnten sich etwa waldreiche Staaten dazu bereit erklären zunächst lediglich ihre Emissionen durch die Vermeidung von Entwaldung zu reduzieren, nicht aber im Energie- oder Industriesektor.[238]

---

[233] Ringius et al., 2002, S. 5.

[234] Glass, 2008, S. 226.

[235] So hat der ehemalige französische Staatspräsident Jaques Chirac dies bereits in seiner Ansprache auf dem Klimagipfel von Den Haag im Jahr 2000 bekundet und auch die deutsche Bundeskanzlerin Angela Merkel vertritt diese Position. Vgl. Brouns, 2004, S. 19; Donner, Indikatoren für Klimaziele, 2007, S. 9.

[236] Nach Baumert/Herzog/Pershing, Navigating the Numbers – Greenhouse Gas Data and International Climate Policy, 2005, S. 22, liegen die Treibhausgasemissionen in den USA pro Kopf bei 24,5 Tonnen CO_2-Äquivalent, in Deutschland bei 12,3 Tonnen CO_2-Äquivalent, in China bei 3,9 Tonnen CO_2-Äquivalent, in Indien bei 1,9 Tonnen CO_2-Äquivalent.

[237] UBA, Die Zukunft in unseren Händen – 21 Thesen zur Klimaschutzpolitik des 21. Jahrhunderts und ihre Begründungen, 2005, S. 42f.

[238] Benndorf et al., „Including land use, land-use change, and forestry in future climate change agreements: thinking outside the box", Environmental Science & Policy 10 (2007), S. 283–294 (288).

2. Verrechnung von Emissionsreduktionen aus dem Landnutzungssektor mit den quantifizierten Emissionsreduktionspflichten der Industriestaaten aus den Sektoren Industrie, Energie und Verkehr

Eine weitere Frage, die sich im Zusammenhang mit der Regelung eines Instrumentes zur Reduzierung von Emissionen aus Landnutzungsänderungen ergibt, ist, ob die Emissionsreduktionen aus dem LULUCF-Sektor mit Emissionsreduktionen aus den anderen Sektoren verrechnet werden sollten.[239] Die Emissionen der Anlage B Staaten entstehen zum größten Teil durch die Nutzung fossiler Brennstoffe. Im KP haben sich die Anlage B Staaten dazu verpflichtet, ihre Emissionen auf ein quantifiziertes Niveau zu reduzieren. Sie müssen somit ihre Emissionen senken oder zertifizierte Emissionsgutschriften zukaufen. Da nicht alle Staaten es schaffen, durch Reduktionsmaßnahmen ihr Ziel zu erreichen, besteht eine Nachfrage an zertifizierten Emissionsgutschriften. Würde man es zulassen, zertifizierte Emissionsgutschriften aus der Verminderung von Emissionen aus Landnutzungsänderungen in dieses System einzubinden, würden auch diese von den Industriestaaten zur Erreichung der Reduktionsziele genutzt. Dadurch würde zwar einerseits eine Nachfrage an den Emissionsgutschriften garantiert, die überwiegend in Entwicklungsländern generiert werden. Dies hätte einen Finanztransfer von den Industriestaaten hin zu den Entwicklungsländern zur Folge. Andererseits würde dies aber auch bedeuten, dass die Industriestaaten für jede Tonne Kohlenstoff, der in den Entwicklungsländern durch die Vermeidung von Landnutzungsänderungen reduziert wird, mehr Kohlenstoff im Rahmen der Nutzung fossiler Brennstoffe emittieren könnten. Dem Wortlaut nach verfolgen FCCC und KP einen "umfassenden Ansatz". Demnach sollen Emissionen aus der Nutzung fossiler Brennstoffe aus industriellen Prozessen und aus LULUCF-Aktivitäten zur Erreichung des Ziels der Konvention prinzipiell gleich behandelt werden. Nach dem Wortlaut des Art. 3 Abs. 3 FCCC der die Grundsätze zum Gegenstand hat, sollen zur Erreichung dieses Zweckes alle wichtigen Quellen, Senken und Speicher von Treibhausgasen erfasst werden und dabei alle Wirtschaftsbereiche einschließen. Aus dem Wortlaut des Art. 3 Abs. 3 FCCC ergibt sich daher keine Rechtfertigung für einen Ausschluss von Maßnahmen zur Reduzierung von Emissionen aus Landnutzungsänderungen bzw. einer Bevorzugung der Emissionen des Energie- oder Industriesektors.[240] Im Rahmen des KPs werden derzeit die Emissionsminderungen aus dem LULUCF-Sektor mit Emissionsminderungen aus der Nutzung fossiler Brennstoffe – zumindest teilweise – verrechnet.

Für eine künftige Vereinbarung über die Kompensation von Maßnahmen zur Reduzierung von Emissionen aus Landnutzungsänderungen sind verschiedene Handlungsoptionen denkbar. Für eine Verrechnung von Emissionsgutschriften aus Landnutzungsänderungen mit den Emissionsgutschriften aus der reduzierten Nutzung fossiler Brennstoffe spricht, dass so finanzielle Mittel von den Industriestaaten an die Entwicklungsländer fließen können. Würde man ein losgelöstes System

---

[239] Skutsch et al., 2007 S. 324; Benndorf et al., 2007, S. 285.
[240] Vitae Civilis, Submission to SBSTA 24, 2006, S. 6.

zum Handel mit Emissionsgutschriften aus vermiedener Landnutzung einführen, blieben die meisten Industriestaaten diesem System fern, da es in Industriestaaten kaum noch zur Umwandlung natürlicher Flächen in Nutzfläche kommt.[241] Darüber hinaus ermöglicht eine Einbindung von Emissionsgutschriften aus vermiedener Landnutzungsänderung den Industriestaaten die Emissionen dort zu reduzieren, wo es am kostengünstigsten ist.[242] Mit den Regelungen des KPs und den konkretisierenden Beschlüssen von Bonn und Marrakesch besteht bereits ein funktionierendes Handelssystem. Eine Anbindung an dieses System würde viel Zeit und Verhandlungen sparen. Es könnte dadurch früher mit der Umsetzung und der Vermeidung von Emissionen begonnen werden.[243] Einige Entwicklungs- und Schwellenländer lehnen die Verbindung eines Mechanismus zur Vermeidung von Emissionen aus Landnutzungsänderungen mit dem KP nach wie vor ab. Sie führen an, dass es den Industriestaaten nicht möglich sein soll, ihre quantifizierten Emissionsreduktionsverpflichtungen im Rahmen des KPs, zur Senkung von Emissionen aus der Nutzung fossiler Brennstoffe, durch den Kauf von Emissionsgutschriften aus vermiedener Entwaldung zu erzielen.[244] Eine Möglichkeit diesen Bedenken zu begegnen, liegt in der Festlegung einer Obergrenze („Cap"), also einer prozentualen Limitierung der Nutzung von Emissionsgutschriften aus der Reduzierung von Emissionen aus Landnutzungsänderungen in Entwicklungsländern. Etwa so wie es derzeit die Beschlüsse von Marrakesch für die Verwendung von Emissionsgutschriften aus Aufforstungs- bzw. Wiederaufforstungsmaßnahmen im Rahmen des CDM vorsehen.[245] Andererseits könnten die quantifizierten Emissionsreduktionspflichten der Industriestaaten im Rahmen der Verhandlungen um eine zweite Verpflichtungsperiode des KPs insgesamt erhöht werden. Die Reduktionsziele müssten dann so hoch angesetzt werden, dass die Anlage I Staaten einen Anreiz hätten, Emissionsgutschriften aus der Reduzierung von Entwaldungsmaßnahmen anzukaufen, aber gleichzeitig ihre Emissionen aus der Nutzung fossiler Brennstoffe zu reduzieren und auch die bestehenden flexiblen Mechanismen des KPs weiter zu nutzen.[246] Um den Umfang von erzielbaren Reduktionen aus der Vermeidung von Landnutzungsänderungen abschätzen zu können und dementsprechend Reduktionsverpflichtungen für einen Verpflichtungszeitraum nach 2012 zu bestimmen, wäre es wichtig die Größenordnung der derzeitigen und zukünftig zu erwartenden Emissionen zu ermitteln. Für den Fall dass Reduktionsgutschriften aus vermiedener Entwaldung in das bestehende Emissionshandelssystem integriert werden hat die Anzahl zugelassener Gutschriften, sowie die Vorschriften über die Durchführung der Überwachung große Auswirkungen auf den Handel mit Gutschriften aus den anderen, meist industriellen Sektoren.[247]

---

[241] Dutschke/Wolf, 2007, S. 15.

[242] Benndorf et al., 2007, S. 289.

[243] Dutschke/Wolf, 2007, S. 15.

[244] FCCC/SBSTA/2006/MISC. 5, S. 60.

[245] Skutsch et al., 2007, S. 325.

[246] CAN, Submission to SBSTA 24, 2006, S. 5f; Sierra Club of Canada, Submission to SBSTA 24, 2006, S. 3.

[247] CAN, 2006, S. 6.

Gegen eine Verrechnung der Kohlenstoffvorräte terrestrischer Ökosysteme, mit den Reduktionspflichten für Emissionen aus der Nutzung fossiler Brennstoffe wird angeführt, dass die Konzipierung und Einigung auf ein umfassendes System deutlich mehr Zeit bedürfe, als für die Aushandlung von Emissionsobergrenzen allein aus der Nutzung fossiler Brennstoffe. Eine Trennung nach Sektoren würde zu einer Vereinfachung der jeweiligen Regelungen führen, da die Anrechnungsregelungen genau auf den jeweiligen Sektor zugeschnitten werden könnten und auch die Regelungen der Methoden zu Bestimmung und Überwachung der Ausgangswerte auf die jeweiligen Voraussetzungen angepasst werden könnten.[248] Entgegen der Auffassung einiger lateinamerikanischer Staaten geht der WBGU davon aus, dass bei einer Integration der Erhaltung von Kohlenstoffvorräten in die bestehenden Regelungen des KP politisch nahezu bei Null begonnen werden müsste. Ein Hemmnis für eine rasche Einigung wird insbesondere darin gesehen, dass die vorliegenden verteilungstheoretischen Analysen verschiedener Ansätze zur Zuteilung von Emissionsrechten den Erhalt natürlicher Kohlenstoffvorräte bislang nicht hinreichend integrieren. Die einzelnen Vertragsstaaten müssten zunächst die Verteilungswirkungen verschiedener Zuteilungsansätze ermitteln, bewerten, sich neu positionieren und neue Interessensallianzen bilden. Außerdem müssten u. a. Verifikationsprobleme abschließend gelöst und die Verantwortlichkeiten für extern bzw. grenzüberschreitend verursachte Störungen der biologischen Bindung von Kohlenstoff geklärt werden. Hinzu kommen Unterschiede in der Planbarkeit bei den Emissionen aus der Nutzung fossiler Brennstoffe und der Variabilität der natürlichen Flüsse.[249] Dies würde zu einer Verlangsamung des gesamten Prozesses führen. Dem wird entgegengehalten, dass der Rückgriff auf bestehende Regelungen des KP Zeit sparen könnte und Verteilungsfragen ohnehin, auch hinsichtlich eines sektoralen Ansatzes zu klären seien. Aufgrund des Ausmaßes der Emissionen aus Landnutzungsänderungen in Entwicklungsländern und der Dringlichkeit der Emissionsreduktionen, im Hinblick auf die Erreichung des Klimaschutzziels, müsse ohnehin schnellstmöglich gehandelt werden.[250] Die Einbeziehung eines Instrumentes zur Reduzierung von Emissionen aus Entwaldung in das Instrumentarium des KPs, insbesondere den internationalen Emissionshandel stellt daher eine nahe liegende Option dar.[251]

---

[248] Benndorf et al., 2007, S. 288.

[249] WBGU, 2003, S. 71f.

[250] CAN, 2006, S. 5f.; Skutsch et al., 2007 S. 324.

[251] Michaelowa et al., „Graduation and Deepening: An Ambitious Post-2012 Climate Policy Scenario", International Environmental Agreements 5 (2005), S. 25–46 (26); Schlamadinger et al., 2007; Dutschke/Wolf, 2007, S. 15.

3. Verbindlichkeit der Teilnahme und der Reduktionsziele, Einführung einer Testphase

a) Verbindlichkeit der Teilnahme

Entwicklungs- und Schwellenländer vertreten überwiegend die Auffassung, ein Instrument zur Reduzierung der Emissionen aus Landnutzungsänderungen solle zunächst auf freiwillige Partizipation ausgerichtet sein. Eine Vereinbarung verbindlicher Reduktionsziele und Zeitrahmen sei derzeit nicht umsetzbar und entspräche nicht den Grundsätzen der FCCC.[252] Ein anderer Ansatz sieht daher zunächst freiwillige Emissionsreduktionen über einen gewissen Zeitraum vor. Mit steigender Entwicklung der Staaten sollen auch die Reduktionsziele verbindlicher gestaltet werden (Teilaspekt des sog. *„multi-stage approach"*).[253] Dies könnte in letzter Konsequenz dazu führen, dass in späteren Verpflichtungszeiträumen auch Nicht Anlage I Staaten verbindlichen, quantifizierten Emissionsreduktionszielen unterworfen werden. Schlamadinger et al. schlagen darüber hinaus die Einführung sog. *„no-regret-targets"* vor. Danach würden Entwicklungsländer, die ihre Emissionen reduzieren Emissionsgutschriften erhalten. Diejenigen Staaten, denen keine Reduktion ihrer Emissionen aus Entwaldungsmaßnahmen erreichen, würden dafür nicht sanktioniert.[254]

b) Pilotphase

Ungeachtet der voraussichtlichen Verhandlungsschwierigkeiten besteht hinsichtlich einer Vereinbarung zu biologischen Kohlenstoffvorräten und Emissionen akuter Handlungsbedarf, da die Menge des aus der Landnutzung freisetzbaren CO_2 den Verbrauch fossiler Brennstoffe um ein Vielfaches übersteigt.[255] Die EU vertritt daher die Ansicht, dass es bei einem konstruktiven Verlauf der Verhandlungen über ein Instrument zur Reduzierung von Emissionen aus Entwaldung denkbar wäre, mit konkreten Maßnahmen schon vor Ende der ersten Verpflichtungsperiode zu beginnen.[256] In Betracht käme etwa eine mit der im Vorfeld der Einführung der flexiblen Mechanismen vergleichbaren Pilotphase.[257] Die so genannte „Pilotphase für gemeinsam durchgeführte Aktivitäten" (*„Activities implemented jointly under the pilotphase"*, AIJ) wurde in Anknüpfung an die erste Vertragsstaatenkonferenz in Berlin 1995 eingerichtet. Es sollten Erfahrungen mit der Kooperation zwischen Entwicklungsländern und Industriestaaten in Klimaschutzprojekten gesammelt und ausgewertet werden und für die Weiterentwicklung des Klimaschutzregimes nutzbar gemacht werden.[258] Auch im Hinblick auf Projekte zur Reduzierung von Emissionen aus Landnutzungsänderungen in Entwicklungsländern könnten wertvolle Erkenntnisse für die spätere Formulierung

---

[252] FCCC/SBSTA/2006/MISC. 5, S. 61.
[253] Skutsch et al., 2007, S. 324.
[254] Schlamadinger et al., 2005, 31.
[255] WBGU, 2003, S. 71f.
[256] FCCC/SBSTA/2006/MISC. 5, S. 9.
[257] FCCC/SBSTA/2006/MISC. 5, S. 29.
[258] Kreuter-Kirchhof, 2005, S. 126.

von Ausgangswerten gewonnen werden. In diese Pilotphase sollten Schutzgebiete, sowie Maßnahmen zu nachhaltiger Waldnutzung miteinbezogen werden.[259] Costa Rica und Papua Neuguinea schlagen vor, dass im Gegensatz zur AIJ-Pilotphase während der Übergangszeit erzielte Emissionsreduktionen angespart und in den nächsten Verpflichtungszeitraum eingebracht werden sollten.[260]

4. Ausgestaltung des Kompensationsmechanismus

Viele Vertragsparteien aus Entwicklungsländern betonen, dass ihnen neue und zusätzliche finanzielle Mittel bereitgestellt werden müssten, um Maßnahmen zur Reduzierung von Emissionen aus Landnutzungsänderungen durchführen zu können. Dies müsse ein wesentliches Element des neuen Instrumentes darstellen. Dass diese finanziellen Mittel von den Industriestaaten bereitgestellt werden müssten, wurde bereits erörtert. Dabei sollten die erzielten Vereinbarungen über finanzielle Mittel im Rahmen des FCCC-Prozesses für andere Programme und Sektoren nicht geändert werden.[261] Im Rahmen der Verhandlungen um ein Instrument zur Reduzierung von Emissionen aus Landnutzungsänderungen ist jedoch fraglich, wie die finanziellen Anreizmechanismen ausgestaltet werden sollen. Im Folgenden werden zwei Formen finanzieller Anreizmechanismen vorgestellt, die im Rahmen der ersten Verhandlungen zu einer Regelung reduzierter Emissionen aus Landnutzungsänderungen in Entwicklungsländern zur Diskussion standen.

a) Unabhängiger Fonds

Ähnlich den bereits existierenden, zweckgebundenen Fonds im Rahmen der FCCC (z.B. „Adaptation Funds") könnten Maßnahmen zur Reduzierung von Emissionen aus Landnutzungsänderungen in Entwicklungsländern, durch Mittel eines unabhängigen Fonds finanziert werden. Dieser Fonds müsste dann von den Anlage I Staaten eingerichtet werden.[262] Ein separater, fondsbasierter Mechanismus hätte den Vorteil, einfacher verwaltet und eingesetzt werden zu können und von den Schwierigkeiten des Kohlenstoffmarktes und der Senkenproblematik im Rahmen des CDM nicht betroffen zu sein. So könnte beispielsweise das Zusätzlichkeitskriterium eindeutig überprüft werden. Der Vorschlag eines unabhängigen Fonds wurde von Brasilien in den Verhandlungsprozess eingebracht. Brasilien vertritt die Ansicht, dass die Industriestaaten ihre Emissionsreduktionspflichten nicht durch den Erwerb von Gutschriften aus dem LULUCF-Sektor in den Entwicklungsländern nachkommen können sollten. Ein unabhängiger Fonds würde

---

[259] FCCC/SBSTA/2006/MISC. 5, S. 29.

[260] FCCC/SBSTA/2006/MISC. 5, S. 29.

[261] FCCC Secretariat, „Workshop on reducing emissions from deforestation in developing countries – Addendum 2 – (Part I) – Synthesis of submissions by Parties on issues relating to reducing emissions from deforestation in developing countries – Working Paper No. 1 (d) (2006)", http://unfccc.int/methods_and_science/lulucf/items/3757.php, 2006b, S. 1–62 (23), zuletzt aufgerufen am 07.08.2008.

[262] Dutschke/Wolf, 2007, S. 6.

den Entwicklungsländern einen Kompensationsmechanismus bereitstellen und dies gleichzeitig unabhängig von einer Anbindung an den bestehenden Kyoto-Markt ermöglichen. Der Vorschlag Brasiliens scheint jedoch in der Umsetzung wenig praktikabel und würde keinen sicheren Finanzierungsmechanismus darstellen. Grundvoraussetzung wäre, dass die Anlage I Staaten zusätzlich zu den über die GEF bereitgestellten Mitteln und zusätzlich zu den Kosten, die im Rahmen der Erfüllung ihrer eigenen Reduktionsverpflichtungen entstehen, weitere finanzielle Mittel bereitstellen werden. Bestehende Fonds, die auf die Finanzierung bestimmter Programme abzielen, haben sich jedoch bisher als uneffektiv, gemessen an ihren Zielen herausgestellt. Die Erfahrung mit zweckgebundenen Fonds zeigt, dass die Finanzierung (wie etwa beim Fonds für Anpassungsmaßnahmen) kein adäquates Niveau erreicht und daher auch im Hinblick auf die Finanzierung von Maßnahmen zur Erhaltung biologischer Kohlenstoffbestände aller Wahrscheinlichkeit nach nicht ausreichen wird.[263] Die zu erwartenden finanziellen Mittel wären daher unverhältnismäßig geringer als solche, die durch eine Anbindung an den Kohlenstoffmarkt zu erwarten sind, wenn die Entwicklungsländer es schaffen ihre Emissionen signifikant zu senken.[264] Ein separater Fonds könnte jedoch den erforderlichen Capacity Building Maßnahmen dienlich sein. Er könnte eingerichtet und genutzt werden, um die Schaffung der erforderlichen nationalen (rechtlichen) Rahmenbedingungen und Pilotprojekte zu unterstützen, da die zu erwartenden Kosten in diesem Bereich nicht so hoch sein werden.[265]

b) Marktmechanismus

Die Einführung eines Marktmechanismus zur Finanzierung von Maßnahmen zur Vermeidung von Emissionen aus Landnutzungsänderungen wurde während der ersten offiziellen Verhandlungsrunden vorgeschlagen und fand breite Unterstützung.[266] Demnach soll es Entwicklungsländern, die ihre Emissionen aus der Umwandlung natürlicher Flächen reduzieren, möglich sein, Emissionsgutschriften zu erhalten. Diese wären etwa vergleichbar mit den zertifizierten Emissionsgutschriften (CER) die derzeit im Rahmen des CDM generiert werden können.[267] Die Emissionsgutschriften könnten dann in das globale Kyoto-Emissionshandelssystem eingebracht werden. Der im Rahmen des KPs geschaffene Kohlenstoffmarkt bietet für die Inwertsetzung der Ökosystemdienstleistungen von natürlichen Flächen wahrscheinlich den geeignetesten Mechanismus. Da für die meisten Ökosystemdienstleistungen natürlicher terrestrischer Ökosysteme kein Markt gegeben ist, stellen Emissionsgutschriften die größte potentielle Quelle von finanziellen Mittel dar, die dem Erhalt natürlicher terrestrischer Ökosysteme und deren nachhaltiger Nutzung zugute kommen können.[268] Die Hürden der Einführung eines auf

---

[263] FoEI, Submission to SBSTA 24, 2006, S. 3.

[264] Santilli/Moutinho, „Reduction of GHG emissions from deforestation in developing countries", 2006, S. 20.

[265] FCCC/SBSTA/2006/MISC. 5, S. 29f.; CI, Submission to SBSTA 24, 2006, S. 6.

[266] FCCC/SBSTA/2006/MISC. 5; Santilli et al., 2005, S. 270.

[267] Santilli et al., 2005, S. 270.

[268] Santilli/Moutinho, 2006, S. 8.

Emissionsgutschriften basierenden Mechanismus sind aufgrund der nötigen rechtlichen Regelungen, sowie der erforderlichen Capacity Building Maßnahmen höher
als für andere Finanzierungsmechanismen. Im Gegensatz zu einer fondsbasierten
Lösung stellt eine Anbindung an den Kohlenstoffmarkt zwar eine komplexe Aufgabe dar, jedoch zeigt die Entwicklung der Kohlenstoffmärkte in den vergangenen
Jahren großes Potential, finanzielle Ressourcen für Maßnahmen bereitzustellen,
die der Reduzierung von Treibhausgasemissionen und dem Schutz von Senken
und Kohlenstoffbeständen dienen. Die Kohlenstoffmärkte stellen sowohl für die
Käufer als auch die Verkäufer von Emissionsgutschriften Anreize dar, in großem
Umfang und sehr effektiv finanzielle Ressourcen einzusetzen.[269]

Für den Fall, dass im Rahmen einer Übereinkunft über die Reduktion von
Emissionen aus Landnutzungsänderungen in Entwicklungsländern Emissionsgutschriften nicht in Form eines projektbasierten Mechanismus' generiert werden,
wären Mechanismen notwendig, die es ermöglichen, den lokalen Anbietern der
Ökosystemdienstleistung Kohlenstoffspeicherung Transferzahlungen zukommen
zu lassen, da sie die Anbieter sind, denen ein ökonomischer Anreiz dafür gegeben
werden muss, auf degradierende Nutzung ihrer natürlichen Flächen zu verzich-
ten.[270]

5. Rechtlicher Rahmen eines Instrumentes zur Reduzierung von Emissionen aus Landnutzungsänderungen

Für die rechtliche Ausgestaltung eines Instrumentes zur Reduzierung von Emissionen aus Landnutzungsänderungen kommen im Rahmen des internationalen Klimaschutzregimes verschiedene Übereinkünfte in Betracht. Zurzeit scheint eine
Regelung innerhalb der FCCC oder des KPs die naheliegendste Option.[271] In Er-
wägung gezogen wird, ergänzende Regelungen für eine zweite Verpflichtungsperiode des KPs zu treffen oder ein weiteres, separates, sektorales Protokoll im
Rahmen der FCCC zu formulieren. Aber auch die Vereinbarung lediglich unver-
bindlicher und freiwilliger Maßnahmen, unter dem Dach der FCCC wird im Rahmen des SBSTA erörtert.[272] Aus rechtlicher Sicht können sowohl die FCCC, als
auch das KP den Ausgangspunkt für eine umfassende Regelung begründen, da die
Verpflichtungen zum Schutz biologischer Kohlenstoffspeicher des Art. 4 FCCC in
leicht verändertem Wortlaut in Art. 10 lit. (a) des KPs wiederholt werden.[273]

a) Neues Protokoll unter der Klimarahmenkonvention

Überwiegend klimapolitische Gründe werden für ein neues, separates und sektorales Protokoll zur Reduzierung von Emissionen aus Entwaldung unter der FCCC

---

[269] Vitae Civilis, 2006, S. 9.
[270] Vgl.: Iles, 2003, S. 230.
[271] Skutsch et al., 2007, S. 324.
[272] FCCC/SBSTA/2006/MISC.5.
[273] Vgl. Kapitel G.II.2., S.175; Vitae Civilis, 2006, S. 7.

angeführt.[274] Der Vorteil eines zusätzlichen Protokolls läge u.a. darin, dass Länder, die dem KP bisher nicht beigetreten sind bzw. es nicht ratifiziert haben, stärker in den UN-Klimaschutzprozess eingebunden werden könnten.[275] Ein sektoraler Ansatz könnte auch dazu führen, dass sich einige Entwicklungs- und Schwellenländer zunächst dazu bereit erklären nur ihre Emissionen aus dem Bereich der Landnutzung zu senken, ohne Einschränkungen im industriellen Sektor vorzunehmen.[276] Damit würden auch die Erfolgsaussichten eines solchen Instrumentes gesteigert, da diese Staaten nicht gleichzeitig die gesamten, detaillierten Regelungen des KPs akzeptieren müssten. Auch der WBGU plädiert dafür, zum einen Verpflichtungen zur Erhaltung der biologischen Kohlenstoffvorräte und zum anderen ökonomische Anreize zum Verzicht auf eine zerstörerische Landnutzung in die FCCC einzubinden. In Betracht käme etwa ein sektorales „Protokoll zur Erhaltung der Kohlenstoffvorräte terrestrischer Ökosysteme".[277]

b) Ergänzende Regelungen innerhalb des Kyoto-Protokolls

In der Literatur wird auch vertreten, ein Instrument zur kompensierten Reduzierung von Emissionen aus Entwaldung in die vorhandenen Regelungen des KPs zu integrieren. Dabei werden zwei unterschiedliche Ansätze verfolgt. Einerseits kommt eine Integration in den CDM in Betracht. Andererseits wird dafür plädiert, einen weiteren flexiblen Mechanismus einzuführen.

aa) Integration in den Mechanismus für umweltverträgliche Entwicklung

Nach Ansicht von Bolivien, Costa Rica, Nicaragua und Papua Neuguinea wäre mit kleineren Veränderungen der Regelungen des CDM ein sektorbezogener Ansatz zu Emissionen aus Entwaldung innerhalb des CDM möglich. Um der Problematik des projektbasierten Verlagerungseffektes entgegenzuwirken, könnten für den Forstsektor nationale Ausgangsszenarien gewählt werden. Wenn man jedoch nationale Ausgangswerte in den CDM einführt, kann es zu einer Verletzung der für die Anlage B Staaten verwendeten „Cap and Trade" Methodik führen.[278] Die EU ist der Auffassung, dass die Entwaldung betreffenden Regelungen im CDM, also die *Marrakesh Accords* abschließend geregelt wurden und nicht erneut verhandelt werden sollten.[279] Es sei insbesondere abschließend geklärt worden, dass Maßnahmen zur Vermeidung von Entwaldung nicht Gegenstand der CDM Regelungen sein sollten, wobei technische und politische Gründe für einen Ausschluss angeführt wurden. Viele dieser Gründe ergaben sich aus den Besonderheiten und Beschränkungen des CDM. Es bestehe mittlerweile die Möglichkeit ein neues Instrument zu schaffen, dem die Beschränkungen des CDM nicht anhaften, insbe-

---

[274] Benndorf et al., 2007, S. 285f.
[275] Environmental Defense, 2006, S. 16f.
[276] Benndorf et al., 2007, S. 286.
[277] WBGU, 2003, S. 71f.
[278] FCCC/SBSTA/2006/MISC. 5, S. 30.
[279] FCCC/SBSTA/2006/MISC. 5, S. 9.

sondere durch die Möglichkeit Referenzszenarien auf nationaler Ebene und nicht auf Projektebene festzulegen.[280]

bb) Erweiterung des Kyoto-Protokolls durch einen neuen flexiblen Mechanismus

Die Erweiterung des KP durch einen neuen flexiblen Mechanismus, den „Carbon Reservoir Mechanism" wird als eine weitere Möglichkeit für ein Instrument zur kompensierten Reduzierung von Emissionen aus Entwaldung im Rahmen des KP angesehen. Dieser Mechanismus würde eine dritte Anlage zum KP voraussetzen.[281] Im Rahmen dieser „Anlage C" könnten Entwicklungsländer nationale Reduktionsziele für Emissionen aus Entwaldung festschreiben. Im Gegenzug würden sie, bei Erreichen dieser Ziele, Emissionsgutschriften zugeteilt bekommen. Diese Emissionsgutschriften könnten sie dann im Rahmen des Emissionshandels nach Art. 17 KP an die in Anlage B aufgeführten Industriestaaten übertragen. Dies würde dem jetzigen „Cap and Trade"-Ansatz der Anlage B Staaten ähneln. Dabei gilt es jedoch zu berücksichtigen, dass durch die Einführung nationaler Ausgangswerte weiterhin das Risiko der Nichterfüllung vereinbarter Ziele existieren würde. Ähnlich wie derzeit im Hinblick auf Auf- und Wiederaufforstungsmaßnahmen im Rahmen des CDM.[282] Der Ansatz eines neuen flexiblen Mechanismus würde einerseits sektorale Reglungen zur Bestimmung der Ausgangswerte ermöglichen. Andererseits würde er die Möglichkeit der Verrechnung mit Emissionen aus dem Industrie- und Verkehrssektor beinhalten, so dass der bestehende Kyoto Markt genutzt werden könnte.[283]

IV. Regelungsbedarf

Zwischen den Vertragsstaaten der FCCC herrscht breiter Konsens hinsichtlich der Notwendigkeit eines Mechanismus zur Reduzierung von Emissionen aus der Zerstörung natürlicher terrestrischer Ökosysteme. Dabei kommen, wie erörtert, verschiedene rechtliche Rahmenbedingungen und Kompensationsmechanismen in Betracht. Unabhängig von der Wahl des rechtlichen Rahmens und der Ausgestaltung des Kompensationsmechanismus müssen jedoch wichtige naturwissenschaftliche, sozioökonomische, technische, begriffliche und methodische Fragen geregelt werden. Nach Auffassung der EU sollte ein effektives Instrument zur Regelung von Emissionen aus Landnutzungsänderungen in Entwicklungsländern nachweisbare langzeitliche Emissionsreduktionen zur Folge haben.[284] Es müsse gewährleistet werden, dass ein solcher Ansatz auf gefestigte, bewährte und transparente Methoden zur Datenerfassung und Überwachung gestützt werde.[285] Das wissenschaft-

---

[280] Vitae Civilis, 2006, S. 5.
[281] FCCC/SBSTA/2006/MISC. 5, S. 31.
[282] FCCC/SBSTA/2006/MISC. 5, S. 31.
[283] Ein ähnliches Modell beschreiben Benndorf et al., 2007, S. 290f.
[284] FCCC/SBSTA/2006/MISC. 5, S. 7.
[285] FCCC/SBSTA/2006/MISC. 5, S. 7.

lich und technisch beratende Nebenorgan der FCCC (SBSTA) hat im August 2006 mit der Sammlung von Lösungsansätzen zu den genannten Problembereichen begonnen.[286] Es wurde die Verfügbarkeit und Genauigkeit erforderlicher Daten untersucht; Ergebnisse von Untersuchungen über das zu erwartende Ausmaß von Änderungen in biologischen Kohlenstoffspeichern und damit zusammenhängende Unsicherheiten wurden vorgestellt. Es wurden auch erste Regelungsansätze für Anreizmechanismen zur Verringerung von Emissionen aus Entwaldung in Entwicklungsländern vorgestellt. Einschließlich der Ursachen, Kurz- und Langzeitauswirkungen auf Emissionsreduktionen und der Verlagerung von Emissionen. Im Hinblick auf die Bestimmung der Referenzwerte, des Zusätzlichkeitskriteriums, des Verlagerungseffektes und der Dauerhaftigkeit konnte teilweise auf Ansätze zurückgegriffen werden, die bereits im Zusammenhang mit Landnutzungsaktivitäten im Rahmen der flexiblen Mechanismen entwickelt wurden.[287]

1. Regelungsgegenständliche Maßnahmen

Der, den derzeitigen Verhandlungen zugrunde liegende Vorschlag Costa Ricas und Papua Neuguineas beschränkt sich auf Maßnahmen zur Vermeidung von Emissionen aus der Entwaldung terrestrischer Ökosysteme in Entwicklungsländern.[288] Auch die ersten Verhandlungen im Rahmen des SBSTA wurden unter dem Titel *„Avoiding Emissions from Deforestation in Developing Countries"* geführt.[289] Die meisten Vertragsstaaten fordern neben der Berücksichtigung von Abholzungsmaßnahmen, die zu einer Umwandlung von Waldflächen in Nicht-Waldflächen führen, auch Maßnahmen einzubeziehen, die lediglich zu einer Verringerung der Baumbestände führen und damit nicht als „Entwaldung" im Sinne der Definition der Marrakesch Accords bezeichnet werden können.[290] Die Degradation von Waldflächen etwa, ist oftmals ein Vorläufer von Entwaldung und sollte daher in die Verhandlungen miteinbezogen werden. Die Dringlichkeit der Berücksichtigung von Degradation geht aus mehreren Studien hervor. Zuletzt haben Asner et al. (2005) die Effekte selektiven Holzeinschlags in der brasilianischen Amazonasregion untersucht. Die Ergebnisse der Studie lassen den Schluss zu, dass die durch selektiven Holzeinschlag bedingte Walddegradation etwa doppelt so hoch ist wie in früheren Studien angenommen.[291]

Ein noch weitergehender Ansatz wurde von Schlamadinger et al. (2006) vorgestellt.[292] Sie schlagen die Einführung eines umfassenden Instrumentes vor, das alle relevanten, zu Nettoemissionen führenden Landnutzungsänderungen einbezieht. Danach soll außer Entwaldung und Walddegradation auch Devegetation (die Umwandlung von naturbelassenen Nicht-Waldflächen mit höherem Kohlenstoff-

---

[286] FCCC/SBSTA/2006/5.

[287] FCCC/SBSTA/2006/MISC. 5, S. 8; Skutsch et al., 2007, S. 324.

[288] FCCC/CP/2005/MISC.1

[289] FCCC/SBSTA/2006/MISC. 5.

[290] FCCC/SBSTA/2006/MISC. 5.

[291] Asner et al., 2005, S. 480-482.

[292] Schlamadinger et al., 2006, S. 1; Schlamadinger et al., 2007, S. 295ff.

bestand in Nicht-Waldflächen mit niedrigerem Kohlenstoffbestand) erfasst werden, soweit die technischen Voraussetzungen für die Messung der Kohlenstoffbestandsveränderungen gegeben sind.[293] Dieser Ansatz ist grundsätzlich zu begrüßen, da die Entwaldung terrestrischer Ökosysteme nur eine von vielen Landnutzungsänderungen darstellt, die zur Zerstörung natürlicher Kohlenstoffspeicher und damit zur Freisetzung von Treibhausgasen führen. So häufen sich beispielsweise Indizien dafür, dass auch die Entwässerung von Mooren, vor allem in Südostasien die Freisetzung großer Mengen an Kohlenstoff zur Folge hat.[294] Im Hinblick auf die laufenden Verhandlungen ist jedoch zu beachten, dass die naturwissenschaftlichen Erkenntnisse über das Ausmaß und die Ursachen der Emissionen aus Entwaldungsmaßnahmen, sowie die technischen Möglichkeiten ihrer Messung und Überwachung weiter fortgeschritten sind, als bei anderen Landnutzungsänderungen.[295] Daher sollte ein umfassendes Landnutzungsänderungsprotokoll zwar langfristig angestrebt werden, ein Mechanismus zur Vermeidung von Emissionen aus Entwaldungsmaßnahmen sollte hingegen spätestens zu Beginn des zweiten Verpflichtungszeitraums (ab 2012) geschaffen werden.

2. Definition relevanter Aktivitäten

Maßnahmen, die im Rahmen eines künftigen Instrumentes zur Verminderung von Emissionen aus Landnutzungsänderungen in Entwicklungsländern zugelassen werden sollen, müssen genau definiert werden.[296] Da unter eine weite Definition der jeweiligen Maßnahme mehr Aktivitäten subsumiert werden können als unter enge Definitionen, sollte auf eine möglichst präzise Definition Wert gelegt werden. Darüber hinaus haben die Definitionen Auswirkungen darauf, wie einfach es sein wird zu bestimmen, ob und in welchem Ausmaß Kohlenstoffemissionen vorliegen.[297] Im Rahmen der bisherigen Verhandlungen wurde vor allem die Einbeziehung und Definition der Maßnahmen Entwaldung, Degradation und Devegetation erörtert.[298]

a) Entwaldung

Es müsste zunächst bestimmt werden, welche Holzentnahmemaßnahmen unter dem Begriff Entwaldung zu verstehen sein sollen. Im Rahmen des KPs wird „Entwaldung" durch die Beschlüsse von Marrakesch als „die unmittelbare, vom Menschen verursachte Umwandlung von bewaldeten Flächen in nicht bewaldete

---

[293] Schlamadinger et al., 2006, S. 1; IPCC, Definitions and Methodological Options to Inventory Emissions from Direct Human-induced Degradation of Forests and Devegetation of Other Vegetation Types, 2003b.

[294] Wetlands International and Delft Hydraulics, 2006, S. 1.

[295] DeFries et al., „Earth observations for estimating greenhouse gas emissions in developing countries", Environmental Science & Policy 10 (2007), S. 385–394 (390).

[296] FCCC/SBSTA/2006/MISC. 5; Skutsch et al., 2007, S. 327.

[297] IPCC, 2003b, S. 13.

[298] UNFCCC Secretariat, 2006a.

Flächen", definiert.[299] Eine Fläche gilt nach dieser Entscheidung als Wald, wenn sie mindestens 0,05 bis zu 1 ha umfasst und eine Baumkronenbedeckung von mehr als 10–30 % und eine potentielle Baumhöhe von 2 bis 5m aufweist.[300] Ein wesentliches Element der Definition ist damit der Grad der Kronenbedeckung eines Waldökosystems. Des Weiteren beinhaltet diese Definition auch eine zeitliche Komponente, da es sich um „permanent removal" der Waldbestände handeln muss.[301] Mouthino/Santilli schlagen im Wesentlichen vor diese prägnante Definition beizubehalten. Auch sie sind der Auffassung, dass „die dauerhafte Verringerung der Bewaldung *(forest cover)*" unter Entwaldung zu verstehen sei.[302] Im Rahmen der Begriffsbestimmung sollte sichergestellt werden, dass lediglich vom Menschen verursachte Aktivitäten erfasst werden. Es soll vermieden werden, dass natürliche Ereignisse, die zu einem Verlust an Kohlenstoffbeständen führen, als Entwaldung definiert werden. Um eine einheitliche Terminologie mit den bestehenden Regelungen der FCCC und dem KP zu gewährleisten, sollte möglichst auf die im Rahmen des Klimaregimes verwendeten Begriffe zurückgegriffen werden. Aus den in Kapitel F aufgeführten Gründen sollte darüber hinaus klargestellt werden, dass auch eine erstmalige Rodung von natürlichen Primärwaldbeständen mit unmittelbar folgender Neubepflanzung als Entwaldung zu verstehen ist.

Als Alternative zu einer Definition, die sich an der Baumkronendichte orientiert, wurde vorgebracht, Entwaldung anhand der örtlich unterschiedlichen Gegebenheiten der Waldökosysteme zu definieren.[303] Dieser Biom-Ansatz, umfasst ein großes Spektrum an Vegetationstypen. Für eine auf Biomen basierende Definition spricht, dass dadurch auch besondere Waldtypen wie Moorwälder oder bewaldete Savanne erfasst werden können. Als problematisch wird jedoch die Ausarbeitung einer solchen biombasierten Definition erachtet, da diese, wenn sie auf alle Waldökosysteme der Erde anwendbar sein soll, äußerst komplex bzw. unpräzise sein würde.[304]

b) Degradation

Eine Reihe von Maßnahmen führt zwar zu einer Dezimierung der Baum- und Kohlenstoffbestände eines Ökosystems, nach obiger Definition können sie jedoch nicht als Entwaldung im Sinne der Marrakesch Accords bezeichnet werden, da es in ihrer Folge nicht zu einer Unterschreitung von 10–30 % Baumkronendichte kommt. Das zukünftige Instrument zur Vermeidung von Emissionen aus Landnutzungsänderungen sollte aber auch vom Menschen verursachte Aktivitäten erfassen, die eine dauerhafte Dezimierung der Baum- und Kohlenstoffbestände zur Folge haben, auch wenn sie nicht zu einer Unterschreitung von 10–30 % Baumkronendichte führen und damit nicht als Entwaldungsmaßnahmen bezeichnet

---

[299] Decision 11/CP.7 FCCC/CP/2001/13/Add. 1.

[300] Decision 11/CP.7 FCCC/CP/2001/13/Add. 1, S. 58.

[301] Skutsch et al., 2007, S. 327.

[302] Mouthino/Santilli, International Submission to the UNFCCC/SBSTA – Reduction of GHG emissions from deforestation in developing countries, 2006, S. 12.

[303] CAN, 2006, S. 9f.

[304] Hofmann, 2006, S. 71.

werden können.[305] Dazu gehören Walddegradation, selektiver Holzeinschlag und andere anthropogene Nutzungsarten, einschließlich Siedlungsausweitung und Straßenbau. Die FAO versteht unter Walddegradation die

> „Veränderungen innerhalb eines Waldes, die sich negativ auf dessen Struktur und Funktion auswirken und dadurch dessen Fähigkeit, Produkte und/oder Dienstleistungen zur Verfügung zu stellen, reduzieren."[306]

Der IPCC schlägt eine Definition vor, die sich an der Veränderung der Kohlenstoffbestände orientiert. Demnach könnte Degradation definiert werden als „direct human-induced activity that leads to a long-term reduction in forest carbon stocks".[307] Zugleich führt der IPCC jedoch an, dass eine solche Definition „provides no basis for identifying land areas affected by degradation".[308] Der IPCC kommt letztlich zu dem Schluss, dass die geeignetste Definition von Degradation die Elemente „other forest values, long-term effects, exclusion of deforestation, source of degradation, minimum area threshold and Biomass" beinhalten solle. Er schlägt daher folgende Definition vor:

> „A direct human-induced long-term loss (persisting for X years or more) of at least Y% of forest carbon stocks [and forest values] since time T and not qualifying as deforestation or an elected activity under Article 3.4 of the Kyoto Protocol".[309]

Würde man hingegen dem Ansatz einer biombasierten Walddefinition folgen, dann würde es weitere Analysen und Entscheidungen erfordern um festzustellen, was als Degradation des jeweiligen Biomes verstanden werden soll. Dies könnte zwar zu einer Berücksichtigung von Emissionen führen, die derzeit nicht vom KP erfasst werden, gleichzeitig wäre es jedoch ein komplexer und zeitaufwendiger Prozess.[310]

c) Devegetation

Unter dem Begriff „Devegetation" sollen nach dem Ansatz von Schlamadinger et al. (2005) Aktivitäten zusammengefasst werden, die zu einer Verminderung der Kohlenstoffbestände auf Flächen führen, die keine Waldflächen darstellen.[311] In den Entscheidungen von Marrakesch wird „devegetation" nicht definiert. Dort wird lediglich

> „...a direct human induced activity to increase carbon stocks on sites through the establishment of vegetation that covers a minimum area of 0.05 hectares and does not meet the definitions of afforestation and reforestation..."

---

[305] FCCC/SBSTA/2006/MISC. 5, S. 72.
[306] FAO, 2005, Appendix 2. Terms and definitions.
[307] IPCC, 2003b, S. 14.
[308] IPCC, 2003b, S. 14.
[309] IPCC, 2003b, S. 15.
[310] CAN, 2006, S. 9f.
[311] Schlamadinger et al., 2005, S. 5.

als „*revegetation*" definiert.[312] Der IPCC orientiert sich an dieser Definition und schlägt vor „devegetation", unter Berücksichtigung von

> „other vegetation types, carbon stocks, reduction/removal/change threshold, minimum area threshold, long-term effects, exclusion of deforestation or Article 3.4 activities",

zu definieren als

> „a direct human-induced long-term loss (persisting for X years or more) of at least Y% of vegetation [characterized by cover / volume / carbon stocks] since time T on vegetation types other than forest and not subject to an elected activity under Article 3.4 of the Kyoto Protocol. Vegetation types consist of a minimum area of land of Z hectares with foliar cover of W%"[313]

3. Ausgangswerte zur Bestimmung der Emissionsminderung

Die meisten Vertragsstaaten fordern langfristige und messbare Emissionsminderungen aus vermiedenen bzw. reduzierten Landnutzungsänderungen.[314] Um die Veränderungen der Emissionen aus Landnutzungsänderungen in Entwicklungsländern bestimmen zu können, bedarf es daher der Ermittlung quantitativ festgelegter Referenzemissionen als Ausgangswerte sog. *Baseline*. Die Vertragsparteien haben sich bisher nur recht vage zur Bestimmung der Ausgangswerte geäußert. Sie sollten „*fair*" und unter Berücksichtigung unterschiedlicher Voraussetzungen ermittelt werden, um größtmögliche Partizipation unter den Vertragsstaaten zu erreichen.[315] Außerdem gelte es sicher zu stellen, dass vor Einführung des Mechanismus keine Anreize zu übermäßiger Entwaldung geschaffen würden und eine umfassende Berücksichtigung staatlicher und privater Waldökosysteme stattfindet.[316] Es wird vorgeschlagen zur Festlegung der Ausgangswerte verschiedene Daten heranzuziehen. Insbesondere nationale oder regionale Entwaldungsraten vergangener Jahre könnten als Grundlage für die Ermittlung von Ausgangswerten dienen.[317] Nach Auffassung Boliviens sollte jede Vertragspartei, unter Berücksichtigung der Daten zu vorhandener Waldbedeckung, vergangener Entwaldungsraten und zu erwartender Auswirkungen wirtschaftlicher Entwicklung, bestimmte Ausgangswerte festlegen.[318] Die Festlegung historischer Ausgangswerte für Emissionen aus Entwaldung auf nationaler Ebene ist jedoch nicht unproblematisch. Herausforderungen ergeben sich vor allem aufgrund unzureichender Datenlage, sowie aus der notwendigen Abschätzung von Veränderungen in den Kohlenstoffbeständen, aufgrund unterschiedlicher Eingriffe in das Ökosystem. Neuere Schätzungen

---

[312] Decision 11/CP.7 FCCC/CP/2001/13/Add. 1.

[313] IPCC, 2003b, S. 19.

[314] UNFCCC Secretariat, 2006b, S. 15.

[315] FCCC/SBSTA/2006/MISC. 5, S. 8.

[316] CAN, 2006, S. 7.

[317] Dutschke/Wolf, 2007, S. 5; Santilli et al., 2005, S. 270.

[318] UNFCCC Secretariat, 2006b, S. 16.

über Entwaldungsraten auf globaler, nationaler und regionaler Ebene weisen immer noch größere Abweichungen auf, was die Erfassung historischer Daten von Entwaldungsraten weiter erschweren könnte. Darüber hinaus sind historische Daten zu Waldbedeckung und Abholzung „issues of contention in many regions and the focus of much recent scholarly work".[319] Die unterschiedliche Kohlenstoffspeicherung der Biomasse in verschiedenen Waldökosystemen trägt zur Erhöhung des Unsicherheitsfaktors der Schätzungen bei.[320]

Gegenstand kommender Verhandlungen wird darüber hinaus die Frage sein, auf welcher Ebene die Ausgangswerte zu bestimmen sind.[321] In Betracht kommt die Bestimmung von Ausgangswerten auf Projektebene, sowie regionale oder nationale Ausgangswerte. Die derzeitigen Regelungen der flexiblen Mechanismen im KP sehen eine Bestimmung der Ausgangswerte auf Projektebene vor.[322] Sie werden anhand der Summe der Änderungen an Kohlenstoffbeständen innerhalb der Projektgrenzen ermittelt, die ohne das Projekt zu erwarten wären, beispielsweise durch den Rückkauf von Rodungskonzessionen.[323] Ein solcher Ansatz erscheint für die Berechnung von Emissionen aus Entwaldungen jedoch nicht praktikabel. Dagegen spricht vor allem der Verlagerungseffekt. So könnte Waldfläche zwar innerhalb der Projektgrenzen erhalten, jedoch in unmittelbarer Nachbarschaft verstärkt abgeholzt werden, so dass es auf regionaler oder nationaler Ebene zu keiner Verminderung der Entwaldungsrate kommt, auf Projektebene aber Emissionsgutschriften erteilt würden. Große Unterstützung findet daher der Vorschlag, nationale Ausgangswerte anhand historischer Entwaldungsraten zu bestimmen, da dies mit weniger großen Unsicherheiten verbunden ist als auf Projektebene.[324] In einigen Entwicklungsländern existieren jedoch kaum Informationen über nationale Entwaldungsraten. Schlamadinger et al. vertreten daher die Ansicht, Ausgangswerte für vermiedene Entwaldung auf regionaler Ebene festzulegen.[325]

Um zu vermeiden, dass Staaten mit einer traditionell niedrigen Entwaldungsrate benachteiligt werden und Staaten, in denen die Entwaldung in der Vergangenheit hoch war, keinen Vorteil durch leicht zu senkende Entwaldung erreichen können, sollte nach Auffassung Panamas ein einheitlicher Ausgangswert für alle Entwicklungsländer festgelegt werden.[326] Die Entscheidung über einen bestimmten Ausgangswert ist letztlich jedoch eine politische, die während der kommenden Verhandlungen zu treffen sein wird.[327]

---

[319] UNFCCC Secretariat, 2006b, S. 15.

[320] UNFCCC Secretariat, 2006b, S. 15.

[321] Skutsch et al., 2007, S. 324.

[322] Siehe Ausführungen in Kapitel 6.

[323] Decision 5/CMP.1 FCCC/KP/CMP/2005/8/Add. 1, S. 66.

[324] Schlamadinger et al., 2005, 31.

[325] Schlamadinger et al., 2005, 31.

[326] UNFCCC Secretariat, 2006b, S. 15.

[327] Santilli et al., 2005, S. 270.

4. Ermittlung der Zusätzlichkeit der Emissionsreduktionen und Verteilung der Emissionsgutschriften

a) Ermittlung der Zusätzlichkeit der Emissionsreduktionen

Eng verknüpft mit der Frage nach der Bestimmung der Ausgangswerte ist die Frage, in welchem Umfang Emissionsreduktionen kompensiert werden sollen. Im Rahmen der flexiblen Mechanismen des KPs werden derzeit nur solche Emissionsreduktionen zertifiziert, die gemäß Art. 12 Abs. 5 lit. (b) KP bzw. Art. 6 Abs. 1 lit. (b) KP zusätzlich zu Reduktionen entstehen, die ohne die zertifizierte Projektmaßnahme entstehen würden. Es handelt sich dabei um das Kriterium der Zusätzlichkeit.[328] Die Berechnung der „zusätzlichen" Emissionsreduktionen wird durch einen Vergleich mit dem Ausgangswert bestimmt (*„Additionality"*). Auch im Rahmen eines Instrumentes zur Reduzierung der Emissionen aus Landnutzungsänderungen in Entwicklungsländern sollten nur Aktivitäten gefördert werden, die über ein *„business-as-usual"*-Szenario hinausgehen.[329] Aktuelle Studien zu globalen Entwaldungsraten geben keinen Anlass davon auszugehen, dass sich der Trend zunehmender Entwaldung ohne das Ergreifen zusätzlicher Maßnahmen ändern wird.[330] Daher erscheint es nicht erforderlich nachzuweisen, dass die Verringerung der Entwaldung in einem Staat, die Folge einer Maßnahme zur Reduzierung von Emissionen aus Landnutzungsänderungen ist.[331] Es würde demnach ein Vergleich zwischen historischen und aktuellen Entwaldungsraten ausreichen, um die Zusätzlichkeit der Emissionsminderung nachweisen zu können. Schlamadinger et al. schlagen vor, die Reduktionsziele in Form eines Korridors fest zu legen. Dieser Korridor solle sich aus den historischen Entwaldungsraten, Emissionstrends und Trends in den Ursachen für Entwaldung ableiten lassen. Liegen die tatsächlichen Emissionen oberhalb dieses Korridors, werden keine Reduktionsgutschriften erteilt. Liegen die tatsächlichen Emissionen jedoch innerhalb des Korridors, werden Gutschriften für Emissionsreduktionen erteilt, die die Untergrenze unterschreiten. Der Korridor-Ansatz verringert das Problem von *„hot air"* und das Risiko des Verfehlens eines absoluten Wertes.[332]

Da jedoch in einigen Staaten mit einem Anstieg der Entwaldungsrate und damit einem Anstieg der resultierenden Emissionen zu rechnen ist, stellt sich die Frage, ob eine Verringerung der Entwaldungsrate erreicht werden soll, oder ob schon eine Beibehaltung der Entwaldungsrate für die Erteilung von Emissionsgutschriften ausreicht.[333] Archard et al. haben ein Berechnungssystem entworfen, das zwischen Staaten mit hoher Entwaldungsrate und solchen Staaten mit hohem Anteil an Waldfläche aber geringer Entwaldungsrate unterscheidet. Während Staaten mit

---

[328] Schwarze, 2000, S. 165.

[329] FCCC/SBSTA/2006/MISC. 5, S. 8.

[330] Santilli et al., 2005, S. 270.

[331] UNFCCC Secretariat, 2006b, S. 17; Santilli et al., 2005, S. 270.

[332] Schlamadinger et al., 2006, S. 2; Vgl. auch Bird, Consideration for choosing an emission target for compensated reductions, in: Moutinho/Schwartzmann, 2005, S. 87–92 (91).

[333] Skutsch et al., 2007, S. 329.

hoher Entwaldungsrate dafür kompensiert werden sollen, dass sie ihre Emissionen verringern, sollen Staaten mit historisch geringer Entwaldungsrate dafür kompensiert werden, dass sie die Rate auf niedrigem Niveau beibehalten.[334]

Eine weitere Frage, die es zu klären gilt, ist wie verfahren werden soll, wenn ein Entwicklungsland seine Emissionen aus Landnutzungsänderungen steigert, obwohl es ein Instrument zur Reduzierung dieser Emissionen unterzeichnet und ratifiziert hat. Im KP existieren für die Anlage I Staaten verbindliche Emissionsreduktionsziele. Werden diese nicht erreicht, greifen die nach dem Protokoll vorgesehenen Sanktionsmechanismen, Art. 18 KP. Um eine möglichst große Partizipation der Entwicklungsländer an einem Instrument zur Verminderung von Emissionen aus Landnutzungsänderungen zu erreichen und dem Grundsatz der gemeinsamen aber unterschiedlichen Verantwortlichkeiten gerecht zu werden, sollten für die Entwicklungsländer jedoch keine verbindlichen Reduktionsziele eingeführt werden, sog. *„no-regret targets"*.[335]

b) Verteilung

Ein Problem von Emissionsgutschriften, die sich aus der Ermittlung nationaler oder regionaler Ausgangswerte ergeben, liegt darin, dass die Vermeidung der Entwaldung zwar auf lokaler Ebene vorgenommen wird, die Gutschriften aufgrund des gewählten nationalen Ausgangswertes entsprechend auf nationaler bzw. regionaler Ebene erteilt werden. Um jedoch denjenigen von seiner Maßnahme profitieren zu lassen, der sie vorgenommen hat, müssen nationale bzw. regionale Verteilungsmechanismen entwickelt werden.[336] Beispielhaft für ein nationales System zur Kompensation der Bereitstellung ökosystemarer Dienstleitungen ist Costa Ricas *„Pagos de Servicios Ambientales"* (Payments for Environmental Services, PSA) Programm.[337] Die durch den Verkauf von Emissionszertifikaten erzielten Erlöse könnten im Rahmen eines solchen nationalen Systems verteilt werden.

5. Dauerhaftigkeit

Im Gegensatz zu Emissionsreduktionsmaßnahmen im Industrie- oder Verkehrssektor kann im LULUCF-Sektor die Dauerhaftigkeit der Emissionsminderung nicht garantiert werden. Unter Schutz gestellte natürliche Ökosysteme können zu einem späteren Zeitpunkt, etwa nach der Zertifizierung von Emissionsgutschriften, doch noch in Nutzfläche umgewandelt werden und auch natürliche Ereignisse

---

[334] Archard et al., „Accounting for avoided conversion of intact and non-intact forests – Technical options and a proposal for a policy tool", 2005, S. 2; Skutsch et al., 2007, S. 325.

[335] Schlamadinger et al., 2006, S. 2; Vgl. auch Bird, 2005, S. 91.

[336] Skutsch et al., 2007, S. 324.

[337] Zbinden/Lee, „Paying for Environmental Services: An Analysis of Participation in Costa Rica's PSA Program", World Development 33 (2005), S. 255–272 (272).

(natürliche Feuer, Stürme, Überflutungen) müssen berücksichtigt werden.[338] Eine zukünftige Regelung sollte daher so ausgestaltet werden, dass diese Dauerhaftigkeitsproblematik (*„Permanence"*) berücksichtigt wird. Es muss ein Mechanismus entworfen und geregelt werden, der eine Art Versicherung, für den ungeplanten Verlust der Kohlenstoffbestände zu einem Zeitpunkt nach Erteilung der Emissionsgutschriften, darstellt. Es wurden in der Vergangenheit verschiedene Ansätze zur Handhabung dieser Problematik entwickelt. Eine Möglichkeit sind temporäre Gutschriften, wie etwa die derzeitigen tCERs bzw. lCERs im Rahmen des CDM. Eine andere Möglichkeit ist ein sog. *„banking mechanism"*, der die Rücklage eines Teils der erteilten Emissionsgutschriften vorsieht.[339] Eine dritte Möglichkeit wäre die Einbeziehung des privaten, kommerziellen Versicherungssektors.[340] All diesen Ansätzen liegt die gleiche Frage zu Grunde: wer trägt das Risiko des späteren Verlustes der Emissionsgutschriften, der Anbieter oder der Abnehmer?

a) Haftung des Investors - Temporäre Reduktionseinheiten

Die Regelungen zu Auf- und Wiederaufforstungsprojekten im Rahmen des CDM sehen während der ersten Verpflichtungsperiode zur Lösung der Dauerhaftigkeitsproblematik die Schaffung temporärer Emissionsgutschriften vor. Da Entwicklungsländer derzeit keinen nationalen Reduktionsverpflichtungen unterstehen, wurde durch die Schaffung temporärer Emissionsgutschriften die Haftung für eine spätere Zerstörung der Kohlenstoffsenken auf den Investor übertragen.[341] Archard et al. schlagen vor, das System temporärer Emissionsgutschriften auf den Mechanismus zur Vermeidung von Entwaldung zu übertragen.[342] Der Ansatz erscheint jedoch nur auf Projektebene eine sinnvolle Lösung zu sein. Nicht jedoch für den Fall, dass nationale Ausgangswerte und Emissionsreduktionen bestimmt werden, da ansonsten der Investor für etwaige Fehler nationaler Politiken und Maßnahmen des Anbieterstaates haften würde. Ein weiterer Nachteil temporärer Reduktionseinheiten liegt darin, dass sie aufgrund der Übertragung der Haftungsrisiken einen geringeren Preis erzielen als dauerhafte Reduktionseinheiten.[343]

b) Haftung des Anbieters – Ansparen von Treibhausgasreduktionen (Banking)

Im Falle einer Entscheidung für nationale Ausgangswerte müsste ein Mechanismus eingeführt werden, mit dem die Haftung für den Verlust der Gutschriften auch für zukünftige Verpflichtungsperioden auf den Anbieterstaat übergeht. Ein vergleichbarer Ansatz besteht derzeit in den Regelungen des Art. 3 Abs. 4, Abs. 4 KP für Landnutzungsänderungen in Industriestaaten. Für ein Funktionieren dieses Ansatzes ist es jedoch von großer Bedeutung, dass ein System unmittelbar aufeinander folgender Verpflichtungsperioden gewählt wird und dass Flächen die einmal

---

[338]   FCCC/SBSTA/2006/MISC. 5, S. 8.
[339]   Santilli et al., 2005, S. 272.
[340]   UNFCCC Secretariat, 2006b, S. 17.
[341]   Schlamadinger et al., 2005, S. 30.
[342]   Archard et al., 2005, S. 3.
[343]   Dutschke/Wolf, 2007, S. 10.

zum Generieren von Emissionsgutschriften herangezogen wurden, dauerhaft in diesem Berechnungssystem registriert werden.[344] Eine mögliche Option könnte ein Versicherungssystem darstellen, in dem ein gewisser, prozentualer Anteil erteilter Gutschriften beiseite gelegt wird, um für mögliche spätere Verluste an Kohlenstoffbeständen aufzukommen.[345]

6. Verlagerungseffekt

Die Gefahr des Verlagerungseffektes („*Leakage*") existiert bei allen Maßnahmen zur Reduzierung von Emissionen, ist aber im LULUCF-Sektor besonders ausgeprägt. Auf Projektebene kann der Verlagerungseffekt geschätzt und dann im Zuge der Erteilung von zertifizierten Emissionsreduktionseinheiten berücksichtigt werden.[346] Auf nationaler Ebene würde die Verlagerung von Emissionen produzierender Aktivitäten automatisch erfasst. Die EU vertritt daher die Ansicht, dass die Formulierung nationaler Politiken und Maßnahmen, mit dem Ziel der Reduzierung von Emissionen aus Landnutzungsänderungen innerhalb der nationalstaatlichen Grenzen, einen viel versprechenden Lösungsansatz zur Verminderung des Verlagerungseffektes darstellt. Auf nationaler Ebene würde dies ein umfassendes und effektives Monitoringverfahren voraussetzen.[347] Es besteht dann jedoch das Problem eines internationalen Verlagerungseffektes, insbesondere für den Fall, dass eine Übereinkunft getroffen wird, die auf freiwilliger Partizipation beruht. In diesem Fall könnten in einem Staat Maßnahmen zur Verminderung von Entwaldung getroffen werden, während ein anderer Staat, der der Übereinkunft nicht beigetreten ist, seine Abholzungsraten steigert. Um einem Verlagerungseffekt von einem Staat auf einen anderen entgegenzuwirken, sollten daher alle relevanten Vertragsparteien, insbesondere solche, die einen hohen Anteil an Waldflächen haben, in ein internationales Regime integriert werden.[348]

7. Ermittlung und Überwachung reduzierter Emissionen aus vermiedener Entwaldung

Ein Mechanismus zur Vermeidung von Emissionen aus Entwaldung setzt verlässliche Methoden zur Ermittlung der tatsächlich erreichten Emissionsreduktionen voraus. Die Methoden müssen ebenso wie die generierten Daten verifiziert werden. Es gilt daher, standardisierte Verfahren zur Ermittlung von Daten zu entwickeln und ein System zur Überwachung der Daten und ihrer Ermittlung zu etablieren.

---

[344] Schlamadinger et al., 2005, 30.
[345] CAN, 2006, S. 10; Santilli et al., 2005, S. 272.
[346] Dutschke/Wolf, 2007, S. 10.
[347] FCCC/SBSTA/2006/MISC. 5, S. 8.
[348] Santilli et al., 2005, S. 271.

a) Verfahren zur Verifizierung erforderlicher Methoden und Daten

Aufgrund der Vielzahl unterschiedlicher Methoden zur Ermittlung der Veränderungen natürlicher Kohlenstoffbestände, bedarf es der Überprüfung und Verifizierung der eingesetzten Monitoringmethoden durch eine unabhängige, vom Sekretariat der FCCC akkreditierte Partei.[349] Es muss sichergestellt werden, dass die gewählten Methoden zur Bestimmung der Kohlenstoffbestandsveränderungen die örtlichen Gegebenheiten, wie etwa die Waldart berücksichtigen, die Methoden konsistent angewendet werden, ein standardisiertes Datenmanagementsystem vorhanden ist und die Genauigkeit der Daten ermittelt werden kann.[350] Im Hinblick auf Methoden zur Überwachung der ermittelten Kohlenstoffreduktionen, kann auf Erfahrungen von, im Rahmen des Art. 6 und Art 12 KP durchgeführten LULUCF-Projekten zurückgegriffen werden.[351]

Bei der Durchführung von Maßnahmen zur Verminderung der Emissionen aus Entwaldung sollte die Auswahl der Methoden zur Datenerhebung, die Ermittlung der erforderlichen Daten, sowie die Datenerhebung den Projektteilnehmer überlassen werden. Im Falle eines nationalstaatlichen Systems, könnten die Aufgaben von den jeweiligen Forstbehörden oder anderen staatlichen Stellen übernommen werden. Die Daten und verwendeten Methoden zu ihrer Erhebung müssten in einem Bericht zusammengefasst werden und von einer unabhängigen Einrichtung überprüft und verifiziert werden. Als „unabhängige Einrichtungen" kommen auf Projektebene die (privatwirtschaftlich organisierten) *„Designated Operational Entity"* i.S.d. Art 12 CDM in Betracht. Im Falle eines Systems auf nationaler Ebene könnte ein, beim Sekretariat der FCCC ansässiges Prüfungsgremium eingerichtet werden, das die Aufgaben der Überprüfung und Verifizierung übernimmt. Erste Erfahrungen mit der Überprüfung und Verifizierung von, durch vermiedene Entwaldung erzielte Emissionsreduktionen konnte Bolivien im Rahmen des seit 1997 laufenden „Noel Kempff"-Pilotprojektes sammeln. Die dort erreichten Emissionsreduktionen wurden nach den für LULUCF-Projekte bestehenden Vorgaben, durch eine *„Designated Operational Entity"* überprüft und verifiziert. Die Methodik ließe sich nach Ansicht Boliviens auch auf nationalstaatliche Ebene übertragen.[352]

b) Methoden zur Bestimmung der erzielten Emissionsreduktionen

Die Umsetzung und Durchführung eines Instrumentes zur Reduzierung von Emissionen aus Landnutzungsänderungen setzt die Verfügbarkeit effektiver Verfahren zur Ermittlung von Kohlenstoffbestandsveränderungen in natürlichen Ökosystemen voraus. Die Verfahren müssen wiederholbar sein, gewisse Genauigkeitsstandards erfüllen und auf nationaler Ebene eingesetzt werden können.[353] Die Ver-

---

[349] DeFries et al., 2007, S. 389.

[350] DeFries et al., 2007, S. 389.

[351] Cacho/Wise/Macdicken, „„Carbon Monitoring Costs and Their Effect on Incentives to Sequester Carbon Trough Forestry", Mitigation and Adaptation Strategies for Global Change 154 (2004), S. 273–293 (274); Vgl. Kapitel F.II.1.

[352] TNC, Submission to SBSTA 24, 2006, S. 3.

[353] DeFries et al., 2007, S. 385.

tragsstaaten erörtern daher z.Z. im Rahmen des SBSTA die Anwendung spezieller
„Guidelines" zur Messung von Veränderungen in biologischen Kohlenstoffspeichern, ähnlich derer die der IPCC für den LULUCF Bereich erstellt hat.[354] In den
vergangenen Jahren hat es große Fortschritte im Hinblick auf die Sammlung von
Daten und die Entwicklung von Methoden und Instrumenten zur Abschätzung und
Überwachung von Kohlenstoffemissionen aus Landnutzungsänderungen (insbesondere Entwaldung und Degradation) gegeben. Zur Bestimmung der Veränderung des in der Vegetation gespeicherten Kohlenstoffs wird vorgeschlagen, verschiedene Monitoringverfahren miteinander zu kombinieren. So soll auf Ferner-
kundungsdaten (*remote sensing*) von Satelliten, Luftaufnahmen aus Flugzeugen
und auf Bodenproben zurückgegriffen werden. Darüber hinaus sollen nationale
Experten eingebunden werden, die über Regionen mit großer Entwaldungswahr-
scheinlichkeit Auskunft geben können.[355]

Es ist mittlerweile möglich, durch die Zuhilfenahme von Fernerkundungsme-
thoden wie Satellitenaufnahmen eine Unterscheidung zwischen Waldflächen und
Nicht-Waldflächen, mit 80-95 % iger Sicherheit bestimmen zu können. Größere
methodische Unsicherheiten bestehen jedoch bei der Bestimmung der jeweilig
gespeicherten bzw. emittierten Kohlenstoffmenge, die je nach Bewuchsform sehr
unterschiedlich sein kann.[356] Daher darf nicht von einem untersuchten Gebiet auf
die Kohlenstoffspeicherung anderer Gebiete oder globale Werte geschlossen werden.[357] Im SBSTA, dem Gremium in dem derzeit Verhandlungen über die Einbeziehung vermiedener Entwaldung in ein Post 2012 Klimaschutzregime stattfinden,
schlagen einige Staaten daher vor, mit den ermittelten Daten „konservativ" umzugehen, also zwecks Risikovermeidung eher weniger Reduktionen anzunehmen. So
soll vermieden werden, dass Zertifikate über Emissionsreduktionen erteilt werden,
die es in dem Umfang nicht gibt.[358]

In einigen Staaten, wie Brasilien, existieren seit mehreren Jahren Systeme zur
Überwachung von Entwaldung.[359] Viele Entwicklungsländer haben derzeit jedoch
nicht die Ausrüstung und Technology, um verlässliche Angaben über Landnutzungsänderungen innerhalb ihrer Grenzen anzugeben. Eine Schlüsselbeschrän-
kung in der Durchführung nationaler Systeme zur Überwachung von Veränderungen in Waldflächen stellen daher die entstehenden Kosten und der Zugang zu
hochauflösenden Satellitenbildern dar. So existieren zwar Systeme zur Aufnahme
hochauflösender, bis zu Zentimeter genauer Satellitenbilder, diese sind jedoch nur
zu Kosten nutzbar, die eine großflächige Anwendung ausschließen. Satellitenbilder mit einer Auflösung von etwa 0,3 ha können hingegen zu finanzierbaren Preisen erstellt werden.[360] Angesichts des Bedarfs an örtlicher Expertise (z.B. zur

---

[354] IISD, 2008, S. 9.

[355] UNFCCC Secretariat, 2006b, S. 12; FCCC/SBSTA/2006/MISC. 5, S. 7f; Skutsch et al.,
2007, S. 328.

[356] UNFCCC Secretariat, 2006a, S. 9.

[357] UNFCCC Secretariat, 2006a, S. 9.

[358] IISD, „Twenty-Eigth Sessions of the UNFCCC Subsidiary Bodies", ENB Vol. 12,
No. 375 (2008), S. 1–20 (9).

[359] DeFries et al., 2007, S. 386.

[360] Skutsch et al., 2007, S. 328.

Auswertung von Bodenproben), besteht die Notwendigkeit relativ große Mengen finanzieller Ressourcen zu transferieren und Kapazitätenaufbau zu leisten, um befriedigende Überwachung und Bestimmung von Ausgangswerten, sowie ausreichend präzise Abschätzungen von Entwaldungsraten zu erlangen. Verbesserter Kapazitätsaufbau stellt die Grundvoraussetzung für jedwede Strategie zur Verminderung von Entwaldung in Entwicklungsländern dar. Eine Voraussetzung der Einbeziehung von Entwaldungsmaßnahmen im Rahmen der FCCC wäre daher, zunächst die Priorität auf *Capacity Building* und Technologietransfer zu setzen.[361] Die entstehenden Kosten und sollten dabei, unter Bezugnahme auf die Vorschriften in FCCC und KP zu „Mehrkosten" und Technologietransfer, durch die GEF übernommen werden.

8. Nachhaltigkeit und Biodiversitätsschutz

Intakte natürliche terrestrische Ökosysteme haben auch außerhalb des Klimaschutzes eine ökonomische Bedeutung, da sie mehrere Ökosystemfunktionen aufrechterhalten. Dazu zählen neben der Biodiversität auch Luft- und Wasserqualität, höhere Fruchtbarkeit landwirtschaftlicher Böden, Schutz von Korallenriffen und Fischgründen, sowie positive Auswirkungen auf die Gesundheit der dort lebenden Bevölkerung.[362] Die Reduzierung von Landnutzungsänderungen ist daher, neben Klimaschutzgründen essentiell für die Erreichung eines effektiven Biodiversitätsschutzes und des Zieles nachhaltiger Entwicklung in Entwicklungsländern. LULUCF Projekte im Rahmen des CDM wurden in der Vergangenheit jedoch oftmals in einer Art und Weise ausgeführt, die Biodiversitätsschutz, nachhaltige Entwicklung und die Beachtung der Menschrechte indigener Bevölkerung nicht gefördert haben.[363] Ein Grund dafür sind auch die Regelungen des Klimaschutzregimes.[364] Die Vorschriften des KP und deren Präzisierung durch die Entscheidungen von Marrakesch, beinhalten als Voraussetzung für die Verifizierung einer Auf- bzw. Wiederaufforstungsmaßnahme die Durchführung einer Umweltverträglichkeitsprüfung.[365] Die beteiligten Projektteilnehmer müssen hinsichtlich der ökologischen Auswirkungen des Aufforstungs- oder Wiederaufforstungsprojekts den Nachweis der Unbedenklichkeit erbringen.[366] Dabei sind auch die sozioökonomischen Auswirkungen des Projekts zu untersuchen.[367] Die Umweltverträglichkeitsprüfung muss jedoch nur nach den Vorgaben des Gastgeberlandes durchgeführt werden. Im Rahmen des KPs bestehen für (Wieder-) Aufforstungsprojekte hingegen keine spezifischen Regelungen bzw. Mindeststandards für die Umweltverträglichkeitsprüfung. Es erscheint daher notwendig, die künftigen Vorschriften im LULUCF-Sektor besser mit den Regelungen zum Biodiversitäts-

---

[361] UNFCCC Secretariat, 2006b, S. 14.
[362] FCCC/SBSTA/2006/MISC. 5, S. 28.
[363] Cowie et al., 2007a, S. 349; Kapitel F.
[364] Vgl. Kapitel 5.
[365] Cowie et al., 2007a, S. 338.
[366] Scholz/Noble, in: Freestone/Streck, 2005, S. 275.
[367] Scholz/Noble, in: Freestone/Streck, 2005, S. 275.

schutz in der CBD und den Grundsätzen einer nachhaltigen Entwicklung abzustimmen.[368] Der *Intergovernmental Panel on Forests* (IPF) fordert eine Verbesserung der Koordinierung zwischen den Gremien der CBD, der FCCC, der UNCCD
und dem *International Tropical Timber Agreement* (ITTA).[369] Der Gedanke einer
Zusammenarbeit zwischen den verschiedenen Konventionen wird auch vom IPF-
Nachfolger IFF aufgegriffen.[370] Auch die EU vertritt die Ansicht, dass ein effektives Instrument zur Erzielung nachweisbarer dauerhafter Emissionsreduktionen
gleichzeitig der Erreichung der Ziele der CBD dienen sollte. Es sollten mögliche
Synergien im Rahmen des internationalen Verhandlungsprozesses mit UNFF,
CBD, UNCCD, ITTA auf internationaler, nationaler und lokaler Ebene angestrebt
werden und dabei regionale Initiativen, z.B. zur Bekämpfung illegalen Holzeinschlags unterstützt werden.[371] Ein zukünftiges Instrument zur Reduzierung von
Emissionen aus Landnutzungsänderungen sollte daher Regelungen auf internationaler Ebene beinhalten, die Klimaschutz, Biodiversitätsschutz, nachhaltige Entwicklung und die Beachtung der Rechte indigener Bevölkerungsgruppen auf lokaler Ebene miteinander in Einklang bringen. Insbesondere die gerechte Verteilung
erlangter (finanzieller) Vorteile muss gewährleistet werden. Die Regelungen sollten auf international festgelegten Kriterien basieren und lokale Bevölkerungsgruppen bei der Gestaltung und Durchführung berücksichtigen, sowie unabhängige
Verifizierungsverfahren und transparente Berechungsverfahren beinhalten.[372]

V. Schlussfolgerung

Der Schutz natürlicher terrestrischer Ökosysteme durch internationales Recht setzt
die Entwicklung ökonomischer Instrumente voraus, die die Dienstleitungen dieser
Ökosysteme In-Wert-Setzen. Bisher fehlt es in den wichtigsten internationalen
Vereinbarungen, der CBD und dem Klimaschutzregime an wirksamen Instrumenten zur Finanzierung und zum effektiven Schutz dieser Ökosysteme. Mit den flexiblen Mechanismen des KPs wurden zwar erste Ansätze zur kosteneffizienten
Reduzierung von Treibhausgasen entwickelt. Die Landnutzungsänderungen
betreffenden Regelungen reichen bisher jedoch noch nicht aus, um Konflikte zwischen den Konventionszielen auszuschließen und eine ausreichende Finanzierung
für den Erhalt natürlicher terrestrischer Ökosystem sicher zu stellen. Dies liegt
insbesondere an der Nichtberücksichtigung von Maßnahmen zur Erhaltung natürlicher Kohlenstoffspeicher durch die Mechanismen des KPs. Die Einbeziehung
von Maßnahmen zur Erhaltung terrestrischer Kohlenstoffspeicher in dieses Instrumentarium könnte einen Markt für die Ökosystemdienstleistung Kohlenstoffspeicherung schaffen. Dies könnte zu einer signifikanten Reduzierung der Emissi-

---

[368] Cowie et al., 2007a, S. 349.
[369] IPF/IFF, Proposals for Action, (02.07.2007), www.un.org/esa/forests/pdf/ipf-iff-
       proposalsforaction.pdf, zuletzt aufgerufen am 08.07.2008.
[370] Hofmann, 2006, S. 66.
[371] FCCC/SBSTA/2006/MISC. 5, S. 7.
[372] Sierra Club of Canada, 2006, S. 4.

onen aus Landnutzungsänderungen führen und würde auch einen wichtigen Beitrag zur Finanzierung von Erhaltungsmaßnahmen biologischer Vielfalt leisten, insbesondere zur Finanzierung des Erhaltes tropischer Primärwälder.

Seit der 11. Vertragsstaatenkonferenz der FCCC in Montreal 2005 wird über die Einführung eines Mechanismus' zur Kompensation für die Reduzierung von Emissionen aus Landnutzungsänderungen in Entwicklungsländern verhandelt. Eine Einbeziehung der Entwicklungsländer in den internationalen Klimaschutzprozess erscheint aufgrund der dort steigenden Treibhausgasemissionen unabdingbar. Der Schutz bestehender natürlicher terrestrischer Ökosysteme hat aus Klimaschutz- und Biodiversitätsschutzgründen große Bedeutung, da die Umwandlung dieser natürlichen Flächen zu Emissionen und der Zerstörung des natürlichen Lebensraums zahlreicher Arten führt. Die Anbindung eines solchen Instrumentes an den Kyoto-Kohlenstoffmarkt könnte zu einer Verstärkung des Transfers finanzieller Ressourcen von Industriestaaten an Entwicklungsländer führen, würde damit dem Grundsatz der gemeinsamen aber unterschiedlichen Verantwortlichkeiten gerecht und das Ziel der nachhaltigen Entwicklung fördern. Die Verhandlungen im Rahmen des Klimaschutzregimes über die Reduzierung von Emissionen aus Landnutzungsänderungen stellen folglich eine bedeutende Chance für die Nutzung von Synergien zwischen Klimaschutz und Biodiversitätsschutz dar. Es ergibt sich die Möglichkeit, zukünftig eine verbesserte Verzahnung der Konventionsgremien zu gewährleisten und die Vertragsziele weiter aufeinander abzustimmen. Auch eine effektivere Nutzung des gemeinsamen Finanzierungsmechanismus scheint so möglich.

Die Verhandlungen finden darüber hinaus zu einem politisch günstigen Zeitpunkt statt, da im Rahmen des KPs Vereinbarungen über quantifizierte Emissionsreduktionsziele für den Zeitraum nach 2012 getroffen werden müssen. Es ergibt sich daher die Möglichkeit Reduktionsziele im Bereich der Landnutzungsänderungen mit den Reduktionszielen aus dem Energie-, Industrie- und Verkehrssektor abzustimmen. Darüber hinaus wurden in den vergangenen Jahren Methoden zur Lösung der Dauerhaftigkeitsproblematik entwickelt und die technischen Voraussetzungen für die Erfassung und Überwachung der Kohlenstoffbestandsveränderungen geschaffen. Diese ‚zweite Chance' zur Verbindung von Biodiversitätsschutz, Klimaschutz, nachhaltiger Entwicklung und gerechter Verteilung der Pflichten zum Schutz der globalen Umwelt, zwischen Industriestaaten und Entwicklungsländern, sollte zum Wohle der jetzigen und zukünftigen Generationen genutzt werden.

Literaturverzeichnis

Achard, Frédéric / Eva, Hugh D. / Stibig, Hans-Jürgen / Mayaux, Philippe / Gallego, Javier / Richards, Timothy / Malingreau, Jean-Paul: Determination of deforestation rates of the world's humid tropical forests, Science 297 (2002), S. 999–1002.

Achard, Frédéric / Eva, Hugh D. / Federici, Sandro / Molicone, Danilo / Raes, F.: Accounting for avoided conversion of intact and non-intact forests – Technical options and a proposal for a policy tool (Brüssel: Institute for Environment and Sustainability, Joint Research Centre of the European Commission, 2005).

Adam, Michael / Hentschke, Helmar / Kopp-Assenmacher, Stefan: Handbuch des Emissionshandelsrechts (Berlin; Heidelberg; New York: Springer, 2006).

Altieri, Miguel A. / Merrick, Laura C.: Agraökologie und in situ-Erhaltung der Vielfalt der in der Dritten Welt heimischen Kulturpflanzen, in: *Wilson, Edward.O.(Hrsg.):* Ende der biologischen Vielfalt? – Der Verlust an Arten, Genen und Lebensräumen und die Chancen für eine Umkehr (Heidelberg; Berlin; New York: Spektrum, 1992), S. 387–396.

Arnold, Walter: Broschüre des Forschungsinstitutes für Wildtierkunde und Ökologie (Wien: Ogilvy & Mather, 2004).

Ashton, John / Wang, Xueman: Equity and Climate: In Principle and Practice, in: *PEW Center on Global Climate Change (Hrsg.):* Beyond Kyoto – Advancing the international effort against climate change (Arlington: PEW Center, 2003), S. 61–85.

Asner, G.P. / Knapp, D.E. / Broadbent, E.N. / Oliveira P.J.C. / Keller, M. / Silva, J.N.: Selective logging in the Brazilian Amazon, Science 310 (2005), S. 480–482.

Atapattu, Sumudu A.: Emerging Principles of International Environmental Law (Arsdley: Transnational Publishers, 2006).

Bail, Christoph: Das Klimaschutzregime nach Kyoto, Europäische Zeitschrift für Wirtschaftsrecht 9 (1998), S. 457–464.

Bail, Christoph / Marr, Simon / Oberthür, Sebastian: Klimaschutz und Recht, in: *Rengeling, Hans-Werner (Hrsg.):* Handbuch zum europäischen und deutschen Umweltrecht, Band II Besonderes Umweltrecht (1. Teilband) (Köln; Berlin; Bonn; München: Heymanns, 2. Auflage, 2003), S. 254–306.

Balmford, Andrew / Bruner, Aaron / Cooper, Philip / Costanza, Robert / Farber, Stephen / Green, Rhys E. / Jenkins, Martin / Jefferiss, Paul / Jessamy, Valma / Madden, Joah / Munro, Kat / Myers, Norman / Naeem, Shahid / Paavola, Jouni / Rayment, Matthew / Rosendo, Sergio / Roughgarden, Joan / Trumper, Kate / Turner Kerry R.: Economic Reasons for Conserving Wild Nature, Science 297 (2002), S. 950–953.

Balmford, Andrew / Gaston, Kevin J. / Blyth, Simon / James, Alex / Kapos Val: Global variation in terrestrial conservation costs, conservation benefits, and unmet conservation needs, Proceedings of the National Academy of Science of the United States of America 100 (2003), S. 1046–1050.

Bals, Christoph: Bali, Poznan, Kopenhagen – Dreisprung zu einer neuen Qualität der Klimapolitik? (Berlin; Bonn: Germanwatch, 2008).

Barthlott, Wilhelm: Global distribution of biodiversity, in: *Bundesministerium für Bildung und Forschung (Hrsg.):* Sustainable use and conservation of biological diversity – A challenge for society (Bonn: PT, 2004).

Baumert, Kevin A. / Herzog, Timothy / Pershing, Jonathan: Navigating the Numbers – Greenhouse Gas Data and International Climate Policy (Washington D.C.: World Resource Institute, 2005).

Baumgärtner, Stefan: Der ökonomische Wert der biologischen Vielfalt, in: *Bayerische Akademie für Naturschutz und Landschaftspflege (Hrsg.):* Laufener Seminarbeiträge 2/02 - Grundlagen zum Verständnis der Artenvielfalt und seiner Bedeutung und der Maßnahmen, dem Artensterben entgegen zu wirken (Laufen/Salzach: ANL, 2002), S. 73–90.

Beck, Silke / Born, Wanda / Dziock, Silvia / Görg, Christoph / Hansjürgens, Bernd / Henle, Klaus / Jax, Kurt / Köck, Wolfgang / Neßhöver, Carsten / Rauschmeyer, Felix / Ring, Irene / Schmidt-Loske, Katharina / Unnerstall, Herwig / Wittmer, Heidi: Die Relevanz des Millenium Ecosystem Assessment für Deutschland (Leipzig; Halle: UFZ, 2006).

Becker-Soest, Dorothee: Institutionelle Vielfalt zur Begrenzung von Unsicherheit: Ansatzpunkte zur Bewahrung von Biodiversität in einer liberalen Wettbewerbsgesellschaft (Marburg: Metropolis, 1998).

Begon, Michael E. / Townsend, Collin R. / Harper, John L.: Ökologie (Heidelberg; Berlin; New York: Spektrum, 1998).

Beierkuhnlein, Carl: Der Begriff Biodiversität, Nova Acta Leopoldina NF 87, Nr. 328, 2003, S. 51–71.

Beierkuhnlein, Carl: Biodiversität und ökologische Serviceleistungen, in: *Hiller, Bettina / Lange, Manfred A. (Hrsg.):* Biologische Vielfalt und Schutzgebiete – Eine Bilanz 2004 (Münster: Zentrum für Umweltforschung, 2005), S. 25–53.

Bell, David Eugene: The 1992 Convention on Biological Diversity: The Continuing Significance of US Objections at the Earth Summit, George Washington Journal of International Law and Economics 26 (1993), S. 479–537.

Benndorf, R. / Federici, S. / Forner, C. / Pena, N. / Rametsteiner, E. / Sanz, M.J. / Somogyi, Z.: Including land use, land-use change, and forestry in future climate change, agreements: thinking outside the box, Environmental Science & Policy 10 (2007), S. 283–294.

Bertalanffy, Ludwig von: General System Theory (New York: Braziller, 2. Ausgabe, 1969).

Bettelheim, Eric C. / d'Origny, Gilonne: Carbon sinks and emissions trading under the Kyoto Protocol: a legal analysis, Philosophical Transactions of the Royal Society London A 360 (2002), S. 1827–1851.

Betsill, Michele M.: Global Climate Change Policy: Making Progress or Spinning Wheels? In: *Axelrod, Regina S. / Downie, David Leonard / Vig, Norman J.*

(Hrsg.): The Global Environment – Institutions, Law and Policy (Washington D.C.: CQ Press, 2005), S. 103–124.

Beyerlin, Ulrich: Staatliche Souveränität und internationale Umweltschutzkooperation, in: *Beyerlin, Ulrich / Bothe, Michael / Hofmann, Rainer / Petersmann, Ernst-Ulrich (Hrsg.):* Recht zwischen Umbruch und Bewahrung, Festschrift für Rudolf Bernhardt (Berlin; Heidelberg; New York: Springer, 1995), S. 937–956.

Beyerlin, Ulrich: Umweltvölkerrecht (München: C.H. Beck, 2000).

Beyerlin, Ulrich: „Prinzipien" im Umweltvölkerrecht – ein pathologisches Phänomen?, in: *Cremer, Hans-Joachim / Giegerich, Thomas / Richter, Dagmar / Zimmerman, Andreas (Hrsg.):* Tradition und Weltoffenheit des Rechts – Festschrift für Helmut Steinberger (Berlin; Heidelberg; New York: Springer, 2002), S. 31–63.

Beyerlin, Ulrich: „Erhaltung und nachhaltige Nutzung" als Grundkonzept der Biodiversitätskonvention, in: *Wolff, Nina / Köck, Wolfgang (Hrsg.):* 10 Jahre Übereinkommen über die biologische Vielfalt (Baden-Baden: Nomos, 2004), S. 55–73.

Beyerlin, Ulrich: Different Types of Norms in International Environmental Law: Policies, Principles, and Rules, in: *Bodansky, Daniel / Brunnée, Jutta / Hey, Ellen (Hrsg.):* The Oxford Handbook of International Environmental Law (Oxford; New York: Oxford University Press, 2007), S. 425–448.

Beyerlin, Ulrich / Marauhn, Thilo: Rechtsetzung und Rechtsdurchsetzung im Umweltvölkerrecht nach der Rio-Konferenz 1992 (Berlin: Erich-Schmidt, 1997).

Biermann, Frank: Weltumweltpolitik zwischen Nord und Süd: Die neue Verhandlungsmacht der Entwicklungsländer (Baden-Baden: Nomos, 1998) (Zugl. Univ. Diss., Berlin 1997).

Binder, Klaus Georg: Grundzüge der Umweltökonomie (München: Vahlen, 1999).

Bird, Neil: Consideration for choosing an emission target for compensated reductions, in: *Moutinho, Paulo / Schwartzman, Stephan (Hrsg.):* Tropical deforestation and climate change (Belem Para, Brazil: Amazon Institute for Environmental Research, 2005), S. 87–92.

Bird Life International (Hrsg.): Financial Resources for Biodiversity Conservation, Environmental Policy and Law 27 (1997), S. 9-13.

Bodansky, Daniel: The United Nations Framework Convention on Climate Change: A Commentary, Yale Journal of International Law 18 (1993), S. 451–558.

Bodansky, Daniel: Customary (and Not So Customary) International Environmental Law, Indiana Journal of Global Legal Studies 3 (1995), S. 105–120.

Bodansky, Daniel: International Law and the Protection of Biological Diversity, Vanderbilt Journal of Transnational Law 28 (1995), S. 623–634.

Boie, Wiebe-Karin: Ökonomische Steuerungsinstrumente im europäischen Umweltrecht (Berlin: Lit, 2006) (Zugl. Univ. Diss., Halle (Saale), 2005).

Boisson de Chazournes, Laurence: The Global Environment Facility Galaxy: On Linkages among Institutions, Max-Planck Yearbook of United Nations Law 3 (1999), S. 243–285.

Boisson de Chazournes, Laurence: The Global Environment Facility as a Pionee-ring Institution: Lessons Learned and Looking Ahead, GEF Working Paper 19 (2003) (Washington: GEF, 2003).

Boisson de Chazournes, Laurence: The Global Environment Facility (GEF): A Unique and Crucial Institution, Review of European Community and Internatio-nal Environmental Law 14 (2005), S. 193–201.

Boisson de Chazournes, Laurence: Technical and Financial Assistance, in: *Bo-dansky, Daniel / Brunnée, Jutta / Hey, Ellen (Hrsg.):* The Oxford Handbook of International Environmental Law (Oxford; New York: Oxford University Press, 2007), S. 947–973.

Bonnie, Robert / Carey, Melissa / Petsonk, Annie: Protecting terrestrial ecosys-tems and the climate through a global carbon market, Philosophical Transacti-ons of the Royal Society London A 360 (2002), S. 1853–1873.

Bonus, Holger: Öffentliche Güter und der Öffentlichkeitsgrad von Gütern, Zeit-schrift für die gesamten Staatswissenschaften 136 (1980), S. 50–81.

Borbonus, Sylvia / Hennicke, Peter: Finanzierung nachhaltiger Entwicklung – Die Globale Umweltfazilität, Wuppertal Bulletin 2 (2003), S. 15–19.

Bosquet, Benoît: Specific Features of Land Use, Land-Use Change, and Forestry Transactions, in: *Freestone, David / Streck, Charlotte (Hrsg.):* Legal Aspects of Implementing the Kyoto Protocol Mechanisms (Oxford: Oxford University Press, 2005), S. 281–294.

Bothe, Michael: Die Entwicklung des Umweltvölkerrechts 1972/2002, in: *Dolde, Klaus-Peter (Hrsg.):* Umweltrecht im Wandel (Berlin: Erich Schmidt, 2001), S. 51–70.

Bowman, Michael / Redgwell, Catherine: Introduction, in: *dies. (Hrsg.):* Internati-onal Law and the Conservation of Biological Diversity (London; Den Haag; Boston: Kluwer Law International, 1996), S. 1–32.

Boyd, James / Banzhaf, H. Spencer: Ecosystem Services and the Government: The Need for a New Way of Judging Nature's Value, Resources 158 (2005), S. 16–19.

Boyle, Alan E.: The Rio Convention on Biological Diversity, in: *Bowman, Micha-el / Redgwell, Catherine (Hrsg.):* International Law and the Conservation of Bi-ological Diversity (London; Den Haag; Boston: Kluwer Law International, 1996), S. 33–50.

Breckling, Broder / Müller, Felix: Der Ökosystembegriff aus heutiger Sicht, in: *Fränzle, Otto / Müller, Felix / Schröder, Winfried:* Handbuch der Umweltwis-senschaften (Landsberg am Lech: Ecomed, 1997), S. 1–14.

Brockhaus F.A. (Hrsg.): Rohstoffe, in: *ders.,* Brockhaus Enzyklopädie - 18. Band: Rad-Rüs (Mannheim: Brockhaus, 19. Auflage, 1992).

Brouns, Bernd: Was ist gerecht? – Nutzungsrechte an natürlichen Ressourcen in der Klima- und Biodiversitätspolitik (Wuppertal: Wuppertal Institut für Klima, Umwelt, Energie, 2004).

Brouns, Bernd / Langrock, Thomas: „Kyoto Plus": Start in eine neue Phase inter-nationaler Klimapolitik (Berlin: Böll Stiftung, 2006).

Brown, Sandra: Measuring, monitoring and verification of carbon benefits for forest-based projects, Philosophical Transactions of the Royal Society London A 360 (2002), S. 1669–1683.

Brown Weiss, Edith: International Environmental Law: Contemporary Issues and the Emergence of a New World Order, The Georgetown Law Journal 81 (1993), S. 675–710.

Bruner, Aaron / Hanks, John / Hannah, Lee: How Much Will Effective Protected Area Systems Cost? Presentation to the Vth IUCN World Parks Congress, 8–17 September 2003: Durban, South Africa.

Bundesministerium für wirtschaftliche Zusammenarbeit und Entwicklung (BMZ) (Hrsg.): Europa – Starker Partner für nachhaltige globale Entwicklung - Entwicklungspolitische Bilanz der deutschen EU-Ratspräsidentschaft 2007 (Berlin: BMZ, 2007).

Burhenne, Wolfgang (Hrsg.): Internationales Umweltrecht – Multilaterale Verträge, Loseblatt (Berlin: Erich Schmidt, Stand 1994).

Buß, Thomas: Legal Principles in International Environmental Relations, in: *Dolzer, Rudolf / Thesing, Josef (Hrsg.):* Protecting Our Environment (Sankt Augustin: Konrad-Adenauer-Stiftung, 2000), S. 307–326.

Cacho, Oscar J. / Wise, Russel M. / Macdicken, Kenneth G.: Carbon Monitoring Costs and Their Effect on Incentives to Sequester Carbon Through Forestry, Mitigation and Adaptation Strategies for Global Change 154 (2004), S. 273–293.

Chandler, Melinda: The Biodiversity Convention: Selected Issues of Interest for the International Lawyer, Colorado Journal of International Environmental Law and Policy 4 (1993), S. 141–176.

Chape, S. / Blyth, S. / Fish, K. / Fox, P. / Spalding, M.: 2003 United Nations List of Protected Areas (Gland: IUCN, 2003).

Chape, S. / Harrison, J. / Spalding, M. / Lysenko, I.: Measuring the extent and effectiveness of protected areas as an indicator for meeting global biodiversity targets, Philosophical Transactions of the Royal Society London B 360 (2005), S. 443–455.

Cheng, Bin: United Nations Resolutions on Outer Space: „Instant" Customary Law, Indian Journal of International Law 5 (1965), S. 23–48.

Climate Action Network (CAN) (Hrsg.): Addressing Approaches to Reducing Emissions from Deforestation in Developing Countries: Approaches to Stimulate Action – CAN International Submission March 2006, (Bonn: FCCC, http://-unfccc.int/resource/docs/2006/smsn/ngo/017.pdf, 20.9.2006), zuletzt aufgerufen 07.08.2008.

Conservation International (CI) (Hrsg.): Reducing Emissions from Deforestation in Developing Countries: Approaches to Stimulate Action Submission to The United Nations Framework Convention on Climate Change (FCCC/CP/-2005/L.2, Paragraph 2) (Bonn: FCCC, http://unfccc.int/resource/docs/2006/-smsn/ngo/012.pdf, 20.9.2006), zuletzt aufgerufen 07.08.2008.

Convention on Biological Diversity (CBD): Forest Biodiversity Definitions under the CBD Process: Indicative definitions taken from the Report of the ad hoc technical expert group on forest biological diversity (Montréal: CBD, www.biodiv.org/programmes/areas/forest/definitions.asp, 07.08.2008b), zuletzt aufgerufen am (07.08.2008).

Convention on Biological Diversity (CBD): List of Parties (Montréal: CBD, http://www.cbd.int/information/parties.shtml, 07.08.2008a), zuletzt aufgerufen am 07.08.2008.

Cordonier-Segge, Marie-Claire / Khalfan, Ashfaq (Hrsg.): Sustainable Development Law – Principles, Practices and Prospects (Oxford; New York: Oxford University Press, 2004).

Cowie, Anette L. / Schneider, Uwe A. / Montanarella, Luca: Potential Synergies between existing multilateral environmental agreements in the implementation of land use, land-use change and forestry activities, Environmental Science & Policy 10 (2007a), S. 335–352.

Cowie, Anette L. / Kirschbaum, Mirko U.F. / Ward, Murray: Options for including all lands in a future greenhouse gas accounting framework, Environmental Science & Policy 10 (2007b), S. 306–321.

Cullet, Philippe: Differential Treatment in International Environmental Law (Burlington: Ashgate, 2003).

Cullet, Philippe und Kameri-Mbote, Annie Patricia: Joint Implementation and Forestry Projects: Conceptual and Operational Fallacies, International Affairs 74 (1998), S. 393–408.

Czybulka, Detlef: Erhaltung der Biodiversität bei der landwirtschaftlichen Nutzung, in: *Wolff, Nina / Köck, Wolfgang (Hrsg.):* 10 Jahre Übereinkommen über die biologische Vielfalt (Baden-Baden: Nomos, 2004), S. 152–173.

DeFries, Ruth / Archard, Frédéric / Brown, Sandra / Herold, Martin / Murdiyarso, Daniel / Schlamadinger, Bernhard / de Souza, Carlos Jr.: Earth observations for estimating greenhouse gas emissions in developing countries, Environmental Science & Policy 10 (2007), S. 385–394.

De Groot, Rudolf S. / Wilson Matthew A. / Boumans, Roelof M.: A typology for the classification, description and valuation of ecosystem functions, goods and services, Ecological Economics 41 (2002), S. 393–408.

De Sadeleer, Nicolas: Environmental Principles – From Political Slogans to Legal Rules (Oxford; New York: Oxford University Press, 2002).

Deke, Oliver: Conserving Biodiversity by Commercialization? A Model Framework for a Market for Genetic Resources (Kiel: Kiel Institute of World Economics, 2001).

Depledge, Joanna: Tracing the Origins of the Kyoto Protocol: An Article-By-Article Textual History, Technical Paper: FCCC/TP/2000/2, 2000.

Dixon, John A. / Pagiola, Stefano: Local Costs, Global Benefits: Valuing Biodiversity in Developing Countries, in: *OECD (Hrsg.):* Valuation of Biodiversity Benefits: Selected Studies (Paris: OECD, 2001), S. 45-60.

Dobson, Andrew P.: Conservation and biodiversity (New York: Scientific American Library, 2. Auflage, 2000).

Doehring, Karl: Gewohnheitsrecht aus Verträgen, Zeitschrift für ausländisches öffentliches Recht und Völkerrecht 36 (1976), S. 77–94.

Doehring, Karl: Völkerrecht (Heidelberg: C.F. Müller, 2. Auflage, 2004).

Doelle, Meinhard: From Hot Air to Action? Climate Change, Compliance and the Future of International Environmental Law (Toronto: Thomson, 2005).

Dolzer, Rudolf: Die internationale Konvention zum Schutz des Klimas und das allgemeine Völkerrecht, in: *Beyerlin, Ulrich / Bothe, Michael / Hofmann, Rainer / Petersmann, Ernst-Ulrich (Hrsg.):* Recht zwischen Umbruch und Bewahrung – Festschrift für Rudolf Bernhardt (Berlin; Heidelberg; New York: Springer, 1995), S. 957–973.

Dolzer, Rudolf: Konzeption, Finanzierung und Durchführung des globalen Umweltschutzes, in: *Götz, Volkmar / Selmer, Peter / Wolfrum, Rüdiger:* Liber amicorum Günther Jaenicke – Zum 85. Geburtstag (Berlin; Heidelberg; New York: Springer, 1998) S. 37–61.

Dolzer, Rudolf: Formulating, Funding, and Implementing the Concept of Worldwide Environmental Protection, in: *Dolzer, Rudolf / Thesing, Josef (Hrsg.):* Protecting Our Environment (Sankt Augustin: Konrad-Adenauer-Stiftung, 2000), S. 267–292.

Donner, Susanne: Indikatoren für Klimaziele (Berlin: Deutscher Bundestag, 2007).

Downes, David R.: New Diplomacy for the Biodiversity Trade: Biodiversity, Biotechnology, and Intellectual Propertyin the Convention on Biological Diversity, Touro Journal of Transnational Law 4 (1993), S. 1–46.

Dross, Miriam und Wolff, Franziska: New Elements of the International Regime on Access and Benefit Sharing of Genetic Resources – The Role of Certificates of Origin (Bonn: BfN, 2005).

Dupuy, Pierre-Marie: Soft Law and the International Law of the Environment, Michigan Journal of international Law 12 (1991), S. 420–435.

Dutschke, Michael / Wolf, Reinhard: Reducing Emissions from Deforestation in Developing Countries – The way forward (Eschborn: GTZ, 2007).

Ebsen, Peter: Emissionshandel in Deutschland – Ein Leitfaden für die Praxis (Köln; Berlin; München: Carl Heymanns, 2004).

Ehrlich, Paul R.: Der Verlust der Vielfalt: Ursachen und Konsequenzen, in: *Wilson, Edward.O. (Hrsg.):* Ende der biologischen Vielfalt? – Der Verlust an Arten, Genen und Lebensräumen und die Chancen für eine Umkehr (Heidelberg; Berlin; New York: Spektrum, 1992), S. 39–45.

Ehrlich, Paul R. / Ehrlich, Anne H.: Der lautlose Tod. Das Aussterben der Tiere und Pflanzen (Frankfurt a.M.: Fischer, 1983).

Ehrmann, Markus: Die Globale Umweltfazilität (GEF), Zeitschrift für ausländisches öffentliches Recht und Völkerrecht 57 (1997), S. 565–614.

Ehrmann, Markus: Das ProMechG: Projektbezogene Mechanismen des Kyoto-Protokolls und europäischer Emissionshandel, Zeitschrift für Umweltrecht 9 (2006), S. 410–415.

Emerton, Lucy / Bishop, Joshua / Thomas, Lee: Sustainable Financing of Protected Areas: A global review of challenges and options (Gland: IUCN, 2006).

Endres, Alfred / Bertram, Regina: Nachhaltigkeit und Biodiversität – Diskussionsbeitrag Nr. 356 (Hagen: Fern Universität Hagen, 2004).

Environmental Defense (Hrsg.): Reducing Emissions from Deforestation in Developing Countries: Approaches to Stimulate Action - Submission by Environmental Defense to the XXIV Session of the Subsidiary Body on Scientific and Technological Advice (SBSTA) of the UN Framework Convention on Climate Change (UNFCCC), 30 March 2006, (Bogor-Indonesia: CIGOR, http://www.cifor.cgiar.org/NR/rdonlyres/27BB318E-6648-4A2F-AB6F-DAF810842551/0/EnvDefense.pdf, 20.7.07), zuletzt aufgerufen am 07.08.08).

Epiney, Astrid: Zur Einführung – Umweltvölkerrecht, Juristische Schulung – Zeitschrift für Studium und Ausbildung 43 (2003), S. 1066–1072.

Epiney, Astrid / Scheyli, Martin: Umweltvölkerrecht (Bern: Stämpfli, 2000).

Fachagentur Nachwachsende Rohstoffe (FNR): Dämmstoffe (Gülzow: Fachagentur Nachwachsende Rohstoffe, http://www.naturdaemmstoffe.info/, 07.08.08), zuletzt aufgerufen am 07.08.2008.

Fachagentur Nachwachsende Rohstoffe (FNR): Ölpflanzen (Gülzow: Fachagentur Nachwachsende Rohstoffe, http://www.fnr.de/, 25.02.2008), zuletzt aufgerufen am 07.08.2008.

Farnsworth, Norman R.: Die Suche nach neuen Arzneistoffen in der Pflanzenwelt, in: *Wilson, Edward.O.(Hrsg.):* Ende der biologischen Vielfalt? – Der Verlust an Arten, Genen und Lebensräumen und die Chancen für eine Umkehr (Heidelberg; Berlin; New York: Spektrum, 1992), S. 104–118.

Fearnside, P.M. / Laurance, W.F.: Tropical deforestation and greenhouse gas emissions, Ecological Applications 14 (2004), S. 982–986.

Food and Agriculture Organization (FAO): Global Forest Resources Assessment 2005. Main Report, (Rom: Food and Agriculture Organization, www.fao.org/forestry/fra2005, 02.05.2007), zuletzt aufgerufen, am 10. 6. 2007.

Franck, Thomas M.: Fairness in International Law and Institutions (Oxford: Clarendon Press, 1995).

Franz, Wendy E.: Appendix: The Scope of Global Environmental Financing – Cases in Context, in: *Keohane, Robert O. / Levy, Marc A. (Hrsg.):* Institutions for Environmental Aid (Cambridge; London: The MIT Press, 1996), S. 367–380.

Fraunhofer Institut für System- und Innovationsforschung / Ministerium für Umwelt und Verkehr Baden Württemberg (Hrsg.): Flexible Instrumente im Klimaschutz – Emissionsrechtehandel, Clean Development Mechanism, Joint Implementation (Stuttgart: Umweltministerium Baden-Württemberg, 2005).

Freestone, David: The UN Framework Convention on Climate Change, the Kyoto Protocol, and the Kyoto Mechanisms, in: *Freestone, David / Streck, Charlotte (Hrsg.):* Legal Aspects of Implementing the Kyoto Protocol Mechanisms (Oxford: Oxford University Press, 2005), S. 3–25.

French, Duncan: Developing States and International Environmental Law: The Importance of Differentiated Responsibilities, International and Comparative Law Quarterly 49 (2000), S. 35–60.

Frenz, Walter: Einführung, in: *ders.:* Emissionshandelsrecht – Kommentar zum TEHG und ZuG (Berlin; Heidelberg; New York: Springer, 2005), S. 45–56.

Friedland, Julia / Prall, Ursula: Schutz der Biodiversität: Erhaltung und nachhaltige Nutzung in der Konvention über die Biologische Vielfalt, Zeitschrift für Umweltrecht 15 (2004), S. 193–202.

Friends of the Earth International (FoEI) (Hrsg.): Submission Addressing Approaches to Reduce Emissions from Deforestation - March 2006 (Bogor-Indonesia: CIGOR, http://www.cifor.cgiar.org/NR/rdonlyres/E93BE987-8519-46A6-89-DC-B6121288605B/0/FoE.pdf, 20.7.2007), zuletzt aufgerufen am 07.08.2008).

Froese, Rainer / Pauly, Daniel: Dynamik der Überfischung, in: *Lozan, J. / Rachor, E. / Reise, K. / Sündermann, J. / Westernhagen von, H. (Hrsg.):* Warnsignale aus Nordsee und Wattenmeer – eine aktuelle Umweltbilanz (Hamburg: GEO, 2003), S. 288–295.

Gaston, Kevin J. / Spicer, John I.: Biodiversity: An Introduction (Malden; Oxford; Carlton: Blackwell, 2. Auflage, 2004).

Geist, H.J. / Lambin, E.F.: Proximate causes and underlying driving forces of tropical deforestation, Bioscience 52 (2002), S. 143–150.

Glass, Christian: Die gemeinsame, aber unterschiedliche Verantwortlichkeit als Bestandteil eines umweltvölkerrechtlichen Prinzipiengefüges (Berlin: Erich Schmidt, 2008) (Zugl. Univ. Diss., Trier, 2007).

Global Environment Facility (GEF): Participants, (Washington: GEF, www.gefweb.org/participants/Members_Countries/members_countries.html, 28.09.2006), zuletzt aufgerufen am 07.08.2008.

Gibbons, J. Whitfield / McGlothlin, Karen L.: A Changing Balance – An Ecological Perspective on the Loss of Biodiversity, in: *Spray, Sharon L.S. / McGlothlin, Karen L. (Hrsg.):* Loss of Biodiversity (Lanham: Rowman & Littlefield Publishers, 2003), S. 29–54.

Glowka, Lyle: A Guide to Designing Legal Frameworks to Determine Access to Genetic Resources (Cambridge; Bonn; Gland: IUCN, 1998).

Glowka, Lyle / Burhenne-Guilmin, Francoise / Synge, Hugh: A Guide to the Convention on Biological Diversity, IUCN Environmental Policy and Law Paper No. 30 (Cambridge; Gland: IUCN, 1994).

Godt, Christine: Von der Biopiraterie zum Biodiversitätsregime – Die sog. Bonner Leitlinien als Zwischenschritt zu einem CBD-Regime über Zugang und Vorteilsausgleich, Zeitschrift für Umweltrecht 15 (2004), S. 202–212.

Gündling, Lothar: Compliance Assistance in International Environmental Law: Capacity-Building Through Financial and Technology Transfer, Zeitschrift für ausländisches öffentliches Recht und Völkerrecht 56 (1996), S. 796–809.

Gündling, Lothar: Implementing the Convention on Biological Diversity on the ground: the example of biosphere reserves (Bonn: BfN, 2002).

Gutmann, Mathias / Janich, Peter: Überblick zu methodischen Grundproblemen der Biodiversität, in: *Janich, Peter / Gutmann, Mathias / Prieß, Kathrin (Hrsg.):* Biodiversität – Wissenschaftliche Grundlagen und gesetzliche Relevanz (Berlin; Heidelberg: Springer, 2001), S. 417–443.

Gutman, Pablo: A Closer Look at Payments and Markets for Environmental Services, in: *ders. (Hrsg.):* From Goodwill to Payments for Environmental Services (Gland: WWF, 2003), S. 27–40.

Graf Vitzthum, Wolfgang: Begriff, Geschichte und Quellen des Völkerrechts, in: *ders. (Hrsg.):* Völkerrecht (Berlin: De Gruyter, 3. Auflage, 2004), S. 1–79.

Graichen, Patrick: Can Forestry Gain from Emissions Trading? Rules Governing Sinks Projects Under the UNFCCC and the European Emissions Trading System, Review of European Community and International Environmental Law 14 (2005), S. 11–18.

Grubb, Michael: The Kyoto Protocol – A Guide and Assessment (London: Royal Institute of International Affairs, 1999).

Hackett, Steven C.: Environmental and Natural Resources Economics: Theory, Policy, and the Sustainable Society (Armonk; London: Sharpe, 1998).

Hagemann, Rudolf: Allgemeine Genetik (Heidelberg; Berlin: Spektrum, 4. Auflage, 1999).

Hampicke, Ulrich: Naturschutz-Ökonomie (Stuttgart: Ulmer, 1991).

Hecht, Joy E. / Orlando, Brett: Can the Kyoto Protocol Support Biodiversity Conservation? Legal and Financial Challenges, Environmental Law Reporter: News & Analysis, Vol. XXVIII, No. 9, September 1998.

Heins, Volker / Brühl, Tanja: Biologische Vielfalt – Institutionen und Dynamik des internationalen Verhandlungsprozesses, in: *Mayer, Jörg (Hrsg.):* Eine Welt – Eine Natur? Der Zugriff auf die biologische Vielfalt und die Schwierigkeiten, global gerecht mit ihrer Nutzung umzugehen – Loccumer Protokolle 66/94 (Rehberg-Loccum: Evangelische Akademie Loccum, 1995), S. 115–129.

Heintschel von Heinegg, Wolf: Die außervertraglichen (gewohnheitsrechtlichen) Rechtsbeziehungen im Umweltvölkerrecht, in: *Lorz, Ralph A. / Spies, Ute / Deventer, Wolfgang G. / Schmidt Schlaeger, Michaela (Hrsg.):* Umwelt und Recht (Stuttgart; München; Hannover; Berlin: Richard Boorberg, 1990), S. 110–128.

Heintschel von Heinegg, Wolff: Neue Entwicklungen im Umweltvölkerrecht – Nachhaltige Entwicklung, Welthandel und Investitionsschutz, Jahrbuch der Universität Augsburg 1996/1997 (1998), S. 157–166.

Heintschel von Heinegg, Wolff: Umweltvölkerrecht, in: *Rengeling, Hans-Werner (Hrsg.):* Handbuch zum europäischen und deutschen Umweltrecht – Band I: Allgemeines Umweltrecht (Köln; Berlin; Bonn; München: Carl Heymanns, 2. Auflage, 2003) S. 750–835.

Heintschel von Heinegg, Wolff: Die völkerrechtlichen Verträge als Hauptrechtsquelle des Völkerrechts, in: *Ipsen, Knut (Hrsg.):* Völkerrecht (München: C.H. Beck, 5. Auflage, 2004), S. 112–209.

Heintschel von Heinegg, Wolff: Die weiteren Quellen des Völkerrechts, in: *Ipsen, Knut (Hrsg.):* Völkerrecht (München: C.H. Beck, 5. Auflage, 2004), S. 210–256.

Heintschel von Heinegg, Wolff: Internationales öffentliches Umweltrecht, in: *Ipsen, Knut (Hrsg.):* Völkerrecht (München: C.H. Beck, 5. Auflage, 2004), S. 973–1068.

Heintschel von Heinegg, Wolff: Spektrum und Status der internationalen Umweltkonventionen – Der Beitrag der Europäischen Gemeinschaft zur fortschreitenden Entwicklung des völkervertraglichen Umweltschutzes, in: *Müller-Graff, Peter Christian / Pache, Eckhard / Scheuning, Dieter H. (Hrsg.):* Die europäische Gemeinschaft in der internationalen Umweltpolitik (Baden-Baden: Nomos, 2006), S. 77–98.

Hendler, Reinhard: Ökonomische Instrumente des Umweltrechts unter besonderer Berücksichtigung der Umweltabgaben, in: *Dolde, Klaus-Peter (Hrsg.):* Umweltrecht im Wandel (Berlin: Erich Schmidt, 2001), S. 285–308.

Henne, Gudrun: Genetische Vielfalt als Ressource: Die Regelung ihrer Nutzung (Baden-Baden: Nomos, 1998) (Zugl. Univ. Diss., Berlin, 1997).

Henne, Gudrun / Fakir, Saliem: The Regime Building of the Convention on Biological Diversity on the Road to Nairobi, Max-Planck United Nations Year Book 3 (1999), S. 315–361.

Henne Gudrun / Liebig, Klaus / Drews, Andreas / Plän, Thomas: Access and Benefit-Sharing (ABS): An Instrument for Poverty Alleviation - Proposals for an International ABS Regime (Bonn: German Development Institute, 2003).

Henrich, Károly: Biodiversitätsvernichtung – Ökologisch-ökonomische Ursachenanalysen, kausalitätstheoretische Grundlagen und evolutorische Eskalationsdynamik (Marburg: Metropolis, 2003).

Herold, Anke: Der Wald als Klimaretter? Potentiale, Probleme und Prinzipien bei der Anrechnung von biologischen Senken im Kyoto-Protokoll (Bonn: Forum Umwelt und Entwicklung, 1998).

Herold, Anke / Eberle, Ulrike / Ploetz, Christiane, Scholz, Sebastian: Anforderungen des Klimaschutzes an die Qualität von Ökosystemen: Nutzung von Synergien zwischen der Klimarahmenkonvention und der Konvention über die biologische Vielfalt (Berlin: Umweltbundesamt, 2001).

Hoffmann, Andreas / Hoffmann, Sönke / Weimann, Joachim: Irrfahrt Biodiversität – Eine kritische Sicht auf europäische Biodiversitätspolitik (Marburg: Metropolis, 2005).

Hofmann, Christian: Die „Senken"-Regelung im Kyoto-Protokoll und ihr Verhältnis zu anderen umweltvölkerrechtlichen Instrumenten (Frankfurt a.M.; Berlin; Bern; Brüssel: Peter Lang, 2006) (Zugl. Univ. Diss., Heidelberg, 2005).

Hofmeister, Sabine: Welche Planung braucht eine nachhaltige Entwicklung? – Ein Blick zurück nach vorn, in: *Brandt, Edmund (Hrsg.):* Perspektiven der Umweltwissenschaften (Baden-Baden: Nomos, 1999), S. 83–106.

Höhne, Niklas / Galleguillos, Carolina / Blok, Kornelis / Harnisch, Jochen / Phylipsen, Dian: Evolution of commitments under the UNFCCC: Involving newly industrialized economies and developing countries (Berlin: Umweltbundesamt, 2003).

Höhne, Niklas / Wartmann, Sina / Herold, Anke / Freibauer, Annette: The rules for land use, land-use change and forestry under the Kyoto Protocol – lessons learned for the future climate negotiations, Environmental Science & Policy 10 (2007), S. 353–369.

Holwitsch, Christoph: Die Klimakonferenz von Montreal – Totgesagte leben länger, Natur und Recht 28 (2006), S. 214–217.

Hossel, J. E. / Ellis, N. E. / Harley, M. J. / Hepburn, I. R.: Climate change and nature conservation: implications for policy and practice in Britain and Ireland, Journal for Nature Conservation 11 (2003), S. 67–73.

Houghton, Richard A.: Revised estimates of the annual net flux of carbon to the atmosphere from changes in land use and land management 1850-2000, Tellus B 55 (2003), S. 378–390.

Houghton, Richard A.: The contemporary carbon cycle, in: *Schlesinger, W.H. (Hrsg.):* Biogeochemistry (Oxford: Elsevier Pergamon, 2003), S. 473–513.

Houghton, Richard A.: Tropical deforestation as a source of greenhouse gas emissions, in: *Moutinho, Paulo and Schwartzman, Stephan (Hrsg.):* Tropical deforestation and climate change (Belem - Para, Brazil: Amazon Institute for Environmental Research, 2005), S. 13–21.

Hubbard, Amanda: Convention on Biological Diversity's Fifth Anniversary: A General Overview of the Convention - Where Has It Been and Where Is It Going? Tulane Environmental Law Journal 10 (1997), S. 415–446.

Iles, Alistair: Rethinking Differential Obligations: Equity Under the Biodiversity Convention, Leiden Journal of International Law 16 (2003), S. 217–251.

Intergovernmental Panel on Climate Change (IPCC) (Hrsg.): First Assessment Report: Scientific Assessment of Climate Change – Report of Working Group I (Cambridge: University Press, 1990).

Intergovernmental Panel on Climate Change (IPCC) (Hrsg.): Climate Change 1995 – Impacts, Adaptations and Mitigation of Climate Change: Scientific-Technical Analyses. Contribution of Working Group II to the second Assessment Report of the IPCC (Cambridge: University Press, 1996).

Intergovernmental Panel on Climate Change (IPCC) (Hrsg.): Land Use, Land-Use Change, and Forestry (Cambridge: University Press, 2000a).

Intergovernmental Panel on Climate Change (IPCC) (Hrsg.): Special Report on Emissions Scenarios – A Special Report of Working Group III of the Intergovernmental Panel on Climate Change (Cambridge: University Press, 2000b).

Intergovernmental Panel on Climate Change (IPCC) (Hrsg.): Climate Change 2001: Synthesis Report (Genf: IPCC, 2001a).

Intergovernmental Panel on Climate Change (IPCC) (Hrsg.): Climate Change 2001: Synthesis Report – Summary for Policymakers (Genf: IPCC, 2001b).

Intergovernmental Panel on Climate Change (IPCC) (Hrsg.): Climate Change and Biodiversity – IPCC Technical Paper V (Genf: IPCC, 2002).

Intergovernmental Panel on Climate Change (IPCC) (Hrsg.): Good Practice Guide for Land Use, Land Use Change and Forestry (Kamiyamaguchi; Hayama; Kanagawa: Institute for Global Environmental Strategies, 2003a).

Intergovernmental Panel on Climate Change (IPCC) (Hrsg.): Definitions and Methodological Options to Direct Human-induced Degradation of Forests and Devegetation of Other Vegetation Types (Kamiyamaguchi; Hayama; Kanagawa: Institute for Global Environmental Strategies, 2003b).

Intergovernmental Panel on Climate Change: Climate Change 2007 *(IPCC) (Hrsg.)*: Impacts, Adaptation and Vulnerability – Summary for Policymakers (Genf: IPCC, 2007).

Intergovernmental Panel on Forests (IPF/IFF): Proposals for Action, (New York: United Nations Forum on Forests Secretariat, www.un.org/esa/forests/pdf/ipf-iff-proposalsforaction.pdf, 02.07.2007), zuletzt aufgerufen am 08.07.2008.

International Institute for Sustainable Development (IISD): A Special Report on Selected Side Events at the twenty sixth sessions of the Subsidiary Bodies (SB 26) of the United Nations Framework Convention on Climate Chang, ENB Issue #1, (New York: IISD, www.iisd.ca/climate/sb26/enbots/, 23.05.2007), zuletzt aufgerufen am 10.7.2007.

International Institute for Sustainable Development (IISD): Summary of the fourth meeting of the Working Group on Access and Benefit-Sharing of the Convention on Biological Diversity, *Earth Negotiations Bulletin* Vol. 3, No. 344 (2006), (New York: IISD, http://www.iisd.ca/biodiv/abs-wg4/, 15.08.2006), zuletzt aufgerufen, am 07.08.2008.

International Institute for Sustainable Development (IISD): Summary of the UN Conference for the Negotiation of a Successor Agreement to the International Tropical Timber Agreement, 1994, fourth part: 16–27 January 2006, Vol. 24 No. 75 (2006), (New York: IISD, http://www.iisd.ca/forestry/itto/itta4/, 28.07.2006), zuletzt aufgerufen am 7.2.2006.

International Institute for Sustainable Development (IISD): Summary of the Thirteenth Conference of Parties to the UN Framework Convention on Climate Change and the Third Meeting of Parties to the Kyoto Protocol: 3–15 December 2007, ENB Vol. 12, No. 354 (2007), (New York: IISD, www.iisd.ca/download/pdf/enb12354e.pdf, 16.12.2008), zuletzt aufgerufen 2.7.2008.

International Institute for Sustainable Development (IISD): Summary of the Ninth Conference of Parties to the Convention on Biological Diversity: 19–30 May 2008, ENB Vol. 9, No. 452 (2008), (New York: IISD, www.iisd.ca/download/pdf/enb09452e.pdf, 01.06.2008), zuletzt aufgerufen 6.7.2008.

International Institute for Sustainable Development (IISD): Twenty-Eigth sessions of the UNFCCC Subsidiary Bodies, second session of the Ad-hoc Working Group under the Convention, and fifth session of the Ad-hoc working group under the Kyoto Protocol: 2–13 June 2008, ENB Vol. 12, No. 375 (2008), (New York: IISD, www.iisd.ca/download/pdf/enb12375e.pdf, 14.06.2008), zuletzt aufgerufen 2.7.2008.

International Union for Conservation of Nature (IUCN) (Hrsg.): Numbers of threatened species by major groups of organisms (1996–2007), (Gland: IUCN,http://www.iucnredlist.org/info/2007RL_Stats_Table%201.pdf, 22.04.08), zuletzt aufgerufen am 07.08.2008.

James, Alexander / Green, Michael J. B. / Paine, James R.: A Global Review of Protected Area Budgets and Staff (Cambridge: WCMC – World Conservation Press, 1999a).

James, Alexander / Gaston, Kevin J. / Balmford, Andrew: Balancing the Earth's accounts, Nature 401 (1999b), S. 323–324.

James, Alexander / Gaston, Kevin J. / Balmford, Andrew: Can we afford to conserve biodiversity? BioScience 51 (2001), S. 43–52.

Jordan, Andrew / Werksman, Jacob: Financing Global Environmental Protection, in: *Cameron, James / Werksman, Jacob / Roderic, Peter:* Improving Compliance with International Environmental Law (London: Earthscan Publications Ltd, 1996), S. 247–255.

Jung, Martina: The Role of Forestry Projects in the Clean Development Mechanism, Environmental Science & Policy 8 (2005), S. 87–104.

Kellersmann, Bettina: Die gemeinsame, aber differenzierte Verantwortlichkeit von Industriestaaten und Entwicklungsländern für den Schutz der globalen Umwelt (Berlin; Heidelberg; New York: Springer, 2000) (Zugl. Univ. Diss., Heidelberg 1999).

Keohane, Robert O. / Levy, Marc A. (Hrsg.): Institutions for Environmental Aid (Cambridge; London: The MIT Press, 1996).

Kerth, Yvonne: Emissionshandel im Gemeinschaftsrecht – Die EG-Emissionshandelsrichtlinie als neues Instrument europäischer Klimaschutzpolitik (Baden-Baden: Nomos, 2004).

Khare, Arvind / Scherr, Sara / Molnar, Augusta / White, Andy: Forest Finance, Development Cooperation and Future Options, Review of European Community and International Environmental Law 14 (2005), S. 247–254.

Kirchhoff, Thomas / Trepl, Ludwig: Vom Wert der Biodiversität, in: *Spehl, Harald / Held, Martin:* Vom Wert der Vielfalt – Diversität in Ökonomie und Ökologie (Berlin: Analytica, 2001), S. 27–44.

Klauer, Bernd: Welchen Beitrag können die Wirtschaftswissenschaften zum Erhalt der Biodiversität leisten? In: *Spehl, Harald / Held, Martin:* Vom Wert der Vielfalt – Diversität in Ökonomie und Ökologie (Berlin: Analytica, 2001), S. 59–70.

Klaus, Gregor / Schmill, Jörg / Schmid, Bernhard / Edwards, Peter J.: Biologische Vielfalt – Perspektiven für das neue Jahrhundert (Basel; Boston; Berlin: Birkhäuser, 2000).

Klemm, Andreas: Klimaschutz nach Marrakesch – Die Ergebnisse der 7. Vertragstaatenkonferenz zum Rahmenübereinkommen der Vereinten Nationen über Klimaänderungen (Köln; Berlin; Bonn; München: Heymanns, 2002).

Kloepfer, Michael: Umweltrecht (München: Beck, 2004).

Kloepfer, Michael: Umweltgerechtigkeit – Environmental Justice in der deutschen Rechtsordnung (Berlin: Duncker & Humblot, 2006).

Klug, Uwe: Absicherung von Schutzgebieten: Handlungsoptionen der EZ zur Förderung von Naturschutzvorhaben durch Umweltfonds (Eschborn: GTZ, 2001).

Knopp, Lothar / Hoffmann, Jan: Das Europäische Emissionsrechtehandelssystem im Kontext der projektbezogenen Mechanismen des Kyoto-Protokolls, Europäische Zeitschrift für Wirtschaftsrecht 16 (2005), S. 616–620.

Köck, Wolfgang: Invasive gebietsfremde Arten – Stand und Perspektiven der Weiterentwicklung und Umsetzung der CBD-Verpflichtungen unter besonderer Berücksichtigung der Umsetzung in Deutschland, in: *Wolff, Nina / Köck, Wolfgang (Hrsg.):* 10 Jahre Übereinkommen über die biologische Vielfalt (Baden-Baden: Nomos, 2004), S. 107–125.

Kokott, Juliane: Equity in International Law, in: *Tóth, Ferenc (Hrsg.):* Fair Weather? (London: Earthscan, 1999), S. 173–192.

Korn, Horst: Institutioneller und instrumentaler Rahmen für die Erhaltung der Biodiversität, in: *Wolff, Nina / Köck, Wolfgang (Hrsg.):* 10 Jahre Übereinkommen über die biologische Vielfalt (Baden-Baden: Nomos, 2004), S. 36–54.

Korn, Horst: Schutzgebiete im Rahmen des internationalen Übereinkommens über die biologische Vielfalt, in: *Hiller, Bettina / Lange, Manfred A. (Hrsg.):* Biologische Vielfalt und Schutzgebiete – Eine Bilanz 2004 (Münster: Zentrum für Umweltforschung, 2005), S. 11–17.

Kottmeier, Birgit: Recht zwischen Umwelt und Markt – Zur rechtlichen Zulässigkeit von Kompensations- und Zertifikatmodellen im Umweltschutz (Aachen: Verlag Mainz, 2000) (Zugl. Univ. Diss., Bielefeld 1999).

Kreuter-Kirchhof, Charlotte: Neue Kooperationsformen im Umweltrecht – Die Kyoto Mechanismen (Berlin: Duncker & Humblot, 2005) (Zugl. Univ. Diss., Bonn, 2003).

Krohn, Susan Nicole: Die Bewahrung tropischer Regenwälder durch völkerrechtliche Kooperationsmechanismen. Möglichkeiten und Grenzen der Ausgestaltung eines Rechtsregimes zur Erhaltung von Waldökosystemen dargestellt am Beispiel tropischer Regenwälder (Berlin: Duncker & Humblot, 2002) (Zugl. Univ. Diss., Kiel, 2001).

Kuhn, Marco: Entwicklungszusammenarbeit im Lichte neuerer Tendenzen des internationalen Umweltschutzes – Vorschläge zu bilateralen Umweltschutzvereinbarungen mit Entwicklungsländern aus völkerrechtlicher Sicht (Bochum: Institut für Entwicklungsforschung und Entwicklungspolitik der Ruhr-Universität Bochum, 1997).

Kulessa, Margareta E. / Ringel, Marc: Kompensation als innovatives Instrument globaler Umweltschutzpolitik: Möglichkeiten und Grenzen einer Weiterentwicklung des Konzepts am Beispiel der biologischen Vielfalt, Zeitschrift für Umweltpolitik und Umweltrecht 26 (2003), S. 263–285.

Küper, Wolfgang / Mutke, J. / Sommer, H. / Lovett, J. / Taplin, J. / Linder, P. / Bhat, A. / Barthlott, W.: Hotspots of plant diversity in Africa, Verhandlungen der Gesellschaft für Ökologie 33 (2003), S. 132.

Kuttler, Wilhelm: Ökologie (Berlin: Analytica, 1993).

Lake, Rob: Finance for the Global Environment: the Effectiveness of the GEF as the Financial Mechanism to the Convention on Biological Diversity, Review of European Community and International Environmental Law 7 (1998), S. 68–75.

Landell-Mills, Natasha / Porras, Ina T.: Silver bullet or fools' gold? A global review of markets for forest environmental services and their impact on the poor (Hertfordshire: Earthprint, 2002).

Langrock, Thomas / Sterk, Wolfgang / Wiehler, Hans Albrecht: Akteurorientierter Diskussionsprozess „Senken und CDM/JI" – Endbericht, Wuppertal Spezial 29 (Wuppertal: Wuppertal Institut für Klima, Umwelt und Energie, 2003).

Langrock, Thomas / Sterk, Wolfgang: Linking CDM & JI with EU Emissions Allowance Trading – Policy Brief for the EP Environment Committee, EP/IV/A/2003/09/01 vom 12.1.2004.

Lapham, N. / Livermore, R.: Striking a Balance: Ensuring Conservation's Place on the International Biodiversity Assistance Agenda (Washington D.C.: Conservation International Center for Applied Biodiversity Science & Center for Conservation and Government, 2003).

Lehmann, Susanne: Schutz der Wälder – Nationale Verantwortung tragen und global handeln (Bonn: BfN, 2007).

Lerch, Achim: Biologische Vielfalt – ein ganz normaler Rohstoff? In: *Mayer, Jörg (Hrsg.):* Eine Welt- Eine Natur? – Der Zugriff auf die biologische Vielfalt und die Schwierigkeiten, global gerecht mit ihrer Nutzung umzugehen (Rehburg-Loccum: Loccum 1995) S. 33–62.

Lerch, Achim: Verfügungsrechte und biologische Vielfalt: eine Anwendung der ökonomischen Analyse der Eigentumsrechte auf die spezifischen Probleme genetischer Ressourcen (Marburg: Metropolis, 1996) (Zugl. Univ. Diss., Kassel, 1996).

Lévêque, Christian: Ecology – From Ecosystem to Biosphere (Enfield NH: Science Publishers, 2003).

Lohmann, Larry: Marketing and Making Carbon Dumps: commodification, calculation and counterfactuals in climate change mitigation, Science as Culture 14 (2005), S. 203–235.

Louka, Elli: International Environmental Law – Fairness, Effectiveness, and World Order (Cambridge; New York; Melbourne; Madrid: Cambridge University Press, 2006).

Luhmann, Hans-Jochen / Sterk, Wolfgang: Klimaschutzziel für Deutschland – Kurzstudie (Wuppertal: Wuppertal Institut für Klima, Umwelt, Energie, 2007).

Lund, H. Gyde: A ‚forest' by any other name, Environmental Science & Policy 2 (1999), S. 125–133.

Lyster, Simon: International Wildlife Law (Cambridge: Grotius, 1985).

Malhil, Yadvinder, Meirl, Patrick / Brown, Sandra: Forests, carbon and global climate, Phil. Trans. R. Soc. Lond. A 360 (2002), S. 1567–1591.

Mann, Howard: Comment on the Paper by Philippe Sands, in: *Lang, Winfried:* Sustainable Development and International Law (London: Graham & Trotman, 1995), S. 67–74.

Marggraf, Rainer: Ökonomische Aspekte der Biodiversitätsbewertung, in: *Janich, Peter / Gutmann, Mathias / Prieß, Kathrin (Hrsg.):* Biodiversität – Wissenschaftliche Grundlagen und gesetzliche Relevanz (Berlin; Heidelberg; New York: Springer, 2001) S. 357–416.

Margulies, Rebecca L.: Protecting Biodiversity: Recognizing International Intellectual Property Rights in Plant Genetic Resources, Michigan Journal of International Law 14 (1993), S. 322–356.

Marr, Simon / Wolke, Frank: Das Emissionshandelssystem nimmt Formen an, Neue Zeitschrift für Verwaltungsrecht 10 (2006), S. 1102–1107.

Matz, Nele: Environmental Financing: Function and Coherence of Financial Mechanisms in International Agreements, Max-Planck Yearbook of United Nations Law 6 (2002), S. 473–534.

Matz, Nele: Protected Areas in International Conservation Law: Can States Obtain Compensation for their Establishment? Zeitschrift für ausländisches öffentliches Recht und Völkerrecht 63 (2003), S. 693–716.

Matz, Nele: Financial Institutions between Effectiveness and Legitimacy - A Legal Analysis of the World Bank, Global Environment Facility and Prototype Carbon Fund, International Environmental Agreements 5 (2005), S. 265–302.

Meyer, Hartmut / Frein, Michael: Gerechtigkeit zwischen Nord und Süd oder biologische Vielfalt im Ausverkauf? Rundbrief Forum Umwelt und Entwicklung Brief 1/2004, S. 17–20.

Meyerhoff, Jürgen: Ansätze zur ökonomischen Bewertung biologischer Vielfalt, in: *Feser, Hans-Dieter / Hauff, Michael von:* Neuere Entwicklungen in der Umweltökonomie und –politik (Regensburg: Transfer, 1997) S. 229–248.

Michaelowa, Axel / Butzengeiger, Sonja / Jung, Martina: Graduation and Deepening: An Ambitious Post-2012 Climate Policy Scenario, International Environmental Agreements 5 (2005), S. 25–46.

Miles, Kate: Innovative Financing: Filling in the Gaps on the Road to Sustainable Environmental Funding, Review of European Community and International Environmental Law 14 (2005), S. 202–211.

Molnar, Augusta / Scherr, Sara J. / Kahre, Arvind: Who conserves the World's Forests? Community-Driven Strategies to Protect Forests and Respect Rights (Washington D.C.: Forest Trends, 2004).

Mooney, Pat / Fowler, Cary: Shattering - Food, Politics, and the Loss of Genetic Diversity (Tucson: University of Arizona Press, 1990).

Mulongoy, Kalemani J. / Chape, Stuart: Protected areas and biodiversity – An overview of key issues (Montreal; Cambridge: CBD; UNEP, 2004).

Myers, Norman: Der Öko-Atlas unserer Erde (Frankfurt a.M.: Fischer, 1985).

Myers, Norman: Loss of Biological Diversity and its Impact on Agriculture and Food Production, in: *Pimental, D. / Hall, C.W. (Hrsg.):* Food and Natural Resources (San Diego; New York: Academic Press, 1989), S. 49–68.

Myers, Norman / Mittermeier, Russell A. / Mittermeier, Christina G. / DaFonseca, Gustavo A.B. / Kent, Jennifer: Biodiversity hotspots for conservation priorities, Nature 403 (2000), S. 853–858.

Niekisch, Manfred: Internationaler Naturschutz, in: *Dahl, Hans-Jörg / Niekisch, Manfred / Riedl, Ulrich / Scherfose, Volker (Hrsg.):* Arten-, Biotop- und Landschaftsschutz (Heidelberg: Economica, 2000), S. 309–350.

Niederstadt, Frank: Ökosystemschutz durch Regelung des öffentlichen Umweltrechts (Berlin: Duncker & Humblot, 1997).

Organisation of Economic Co-operation and Development (OECD) (Hrsg.): Harnessing Markets for Biodiversity – Towards Conservation and Sustainable Use (Paris: OECD, 2003).

Oberthür, Sebastian: Politik im Treibhaus – Die Entstehung des internationalen Klimaschutzregimes (Berlin: Edition Sigma, 1993).

Oberthür, Sebastian / Ott, Hermann E.: Das Kyoto-Protokoll: internationale Klimapolitik für das 21. Jahrhundert (Opladen: Leske & Budrich, 2000).

Oliver, Steven G. / Ward, John M.: Wörterbuch der Gentechnik (Stuttgart: Gustav Fischer, 1988).

Orlando, B. / Baldock, D. / Canger, S. / Mackensen, J. / Maginnis, S. / Socorro, M. / Rietbergen, S. / Robledo, C. / Schneider, N.: Carbon, Forests and People: towards the integrated management of carbon sequestration, the environment and sustainable livelihoods (Gland: IUCN, 2002).

Ott, Herman E.: The Kyoto Protocol to the UN Framework Convention on Climate Change – Finished and Unfinished Business (Wuppertal: Wuppertal Institut für Klima, Umwelt und Energie, 1998).

Pearce, David / Moran, Dominic: The Economic Value of Biodiversity (London: Earthscan, 1994).

Plän, Thomas: Ökonomische Bewertungsansätze biologischer Vielfalt (Eschborn: GTZ, 1999).

Plotkin, Mark J.: Tropische Länder als Quelle neuer Produkte von Industrie und Landwirtschaft – ein Ausblick, in: *Wilson, Edward O. (Hrsg.):* Ende der biologischen Vielfalt? – Der Verlust an Arten, Genen und Lebensräumen und die Chancen für eine Umkehr (Heidelberg; Berlin; New York: Spektrum, 1992), S. 128–138.

Pohlmann, Markus: Kyoto-Protokoll: Erwerb von Emissionsrechten durch Projekte in Entwicklungsländern (Berlin: Duncker & Humblot, 2004) (Zugl. Univ. Diss., Hamburg, 2003).

Pomar Borda, Ana Maria: Das umwelt(völker)rechtliche Prinzip der gemeinsamen, jedoch unterschiedlichen Verantwortlichkeit und das internationale Schuldenmanagement (Frankfurt a.M.; Berlin; Bern; Brüssel: Peter Lang, 2002) (Zugl. Univ. Diss., Frankfurt a.M., 2001).

Purvis, Andy / Hector, Andy: Getting the Measure of Biodiversity, Nature 405 (2000), S. 212–219.

Rahmeyer, Fritz: Volkswirtschaftliche Grundlagen der Umweltökonomie, in: *Stengel, Martin / Wüstner, Kerstin (Hrsg.):* Umweltökonomie: eine interdisziplinäre Einführung (München: Vahlen, 1997) S. 35–66.

Rajamani, Lavanya: The Principle of Common but Differentiated Responsibility and the Balance of Commitments under the Climate Regime, Review of European Community & International Environmental Law 9 (2000), S. 120–131.

Rajamani, Lavanya: Differential Treatment in International Environmental Law (Oxford; New York: Oxford University Press, 2006).

Ramos, Mario / Brann, Joshua / Kumari, Kanta / Volonte, Claudio / Kutter, Andrea / Castro, Gonzalo: GEF and the Convention on Biological Diversity (Washington: GEF, 2004).

Rat von Sachverständigen für Umweltfragen (SRU) (Hrsg.): Umweltgutachten 2004 – Umweltpolitische Handlungsfähigkeit sichern (Berlin: SRU, 2004).

Rehbinder, Eckard: Wege zu einem wirksamen Naturschutz – Aufgaben, Ziele und Instrumente des Naturschutzes, Natur und Recht 23 (2001), S. 361–367.

Reuter, Alexander / Busch, Ralph: Einführung eines EU-weiten Emissionshandels – Die Richtlinie 2003/87/EG, Europäische Zeitschrift für Wirtschaftsrecht 15 (2004), S. 39–43.

Rieger, Rigomar / Michaelis, Arnd / Green, Melvin M.: Glossary of Genetics and Cytogenetics (Berlin; Heidelberg; New York: Springer, 1976).

Ringius, Lasse / Torvanger, Asbjorn / Underdarl, Arild: Burden Sharing and Fairness Principles in International Climate Policy, International Environmental Agreements: Politics, Law and Economics 2 (2002), S. 1–22.

Roberts, Paul: International Funding for the Conservation of Biological Diversity: Convention on Biological Diversity, Boston University International Law Journal 10 (1992), S. 303–350.

Rose, Adam / Stevens, Brandt / Edmonds, Jae / Wise, Marshall: International Equity and Differentiation in Global Warming Policy, Environmental and Resource Economics 12 (1998), S. 25–51.

Rowe, Gerard C.: Was könnte „modernes Recht" heißen? – Das Beispiel des Umweltrechts, in: *Voigt, Rüdiger (Hrsg.):* Evolution des Rechts (Baden-Baden: Nomos, 1998).

Rowe, Gerard C.: Globale und globalisierende Umwelt – Umwelt und globalisierendes Recht, in: *Voigt, Rüdiger (Hrsg.):* Globalisierung des Rechts (Baden-Baden: Nomos, 1999), S. 249–304.

Rowe, Gerard C.: Gerechtigkeit und Effizienz im Umweltrecht – Divergenz und Konvergenz, in: *Gawel, Erik (Hrsg.):* Effizienz im Umweltrecht (Baden-Baden: Nomos, 2001), S. 303–337.

Rowe, Gerard C.: Das Verursacherprinzip als Aufteilungsgrundsatz im Umweltrecht - Juristische und ökonomische Überlegungen auf der Basis des Coase-Theorems, in: *Gawel, Erik (Hrsg.):* Effizienz im Umweltrecht (Baden-Baden: Nomos, 2001), S. 397–426.

Sach, Karsten / Reese, Moritz: Das Kyoto-Protokoll nach Bonn und Marrakesch, Zeitschrift für Umweltrecht 13 (2002), S. 65–73.

Sand, Peter H.: Trusts for the Earth: New International Financial Mechanisms for Sustainable Development, in: *Lang, Winfried:* Sustainable Development and International Law (London: Graham & Trotman, 1995), S. 167–184.

Sands, Philippe: International Law in the Field of Sustainable Development: Emerging Legal Principles, in: *Lang, Winfried:* Sustainable Development and International Law (London: Graham & Trotman, 1995), S. 53–66.

Sands, Philippe: Principles of International Environmental Law (Cambridge; New York; Melbourne; Madrid: Cambridge University Press, 2. Auflage, 2003).

Santilli, Márcio / Mouthino Paulo / Schwartzmann, Stephan / Nepstad, Daniel / Curran, Lisa / Nobre, Carlos: Tropical Deforestation and the Kyoto Protocol, Climatic Change 71 (2005), S. 267–276.

Santilli, Márcio / Mouthino Paulo / Schwartzmann, Stephan: International Submission to the UNFCCC/SBSTA - UNFCCC/CP/2005/L.2: Reduction of GHG emissions from deforestation in developing countries (Belem - Para, Brazil: Amazon Institute for Environmental Research, 2006).

Schaefer, Matthias: Wörterbuch der Ökologie (Heidelberg; Berlin: Spektrum, 4. Auflage, 2003).

Scheuermann, Anne; Thrän, Daniela; Scholwin, Frank; Dilger, Martin; Falkenberg, Doris; Nill, Moritz; Janet, Witt: Monitoring zur Wirkung der Biomasseverordnung auf Basis des Erneuerbare-Energien-Gesetzes (EEG) (Leipzig: Institut für Energetik und Umwelt, 2003).

Scheyli, Martin: Der Schutz des Klimas als Prüfstein völkerrechtlicher Konstitutionalisierung, Archiv des Völkerrechts 40 (2002), S. 273–331.

Schimel, D. S. / House, J. I. / Hibbard, K.A. / Bousquet, P. / Ciais, P. / Peylin, P. / Braswell, B. H. / Apps, M. J. / Baker, D. / Bondeau, A. / Canadell, J. / Churkina, G. / Cramer, W. / Denning, A. S. / Field, C. B. / Friedlingstein, P. / Goodlae, C. / Heimann, M. / Houghton, R. A. / Melillo, J. M. / Moore III, B. / Murdiyarso, D. / Noble, I. / Pacala, S. W. / Prentice, I. C. / Raupach, M. R. / Rayner, P. J. / Scholes, R. J. / Steffen,W. L. / Wirth, C.: Recent patterns and mechanisms of carbon exchange by terrestrial ecosystems, Nature 414 (2001): S. 169–172.

Schlamadinger, Bernhard / Marland, Gregg: Land Use & Global Climate Change – Forests, Landmanagement and the Kyoto Protocol (Arlington: Pew Center on Global Climate Change, 2000).

Schlamadinger, Bernhard / Ciccarese, Lorenzo / Dutschke, Michael / Fearnside, Philip M. / Brown, Sandra / Myrdiyarso, Daniel: Should we include avoidance of deforestation in the international response to climate change? In: *Myrdiyarso, Daniel / Herwati, H. (Hrsg.):* Carbon Forestry: Who will benefit? Proceedings of Workshop on Carbon Sequestration and Sustainable Livelihoods (Bogor - Indonesia: CIFOR, 2005), S. 26–41.

Schlamadinger, Bernhard / Carlens, Hanne / Bird, Neil / Emmer, Igino / Garcia-Quijano, Juan F. / Jara, Luis Fernando / Muys, Bart / Robledo, Carmenza / Stilma, Anko / Tennigkeit, Timm: Guiding principles for including avoidance of emission from Deforestation, forest Degradation and Devegetation (DDD) in the international response to climate change – Submission by the ENCOFOR project team, 2006. (Bonn: FCCC, http://unfccc.int/resource/docs/2006/smsn/ngo/-010.pdf, 20.9.2006), zuletzt aufgerufen 07.08.2008.

Schlamadinger, B. / Bird, N. / Johns, T. / Brown, S. / Canadell, J. / Ciccarese, L. / Dutschke, M. / Fiedler, J. / Fischlin, A. / Fearnside, P. / Forner, C. / Freibauer, A. / Frumhoff, P. / Hoehne, N. / Kirschbaum, M.U.F. / Labat, A. / Marland, G. / Michaelowa, A. / Montanarella, L. / Mouthino, P. / Murdiyarso, D. / Pena, N. /

Pingoud, K. / Rakonczay, Z. / Rametsteiner, E. / Rock, J. / Snaz, M.J. / Schneider, U.A. / Shvidenko, A. / Skutsch, M. / Smith, P. / Somogyi, Z. / Trines, E. / Ward, M. / Yamagata, Y.: A synopsis of land use, land-use change and forestry (LULUCF) under the Kyoto Protocol and Marrakesh Accords, Environmental Science & Policy 10 (2007a), S. 271–282.

Scholz, Sebastian: Waldschutz ist Klimaschutz, ad hoc international 3 (2008), S. 10–12.

Scholz, Sebastian / Noble, Ian: Generation of Sequestration Credits under the CDM, in: *Freestone, David / Streck, Charlotte (Hrsg.):* Legal Aspects of Implementing the Kyoto Protocol Mechanisms (Oxford: Oxford University Press, 2005), S. 265–280.

Schrader, Gritta; Unger, Jens-Georg; Gröger, Joachim; Goretzki, Jürgen: Invasive gebietsfremde Arten: Eine Gefahr für die biologische Vielfalt, Forschungs-Report Ernährung Landwirtschaft Verbraucherschutz 02/2002 (2002), S. 12–16.

Schröder, Heike: Negotiating the Kyoto Protocol: An analysis of negotiation dynamics in international negotiations (Münster: Lit, 2001).

Schröder, Meinhard: Sustainable Development – Ausgleich zwischen Umwelt und Entwicklung als Gestaltungsaufgabe der Staaten, Archiv des Völkerrechts 34 (1996), S. 251–275.

Schröder, Meinhard: Der Handel mit Emissionsrechten als völker- und europarechtliches Problem, in: *Hendler, Reinhard / Marburger, Peter / Reinhardt, Michael / Schröder, Meinhard (Hrsg.):* Emissionszertifikate und Umweltrecht, (Berlin: Erich Schmidt, 2004), S. 35–70.

Schröder, Meinhard: Klimaschutz durch die Europäische Union, in: *Hendler, Reinhard / Marburger, Peter / Reinhardt, Michael / Schröder, Meinhard (Hrsg.):* Jahrbuch des Technikrechts 2006 (Berlin: Erich Schmidt, 2006), S. 19–42.

Schulze, Ernst-Detlef / Valentini, Riccardo / Sanz, Maria-J.: The long way from Kyoto to Marrakesh: Implications of the Kyoto Protocol negotiations for global ecology, Global Change Biology 8 (2002), S. 505–518.

Schulze, Ernst-Detlef / Mollicone, Danilo / Archard, Frédéric / Matteucci, Giorgio / Federici, Sandro / Hugh, Eva, D. / Valentini, Riccardo: Making Deforestation Pay Under The Kyoto Protocol? Science 299 (2003), S. 1669.

Schulte zu Sodingen, Beate: Der völkerrechtliche Schutz der Wälder (Berlin; Heidelberg; New York: Springer, 2002) (Zugl. Univ. Diss., Bonn, 1999).

Schuppert, Stefan: Neue Steuerungsinstrumente im Umweltvölkerrecht am Beispiel des Montrealer Protokolls und des Klimaschutzübereinkommens (Berlin; Heidelberg; New York: Springer, 1998) (Zugl. Univ. Diss., Kiel, 1997).

Schwarze, Reimund: Internationale Klimapolitik (Marburg: Metropolis, 2000).

Schweisfurth, Theodor: Völkerrecht (Tübingen: Mohr Siebeck, 2006).

Secretariat of the Convention on Biological Diversity (SCBD) (Hrsg.): Interlinkages between biological diversity and climate change. Advice on the integration of biodiversity considerations into the implementation of the United Nations Framework Convention on Climate Change and its Kyoto Protocol (Montreal: SCBD, 2003).

Secretariat of the Convention on Biological Diversity (SCBD) (Hrsg.): Donor Guide to the Convention on Biological Diversity (Montreal: SCBD, 2004).

Secretariat of the Convention on Biological Diversity (SCBD) (Hrsg.): Handbook of the Convention on Biological Diversity (Montreal: SCBD, 3. Auflage, 2005).

Seidel, Wolfgang / Kerth, Yvonne: Umsetzungsprobleme internationaler Umwelt-schutzkonventionen: das Beispiel des Kyoto-Protokolls – Emissionshandel als Instrument internationaler, europäischer und nationaler Politik, in: *Müller-Graff, Peter Christian / Pache, Eckhard / Scheuning, Dieter H. (Hrsg.):* Die europäi-sche Gemeinschaft in der internationalen Umweltpolitik (Baden-Baden: Nomos, 2006), S. 149–168.

Shelton, Dinah: Equity, in: *Bodansky, Daniel / Brunnée, Jutta / Hey, Ellen (Hrsg.):* The Oxford Handbook of International Environmental Law (Oxford; New York: Oxford University Press, 2007), S. 639–662.

Shiva, Vandana: The neem tree – a case history of biopiracy (Penang: Third World Network, http://www.twnside.org.sg/title/pir-ch.htm, 01.06.2006), letzter Aufruf am 06.08.2008.

Siebenhüner, Bernd / Dedeurwaerdere, Tom / Brousseauc, Eric: Introduction and overview to the special issue on biodiversity conservation, access and benefit sharing and traditional knowledge, Ecological Economics 53 (2005), S. 437–444.

Siep, Ludwig: Erhaltung der Biodiversität – Nur zum Nutzen des Menschen, in: *Hiller, Bettina / Lange, Manfred A. (Hrsg.):* Biologische Vielfalt und Schutzge-biete – Eine Bilanz 2004 (Münster: Zentrum für Umweltforschung, 2005) S. 17–24.

Sierra Club of Canada (Hrsg.): Statement on Papua New Guinea & Costa Rica Submission on behalf of Supporting Canadian ENGOs, (Bonn: FCCC, http://unfccc.int/resource/docs/2006/smsn/ngo/014.pdf, 20.9.2006), zuletzt auf-gerufen 07.08.2008.

Skutsch, M. / Bird, N. / Trines, E. / Dutschke, M. / Frumhoff, P. / de Jong, B.H.J. / van Laake, P. / Masera, O. / Murdiyarso, D.: Clearing the way for reducing emissions from tropical deforestation, Environmental Science & Policy 10 (2007), S. 322–334.

Sparwasser, Reinhard / Engel, Rüdiger / Voßkuhle, Andreas: Umweltrecht – Grundzüge des öffentlichen Umweltschutzrechts (Heidelberg: C.F. Müller, 5. Auflage 2003).

Sterk, Wolfgang: COP 9 entscheidet über Senkenprojekte, JIKO-Info 01/2004, Newsletter des Wuppertal Institut für Klima, Umwelt und Energie, S. 1–3.

Stoll, Peter-Tobias: Die Effektivität des Umweltvölkerrechts, Die Friedens-Warte 74 (1999), S. 187–203.

Stoll, Peter-Tobias: Gestaltung der Bioprospektion unter dem Übereinkommen für biologische Vielfalt durch international unverbindliche Verhaltensstandards: Hintergründe, Möglichkeiten und Inhalte (Berlin: Erich Schmidt, 2000).

Stoll, Peter-Tobias: Genetische Ressourcen, Zugang und Vorteilshabe, in: *Wolff, Nina / Köck, Wolfgang (Hrsg.):* 10 Jahre Übereinkommen über die biologische Vielfalt (Baden-Baden: Nomos, 2004), S. 73–88.

Stoll, Peter-Tobias / Schillhorn, Kerrin: Das völkerrechtliche Instrumentarium und transnationale Anstöße im Recht der natürlichen Lebenswelt, Natur und Recht 20 (1998), S. 625–632.

Stone, Christopher D.: Common but Differentiated Responsibilities in International Law, The American Journal of International Law 98 (2004), S. 276–301.

Strube, Julie: Das deutsche Emissionshandelsrecht auf dem Prüfstand (Baden-Baden: Nomos, 2006).

Suplie, Jessica: Streit auf Noahs Arche – Entstehung und Wirkung des Übereinkommens über die biologische Vielfalt (Berlin: Freie Universität, 1995).

The Nature Conservancy (TNC) (Hrsg.): Submission to the United Nations Framework Convention on Climate Change regarding UNFCCC/CP/2005/L.2, Reducing Emissions from Deforestation in Developing Countries, (Bonn: FCCC, http://unfccc.int/resource/docs/2006/smsn/ngo/011.pdf, 20.9.2006), zuletzt aufgerufen 07.08.2008.

Theuer, Andreas: § 5 TEHG - Ermittlung von Emissionen und Emissionsbericht, in: *Frenz, Walter:* Emissionshandelsrecht – Kommentar zum TEHG und ZuG (Berlin; Heidelberg; New York: Springer, 2005), S. 128–138.

Thomas, Chris D. / Cameron, Alison / Green, Rhys E. / Bakkenes, Michael / Beaumont, Linda J. / Collingham, Yvonne C. / Erasmus, Barend F. N. / Siquera, Marinez Ferreira de / Grainger, Alain / Hannah, Lee / Hughes, Lesley / Huntley, Brian / Jaarsveld, Albert S. van / Midgley, Guy F. / Miles, Lera / Ortega-Huerta, Miguel. A. / Peterson, A. Townsend / Phillips, Oliver L. / Williams, Stephen E.: Extinction risk from climate change, Nature 427 (2004), S. 145–148.

Umweltbundesamt (UBA) (Hrsg.): Klimaverhandlungen – Ergebnisse aus dem Kyoto-Protokoll, den Bonn Agreements und Marrakesh-Accords (Berlin: Umweltbundesamt, 2003).

Umweltbundesamt (UBA) (Hrsg.): Die Zukunft in unseren Händen – 21 Thesen zur Klimaschutzpolitik des 21. Jahrhunderts und ihre Begründungen (Berlin: Umweltbundesamt, 2005).

United Nations (UN): Johannesburg Plan of Implementation, (New York: UN, www.un.org/esa/sustdev/documents/WSSD_POI_PD/English/POIToc.htm, 11.08.2005), zuletzt aufgerufen am 07.08.2008.

United Nations Commission on Sustainable Development (UNCSD): International Legal Instruments and Mechanisms - U.N. Doc. E/CN.17/1996/17/Add. 1, (New York: UNCSD, http://www.un.org/esa/documents/ecosoc/cn17/1996/ecn17-1996-17a1.htm, 1996), zuletzt aufgerufen 07.08.2008.

United Nations Framework Convention on Climate Change (UNFCCC) Secretariat (Hrsg.): Status of Ratification, (Bonn: UNFCCC http://unfccc.int/-essential_background/convention/status_of_ratification/items/2631.php, 22.08.2007), zuletzt aufgerufen am 07.08.2008.

United Nations Framework Convention on Climate Change (UNFCCC) Secretariat (Hrsg.): Workshop on reducing emissions from deforestation in developing countries – Part I – Scientific, socio-economic, technical and methodological issues related to deforestation in developing countries Working Paper No. 1 (a) (2006), (Rom: UNFCCC, http://unfccc.int/methods_and_science/lulucf/items/-3757.php, 2006a), zuletzt aufgerufen am 07.08.2008.

United Nations Framework Convention on Climate Change (UNFCCC) Secretariat (Hrsg.): Workshop on reducing emissions from deforestation in developing countries – Addendum 2 – (Part I) – Synthesis of submissions by Parties on issues relating to reducing emissions from deforestation in developing countries -

– Working Paper No. 1 (d) (2006), (Rom: UNFCCC, http://unfccc.int/-methods_and_science/lulucf/items/3757.php, 2006b), zuletzt aufgerufen am 07.08.2008.

Unmüßig, Barbara: Mythos Geld? – Zur Finanzierung von Maßnahmen zum Schutz der biologischen Vielfalt, in: *Wolters, Jürgen (Hrsg.):* Leben und Leben lassen. Biodiversität – Ökonomie, Natur- und Kulturschutz im Widerstreit (Gießen: Focus, 1995), S. 69–82.

van Asselt, Harro / Gupta, Joyeeta / Biermann, Frank: Advancing the Climate Agenda: Exploiting Material and Institutional Linkages to Develop a Menu of Policy Options, Review of European Community and International Environmental Law 14 (2005), S. 255–264.

Vitae Civilis Institute for Development, Environment and Peace (Hrsg.): Submission to UNFCCC/SBSTA on Reducing Emissions from Deforestation in Developing Countries (Pursuant to document FCCC/CP/2005/L.2), (Bonn: FCCC, http://unfccc.int/resource/docs/2006/smsn/ngo/016.pdf, 20.9.2006), zuletzt aufgerufen 07.08.2008.

Warren, Lynda M.: The Role of *Ex Situ* Measures in the Conservation of Biodiversity, in: *Bowman, Michael / Redgwell, Catherine (Hrsg.):* International Law and the Conservation of Biological Diversity (London; Den Haag; Boston: Kluwer Law International, 1996), S. 125–144.

Watanabe, Rie / Arens, Christof / Mersmann, Florian / Ott, Hermann E. / Sterk, Wolfgang: The Bali Roadmap for Global Climate Policy, Journal of European Environmental & Planning Law 5 (2008), S. 139–158.

Weimann, Joachim und Hoffmann Sönke: Brauchen wir eine ökonomische Bewertung von Biodiversität? In: *Weimann, Joachim / Hoffmann, Andreas / Hoffmann, Sönke (Hrsg.):* Messung und ökonomische Bewertung von Biodiversität: Mission impossible? (Marburg: Metropolis, 2003), S. 17–42.

Weinreich, Dirk: Klimaschutzrecht in Deutschland – Stand und Entwicklung der nationalen Gesetzgebung, Zeitschrift für Umweltrecht 9 (2006), S. 399–405.

Werksman, Jacob: Consolidating Governance of the Global Commons: Insights from the Global Environment Facility, Yearbook of International Environmental Law 6 (1995), S. 27–63.

Wetlands International und Delft Hydraulics (Hrsg.): Peatland degradation fuels climate change - An unrecognized and alarming source of greenhouse gases (Wageninningen – Netherlands: Wetlands International, http://www.wetlands.-org/WatchRead/Booksandreports/tabid/1261/articleType/ArticleView/articleId/-1382/Peatland-degradation-fuels-climate-change.aspx?ID=51a80e5f-4479-4200-9be0-66f1aa9f9ca9, 2007), zuletzt aufgerufen am 07.08.2008.

Wicke, Lutz / Spiegel, Peter / Wicke-Thüs, Inga: Kyoto Plus – So gelingt die Klimawende (München: C.H. Beck, 2006).

Wilson, Edward O.: Der gegenwärtige Stand der biologischen Vielfalt, in: *ders. (Hrsg.):* Ende der biologischen Vielfalt? – Der Verlust an Arten, Genen und Lebensräumen und die Chancen für eine Umkehr (Heidelberg; Berlin; New York: Spektrum, 1992), S. 19–36.

Wilson, Edward O.: Die Zukunft des Lebens (Berlin: Siedler, 2002).

Winkler, Martin: Klimaschutzrecht – Völker- europa- und verfassungsrechtliche Grundlagen sowie instrumentelle Umsetzung der deutschen Klimaschutzpolitik unter besonderer Berücksichtigung des Emissionshandels (Münster: Lit Verlag, 2005).

Wissenschaftlicher Beirat der Bundesregierung Globale Umweltveränderungen (WBGU) (Hrsg.): Ziele für den Klimaschutz 1997 – Stellungnahme zur dritten Vertragsstaatenkonferenz der Klimarahmenkonvention in Kyoto – Sondergutachten 1997 (Bremerhaven: WBGU, 1997).

Wissenschaftlicher Beirat der Bundesregierung Globale Umweltveränderungen (WBGU) (Hrsg.): Die Anrechnung biologischer Quellen und Senken im Kyoto-Protokoll: Fortschritt oder Rückschritt für den globalen Umweltschutz? – Sondergutachten 1998 (Bremerhaven: WBGU, 1998).

Wissenschaftlicher Beirat der Bundesregierung Globale Umweltveränderungen (WBGU) (Hrsg.): Welt im Wandel: Erhaltung und nachhaltige Nutzung der Biosphäre, Jahresgutachten 1999a – Kurzfassung (Berlin; Heidelberg: Springer 2000).

Wissenschaftlicher Beirat der Bundesregierung Globale Umweltveränderungen (WBGU) (Hrsg.): Welt im Wandel: Erhaltung und nachhaltige Nutzung der Biosphäre, Jahresgutachten 1999b, (Berlin; Heidelberg: Springer 2000).

Wissenschaftlicher Beirat der Bundesregierung Globale Umweltveränderungen (WBGU) (Hrsg.): Über Kioto hinaus denken – Klimaschutzstrategien für das 21. Jahrhundert – Sondergutachten 2003 (Berlin: WBGU, 2003).

Wittig, Rüdiger / Streit, Bruno: Ökologie (Stuttgart: Eugen Ulmer, 2004).

Wittneben, Bettina / Sterk, Wolfgang / Ott, Hermann E. / Brouns, Bernd: In from the Cold: The Climate Conference in Montreal Breathes New Life into the Kyoto Protocol (Wuppertal: Wuppertal Institut für Klima, Umwelt, Energie, 2006).

Wolfrum, Rüdiger: The Convention on Biological Diversity: Using State Jurisdiction as a Means of Ensuring Compliance, in: *ders. (Hrsg.):* Enforcing Environmental Standards: Economic Mechanisms as Viable Means? (Berlin; Heidelberg; New York: Springer, 1996), S. 373–394.

Wolfrum, Rüdiger: Means of ensuring compliance with and enforcement of international environmental law, Recueil des cours 272 (Cambridge; Den Haag: Kluwer, 1998).

Wolfrum, Rüdiger: Biodiversität – juristische, insbesondere völkerrechtliche Aspekte ihres Schutzes, in: *Janich, Peter / Gutmann, Mathias / Prieß, Kathrin (Hrsg.):* Biodiversität – Wissenschaftliche Grundlagen und gesetzliche Relevanz (Berlin; Heidelberg; New York: Springer, 2001) S. 417–443.

Wolfrum, Rüdiger: Völkerrechtlicher Rahmen für die Erhaltung der Biodiversität, in: *Wolff, Nina / Köck, Wolfgang (Hrsg.):* 10 Jahre Übereinkommen über die biologische Vielfalt (Baden-Baden: Nomos, 2004), S. 18–35.

Wolfrum, Rüdiger / Stoll, Peter-Tobias: Der Zugang zu genetischen Ressourcen nach dem Übereinkommen über die biologische Vielfalt und dem deutschen Recht: Forschungsbericht 101 06 073 (Berlin: Erich Schmidt, 1996).

Wolfrum, Rüdiger / Klepper, Gernot / Stoll, Peter-Tobias / Franck, Stephanie, L.: Genetische Ressourcen, traditionelles Wissen und geistiges Eigentum im Rahmen des Übereinkommens über die biologische Vielfalt (Bonn – Bad Godesberg: BfN, 2001).

Wolfrum, Rüdiger / Matz, Nele: Conflicts in International Environmental Law (Berlin; Heidelberg; New York: Springer, 2003).

Wolters, Jürgen: Die Arche wird geplündert – Vom drohenden Ende der biologischen Vielfalt und den zweifelhaften Rettungsversuchen, in: *ders. (Hrsg.):* Leben und Leben lassen. Biodiversität – Ökonomie, Natur- und Kulturschutz im Widerstreit (Gießen: Focus, 1995), S. 11–39.

World Resource Institute (WRI): World Resources 1994-95, People and the Environment, A Report by WRI in Collaboration with UNEP and UNDP (New York / Oxford: 1995).

Xiang, Yibin / Meehan, Sandra: Financial Cooperation, Rio Conventions and Common Concerns, Review of European Community and International Environmental Law 14 (2005), S. 212–224.

Yamin, Farhana / Depledge, Joanna: The International Climate Change Regime – A Guide to Rules, Institutions and Procedures (Cambridge: University Press, 2004).

Young, Tomme R.: International Funds, „Partnerships" and other Mechanisms for Protected Areas, in: *Scanlon, John / Burhenne-Guilmin, Francoise:* International Environmental Governance – An International Regime for Protected Areas (Gland: IUCN, 2004), S. 57–75.

Zaelke, Durwood / Cameron, James: Global Warming and Climate Change: An Overview of the International Legal Process, American University Journal of International Law & Policy 5 (1990), S. 249–290.

Zbinden, Simon / Lee, David R.: Paying for Environmental Services: An Analysis of Participation in Costa Rica's PSA Program, World Development 33 (2005), S. 255–272.

Zenke, Ines / Handke, Alexander: Das Projekt-Mechanismen-Gesetz – Eine erste und kritische Bewertung, Natur und Recht 29 (2007), S. 668–674.

Zimmer, Tilmann: CO_2-Emissionsrechtehandel in der EU – Ökonomische Grundlagen und EG-rechtliche Probleme (Berlin: Erich Schmidt, 2004) (Zugl. Univ. Diss., Trier, 2003).